Die genaue Berechnung von Trägerrosten

von

Dr. Ing. E. Melan
o. Professor an der Technischen Hochschule in Wien

Dipl.-Ing. R. Schindler
Oberingenieur der Waagner-Biró A.-G. in Wien

Mit 39 Tafeln für die praktische Anwendung ausgearbeitet von

Dipl.-Ing. R. Rothmayer
Wien

Mit 101 Abbildungen im Text

Wien
Springer-Verlag
1942

ISBN-13:978-3-7091-9719-6 e-ISBN-13:978-3-7091-9966-4
DOI: 10.1007/978-3-7091-9966-4

Softcover reprint of the hardcover 1st edition 1942

Vorwort.

Die in dem vorliegenden Buche entwickelte Theorie rostförmiger Tragwerke ist im Sinne der Baustatik als genau zu bezeichnen; das Verfahren ist an die einzige Voraussetzung gebunden, daß der Verlauf der Trägheitsmomente einerseits bei allen Längsträgern, andrerseits bei allen Querträgern ähnlich ist. Diese Voraussetzung ist in praktischen Fällen in der Regel erfüllt. Lediglich zur Vereinfachung der Rechnung ist der Verdrehungswiderstand der Rostträger vernachlässigt; doch wäre es möglich, auch diesen zu berücksichtigen.

Die neue Theorie ist im ersten Abschnitte des Buches allgemein dargestellt; sie bildet das Ergebnis der Zusammenarbeit der beiden Verfasser. Das Verfahren stammt grundlegend von dem erstgenannten Verfasser und wurde von demselben im Juni 1940 in dem Anzeiger der Akademie der Wissenschaften in Wien veröffentlicht. Die Erweiterung des Verfahrens bildet den Inhalt einer an der Technischen Hochschule in Wien eingereichten Dissertation des zweiten Verfassers.

Der zweite Abschnitt des Buches ist vom ersten Verfasser, der dritte und vierte Abschnitt vom zweiten Verfasser bearbeitet. Der Leser findet hierin alle erforderlichen Anleitungen für den praktischen Gebrauch; außerdem sind für häufig wiederkehrende Rostanordnungen Formeln, Zahlen- und Kurventafeln beigegeben, die den Umfang der Rechenarbeit weitgehend vermindern. Die Ausstattung des Buches mit diesen wertvollen Behelfen verdanken die Verfasser der Mitarbeit des Herrn Dipl.-Ing. Rudolf Rothmayer. Mit diesen Hilfsmitteln ist man nunmehr imstande, auch Rostbrücken mit der im Brückenbau üblichen Genauigkeit und Sparsamkeit zu bemessen, wobei sich der Rechenaufwand in erträglichen Grenzen hält. Hierbei erweist es sich als vorteilhaft, daß die Rostgrößen einen einheitlichen Aufbau zeigen, der sich leicht dem Gedächtnisse einprägt und eine übersichtliche Anordnung der statischen Berechnung ermöglicht. Hierzu ist überdies Klarheit in der Bezeichnungsweise erforderlich.

Die Verfasser haben das neue Verfahren an einigen ausgeführten Rostbrücken mit Erfolg erprobt. Sie übergeben daher das vorliegende Buch der Öffentlicbkeit mit dem Wunsche, daß das in demselben dargestellte Verfahren bei der Berechnung von Rostbrücken wegen seiner Genauigkeit und verhältnismäßigen Einfachheit allgemein Verwendung finden möge.

Wien, im Januar 1942.

Ernst Melan. Robert Schindler.

Inhaltsverzeichnis.

I. Die allgemeine Theorie rostförmiger Tragwerke.

§ 1. Die Grundgleichungen des Rostes.

1. Einleitende Bemerkungen.

Unter einem Rost verstehen wir ein Tragwerk, das aus zwei sich kreuzenden Trägerscharen besteht. Die einzelnen Tragwerke einer jeden Schar sind parallel, besitzen aber nicht notwendigerweise gleiche Abstände voneinander. Der Winkel, unter welchem sich die beiden Scharen kreuzen, ist in der Regel ein rechter; doch gelten die nachfolgenden Untersuchungen ohne jedwede Änderung auch für beliebig andere Kreuzungswinkel. Die Tragwerke der einen Schar, die im folgenden als „Längsträger" bezeichnet werden, seien durch Lager unterstützt; es ist für die nachfolgenden Untersuchungen belanglos, was für ein System diese Längsträger in statischer Hinsicht bilden. Das Verfahren führt grundsätzlich ebenso zum Ziele, wenn wie in Abb. 1 die Längsträger eingespannte Bogen oder wie in Abb. 2 durchlaufende Träger oder wie immer geartete Tragwerke sind. Die Träger der anderen Schar sind stets Durchlaufträger, deren Feldweiten gleich der Entfernung der Längsträger sind.

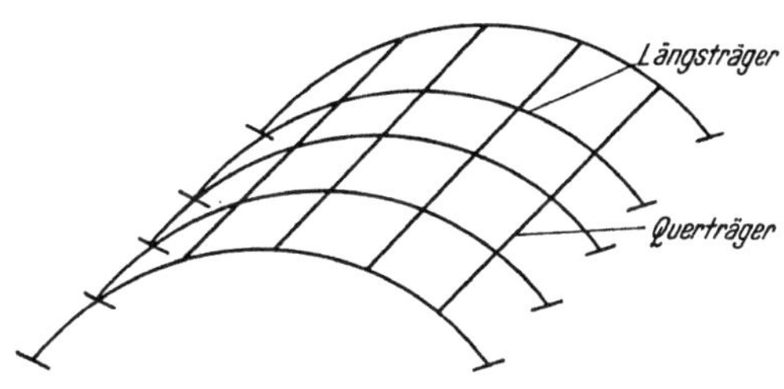

Abb. 1.

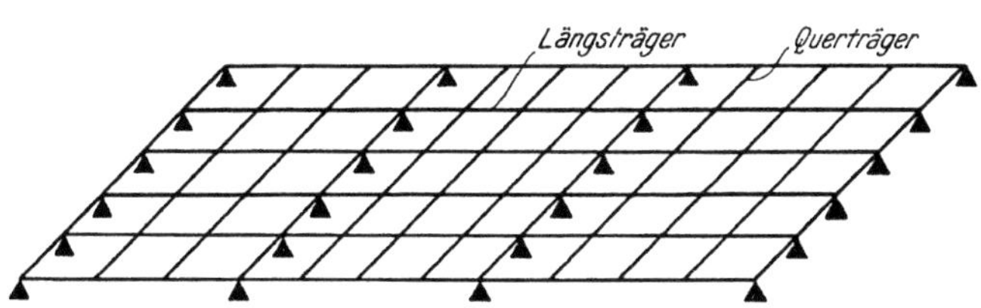

Abb. 2.

Diese Träger werden „Querträger" oder „Querscheiben" genannt. Als „Querträgerfeld" endlich bezeichnen wir den zwischen zwei Längsträgern liegenden Teil eines Querträgers.

Es wird vorausgesetzt, daß in den Auflagerstellen der Querträger keine Verdrehungsmomente auf die Längsträger übertragen werden. Unter dieser Voraussetzung ist ein Rost mit $\overline{n}$ Querträgern und $m+1$ Längsträgern, die selbst ν-fach statisch unbestimmte Tragwerke sein sollen, $(m+1)\cdot\nu+\overline{n}\,(m-1)$-fach statisch unbestimmt, wenn die Querträger über den Auflagern nicht mitgezählt werden.

2. Bezeichnungen.

Wir bezeichnen die Querträger der Reihe nach mit $x = 0, 1, 2, \ldots n$, die Längsträger ebenso mit $y = 0, 1, 2, \ldots m$ und nennen den Kreuzungspunkt des Längsträgers y mit dem Querträger x den „Knoten“ xy. Eine beliebige Stelle des Querträgers x, die nicht notwendigerweise mit einem Knoten zusammenfallen muß, sei mit $x\eta$, eine solche des Längsträgers y mit ξy bezeichnet. ξ und η sind stetig veränderlich, während x und y auf ganzzahlige Werte beschränkt sind.

Die Belastung kann sowohl auf die Längsträger wie auf die Querträger wirken. Wir bezeichnen den Angriffspunkt einer Last P mit einem Querstrich, wenn dies zur Unterscheidung von anderen Stellen des Rostes notwendig ist. $P_{\bar{x}\bar{\eta}}$ greift demnach an der beliebigen Stelle $\bar{\eta}$ des Querträgers $\bar{x}$ an; ebenso bedeutet $P_{\bar{\xi}\bar{y}}$ eine Last an der Stelle $\bar{\xi}$ des Längsträgers $\bar{y}$; $P_{\bar{x}\bar{y}}$ endlich steht in dem Knoten $\bar{x}\bar{y}$.

Grundsätzlich soll jede Größe mit den ihr angefügten Zeigern veränderlich sein. So ändert sich eine Größe mit den Zeigern x und y sowohl mit x als auch mit y. Eine Größe mit dem Zeiger x allein ist nur von x, mit dem Zeiger y nur von y abhängig. Unveränderliche erhalten überhaupt keinen Zeiger. Dabei sind, wie schon oben erklärt, für x und y nur ganzzahlige Werte zugelassen; für stetig veränderliche Größen werden die Zeiger ξ und η verwendet.

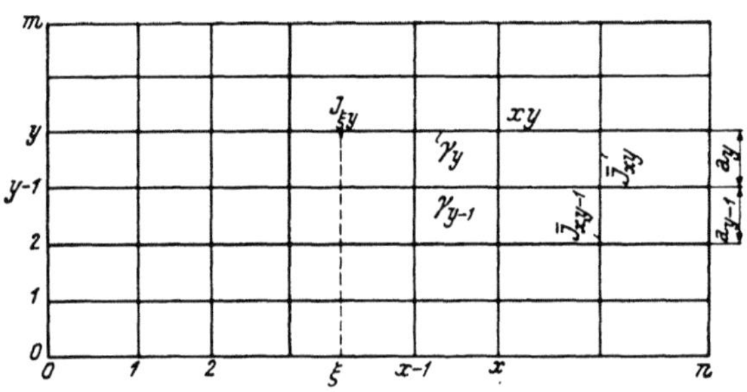

Abb. 3.

Wir führen folgende, aus Abb. 3 ersichtliche Bezeichnungen ein:

a_y sei die Entfernung der Längsträger $y-1$ und y, die entsprechend dem Zeiger y zwischen den einzelnen Längsträgern verschieden groß sein kann.

$\bar{J}_{xy}$ sei das Trägheitsmoment des Querträgers x in dem Felde zwischen den Knoten $x\,y-1$ und xy. Es soll feldweise unveränderlich, aber entsprechend den angefügten Zeigern nicht nur in den einzelnen Feldern eines Querträgers, sondern auch bei den verschiedenen Querträgern verschieden sein.

$J_{\xi y}$ sei das Trägheitsmoment der Längsträger, welches sowohl längs der einzelnen Längsträger als auch für die verschiedenen Längsträger veränderlich sein kann.

Soll das im folgenden angewendete Verfahren zum Ziele führen, so muß bezüglich der Veränderlichkeit der Trägheitsmomente $\bar{J}_{xy}$ und $J_{\xi y}$ eine einschränkende Annahme gemacht werden. Es muß $\bar{J}_{xy}$ in der Form

$$\bar{J}_{xy} = \bar{J}\, j_x\, j_y \tag{1}$$

und $J_{\xi y}$ durch

$$J_{\xi y} = J_\xi\, \gamma_y \tag{2}$$

darzustellen sein; dabei hängt, wie durch den Zeiger angedeutet, j_x nur von x, j_y und γ_y nur von y ab. $\bar{J}$ bedeutet ein unveränderliches, J_ξ ein mit ξ, d. i. längs des Längsträgers stetig veränderliches Trägheitsmoment, das beliebig angenommen werden kann. Die angeführten Beziehungen drücken die Tatsache aus, daß der Verlauf der Trägheitsmomente bei allen Querträgern und allen Längsträgern „ähnlich“ sein muß.

Wir stellen ferner a_y mit Benützung einer beliebigen Vergleichsfeldweite a der Querträger in der Form

$$a_y = a\, \varkappa_y \tag{3}$$

dar, und führen zur Abkürzung für die wiederholt gebrauchten Ausdrücke

$$\frac{a^2}{E\overline{J}} = k \tag{4}$$

und

$$\frac{\alpha_y}{j_y} = k_y \tag{5}$$

ein.

In den einschränkenden Annahmen, die für $\overline{J}_{xy}$ und $J_{\xi y}$ notwendig sind, sind übrigens die technisch wichtigsten Fälle eingeschlossen,

daß nämlich alle Querträger gleich sind, in den einzelnen Feldern aber verschiedenes Trägheitsmoment besitzen und die Längsträger in ungleichen Abständen liegen: dann ist $j_x = 1$; oder

daß alle „reduzierten" Feldweiten der Querträger gleich sind, also

$$\frac{a_y}{E\overline{J}_{xy}} = \frac{a\,\alpha_y}{E\overline{J}\,j_x j_y} = \frac{a}{E\overline{J}\,j_x} \quad \text{mit } k_y = 1$$

oder

daß alle reduzierten Feldweiten und überdies alle Querträger untereinander gleich sind; dann ist $k_y = 1$ und $j_x = 1$ oder

daß endlich überdies alle Längsträger in gleichen Abständen liegen, dann ist außerdem noch $\alpha_y = 1$ und $j_y = 1$.

Sind alle Längsträger gleich, so ist $\gamma_y = 1$.

3. Das Grundsystem.

Werden in allen Knoten — mit Ausnahme der Randknoten $y = 0$ und $y = m$ — Gelenke in die Querträger eingebaut, so erhält man das „Grundsystem", welches aus $m + 1$ voneinander unabhängigen Längsträgern besteht. Von diesem Grundsystem sind die später erklärten Systeme „i" wohl zu unterscheiden. Da nach Voraussetzung die Längsträger die Trägheitsmomente $J_{\xi y} = J_\xi \gamma_y$ besitzen, können die Einflußlinien der Durchbiegung des Längsträgers y im Grundsystem, deren Ordinaten wir mit $\vartheta_{\xi y \overline{\xi}}$ bezeichnen wollen, in der Form

$$\vartheta_{\xi y \overline{\xi}} = \vartheta_{\xi \overline{\xi}} / \gamma_y \tag{6}$$

dargestellt werden. $\vartheta_{\xi \overline{\xi}}$ ist demnach die Ordinate der Einflußlinie für die Durchbiegung im Bezugspunkt ξ an der Stelle $\overline{\xi}$ eines Längsträgers im Grundsystem mit dem Trägheitsmoment J_ξ, also $\gamma_y = 1$[1]).

4. Die Aufstellung der Grundgleichungen bei unbelasteten Querträgern.

Unter irgendeiner Belastung des Rostes werden in den Knoten die Momente $\overline{M}_{xy}$ der Querträger entstehen, die wir wie üblich als Stützenmomente der Querträger bezeichnen. Die Durchbiegung der Längsträger im Rost nennen wir $z_{\xi y}$, so daß also die Knoten des Rostes sich um die Beträge z_{xy} gesenkt haben. Nun kann zwischen den Stützenmomenten $\overline{M}_{xy}$ und den Stützensenkungen z_{xy} dreier aufeinanderfolgender Knoten $xy-1$, xy und $xy+1$ des Querträgers x die bekannte „Clapeyronsche Gleichung"

$$\begin{aligned} \frac{a_y}{6\,E\overline{J}_{xy}}\,\overline{M}_{x\,y-1} + 2\left(\frac{a_y}{6\,E\overline{J}_{xy}} + \frac{a_{y+1}}{6\,E\overline{J}_{x\,y+1}}\right)\overline{M}_{xy} + \frac{a_{y+1}}{6\,E\overline{J}_{x\,y+1}}\,\overline{M}_{x\,y+1} + \frac{z_{x\,y-1} - z_{xy}}{a_y} \\ - \frac{z_{xy} - z_{x\,y+1}}{a_{y+1}} + T_{xy} = 0 \end{aligned} \tag{7}$$

---

[1]) Im übrigen wäre die Anwendbarkeit des im folgenden eingeschlagenen Verfahrens auch noch möglich, wenn die Bedingung $J_{\xi y} = J_\xi \gamma_y$ durch die weniger einschränkende $\vartheta_{\xi y \overline{\xi}} = \vartheta_{\xi \overline{\xi}} / \gamma_y$ ersetzt würde; d. h. die einzelnen Längsträger könnten in statischer Hinsicht verschiedene Systeme vorstellen, wenn nur ihre Biegelinien ähnlich wären. Doch hat dieser Fall wohl keine praktische Bedeutung.

aufgestellt werden. (Vgl. Abb. 4.) T_{xy} ist das Belastungsglied; es verschwindet, wenn die Querträger unbelastet sind, die Belastung also nur längs der Längsträger oder nur in den Knoten angreift.

Wir beschränken uns im folgenden auf den Fall unbelasteter Querträger, setzen demnach $T_{xy} = 0$ voraus und werden später den Fall belasteter Querträger auf bestimmte Knotenpunktsbelastungen zurückführen. Die Gleichung (7) lautet demnach

$$\frac{a_y}{6\,E\overline{J}_{xy}}\,\overline{M}_{xy-1} + 2\left(\frac{a_y}{6\,E\overline{J}_{xy}} + \frac{a_{y+1}}{6\,E\overline{J}_{xy+1}}\right)\overline{M}_{xy} + \frac{a_{y+1}}{6\,E\overline{J}_{xy+1}}\,\overline{M}_{xy+1} + \frac{z_{xy-1} - z_{xy}}{a_y} - \frac{z_{xy} - z_{xy+1}}{a_{y+1}} = 0\,. \tag{8}$$

Diese Gleichung zwischen $\overline{M}_{xy}$ und z_{xy} ist für alle Knoten mit Ausnahme der Randknoten anzuschreiben, also für $x = 0, 1, 2 \ldots n$ und $y = 1, 2, \ldots m-1$. In den Gleichungen für $y = 1$ und $y = m - 1$ ist $\overline{M}_{x0} = \overline{M}_{xm} = 0$ zu setzen, weil an den Querträgerenden keine Momente auftreten können.

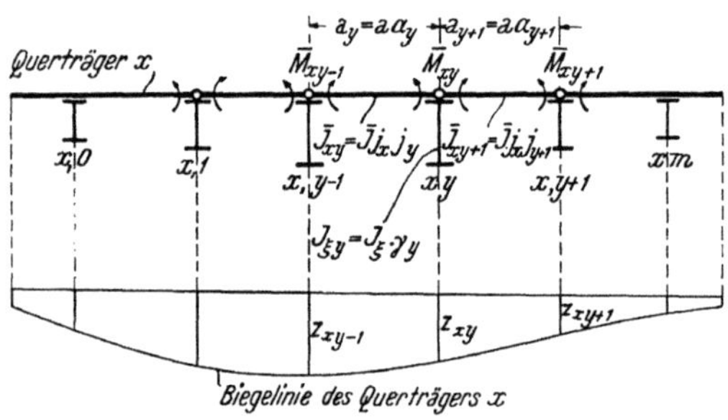

Abb. 4.

Das Gleichungssystem (8) enthält also $(n+1)(m-1)$ unbekannte Größen $\overline{M}_{xy}$ und $(n+1)(m+1)$ Unbekannte z_{xy}. Hingegen stehen nur $(n+1)(m-1)$ Gleichungen zur Verfügung; es fehlen also noch $(n+1)(m+1)$ Gleichungen.

Um diese fehlenden Gleichungen zu erhalten, beachten wir, daß die Längsträger neben der im Grundsystem auf sie wirkenden Belastung noch durch die infolge der Stützenmomente $\overline{M}_{xy}$ der Querträger entstehenden Kräfte belastet sind. In jedem Knoten beträgt diese zusätzliche Belastung

$$C_{xy} = -\left(\frac{\overline{M}_{xy-1} - \overline{M}_{xy}}{a_y} - \frac{\overline{M}_{xy} - \overline{M}_{xy+1}}{a_{y+1}}\right), \tag{9}$$

so daß also positive C_{xy} nach aufwärts auf die Längsträger wirken.

Bedeutet $\vartheta_{\xi y \bar{x}} = \vartheta_{\xi \bar{x}}/\gamma_y$ die Ordinate an der Stelle $\bar{x}$ der Einflußlinie für die Durchbiegung des Längsträgers y im Punkte ξ im Grundsystem, so wird die Durchbiegung des Rostes an der Stelle ξ des Längsträgers y gleich der Durchbiegung $z^0_{\xi y}$ dieses Längsträgers im Grundsystem vermehrt um den Einfluß der Kräfte C_{xy} in den Knoten. Es ist also

$$z_{\xi y} = z^0_{\xi y} + \sum_{\bar{x}=0}^{n} \frac{\vartheta_{\xi\bar{x}}}{\gamma_y}\left(\frac{\overline{M}_{\bar{x}y-1} - \overline{M}_{\bar{x}y}}{a_y} - \frac{\overline{M}_{\bar{x}y} - \overline{M}_{\bar{x}\,y+1}}{a_{y+1}}\right). \tag{10}$$

Diese Gleichung gilt für jede beliebige Stelle ξ, also auch für die Knoten xy und wir erhalten demnach für die Durchbiegung z_{xy} in den Knoten, die bereits in den Gl. (8) auftrat,

$$z_{xy} = z^0_{xy} + \sum_{\bar{x}=0}^{n} \frac{\vartheta_{x\bar{x}}}{\gamma_y}\left(\frac{\overline{M}_{\bar{x}\,y-1} - \overline{M}_{\bar{x}y}}{a_y} - \frac{\overline{M}_{\bar{x}y} - \overline{M}_{\bar{x}\,y+1}}{a_{y+1}}\right). \tag{11}$$

Mit Verwendung der Einflußlinie $\vartheta_{xy\bar{\xi}} = \vartheta_{x\bar{\xi}}/\gamma_y$ kann z^0_{xy} durch

$$z^0_{xy} = \sum^{\bar{\xi}} P_{\bar{\xi}y}\,\frac{\vartheta_{x\bar{\xi}}}{\gamma_y}$$

ausgedrückt werden. $P_{\bar{\xi}y}$ stellt die Belastung der Längsträger vor.

Für die Randknoten $y = 0$ und $y = m$ vereinfacht sich die zusätzliche Belastung durch die Momente $\overline{M}_{xy}$ der Querträger auf

$$\frac{\overline{M}_{x\,1}}{a_1} \quad \text{bzw.} \quad \frac{\overline{M}_{x\,m-1}}{a_m}$$

d. h. wir müssen als weitere Randwerte zu $\overline{M}_{x0} = 0$ und $\overline{M}_{xm} = 0$ noch

$$\overline{M}_{x-1} = \overline{M}_{x\,m+1} = 0 \quad (x = 0, 1, 2, \ldots n)$$

hinzufügen.

Verwendet man die schon benützten Ausdrücke

$$a_y = a\,\alpha_y, \; \frac{a^2}{EJ} = k \quad \text{und} \quad \frac{\alpha_y}{j_y} = k_y,$$

so erhält man die erste der Grundgleichungen des Rostes in der Form

$$\frac{k}{j_x}\frac{1}{6}\left(k_y \overline{M}_{x\,y-1} + 2\,[k_y + k_{y+1}]\,\overline{M}_{xy} + k_{y+1}\,\overline{M}_{x\,y+1}\right) + \frac{z_{x\,y-1} - z_{xy}}{\alpha_y} - \frac{z_{xy} - z_{xy+1}}{\alpha_{y+1}} = 0 \tag{12}$$

$$(x = 0, 1, 2 \ldots n;\; y = 1, \ldots m-1)$$

und die zweite

$$z_{xy} = \frac{1}{a\gamma_y}\sum_{\bar{x}=0}^{n} \vartheta_{x\bar{x}}\left(\frac{\overline{M}_{\bar{x}\,y-1} - \overline{M}_{\bar{x}y}}{\alpha_y} - \frac{\overline{M}_{\bar{x}y} - \overline{M}_{\bar{x}\,y+1}}{\alpha_{y+1}}\right) + z^0_{xy} \tag{13}$$

$$(x = 0, 1, 2, \ldots n;\; y = 0, 1, \ldots m)$$

mit den Randwerten

$$\overline{M}_{x-1} = \overline{M}_{x0} = \overline{M}_{xm} = \overline{M}_{xm+1} = 0\,. \tag{14}$$

Dies sind ebensoviele Unbekannte wie Gleichungen. Wir vereinfachen die Schreibweise durch die Verwendung der im folgenden erklärten Symbole

$$D\,(k_y \overline{M}_{xy}) = \frac{1}{6}\left(k_y \overline{M}_{x\,y-1} + 2\,[k_y + k_{y+1}]\,\overline{M}_{xy} + k_{y+1}\,\overline{M}_{x\,y+1}\right)$$

$$\Delta\left(\frac{z_{xy}}{\alpha_y}\right) = \frac{z_{xy-1} - z_{xy}}{\alpha_y} - \frac{z_{xy} - z_{xy+1}}{\alpha_{y+1}}\,.$$

Damit können die zu lösenden Gleichungssysteme kürzer

$$\frac{k}{j_x} D\,(k_y \overline{M}_{xy}) + \Delta\left(\frac{z_{xy}}{\alpha_y}\right) = 0 \tag{15}$$

$$z_{xy} = z^0_{xy} + \frac{1}{a\gamma_y}\sum_{\bar{x}=0}^{n} \vartheta_{x\bar{x}} \cdot \Delta\left(\frac{\overline{M}_{\bar{x}y}}{\alpha_y}\right) = \sum^{\bar{\xi}} P_{\bar{\xi}y}\frac{\vartheta_{x\bar{\xi}}}{\gamma_y} + \frac{1}{a\gamma_y}\sum_{\bar{x}=0}^{n} \vartheta_{x\bar{x}}\,\Delta\left(\frac{\overline{M}_{\bar{x}y}}{\alpha_y}\right) \tag{16}$$

mit den Randwerten $\overline{M}_{x,-1} = \overline{M}_{x0} = \overline{M}_{xm} = \overline{M}_{x\,m+1} = 0$ geschrieben werden.

§ 2. Die Lösung der Grundgleichungen bei unbelasteten Querträgern.

5. Die Aufstellung partikularer Lösungen durch Trennung der Veränderlichen.

Zur Lösung der Grundgleichungen wird im folgenden ein Verfahren verwendet, welches bei der Lösung partieller Differentialgleichungen unter der Bezeichnung Trennung der Variabeln häufig benützt wird. Es besteht im wesentlichen darin, daß man sich zunächst eine hinreichende Anzahl von partikularen Lösungen beschafft, die die Form eines Produktes besitzen, also in unserem Falle

$$z_{xy} = z_x v_y \quad \text{und} \quad \overline{M}_{xy} = U_x w_y\,, \tag{1}$$

wobei z_x und U_x nur mit x, v_y und w_y nur mit y veränderlich sind, wie schon durch den Zeiger angedeutet wird. Überdies soll $\overline{M}_{xy}$ bereits die Randbedingungen (14) in § 1 erfüllen. Dies wird erreicht, wenn für w_y die Randwerte

$$w_{-1} = w_0 = w_m = w_{m+1} = 0 \tag{2}$$

vorgeschrieben werden. Wenn es gelingt, mehrere solcher partikularer Lösungen, etwa $z_x^0 v_y^0$, $z_x^1 v_y^1$, $\ldots z_x^i v_y^i \ldots$ und $U_x^0 w_y^0$, $U_x^1 w_y^1 \ldots U_x^i w_y^i \ldots$ zu finden, so kann durch Übereinanderlagern dieser partikularen Lösungen eine allgemeinere Lösung in der Form

$$z_{xy} = \sum^{i} z_x^i v_y^i; \qquad \overline{M}_{xy} = \sum^{i} U_x^i w_y^i$$

erhalten werden.

Mit den Ansätzen nach Gl. (1) ergibt sich zunächst

$$D(k_y \overline{M}_{xy}) = U_x \frac{1}{6}(k_y w_{y-1} + 2[k_y + k_{y+1}] w_y + k_{y+1} w_{y+1}) = U_x D(k_y w_y)$$

$$\Delta\left(\frac{\overline{M}_{xy}}{\alpha_y}\right) = U_x \left(\frac{w_{y-1} - w_y}{\alpha_y} - \frac{w_y - w_{y+1}}{\alpha_{y+1}}\right) = U_x\, \Delta\left(\frac{w_y}{\alpha_y}\right)$$

und ebenso

$$\Delta\left(\frac{z_{xy}}{\alpha_y}\right) = z_x\, \Delta\left(\frac{v_y}{\alpha_y}\right).$$

Damit nehmen die Gleichungen (15) und (16) des § 1 die Form an

$$\frac{k}{j_x} U_x D(k_y w_y) + z_x \Delta\left(\frac{v_y}{\alpha_y}\right) = 0$$

$$z_x v_y = \sum^{\bar{\xi}} P_{\bar{\xi} y} \frac{\vartheta_{x\bar{\xi}}}{\gamma_y} + \frac{1}{a\gamma_y} \sum_{\bar{x}=0}^{n} \vartheta_{x\bar{x}} U_{\bar{x}}\, \Delta\left(\frac{w_y}{\alpha_y}\right),$$

Die erste dieser Gleichungen ergibt durch Trennung der Veränderlichen

$$\frac{k}{j_x} \frac{U_x}{z_x} = -\frac{\Delta\left(\frac{v_y}{\alpha_y}\right)}{D(k_y w_y)}.$$

Damit diese Gleichung, bei welcher linker Hand eine nur von x, rechter Hand des Gleichheitszeichens eine nur von y abhängige Größe steht, erfüllt ist, ist es notwendig, daß sowohl linke wie rechte Seite unveränderlich sind. Ohne Einschränkung der Allgemeinheit setzen wir

$$\frac{k}{j_x} \frac{U_x}{z_x} = 1, \text{ also } U_x = \frac{j_x}{k} z_x$$

und daher

$$D(k_y w_y) + \Delta\left(\frac{v_y}{\alpha_y}\right) = 0\,.$$

Die zweite Gleichung verlangt zunächst, damit die Trennung der Veränderlichen gelingt, daß $P_{\bar{\xi} y}$ die Form $p_{\bar{\xi}}\, v_y\, \gamma_y$ besitzt; denn dann erhält man durch Division durch v_y

$$z_x = \sum^{\bar{\xi}} p_{\bar{\xi}}\, \vartheta_{x\bar{\xi}} + \frac{1}{a} \sum_{\bar{x}=0}^{n} \vartheta_{x\bar{x}} U_{\bar{x}} \frac{\Delta\left(\frac{w_y}{\alpha_y}\right)}{\gamma_y v_y}.$$

Diese Gleichung verlangt, daß die rechte Seite ebenso wie die linke nur von x abhängt; dazu muß $\frac{\Delta\left(\frac{w_y}{\alpha_y}\right)}{\gamma_y v_y}$ eine Konstante sein, die mit $-\lambda$ bezeichnet werden soll. Es ist also

$$\Delta\left(\frac{w_y}{\alpha_y}\right) + \lambda\,\gamma_y\,v_y = 0$$

und

$$z_x = \sum^{\bar{\xi}} p_{\bar{\xi}}\,\vartheta_{x\bar{\xi}} - \sum_{\bar{x}=0}^{n} \vartheta_{x\bar{x}}\,\frac{j_{\bar{x}}\lambda}{a\,k}\,z_{\bar{x}}$$

wenn für $U_{\bar{x}}$ der Wert $\frac{j_{\bar{x}}}{k} z_{\bar{x}}$ eingeführt wird.

Wir fassen daher das Ergebnis wie folgt zusammen:

Die Durchbiegungen $z_{\xi y}$ der Längsträger und die Knotenmomente $\overline{M}_{xy}$ der Querträger sind durch die Ausdrücke

$$z_{\xi y} = z_\xi v_y \qquad \text{und} \qquad \overline{M}_{xy} = \frac{j_x z_x}{k}\,w_y \tag{3}$$

gegeben, wenn die Belastung der Längsträger durch

$$P_{\bar{\xi} y} = p_{\bar{\xi}} v_y \gamma_y \tag{4}$$

dargestellt werden kann und die Querträger unbelastet sind. Dabei müssen v_y und w_y dem Gleichungssystem

$$\left.\begin{aligned} &D\,(k_y w_y) + \Delta\left(\frac{v_y}{\alpha_y}\right) = 0 \qquad (y = 1, 2, \ldots m-1)\\ &\Delta\left(\frac{w_y}{\alpha_y}\right) + \lambda \gamma_y v_y = 0 \qquad (y = 0, 1 \ldots m)\\ &\text{mit den Randwerten}\\ &w_{-1} = w_0 = w_m = w_{m+1} = 0 \end{aligned}\right\} \tag{5}$$

genügen, während z_ξ für jedes ξ durch die Lösungen der Gleichung

$$z_\xi + \sum_{\bar{x}=0}^{n} \frac{\lambda j_{\bar{x}}}{a\,k}\,z_{\bar{x}}\,\vartheta_{\xi\bar{x}} = \sum^{\bar{\xi}} p_{\bar{\xi}}\,\vartheta_{\xi\bar{\xi}} = z_\xi^0 \tag{6}$$

mithin auch für $\xi = x$

$$z_x + \sum_{\bar{x}=0}^{n} \frac{\lambda j_{\bar{x}}}{a\,k}\,z_{\bar{x}}\,\vartheta_{x\bar{x}} = \sum^{\bar{\xi}} p_{\bar{\xi}}\,\vartheta_{x\bar{\xi}} = z_x^0 \tag{6a}$$

$$(x = 0, 1, 2, \ldots n)$$

dargestellt ist. $p_{\bar{\xi}}$ ist hierbei gegeben; v_y, w_y und λ können aus dem Gleichungssystem (5), welches im 2. Abschnitt noch ausführlich behandelt werden wird, ermittelt werden.

Sind die Lösungen v_y, w_y und λ sowie die Größen z_x bekannt, so kann jede Größe des Rostes bestimmt werden. Man erhält für die Auflagerkräfte zwischen Längs- und Querträgern infolge der Stützenmomente der Querträger

$$C_{xy} = -\frac{1}{a}\,\Delta\left(\frac{\overline{M}_{xy}}{\alpha_y}\right) = -z_x\,\frac{j_x}{a\,k}\,\Delta\left(\frac{w_y}{\alpha_y}\right) = z_x\,\frac{j_x\lambda}{a\,k}\,v_y\gamma_y \tag{7}$$

oder mit der Abkürzung $z_x \frac{j_x\lambda}{a\,k} = C_x$

$$C_{xy} = C_x v_y \gamma_y. \tag{7a}$$

Dabei wirken, wie schon erklärt, positive C_{xy} auf die Längsträger von unten nach oben, auf die Querträger daher von oben nach unten.

Für eine beliebige statische Größe S der Längsträger im Roste wird

$$\begin{aligned} S_{\xi y} &= S^0_{\xi y} - \sum_{\bar{x}=0}^{n} C_{\bar{x}y}\, \sigma_{\xi\bar{x}} = \sum^{\bar{\xi}} P_{\bar{\xi}y}\, \sigma_{\xi\bar{\xi}} - \sum_{\bar{x}=0}^{n} z_{\bar{x}} \frac{j_{\bar{x}}\lambda}{a\,k}\, \sigma_{\xi\bar{x}} v_y \gamma_y \\ &= \Bigl(\sum^{\bar{\xi}} p_{\bar{\xi}}\, \sigma_{\xi\bar{\xi}} - \sum_{\bar{x}=0}^{n} C_{\bar{x}}\, \sigma_{\xi\bar{x}}\Bigr) v_y \gamma_y\,. \end{aligned} \tag{8}$$

Darin bedeutet $\sigma_{\xi\bar{\xi}}$ die Einflußlinie von S im Grundsystem und $S^0_{\xi y}$ den Wert von S im Grundsystem infolge der Belastung desselben mit $P_{\bar{\xi}y} = p_{\bar{\xi}} v_y \gamma_y$.

Handelt es sich hingegen um eine Größe $E_{\xi y}$ des Längsträgers, die von dem Trägheitsmoment desselben abhängig, wie z. B. eine Formänderungsgröße, so ist die Einflußlinie derselben durch

$$\varepsilon_{\xi y\bar{\xi}} = \frac{\varepsilon_{\xi\bar{\xi}}}{\gamma_y}$$

gegeben und man erhält

$$\begin{aligned} E_{\xi y} &= E^0_{\xi y} - \sum_{\bar{x}=0}^{n} C_{\bar{x}y} \frac{\varepsilon_{\xi\bar{x}}}{\gamma_y} = \sum^{\bar{\xi}} P_{\bar{\xi}y} \frac{\varepsilon_{\xi\bar{\xi}}}{\gamma_y} - \sum_{\bar{x}=0}^{n} z_{\bar{x}} \frac{j_{\bar{x}}\lambda}{a\,k}\, \varepsilon_{\xi\bar{x}} v_y \\ &= \Bigl(\sum^{\bar{\xi}} p_{\bar{\xi}}\, \varepsilon_{\xi\bar{\xi}} - \sum_{\bar{x}=0}^{n} C_{\bar{x}}\, \varepsilon_{\xi\bar{x}}\Bigr) v_y\,, \end{aligned} \tag{9}$$

worin $E^0_{\xi y} = E_\xi/\gamma_y$ den Wert von E im Grundsystem für den Längsträger y, E_ξ den Wert von E und $\varepsilon_{\xi\bar{\xi}}$ die Einflußlinie von E im Grundsystem eines Längsträgers mit $\gamma_y = 1$ bedeutet.

Auch sämtliche Größen der Querträger sind leicht zu bestimmen. Man hat nur zu beachten, daß dieselben lediglich durch die Auflagerkräfte C_{xy} zwischen Längs- und Querträgern belastet sind; die Knotenmomente betragen nach Gl. (3)

$$\overline{M}_{xy} = a z_x \frac{i_x \lambda}{a k} \frac{w_y}{\lambda} = a\, C_x \frac{w_y}{\lambda}\,. \tag{10}$$

6. Das Gleichungssystem für v_y und w_y.

Mit dem Gleichungssystem für v_y und w_y, nämlich mit

$$D\,(k_y w_y) + \Delta\left(\frac{v_y}{\alpha_y}\right) = 0 \qquad (y = 1, 2, \ldots m-1)$$

$$\Delta\left(\frac{w_y}{\alpha_y}\right) + \lambda \gamma_y v_y = 0 \qquad (y = 0, 1, 2, \ldots m)$$

und den Randwerten

$$w_{-1} = w_0 = w_m = w_{m+1} = 0$$

werden wir uns im II. Abschnitt ausführlich beschäftigen. Wir nehmen hier einige der dort bewiesenen Ergebnisse vorweg und bemerken zunächst, daß dieses homogene Gleichungssystem bei beliebigen Werten von λ nur die triviale Lösung alle $v_y = w_y = 0$ besitzt. Diese triviale Lösung besitzt kein weiteres Interesse. Denn hiermit verschwinden sowohl die Belastung $P_{\bar{\xi}y}$ als auch die $z_{\xi y}$ und $\overline{M}_{xy} \cdot v_y = 0$ und $w_y = 0$ entspricht daher dem unbelasteten Rost.

Erhält aber λ bestimmte Werte, die der Größe nach geordnet mit $\lambda^0, \lambda^1 \ldots, \lambda^i \ldots$ bezeichnet werden sollen und die man „Eigenwerte" nennt, so gibt es zu jedem dieser Eigenwerte ein Lösungssystem v_y und w_y, bei dem nicht alle v_y und w_y verschwinden. Man nennt diese Lösungen „Eigenlösungen". Es gehören also zu den Eigenwerten

λ^0	die Eigenlösungen	$v_0^0, v_1^0, \ldots, v_y^0, \ldots, v_m^0$	und	$w_1^0, \ldots, w_y^0, \ldots, w_{m-1}^0$
λ^1	,, ,,	$v_0^1, v_1^1, \ldots, v_y^1, \ldots, v_m^1$	,,	$w_1^1, \ldots, w_y^1, \ldots, w_{m-1}^1$
. . .		. . .		. . .
λ^i	,, ,,	$v_0^i, v_1^i, \ldots, v_y^i, \ldots, v_m^i$	,,	$w_1^i, \ldots, w_y^i, \ldots, w_{m-1}^i$
. . .		. . .		. . .
λ^m	,, ,,	$v_0^m, v_1^m, \ldots, v_y^m, \ldots, v_m^m$	,,	$w_1^m, \ldots, w_y^m, \ldots, w_{m-1}^m$

Hierbei wurden die Werte w_0 und w_m, die als Randwerte bei allen Lösungen verschwinden, nicht angeschrieben.

In Abb. 5 sind z. B. die Werte v_y^i für $m = 6$, also für 7 Längsträger dargestellt.

In Abschnitt II wird gezeigt werden, daß es genau $m + 1$ Eigenwerte und $m + 1$ Eigenlösungssysteme gibt. Die ersten beiden Eigenwerte λ^0 und λ^1 sind stets Null, alle übrigen positiv. Zu λ^0 und λ^1 gehören stets die Lösungen: alle $w_y^0 = w_y^1 = 0$, während die v_y^0 konstant sind, die v_y^1 linear von y abhängen. Es ist weiteres unschwer zu erkennen, daß, wenn v_y^i und w_y^i eine Lösung sind, auch die Werte $q v_y^i$ und $q w_y^i$ die Gleichungen befriedigen, worin q eine beliebige Konstante vorstellt. Diese Konstante wird stets so gewählt werden, daß

$$\sum_{y=0}^{m} (v_y^i)^2 \gamma_y = 1$$

wird. Man sagt, die Größen $v_y^i \sqrt{\gamma_y}$ sind „normiert“.

Es läßt sich weiters zeigen, daß zwischen den Lösungen v_y^i und v_y^h, die zu den Eigenwerten λ^i und λ^h gehören, die Gleichung

$$\sum_{y=0}^{m} v_y^i v_y^h \gamma_y = 0 \quad (i \neq h)$$

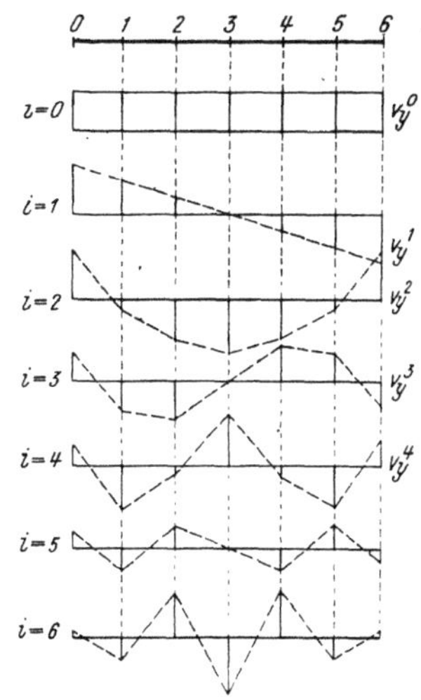

Abb. 5

wegen des besonderen Aufbaues der Gleichungssysteme für v und w besteht. Man bezeichnet diese Eigenschaft als Orthogonalität der Größen $v_y^i \sqrt{\gamma_y}$ und $v_y^h \sqrt{\gamma_y}$.

In den Ansätzen

$$z_{\xi y} = z_\xi v_y,\ \overline{M}_{xy} = U_x w_y = \frac{j_x z_x}{k} w_y = a C_x \frac{w_y}{\lambda},\ C_{xy} = \frac{j_x \lambda z_x}{a k} v_y \gamma_y = C_x v_y \gamma_y\,,$$

welche zu der Belastung $P_{\xi y} = p_\xi v_y \gamma_y$ gehören, kann nun für v_y und w_y und λ eines der $m + 1$ Eigenlösungssysteme v_y^i und w_y^i sowie der zugehörige Eigenwert λ^i gewählt werden und man erhält für die Belastung

$$P_{\xi y}^i = p_\xi^i v_y^i \gamma_y$$

die Lösungen

$$z_{\xi y}^i = z_\xi^i v_y^i,\ \overline{M}_{xy}^i = \frac{j_x z_x^i}{k} w_y^i = a C_x^i \frac{w_y^i}{\lambda^i},\ C_{xy}^i = \frac{j_x \lambda^i z_x^i}{a k} v_y^i \gamma_y = C_x^i v_y^i \gamma_y. \tag{11}$$

Eine solche Belastung $P_{\xi y}^i$ ist dadurch gekennzeichnet, daß entsprechend der Darstellung durch ein Produkt, dessen ein Faktor nur von ξ, der andere nur von y abhängt, alle Längsträger ähnlich belastet sind; ebenso sind die Biegelinien $z_{\xi y}^i$

der Längsträger ähnlich. Auch der Verlauf der Knotenmomente $\overline{M}_{xy}$ und der Auflagerdrücke C_{xy} ist ähnlich.

Da die zu dem Eigenwerte $\lambda^0 = 0$ gehörenden Eigenlösungen konstant sind, stellt $P^0_{\bar{\xi}y}$ eine Belastung vor, bei der sämtliche Längsträger proportional ihrem Trägheitsmoment belastet sind. Da dann $z^0_{\xi y}$ nicht von y abhängt, haben alle Längsträger im Rost dieselbe Biegelinie. Die Knoten eines Querträgers haben sich alle um den gleichen Betrag gesenkt und da die Querträger selbst unbelastet sind, bleiben sie gerade. Es treten demnach keine Biegungsmomente in den Querträgern auf. Dies findet man auch dadurch bestätigt, daß zu v^0_y die Werte $w^0_y = 0$ gehören und demnach $\overline{M}^0_{xy}$ verschwindet. Ebenso wird C^0_{xy} wegen $\lambda^0 = 0$ Null.

Die Belastung $P^1_{\bar{\xi}y} = p^1_{\bar{\xi}}\, v^1_y\, \gamma_y$ hat eine Verformung des Rostes zur Folge, bei welcher alle Punkte der Längsträger mit demselben ξ auf einer geneigten Geraden liegen, weil v^1_y, welches zu $\lambda^1 = 0$ gehört, linear von y abhängt. Die Querträger stellen sich in diesem Falle schräg, bleiben aber gerade; es treten also ebenfalls keine Biegungsmomente in den Querträgerknoten auf, wie auch durch den Ansatz für $\overline{M}_{xy}$ wegen $w^1_y = 0$ bestätigt wird. Ebenso verschwinden die C^1_{xy} wegen $\lambda^1 = 0$.

Erst bei den höheren Belastungszuständen $i \gtreqless 2$ treten Knotenmomente $\overline{M}^i_{xy}$ und Auflagerkräfte C^i_{xy} auf. Die Belastung $P^i_{\bar{\xi}y} = p^i_{\bar{\xi}}\, v^i_y\, \gamma_y$ besitzt übrigens für $i \gtreqless 1$ keine Resultierende; man erkennt dies daraus, daß wegen der Orthogonalitätsbedingung

$$\sum_{y=0}^{m} v^0_y\, v^i_y\, \gamma_y = 0$$

$$\sum_{y=0}^{m} P^i_{\bar{\xi}y}\, v^0_y = v^0_y \sum_{y=0}^{m} P^i_{\bar{\xi}y} = p^i_{\bar{\xi}} \sum_{y=0}^{m} v^0_y\, v^i_y\, \gamma_y = 0$$

wird, daher auch

$$\sum_{y=0}^{m} P^i_{\bar{\xi}y} = 0$$

ist.

7. Das Gleichungssystem für z^i_x.

Wir erhielten für die Größen z^i_x, welche zu dem Belastungszustand $P^i_{\xi y} = p^i_{\bar{\xi}}\, v^i_y\, \gamma_y$ gehören, das Gleichungssystem (6a)

$$z^i_x + \sum_{\bar{x}=0}^{n} \frac{j_{\bar{x}}\lambda^i}{a\,k}\, z^i_{\bar{x}}\, \vartheta_{x\bar{x}} = \sum^{\bar{\xi}} p^i_{\bar{\xi}}\, \vartheta_{x\bar{\xi}} = z^0_x \quad (x = 0, 1, \ldots n).$$

Diese Gleichung läßt eine einfache Deutung der Werte z^i_{ξ} bzw. z^i_x zu. Betrachten wir nämlich einen Längsträger des Grundsystemes mit dem Trägheitsmoment J_{ξ}, also mit $\gamma_y = 1$, der überdies in den einzelnen Knoten elastisch federnd gestützt ist, so daß die Knotensenkung u^i_x einen Auflagerdruck

$$C^i_x = \beta^i_x\, u^i_x$$

erzeugt, so kann die Biegelinie dieses federnd gestützten Trägers aus jener des nicht in den Knoten abgestützten Trägers gefunden werden, wenn man den Einfluß der Stützenkräfte C^i_x berücksichtigt. Bedeutet wie bisher $\vartheta_{\xi\bar{\xi}}$ die Ordinate der Einflußlinie der Durchbiegung des nicht federnd gestützten Trägers an der

Stelle $\bar{\xi}$ für den Bezugspunkt ξ, so wird die Durchbiegung des mit der Federungszahl β_x^i federnd gestützten Längsträgers mit

$$u_\xi^i = u_\xi^0 - \sum_{\bar{x}=0}^{n} \beta_{\bar{x}}^i \, u_{\bar{x}}^i \, \vartheta_{\xi\bar{x}} = \sum^{\bar{\xi}} g_{\bar{\xi}} \, \vartheta_{\xi\bar{\xi}} - \sum_{\bar{x}=0}^{n} C_{\bar{x}}^i \, \vartheta_{\xi\bar{x}}$$

unter den Lasten $g_{\bar{\xi}}$ erhalten.

Der Vergleich dieses Ausdruckes mit jenem nach Gl. (6) zeigt, daß man z_ξ^i als Biegelinie eines Längsträgers mit dem Trägheitsmoment J_ξ, also $\gamma_y = 1$ auffassen kann, welcher in den Knoten federnd gestützt ist und wobei die Federungszahl den Wert

$$\beta_x^i = \frac{j_x \lambda^i}{a\,k} \tag{12}$$

besitzt. Hervorgerufen wird diese Biegelinie durch die Belastung $p_{\bar{\xi}}^i$. Zu jeder Belastung $P_{\bar{\xi}y}^i$ gehört natürlich wegen des Wertes λ^i eine besondere Federungszahl β_x^i. Der Kürze halber bezeichnen wir den mit $\beta_x^i = \frac{j_x \lambda^i}{a\,k}$ abgestützten Längsträger mit dem Trägheitsmoment J_ξ ($\gamma_y = 1$) als System „i".

Da die beiden ersten Eigenwerte $\lambda^0 = \lambda^1 = 0$ sind, fehlt den Systemen „0" und „1" die Stützung in den Knoten. Es ist also $z_\xi^0 = z_\xi^1$ gleich der Biegelinie des Längsträgers im Grundsystem, welcher das Trägheitsmoment J_ξ besitzt. Sie tritt auf, wenn die Belastung $P_{\bar{\xi}y}^0 = p_{\bar{\xi}}^0 \, v_y^0 \, \gamma_y$ oder $P_{\bar{\xi}y}^1 = p_{\bar{\xi}}^1 \, v_y^1 \, \gamma_y$ vorliegt.

Die Tatsache, daß z_ξ^i als Biegelinie des Systemes „i" gedeutet werden kann, erlaubt, auch auf allenfalls anderem Wege als durch die Auflösung des Gleichungssystemes (6) die Größen z_x^i zu ermitteln. Ebenso ist auch für die Berechnung der anderen Größen der Umweg über die Auflösung des Gleichungssystemes (6a) nicht notwendig. Es können z. B. die Werte von C_{xy}^i durch

$$C_{xy}^i = \frac{j_x z_x^i \lambda^i}{a\,k} \, v_y^i \, \gamma_y = \beta_x^i \, z_x^i \, v_y^i \, \gamma_y = C_x^i \, v_y^i \, \gamma_y \tag{13}$$

ausgedrückt werden.

Ebenso kann jede beliebige statische Größe des Längsträgers im Rost z. B. $S_{\xi y}^i$ infolge der Belastung $P_{\bar{\xi}y}^i = p_{\bar{\xi}}^i \, v_y^i \gamma_y$, für welche nach Gl. (8) der Ausdruck

$$S_{\xi y}^i = \left(\sum^{\bar{\xi}} p_{\bar{\xi}}^i \sigma_{\xi\bar{\xi}} - \sum_{\bar{x}=0}^{n} C_{\xi\bar{x}} \, \sigma_{\bar{x}}^i \right) v_y^i \, \gamma_y$$

gefunden wurde, auch durch

$$S_{\xi y}^i = S_\xi^i \, v_y^i \, \gamma_y \tag{14}$$

dargestellt werden. Dabei ist S_ξ^i der Wert von S im System „i" infolge der Belastung $p_{\bar{\xi}}^i$. Die Richtigkeit von Gl. (14) ist sofort einzusehen, wenn man bedenkt, daß S_ξ^i durch die Belastung $p_{\bar{\xi}}^i$ und überdies durch die Auflagerdrücke in den Knoten

$$C_x^i = \frac{j_x \lambda^i}{a\,k} \, z_x^i$$

hervorgerufen wird.

Ganz ähnlich ergibt sich für eine Größe $E_{\xi y}^i$ des Längsträgers im Roste, die von dem Trägheitsmoment $J_{\xi y}$ abhängt, der Wert

$$E_{\xi y}^i = E_\xi^i \, v_y^i \tag{15}$$

wobei E^i_ξ den Wert von E im System „i“ bedeutet. $E^i_{\xi y}$ ist, wie alle Größen des Rostes, durch die Belastung $P^i_{\bar{\xi} y}$, E^i_ξ durch die Belastung $p^i_{\bar{\xi}}$ des Systems „i“ hervorgerufen.

Endlich ergibt sich für die Knotenmomente $\overline{M}^i_{xy}$ der Querträger mit Benützung der Werte C^i_x nach Gl. (11) der Wert

$$\overline{M}^i_{xy} = \frac{j_x z^i_x}{k} w^i_y = a\, C^i_x\, w^i_y / \lambda^i . \tag{16}$$

8. Die Lösung der Grundgleichungen bei beliebiger Belastung der Längsträger.

Wir haben in Absatz 6 erwähnt und werden im Abschnitt II hierauf noch ausführlicher zurückkommen, daß das Gleichungssystem (5) für v_y und w_y $m+1$ verschiedene Lösungen v^i_y und w^i_y besitzt. Diesen $m+1$ verschiedenen Lösungssystemen entsprechen $m+1$ verschiedene Belastungen $P^i_{\bar{\xi} y} = p^i_{\bar{\xi}}\, v^i_y\, \gamma_y$, zu denen ebensoviele $z^i_{\xi y}$, $S^i_{\xi y}$, $E^i_{\xi y}$, C^i_{xy}, $\overline{M}^i_{xy}$ gehören. Es ist nun möglich, eine beliebige Belastung der Längsträger $P_{\bar{\xi} y}$ in der Form

$$P_{\bar{\xi} y} = \sum_{i=0}^{m} P^i_{\bar{\xi} y} = \sum_{i=0}^{m} p^i_{\bar{\xi}}\, v^i_y\, \gamma_y \tag{17}$$

darzustellen. Gelingt dies, so werden auch die zu der Belastung $P_{\bar{\xi} y}$ gehörenden Werte $z_{\xi y}$, $S_{\xi y}$, $E_{\xi y}$, C_{xy}, $\overline{M}_{xy}$ in der Form

$$z_{\xi y} = \sum_{i=0}^{m} z^i_{\xi y}, \quad S_{\xi y} = \sum_{i=0}^{m} S^i_{\xi y}, \quad E_{\xi y} = \sum_{i=0}^{m} E^i_{\xi y}, \quad C_{xy} = \sum_{i=0}^{m} C^i_{xy},$$

$$\overline{M}_{xy} = \sum_{i=0}^{m} \overline{M}^i_{xy}$$

darzustellen sein.

Wir benützen hierzu folgenden, später bewiesenen Satz: Ist eine Größe F_y an den Stellen $y = 0, 1, \ldots m$ gegeben, so kann sie in der Form

$$F_y = \sum_{i=0}^{m} f^i\, v^i_y\, \gamma_y$$

dargestellt werden, wobei die f^i durch die Gleichung

$$f^i = \sum_{\bar{y}=0}^{m} F_{\bar{y}}\, v^i_{\bar{y}}$$

gegeben sind. Demnach ergibt sich für $p^i_{\bar{\xi}}$ die Gleichung

$$p^i_{\bar{\xi}} = \sum_{\bar{y}=0}^{m} P_{\bar{\xi}\bar{y}}\, v^i_{\bar{y}} . \tag{18}$$

Damit sind die Grundgleichungen für eine beliebige Belastung der Längsträger gelöst. Die Lösungen lauten für die Durchbiegungen

$$z_{\xi y} = \sum_{i=0}^{m} z^i_\xi\, v^i_y ,$$

die Knotenmomente der Querträger

$$\overline{M}_{xy} = a \sum_{i=2}^{m} \beta_x^i z_x^i \frac{w_y^i}{\lambda^i} = a \sum_{i=2}^{m} C_x^i \frac{w_y^i}{\lambda^i},$$

die Auflagerdrücke zwischen Längs- und Querträgern

$$C_{xy} = \sum_{i=2}^{m} \beta_x^i z_x^i v_y^i \gamma_y = \sum_{i=2}^{m} C_x^i v_y^i \gamma_y, \qquad (19)$$

die statischen Größen der Längsträger

$$S_{\xi y} = \sum_{i=0}^{m} S_\xi^i v_y^i \gamma_y,$$

die Formänderungsgrößen der Längsträger

$$E_{\xi y} = \sum_{i=0}^{m} E_\xi^i v_y^i .$$

Hierbei ist z_ξ^i die Biegelinie des Systemes „i“ infolge der nach Gl. (18) bestimmten Belastung $p_{\bar{\xi}}^i \cdot C_x^i$, S_ξ^i und E_ξ^i sind die Werte von C, S und E im System „i“ infolge der Belastung $p_{\bar{\xi}}^i$. Die Reihenentwicklung für $\overline{M}_{xy}$ beginnt erst mit $i=2$, weil die Belastungszustände $P_{\bar{\xi}y}^i$ für $i=0$ und $i=1$ keine Knotenmomente ergeben. Ebenso beginnt auch die Reihe für C_{xy} erst mit $i=2$ wegen $C_x^0 = C_x^1 = 0$.

Die Systeme „i“ sind gemäß Gl. (18) an allen Stellen $\bar{\xi}$ mit $p_{\bar{\xi}}^i$ belastet, an denen irgendeiner der Längsträger belastet ist. Ist nur ein Längsträger $\bar{y}$ an der Stelle $\bar{\xi}$ mit $P_{\bar{y}\bar{\xi}}$ belastet, so ist

$$p_{\bar{\xi}}^i = P_{\bar{\xi}\bar{y}}\, v_{\bar{y}}^i ;$$

sind mehrere Längsträger an derselben Stelle $\bar{\xi}$ belastet, so ergibt Gl. (18)

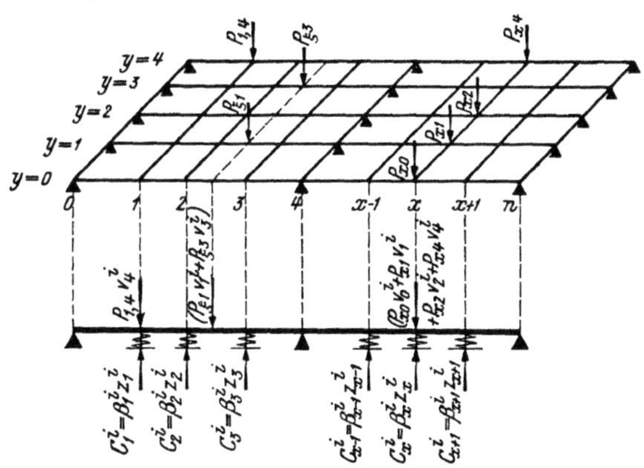

Abb. 6.

$$p_{\bar{\xi}}^i = \sum_{\bar{y}=0}^{m} P_{\bar{\xi}\bar{y}}\, v_{\bar{y}}^i$$

wie dies die Abb. 6 veranschaulicht.

Sind die Größen z_ξ^i, v_y^i und w_y^i ermittelt, so werden sämtliche Größen wie $z_{\xi y}$, $\overline{M}_{xy}$, C_{xy} usw. durch Matrizenmultiplikation erhalten. Um diese Rechenarbeit übersichtlich zu gestalten, schreibt man am besten den von ξ bzw. y abhängigen Faktor, also z. B. für $S_{\xi y}: S_\xi^i$ und $v_y^i \gamma_y$, in der Form von Matrizen an und zwar so, daß die Werte von S_ξ^i zeilenweise nach ξ, die von $v_y^i \gamma_y$ spaltenweise nach y fortschreiten:

i \ $\xi =$	0	1	2	...	n
0	S_0^0	S_1^0	S_2^0	...	S_n^0
1	S_0^1	S_1^1	S_2^1	...	S_n^1
2	S_0^2	S_1^2	S_2^2	...	S_n^2
.....					
m	S_0^m	S_1^m	S_2^m	...	S_n^m

y \ $i =$	0	1	2	...	m
0	$v_0^0 \gamma_0$	$v_0^1 \gamma_0$	$v_0^2 \gamma_0$	...	$v_0^m \gamma_0$
1	$v_1^0 \gamma_1$	$v_1^1 \gamma_1$	$v_1^2 \gamma_1$	...	$v_1^m \gamma_1$
2	$v_2^0 \gamma_2$	$v_2^1 \gamma_2$	$v_2^2 \gamma_2$	...	$v_2^m \gamma_2$
.....					
m	$v_m^0 \gamma_m$	$v_m^1 \gamma_m$	$v_m^2 \gamma_m$	...	$v_m^m \gamma_m$

Um z. B. $S_{\xi y}$ für $\xi = 2$ und $y = 1$ zu erhalten, multipliziert man die Elemente der dritten Spalte der Matrix von S_ξ^i mit denen der zweiten Zeile der Matrix $v_y^i \gamma_y$ und addiert; man bekommt so

$$S_{2\,1} = S_2^0 v_1^0 \gamma_1 + S_2^1 v_1^1 \gamma_1 + S_2^2 v_1^2 \gamma_1 \ldots + S_2^m v_1^m \gamma_1 .$$

Auch die Werte

$$p_\xi^i = \sum_{y=0}^{m} P_{\xi y} v_y^i$$

erhält man durch die Multiplikation der beiden Matrizen

y \ $\xi =$	0	1	2	...	n
0	P_{00}	P_{10}	P_{20}	...	P_{n0}
1	P_{01}	P_{11}	P_{21}	...	P_{n1}
2	P_{02}	P_{12}	P_{22}	...	P_{n2}
.....					
m	P_{0m}	P_{1m}	P_{2m}	...	P_{nm}

i \ $y =$	0	1	2	...	m
0	v_0^0	v_1^0	v_2^0	...	v_m^0
1	v_0^1	v_1^1	v_2^1	...	v_m^1
2	v_0^2	v_1^2	v_2^2	...	v_m^2
.....					
m	v_0^m	v_1^m	v_2^m	...	v_m^m

Es ist zweckmäßig, wenn man sich diese immer wiederkehrende Rechenoperation gründlich klar macht und mit ihr vertraut wird. Die Ergebnisse stellt man wiederum in Form einer Matrize zusammen; so erhält man die Matrizen p_ξ^i und $S_{\xi y}$, indem man das Ergebnis immer an jene Stelle schreibt, an der sich die Zeile und die Spalte der ursprünglichen Matrizen kreuzen. Das Ergebnis lautet demnach

y \ $\xi =$	0	1	2	...	n
0	S_{00}	S_{10}	S_{20}	...	S_{n0}
1	S_{01}	S_{11}	S_{21}	...	S_{n1}
2	S_{02}	S_{12}	S_{22}	...	S_{n2}
.....					
m	S_{0m}	S_{1m}	S_{2m}	...	S_{nm}

bzw.

i \ $\xi =$	0	1	2	...	n
0	p_0^0	p_1^0	p_2^0	...	p_n^0
1	p_0^1	p_1^1	p_2^1	...	p_n^1
2	p_0^2	p_1^2	p_2^2	...	p_n^2
.....					
m	p_0^m	p_1^m	p_2^m	...	p_n^m

9. Zurückführung des Falles beliebig belasteter Längsträger auf den Fall von nur in den Knoten belasteten Längsträgern.

Das in den vorhergegangenen Absätzen beschriebene Verfahren setzt voraus, daß man für den Fall beliebig belasteter Längsträger die Biegelinie z_ξ^i sowie die Größen S_ξ^i und E_ξ^i der Systeme „i" für die an beliebigen Stellen $\overline{\xi}$ wirkenden Lasten $p_{\overline{\xi}}^i$ kennt. Mitunter erscheint es vorteilhafter, wenn man das System „i" nur für Knotenlasten $p_{\overline{x}}^i$ zu untersuchen braucht. Dazu verfahren wir wie folgt:

Wir denken uns (Abb. 7) die belasteten Längsträger in den Knoten unverschieblich gestützt. Dann erfahren sämtliche Knoten des Rostes keine Verschiebungen; denn auch die unbelasteten Längsträger bleiben gerade. Die inneren Kräfte eines belasteten Längsträgers sind als solche eines Durchlaufträgers auf festen Stützen nach irgendeinem Verfahren zu bestimmen oder Tafelwerken zu entnehmen. Insbesondere seien die Biegungsmomente dieser Längsträger als Durchlaufträger auf festen Stützen mit $M''_{\xi\bar{y}}$, irgendwelche statische Größen mit

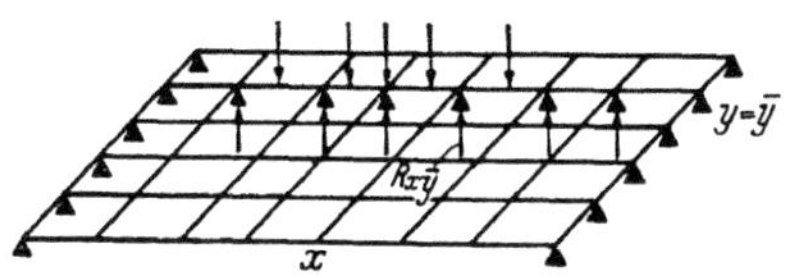

Abb. 7.

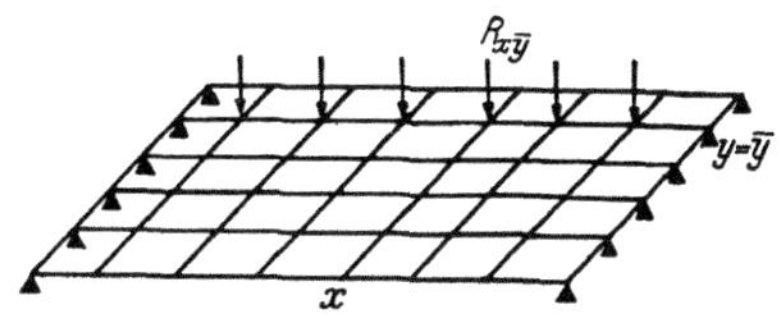

Abb. 7a.

$S''_{\xi\bar{y}}$ und Formänderungsgrößen mit $E''_{\xi\bar{y}}$, die Auflagerdrücke aber mit $R_{x\bar{y}}$ bezeichnet. Um nun zu dem tatsächlichen Belastungszustand des Rostes zu gelangen, müssen wir die festen Stützen entfernen, d. h. dem Rost einen zweiten Belastungszustand überlagern, bei welchem in den Knoten $x\bar{y}$ der belasteten Längsträger $\bar{y}$ die gleichen Lasten $R_{x\bar{y}}$ (positiv von oben nach unten gerechnet) angreifen, wie dies Abb. 7a zeigt. Es sind also für die Untersuchung des Rostes nur mehr die Knoten der belasteten Längsträger mit den Lasten $R_{x\bar{y}}$ belastet. Wir nennen diese Lasten $R_{x\bar{y}}$ die Knotenersatzlasten des Längsträgers $\bar{y}$; sie sind also nichts anderes als die Auflagerdrücke der belasteten Längsträger als Durchlaufträger auf festen Stützen. Die Belastung mit $R_{x\bar{y}}$ ergibt die Knotenmomente $\overline{M}_{xy}$ aller Querträger, die Knotenverschiebungen z_{xy} aller Knoten, ferner die Momente aller unbelasteten Längsträger sowie deren statischen Größen $S_{\xi y}$ und Formänderungsgrößen $E_{\xi y}$. Für die belasteten Längsträger erhält man durch Überlagerung irgendwelche Größen S oder E im Rost

$$S_{\xi\bar{y}} = S'_{\xi\bar{y}} + S''_{\xi\bar{y}} \qquad \text{und} \qquad E_{\xi\bar{y}} = E'_{\xi\bar{y}} + E''_{\xi\bar{y}}\,.$$

Dabei bedeuten S und E die endgültigen Rostgrößen, $S'_{\xi\bar{y}}$ und $E'_{\xi\bar{y}}$ diese Größen bei Belastung des Rostes mit den Knotenersatzlasten $R_{\xi\bar{y}}$ und endlich $S''_{\xi\bar{y}}$ und $E''_{\xi\bar{y}}$ die Werte von S und E in den belasteten Längsträgern als Durchlaufträger auf festen Stützen.

§ 3. Die Lösung der Grundgleichungen bei belasteten Querträgern.

10. Zurückführung der Lösung auf den Fall belasteter Knoten.

Es ist ohne weiteres möglich, auch für den Fall belasteter Querträger partikulare Lösungen durch Trennung der Veränderlichen zu beschaffen und durch Überlagerung derselben zu der allgemeinen Lösung zu gelangen. Im folgenden soll aber derselbe Weg wie in dem letzten Absatz eingeschlagen werden, der die Lösung auf den Fall einer ausschließlichen Knotenbelastung des Rostes zurückführt.

Wir denken uns jetzt den Rost zunächst in allen Knoten der belasteten Querträger unverschieblich unterstützt (Abb. 8). Dann erfahren, wenn bloß die Querträger belastet sind, die Längsträger keine Verschiebungen; sie bleiben gerade und es treten in ihnen keine inneren Kräfte auf. Die Querträger stellen durchlaufende Träger auf festen Stützen vor, deren innere Kräfte wiederum nach einem bekannten Verfahren oder aus Tafelwerken bestimmt werden können. Wir bezeichnen die Knotenmomente dieser Durchlaufträger mit $\overline{M}''_{\bar{x}y}$, die Auflagerdrücke mit $R_{\bar{x}y}$. Um nun den tatsächlichen Zustand des Rostes zu erhalten, müssen wir einen zweiten Belastungsfall überlagern, bei welchem in den Knoten die Kräfte $R_{\bar{x}y}$ angreifen (Abb. 8a). Jetzt sind also nur mehr die Knoten des Rostes mit den Knotenersatzlasten $R_{\bar{x}y}$ der belasteten Querträger belastet. Damit ist der Fall belasteter Querträger auf die Berechnung von Durchlaufträgern auf festen Stützen und auf die Untersuchung des Rostes unter Knotenlasten zurückgeführt.

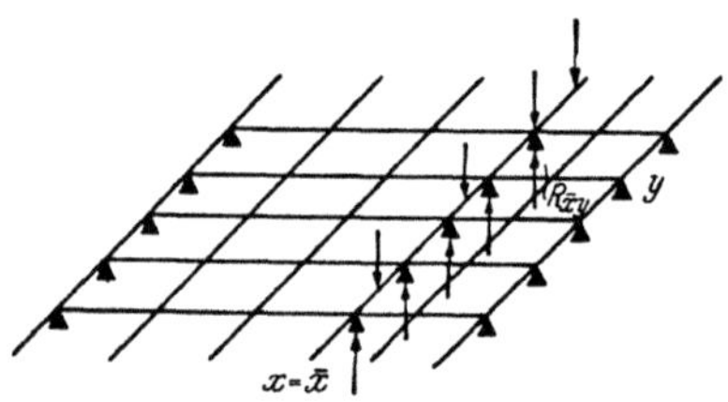

Abb. 8.

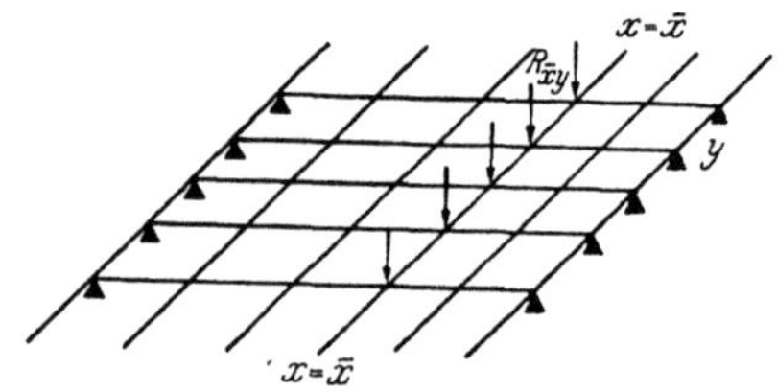

Abb. 8a.

Man erhält also auf diese Weise die Biegelinien der Längsträger $z_{\xi y}$, ihre statischen Größen $S_{\xi y}$ und Formänderungsgrößen $E_{\xi y}$ bei Belastung der Querträger dadurch, daß man die Längsträger in den Knoten der belasteten Querträger $\bar{x}$ mit den Knotenersatzlasten $R_{\bar{x}y}$ belastet; letztere sind die Auflagerdrücke der belasteten Querträger als Durchlaufträger auf festen Stützen. Diese Belastung ergibt auch die Knotenmomente $\overline{M}_{xy}$ und die Kräfte C_{xy} unbelasteter Querträger.

Es ergibt sich nach den Gl. (19) in § 2 für die Längsträger:

$$z_{\xi y} = \sum_{i=0}^{m} z_{\xi}^{i}\, v_y^i \qquad S_{\xi y} = \sum_{i=0}^{m} S_{\xi}^{i}\, v_y^i\, \gamma_y \qquad E_{\xi y} = \sum_{i=0}^{m} E_{\xi}^{i}\, v_y^i \tag{1}$$

und für unbelastete Querträger

$$\overline{M}_{xy} = a \sum_{i=2}^{m} C_x^i \frac{w_y^i}{\lambda^i} \qquad C_{xy} = \sum_{i=2}^{m} C_x^i\, v_y^i\, \gamma_y\,.$$

Dabei sind z_{ξ}^{i}, S_{ξ}^{i}, E_{ξ}^{i} und C_x^i die bereits erklärten Größen in den Systemen „i“, wenn diese mit den Knotenersatzlasten

$$r_{\bar{x}}^{i} = \sum_{\bar{y}=0}^{m} R_{\bar{x}\bar{y}}\, v_{\bar{y}}^{i} \tag{2}$$

belastet werden. Die Belastung $r_{\bar{x}}^{i}$ wirkt in allen jenen Knoten $\bar{x}$ der Systeme „i“, in denen im Rost belastete Querträger vorhanden sind.

Für die belasteten Querträger kommt zu den nach den Gl. (1) bestimmten Werten $\overline{M}'_{\bar{x}y}$ und $C'_{\bar{x}y}$ noch das Moment $\overline{M}''_{\bar{x}y}$ bzw. $C''_{\bar{x}y} = -R_{\bar{x}y}$ hinzu, die sich für den Querträger als Durchlaufträger auf festen Stützen ergeben. Damit erhält man für das Knotenmoment eines belasteten Querträgers $\bar{x}$ im Rost unter der gegebenen Belastung

$$\overline{M}_{\bar{x}y} = \overline{M}'_{\bar{x}y} + \overline{M}''_{\bar{x}y} \tag{3}$$

und für den Auflagerdruck in einem Knoten eines belasteten Querträgers

$$C_{\bar{x}y} = C'_{\bar{x}y} - R_{\bar{x}y} \tag{3a}$$

wie sich denn überhaupt jede innere Größe eines belasteten Querträgers aus den Werten als Durchlaufträger und infolge der Knotenersatzlasten $R_{\bar{x}y}$ zusammensetzt.

11. Weiterentwicklung der Lösungen bei belasteten Querträgern.

Im allgemeinen wird man bei der praktischen Berechnung von Rostträgern die Knotenersatzlasten $R_{\bar{x}y}$ und die Zusatzmomente $\overline{M}''_{\bar{x}y}$ der belasteten Querträger bestimmen und den Rost selbst nur für eine Knotenbelastung $R_{\bar{x}y}$ untersuchen. Es ist aber auch möglich, diese Zusatzgrößen nach den bereits benützten Eigenlösungen zu entwickeln und so zu einer einheitlichen Darstellung der Rostgrößen bei belasteten Querträgern zu gelangen.

Um die Knotenersatzlasten $R_{\bar{x}y}$ der belasteten Querträger als Durchlaufträger auf festen Stützen zu bestimmen, denken wir uns über den Knoten Gelenke eingebaut. Dieses Grundsystem hat dieselben Stützendrücke wie das Grundsystem des Rostes, welches ja ebenfalls in den Knoten Gelenke in den Querträgern besitzt. Die Stützendrücke des Querträgers im Grundsystem seien mit $P_{\bar{x}y}$ bezeichnet; zu denselben kommt noch der Beitrag der Stützenmomente $\overline{M}''_{\bar{x}y}$, nämlich

$$\Delta\left(\frac{\overline{M}''_{\bar{x}y}}{a_y}\right), \text{ so daß } R_{\bar{x}y} = P_{\bar{x}y} + \Delta\left(\frac{\overline{M}''_{\bar{x}y}}{a_y}\right) \tag{4}$$

wird.

Es soll nun $\Delta\left(\frac{\overline{M}''_{\bar{x}y}}{a_y}\right)$ bestimmt werden. Dazu schreiben wir die CLAPEYRONschen Gleichungen in der Form

$$D\left(\frac{a_y}{E\overline{J}_{\bar{x}y}}\,\overline{M}''_{\bar{x}y}\right) + T_{\bar{x}y} = 0 \quad (y = 1, 2, \ldots m-1)$$

an. $T_{\bar{x}y}$ ist hierbei das Belastungsglied; ist nämlich im Grundsystem $B_{\bar{x}y}$ der Auflagerdruck der Momentenfläche des Feldes a_y zwischen den Knoten $\bar{x}\,y-1$ und $\bar{x}y$, $A_{\bar{x}y}$ jener der Momentenfläche des Feldes a_{y+1} zwischen $\bar{x}y$ und $\bar{x}\,y+1$ im Knoten $\bar{x}y$ so ist

$$T_{\bar{x}y} = \frac{B_{\bar{x}y}}{E\overline{J}_{\bar{x}y}} + \frac{A_{\bar{x}y}}{E\overline{J}_{\bar{x}y+1}}.$$

Mit den bereits verwendeten Abkürzungen

$$\frac{a^2}{E\overline{J}} = k, \quad \overline{J}_{\bar{x}y} = j_{\bar{x}}\, j_y \overline{J}, \quad a_y = a\,\alpha_y \quad \text{und} \quad \frac{\alpha_y}{j_y} = k_y$$

erhält man

$$T_{\bar{x}y} = \frac{k}{a^2 j_{\bar{x}}}\left(\frac{B_{\bar{x}y}}{j_y} + \frac{A_{\bar{x}y}}{j_{y+1}}\right) = \frac{k}{j_{\bar{x}}}\, L_{\bar{x}y}$$

mit

$$L_{\bar{x}y} = \frac{1}{a^2}\left(\frac{B_{\bar{x}y}}{j_y} + \frac{A_{\bar{x}y}}{j_{y+1}}\right) \tag{5}$$

und

$$D\left(\frac{a_y}{E\overline{J}_{\bar{x}y}}\,\overline{M}''_{\bar{x}y}\right) = \frac{k}{a\,j_{\bar{x}}}\, D\left(k_y \overline{M}''_{\bar{x}y}\right)$$

sonach

$$D\left(k_y \overline{M}''_{\bar{x}y}\right) + a\, L_{\bar{x}y} = 0 \; (y = 1, 2, 3, \ldots, m-1) \tag{6}$$

Wenn sich nun $L_{\bar{x}y}$ mit Benützung der bereits verwendeten Eigenlösungen v_y^i und w_y^i sowie der Eigenwerte λ^i in der Form

$$L_{\bar{x}y} = L^i_{\bar{x}y} = -\frac{l^i_{\bar{x}}}{\lambda^i}\,\Delta\left(\frac{v^i_y}{\alpha_y}\right)$$

darstellen läßt, so lautet die Lösung

$$\overline{M}''^{i}_{\bar{x}y} = -a\, l^i_{\bar{x}} \frac{w^i_y}{\lambda^i} .$$

Denn setzt man diesen Wert und jenen für $L^i_{\bar{x}y}$ in Gl. (6) ein, so erhält man die erste der Gleichungen zwischen v^i_y und w^i_y, nämlich

$$D\,(k_y w^i_y) + \Delta\left(\frac{v^i_y}{\alpha_y}\right) = 0$$

Mit Hilfe der zweiten Gleichung

$$\Delta\left(\frac{w^i_y}{\alpha_y}\right) + \lambda^i \gamma_y v^i_y = 0$$

ergibt sich dann der gesuchte Wert

$$\Delta\left(\frac{\overline{M}''^{i}_{\bar{x}y}}{a_y}\right) = -a\, l^i_{\bar{x}} \frac{1}{a\lambda^i} \Delta\left(\frac{w^i_y}{\alpha_y}\right) = l^i_{\bar{x}}\, v^i_y\, \gamma_y . \tag{7}$$

Wir erhalten nunmehr wieder eine allgemeinere Lösung durch Überlagerung dieser partikularen Lösungen mit $i = 0, 1, \ldots m$. Ist L_{xy} allgemein durch

$$L_{\bar{x}y} = \sum_{i=0}^{m} L^i_{\bar{x}y} = -\sum_{i=0}^{m} \frac{l^i_{\bar{x}}}{\lambda^i} \Delta\left(\frac{v^i_y}{\alpha_y}\right)$$

darstellbar, so wird

$$\Delta\left(\frac{\overline{M}''_{\bar{x}y}}{a_y}\right) = \sum_{i=0}^{m} \Delta\left(\frac{\overline{M}''^{i}_{\bar{x}y}}{a_y}\right) = \sum_{i=0}^{m} l^i_{\bar{x}}\, v^i_y\, \gamma_y . \tag{8}$$

Da aber, wie schon früher bemerkt, $\Delta\left(\frac{v^i_y}{\alpha_y}\right)$ für $i = 0$ und $i = 1$ für alle y verschwindet, kann die Summe für $L_{\bar{x}y}$ erst bei $i = 2$ beginnen: es ist also

$$L_{\bar{x}y} = -\sum_{i=2}^{m} \frac{l^i_{\bar{x}}}{\lambda^i} \Delta\left(\frac{v^i_y}{\alpha_y}\right). \tag{9}$$

Es bleibt demnach nur noch die Bestimmung der $l^i_{\bar{x}}$ übrig, wenn die $L_{\bar{x}y}$ irgendwie gegeben sind. Da die Gl. (5) für $y = 1, 2, \ldots m-1$, anzuschreiben ist, kommen die Werte von $L_{\bar{x}y}$ für $y = 0$ und $y = m$ nicht vor. Wir können nun mit Hilfe des folgenden Satzes, welcher im II. Abschnitt bewiesen werden wird, unsere Aufgabe lösen. Es gilt nämlich:

Ist die Größe F_y an den Stellen $y = 1, 2, \ldots m-1$ gegeben, so kann sie durch die Reihe

$$F_y = -\sum_{i=2}^{m} \frac{f^i}{\lambda^i} \Delta\left(\frac{v^i_y}{\alpha_y}\right)$$

dargestellt werden, wobei

$$f^i = \sum_{\bar{y}=1}^{m-1} F_{\bar{y}}\, w^i_{\bar{y}}$$

ist. Hiernach ergibt sich

$$l^i_{\bar{x}} = \sum_{\bar{y}=1}^{m-1} L_{\bar{x}\bar{y}}\, w^i_{\bar{y}} .$$

Im Falle belasteter Querträger ist daher der Rost neben den Knotenlasten $P_{\bar{x}y}$ des Grundsystemes noch mit den Kräften $\Delta\left(\frac{\overline{M}''^{i}_{\bar{x}y}}{a_y}\right)$, also insgesamt mit

$$R_{\bar{x}y} = P_{\bar{x}y} + \Delta\left(\frac{\overline{M}''^{i}_{\bar{x}y}}{a_y}\right) = \sum_{i=0}^{m} (p^i_{\bar{x}} + l^i_{\bar{x}})\, v^i_y\, \gamma_y = \sum_{i=0}^{m} r^i_{\bar{x}}\, v^i_y\, \gamma_y$$

zu belasten.

Die Belastung der Systeme „i" besteht aus den Lasten $r^i_{\bar{x}}$ in den Knoten $\bar{x}$, d. i. in jenen Knoten, in denen belastete Querträger vorhanden sind. Es ist

$$r^i_{\bar{x}} = p^i_{\bar{x}} + l^i_{\bar{x}} \tag{10}$$

mit

$$p^i_{\bar{x}} = \sum_{\bar{y}=0}^{m} P_{\bar{x}\bar{y}}\, v^i_{\bar{y}} \qquad \text{und} \qquad l^i_{\bar{x}} = \sum_{\bar{y}=1}^{m-1} L_{\bar{x}\bar{y}}\, w^i_{\bar{y}}\ . \tag{11}$$

Es wird also bei Belastung der Querträger die Biegelinie der Längsträger

$$z_{\xi y} = \sum_{i=0}^{m} z^i_{\xi}\, v^i_y\ , \tag{12}$$

irgendeine vom Trägheitsmoment der Längsträger unabhängige Größe

$$S_{\xi y} = \sum_{i=0}^{m} S^i_{\xi}\, v^i_y\, \gamma_y\ , \tag{13}$$

eine vom Trägheitsmoment abhängige Größe der Längsträger

$$E_{\xi y} = \sum_{i=0}^{m} E^i_{\xi}\, v^i_y\ . \tag{14}$$

Für die Knotenmomente der Querträger gilt

$$\overline{M}_{xy} = a \sum_{i=2}^{m} (\beta^i_x z^i_x - l^i_x)\, \frac{w^i_y}{\lambda^i} = a \sum_{i=2}^{m} (C^i_x - l^i_x)\, \frac{w^i_y}{\lambda^i}\ , \tag{15}$$

für die inneren Kräfte zwischen Querträger und Längsträger infolge der Biegungsmomente der Querträger ergibt sich

$$C_{xy} = \sum_{i=2}^{m} (\beta^i_x z^i_x - l^i_x)\, v^i_y\, \gamma_y = \sum_{i=2}^{m} (C^i_x - l^i_x)\, v^i_y\, \gamma_y\ . \tag{16}$$

Hierbei ist z^i_{ξ} die Biegelinie des Systemes „i" infolge einer Belastung

$$r^i_{\bar{x}} = p^i_{\bar{x}} + l^i_{\bar{x}}\ ,$$

die in jenen Knoten $\bar{x}$ angreift, wo belastete Querträger vorhanden sind. C^i_x, S^i_{ξ} und E^i_{ξ} sind die Werte von C, S und E in dem mit $r^i_{\bar{x}}$ belastetem System „i". In den Gleichungen für $\overline{M}_{xy}$ und C_{xy} ist $l^i_x = 0$, wenn $x \neq \bar{x}$. Ist aber $x = \bar{x}$, so erhält $l^i_{\bar{x}}$ nach Gl. (11) den Wert

$$l^i_{\bar{x}} = \sum_{\bar{y}=1}^{m-1} L_{\bar{x}\bar{y}}\, w^i_{\bar{y}}\ .$$

§ 4. Besondere Belastungsfälle.

12. Ein einziger Längsträger ist beliebig belastet.

Wir nehmen an, daß lediglich auf den Längsträger $\overline{y}$ eine beliebige Belastung $P_{\xi\overline{y}}$ wirkt (Abb. 9). Dann vereinfacht sich der Ausdruck für die Belastung der Systeme „i" zu

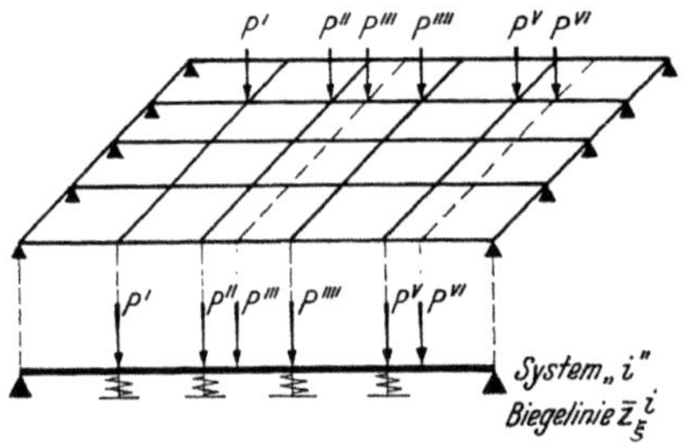

Abb. 9.

$$\overset{i}{p}_{\xi} = P_{\xi\overline{y}}\, \overset{i}{v}_{\overline{y}} \tag{1}$$

da ja in Gl. 18 § 2 alle $P_{\xi\overline{y}}$ mit Ausnahme des belasteten Längsträgers verschwinden. Ist nunmehr $\overset{i}{z}_{\xi P}$ die Biegelinie der Systeme „i" infolge der Belastung $P_{\xi\overline{y}}$, sind weiters $\overset{i}{S}_{\xi P}$, $\overset{i}{E}_{\xi P}$ und $\overset{i}{C}_{x P}$ die statischen Größen im Systeme „i" unter der Belastung $P_{\xi\overline{y}}$, so ergeben sich die entsprechenden Werte für die Belastung mit $P_{\xi\overline{y}}\, \overset{i}{v}_{\overline{y}}$ mit:

$$\overset{i}{z}_{\xi} = \overset{i}{z}_{\xi P}\, \overset{i}{v}_{\overline{y}}\,, \quad \overset{i}{S}_{\xi} = \overset{i}{S}_{\xi P}\, \overset{i}{v}_{\overline{y}}\,, \quad \overset{i}{E}_{\xi} = \overset{i}{E}_{\xi P}\, \overset{i}{v}_{\overline{y}}\,, \quad \overset{i}{C}_{x} = \overset{i}{C}_{x P}\, \overset{i}{v}_{\overline{y}}\,. \tag{2}$$

Damit erhalten die Ergebnisse des § 2 im Falle der Belastung eines einzigen Längsträgers die folgende Form:

$$\left.\begin{aligned}
&\text{Durchbiegungen} && z_{\xi y} = \sum_{i=0}^{m} \overset{i}{z}_{\xi P}\, \overset{i}{v}_{\overline{y}}\, \overset{i}{v}_{y}\,, \\
&\text{Knotenmomente der Querträger} && \overline{M}_{xy} = a \sum_{i=2}^{m} \overset{i}{C}_{x P}\, \overset{i}{v}_{\overline{y}}\, \frac{\overset{i}{w}_{y}}{\overset{i}{\lambda}}\,, \\
&\text{Auflagerkräfte der Querträger} && C_{xy} = \sum_{i=2}^{m} \overset{i}{C}_{x P}\, \overset{i}{v}_{\overline{y}}\, \overset{i}{v}_{y}\, \gamma_{y}\,, \\
&\text{Statische Größen der Längsträger} && S_{\xi y} = \sum_{i=0}^{m} \overset{i}{S}_{\xi P}\, \overset{i}{v}_{\overline{y}}\, \overset{i}{v}_{y}\, \gamma_{y}\,, \\
&\text{Formänderungsgrößen der Längsträger} && E_{\xi y} = \sum_{i=0}^{m} \overset{i}{E}_{\xi P}\, \overset{i}{v}_{\overline{y}}\, \overset{i}{v}_{y}\,.
\end{aligned}\right\} \tag{3}$$

Es sind also alle Systeme $i = 0, 1, \ldots m$ mit denselben und zwar mit den tatsächlichen, auf den Längsträger $\overline{y}$ wirkenden Lasten zu belasten. Dementsprechend bleiben die Werte $\overset{i}{z}_{\xi P}$, $\overset{i}{S}_{\xi P}$, $\overset{i}{E}_{\xi P}$ und $\overset{i}{C}_{x P}$ unverändert, wenn dieselbe Belastung nacheinander an den Längsträgern $\overline{y} = 0, 1, \ldots m$ angreift. Die Produkte der Eigenlösungen $\overset{i}{v}_{\overline{y}}\, \overset{i}{v}_{y}$ und $\overset{i}{v}_{\overline{y}}\, \frac{\overset{i}{w}_{y}}{\overset{i}{\lambda}}$ sind für die verschiedenen Werte $\overline{y}$ und y zu berechnen. Für den Fall gleicher Längsträger in gleichen Abständen und konstanten Trägheitsmomentes der Querträger, also für $\alpha_y = 1$, $j_y = 1$, $k_y = 1$ und $\gamma_y = 1$ sind dieselben in den Tafeln S. 128 für Roste von 3—8 Längsträgern bereits angegeben. Auf diese Weise wird der Umfang der Rechenarbeit wesentlich vermindert; es empfiehlt sich die Berechnung der Rosttragwerke auf diesen Fall zurückzuführen.

13. Ein einziger Längsträger ist durch eine Einzellast P belastet.

Ist ein einziger Längsträger $y = \bar{y}$ an der beliebigen Stelle $\bar{\xi}$ durch die Last P belastet, so ist auch jedes System „i" durch eine Einzellast $P = 1$ an dieser Stelle zu belasten. Es stelle nun $\vartheta^i_{\xi\bar{\xi}}$ die Ordinate der Einflußlinie an der Stelle $\bar{\xi}$ für die Durchbiegung im Punkte ξ im System „i" vor. Ebenso sollen $\sigma^i_{\xi\bar{\xi}}$, $\varepsilon^i_{\xi\bar{\xi}}$ und $\zeta^i_{x\bar{\xi}}$ die Ordinaten der Einflußlinien der Größen S^i_ξ, E^i_ξ und C^i_x im System „i" an der Stelle $\bar{\xi}$ für den Bezugspunkt ξ bzw. x bedeuten. Mit Benutzung dieser Einflußlinienordinaten findet man

$$\left.\begin{aligned}
z_{\xi y} &= P \sum_{i=0}^{m} \vartheta^i_{\xi\bar{\xi}}\, v^i_{\bar{y}}\, v^i_y, \\
\overline{M}_{xy} &= Pa \sum_{i=2}^{m} \beta^i_x\, \vartheta^i_{x\bar{\xi}}\, v^i_{\bar{y}}\, \frac{w^i_y}{\lambda^i} = Pa \sum_{i=2}^{m} \zeta^i_{x\bar{\xi}}\, v^i_{\bar{y}}\, \frac{w^i_y}{\lambda^i} \\
C_{xy} &= P \sum_{i=2}^{m} \beta^i_x\, \vartheta^i_{x\bar{\xi}}\, v^i_{\bar{y}}\, v^i_y\, \gamma_y = P \sum_{i=2}^{m} \zeta^i_{x\bar{\xi}}\, v^i_{\bar{y}}\, v^i_y\, \gamma_y \\
S_{\xi y} &= P \sum_{i=0}^{m} \sigma^i_{\xi\bar{\xi}}\, v^i_{\bar{y}}\, v^i_y\, \gamma_y, \qquad E_{\xi y} = P \sum_{i=0}^{m} \varepsilon^i_{\xi\bar{\xi}}\, v^i_{\bar{y}}\, v^i_y .
\end{aligned}\right\} \tag{4}$$

14. Ein einziger Querträger ist beliebig belastet.

Man bestimmt zunächst die Knotenersatzlasten $R_{\bar{x}y}$ des belasteten Querträgers $\bar{x}$ unter der gegebenen Belastung als Durchlaufträgers auf festen Stützen. Sodann belastet man den Rost mit diesen Knotenersatzlasten $R_{\bar{x}y}$ in den Knoten $\bar{x}y$. Die Systeme „i" sind demnach mit den Kräften

$$r^i_{\bar{x}} = \sum_{\bar{y}=0}^{m} R_{\bar{x}\bar{y}}\, v^i_{\bar{y}} \tag{5}$$

in den Knoten $\bar{x}$ zu belasten. Verwendet man die Einflußlinie $\vartheta^i_{\xi\bar{\xi}}$ des Systemes „i", so wird für die Längsträger

$$\left.\begin{aligned}
z_{\xi y} &= \sum_{i=0}^{m} r^i_{\bar{x}}\, \vartheta^i_{\xi\bar{x}}\, v^i_y \\
&\text{ferner} \\
S_{\xi y} &= \sum_{i=0}^{m} r^i_{\bar{x}}\, \sigma^i_{\xi\bar{x}}\, v^i_y\, \gamma_y \quad \text{und} \quad E_{\xi y} = \sum_{i=0}^{m} r^i_{\bar{x}}\, \varepsilon^i_{\xi\bar{x}}\, v^i_y .
\end{aligned}\right\} \tag{6}$$

Für alle unbelasteten Querträger, also für $x \neq \bar{x}$ werden die Stützmomente

$$\overline{M}_{xy} = a \sum_{i=2}^{m} r^i_{\bar{x}}\, \beta^i_x\, \vartheta^i_{x\bar{x}}\, \frac{w^i_y}{\lambda^i} = a \sum_{i=2}^{m} r^i_{\bar{x}}\, \zeta^i_{x\bar{x}}\, \frac{w^i_y}{\lambda^i} \tag{7}$$

und die inneren Kräfte zwischen Längsträgern und Querträgern infolge der Biegungsmomente der Querträger

$$C_{xy} = \sum_{i=2}^{m} r^i_{\bar{x}}\, \beta^i_x\, \vartheta^i_{x\bar{x}}\, v^i_y\, \gamma_y = \sum_{i=2}^{m} r^i_{\bar{x}}\, \zeta^i_{x\bar{x}}\, v^i_y\, \gamma_y \tag{8}$$

Nur für den belasteten Querträger, also für $x = \bar{x}$ wird das Knotenmoment im Knoten $\bar{x}y$

$$\overline{M}_{\bar{x}y} = \overline{M}''_{\bar{x}y} + a \sum_{i=2}^{m} r^i_{\bar{x}} \beta^i_{\bar{x}} \vartheta^i_{\bar{x}\bar{x}} \frac{w^i_y}{\lambda^i} = \overline{M}''_{\bar{x}y} + a \sum_{i=2}^{m} r^i_{\bar{x}} \zeta^i_{\bar{x}\bar{x}} \frac{w^i_y}{\lambda^i}, \qquad (9)$$

wobei $\overline{M}''_{\bar{x}y}$ das Stützenmoment des Querträgers unter der gegebenen Belastung als Durchlaufträger auf festen Stützen bedeutet.

Will man aber die Stützendrücke $R_{\bar{x}y}$ und Stützenmomente $\overline{M}''_{\bar{x}y}$ des Querträgers als Durchlaufträger auf festen Stützen nicht gesondert bestimmen, so kann entsprechend den vorhergegangenen Ausführungen auch $r^i_{\bar{x}}$ aus

$$r^i_{\bar{x}} = p^i_{\bar{x}} + l^i_{\bar{x}}$$

mit

$$p^i_{\bar{x}} = \sum_{\bar{y}=0}^{m} P_{\bar{x}\bar{y}} v^i_{\bar{y}} \quad \text{und} \quad l^i_{\bar{x}} = \sum_{\bar{y}=1}^{m-1} L_{\bar{x}\bar{y}} w^i_{\bar{y}} \qquad (10)$$

ermittelt werden. Dabei sind die $P_{\bar{x}\bar{y}}$ die Stützendrücke und die $L_{\bar{x}\bar{y}}$ die Belastungsglieder des belasteten Querträgers im Grundsystem. Die Gleichungen für alle Größen der Längsträger und der unbelasteten Querträger bleiben die gleichen wie oben angeschrieben; für den belasteten Querträger ergibt sich

$$\overline{M}_{\bar{x}y} = a \sum_{i=2}^{m} (r^i_{\bar{x}} \beta^i_{\bar{x}} \vartheta^i_{\bar{x}\bar{x}} - l^i_{\bar{x}}) \frac{w^i_y}{\lambda^i} = a \sum_{i=2}^{m} (r^i_{\bar{x}} \zeta^i_{\bar{x}\bar{x}} - l^i_{\bar{x}}) \frac{w^i_y}{\lambda^i}$$

$$C_{\bar{x}y} = \sum_{i=2}^{m} (r^i_{\bar{x}} \beta^i_{\bar{x}} \vartheta^i_{\bar{x}\bar{x}} - l^i_{\bar{x}}) v^i_y \gamma_y = \sum_{i=2}^{m} (r^i_{\bar{x}} \zeta^i_{\bar{x}\bar{x}} - l^i_{\bar{x}}) v^i_y \gamma_y. \qquad (11)$$

§ 5. Die Einflußlinien.

15. Die Einflußlinienordinaten in den Knotenpunkten (Knoteneinflußwerte).

Die Ordinate einer Einflußlinie an der Stelle $\bar{\xi}\bar{y}$ des Längsträgers $\bar{y}$ für die Größe N an der Stelle $\xi\, y$ des Längsträgers y sei mit $\nu_{\xi y, \bar{\xi}\bar{y}}$ bezeichnet. Handelt es sich um die Einflußlinie einer Größe N des Querträgers x an der Stelle $x\eta$, so bezeichnet $\bar{\nu}_{x\eta, \bar{\xi}\bar{y}}$ die Ordinate der Einflußlinie an der Stelle $\bar{\xi}\bar{y}$. Es bedeuten stets die beiden ersten Zeiger den Bezugspunkt, die beiden zweiten Zeiger die Stelle, an welcher die wandernde Last $P = 1$ steht und an welcher $\nu_{\xi y, \bar{\xi}\bar{y}}$ oder $\bar{\nu}_{x\eta, \bar{\xi}\bar{y}}$ aufzutragen ist. Mithin sind $\bar{\xi}\bar{y}$ die Veränderlichen. Fällt der Bezugspunkt oder der Angriffspunkt der wandernden Last mit einem Knoten zusammen, so ist ξ, η durch x, y bzw. $\bar{\xi}, \bar{\eta}$ durch $\bar{x}, \bar{y}$ zu ersetzen.

Die Gl. 4 in § 4 ergeben ohne weiteres die Einflußordinaten der Rostgrößen in den Knotenpunkten, also wenn z. B. die Last $P = 1$ im Knoten $\bar{x}\bar{y}$ steht. Man erhält für die

$$\left.\begin{array}{lr}
\text{Durchbiegungen} & \vartheta_{\xi y,\,\bar{x}\bar{y}} = \sum\limits_{i=0}^{m} \vartheta^{i}_{\xi\bar{x}}\, v^{i}_{\bar{y}}\, v^{i}_{y}\,, \\
\text{Knotenmomente der Querträger} & \bar{\mu}_{xy,\,\bar{x}\bar{y}} = a \sum\limits_{i=2}^{m} \zeta^{i}_{x\bar{x}}\, v^{i}_{\bar{y}}\, \frac{w^{i}_{y}}{\lambda^{i}}\,, \\
\text{Auflagerkräfte der Querträger} & \zeta_{xy,\,\bar{x}\bar{y}} = \sum\limits_{i=2}^{m} \zeta^{i}_{x\bar{x}}\, v^{i}_{\bar{y}}\, v^{i}_{y}\, \gamma_{y}\,, \\
\text{statischen Größen der Längsträger} & \sigma_{\xi y,\,\bar{x}\bar{y}} = \sum\limits_{i=0}^{m} \sigma^{i}_{\xi\bar{x}}\, v^{i}_{\bar{y}}\, v^{i}_{y}\, \gamma_{y}\,, \\
\text{Formänderungsgrößen der Längsträger} & \varepsilon_{\xi y,\,\bar{x}\bar{y}} = \sum\limits_{i=0}^{m} \varepsilon^{i}_{\xi\bar{x}}\, v^{i}_{\bar{y}}\, v^{i}_{y}\,.
\end{array}\right\} \quad (1)$$

$\vartheta^{i}_{\xi\bar{x}}$, $\zeta^{i}_{x\bar{x}}$, $\sigma^{i}_{\xi\bar{x}}$ und $\varepsilon^{i}_{\xi\bar{x}}$ sind die Einflußordinaten der entsprechenden Größen in den i-Systemen.

16. Die Einflußordinaten zwischen den Knotenpunkten.

Wir nehmen an, daß für eine beliebige Größe $N_{\xi y}$ des Längsträgers y an der Stelle ξ bzw. für eine beliebige Größe $\bar{N}_{x\eta}$ des Querträgers x an der Stelle η die Einflußordinaten in den Knotenpunkten des Rostes bereits bekannt sind. Diese Ordinaten mögen allgemein mit $\nu_{\xi y,\,\bar{x}\bar{y}}$ bzw. $\bar{\nu}_{x\eta,\,\bar{x}\bar{y}}$ bezeichnet werden.

Die Ermittlung der Ordinaten an Stellen zwischen den Knoten kann nach den in § 2, 9 und § 3, 10 beschriebenen Verfahren wie folgt vorgenommen werden.

Als erstes stellen wir uns die Aufgabe, die Einflußordinaten einer beliebigen Rostgröße zu ermitteln, wenn die Last $P=1$ über den Querträger $\bar{x}$ wandert. Gemäß den Darlegungen in § 3, 10 betrachten wir zunächst den Querträger $\bar{x}$ als Durchlaufträger, der in den Knoten $\bar{y} = 0, 1, \ldots, m$ fest gestützt ist und ermitteln in diesem System die Einflußlinien der Knotenersatzlasten in $0, 1 \ldots m$, deren Ordinaten wir allgemein mit $\varrho_{\bar{y}\bar{\eta}}$ bezeichnen, Abb. 10. Diese Einflußlinien gleichen den Einflußlinien für die Auflagerdrücke des vorerwähnten Durchlaufträgers.

Auf Grund der Ausführungen des § 3 erhält man unmittelbar die Einflußordinate $\nu_{\xi y,\,\bar{x}\bar{\eta}}$ einer beliebigen Längsträgergröße $N_{\xi y}$ im Punkte $\bar{x}\bar{\eta}$ aus:

$$\nu_{\xi y,\bar{x}\bar{\eta}} = \sum_{\bar{y}=0}^{m} \varrho_{\bar{y}\bar{\eta}} \cdot \nu_{\xi y,\,\bar{x}\bar{y}} \tag{2}$$

die Einflußordinate $\bar{\nu}_{x\eta,\,\bar{x}\bar{\eta}}$ einer beliebigen Größe $\bar{N}_{x\eta}$ eines Querträgers $x \neq \bar{x}$ im Punkte $\bar{x}\bar{\eta}$ aus:

$$\bar{\nu}_{x\eta,\,\bar{x}\bar{\eta}} = \sum_{\bar{y}=0}^{m} \varrho_{\bar{y}\bar{\eta}} \cdot \bar{\nu}_{x\eta,\,\bar{x}\bar{y}} \tag{3}$$

schließlich die Einflußordinate $\bar{\nu}_{\bar{x}\eta,\,\bar{x}\bar{\eta}}$ einer beliebigen Größe $\bar{N}_{\bar{x}\eta}$ des Querträgers $\bar{x}$ im Punkte $\bar{x}\bar{\eta}$ aus:

$$\bar{\nu}_{\bar{x}\eta,\,\bar{x}\bar{\eta}} = \bar{\nu}'_{\bar{x}\eta,\,\bar{x}\bar{\eta}} + \bar{\nu}''_{\bar{x}\eta,\,\bar{x}\bar{\eta}} = \sum_{\bar{y}=0}^{m} \varrho_{\bar{y}\bar{\eta}} \cdot \bar{\nu}_{\bar{x}\eta,\,\bar{x}\bar{y}} + \bar{\nu}_{\eta\bar{\eta}}\,. \tag{4}$$

$\bar{\nu}_{\eta\bar{\eta}}$ ist hierbei die Einflußordinate der Größe $\bar{N}_{\eta}$ an der Stelle $\bar{\eta}$ der Querträger als Durchlaufträger auf festen Stützen.

In Abb. 10 sind als Beispiel die Einflußordinaten eines Querträgermomentes $\overline{M}_{xy}$ für eine über den Querträger $\overline{x}$ wandernde Einzellast $P=1$ entwickelt. Zunächst sind die Knoteneinflußwerte $\overline{\mu}_{xy,\,\overline{x}\overline{y}}$ aufgetragen. Daneben sind entsprechend den vier Längsträgern die vier Einflußlinien $\varrho_{\overline{y}\overline{\eta}}$ $(\overline{y}=0, 1, 2, 3)$ der Knotenersatzlasten $R_{\overline{x}\overline{y}}$ abgebildet; diese entsprechen den Auflagerdrücken des Querträgers $\overline{x}$ als Durchlaufträger auf vier Stützen. Gemäß Gl. (3) gewinnen wir hieraus die Einflußordinaten $\overline{\mu}_{xy,\,\overline{x}\overline{\eta}}$ des Momentes $\overline{M}_{xy}$, indem wir die Ordi-

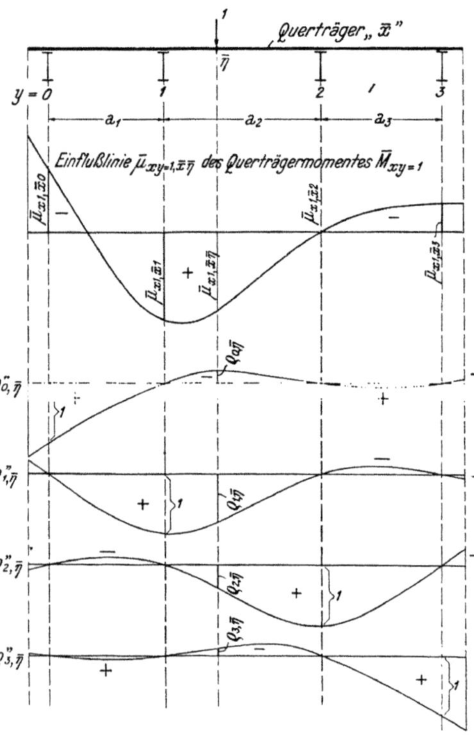

Abb. 10.

$$\overline{\mu}_{x\,1,\,\overline{x}\overline{\eta}} = \sum_{\overline{y}=0}^{3} \varrho_{\overline{y}\overline{\eta}}\, \overline{\mu}_{x\,1,\,\overline{x}\overline{y}}$$

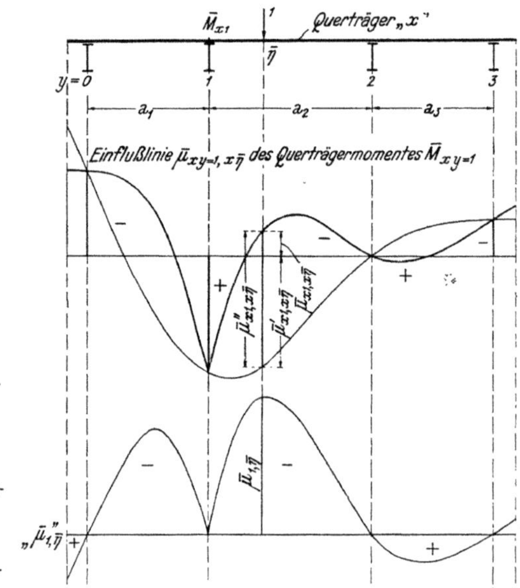

Abb. 11.

$$\overline{\mu}_{x\,1,\,x\overline{\eta}} = \overline{\mu}'_{x\,1,\,x\overline{\eta}} + \overline{\mu}''_{x\,1,\,x\overline{\eta}}$$

$$\overline{\mu}'_{x\,1,\,x\overline{\eta}} = \sum_{\overline{y}=0}^{3} \varrho_{\overline{y}\overline{\eta}}\, \overline{\mu}_{x\,1,\,x\overline{y}}$$

$$\overline{\mu}''_{x\,1,\,x\overline{\eta}} = \overline{\mu}_{1\,\overline{\eta}}$$

naten jeder der vier Einflußlinien $\varrho_{\overline{y}\overline{\eta}}$ mit den zu $\overline{y}$ gehörigen Werten $\overline{\mu}_{xy,\,\overline{x}\overline{y}}$ multiplizieren und je vier an derselben $\overline{\eta}$-Stelle befindliche Ordinatenwerte $\varrho_{\overline{y}\overline{\eta}} \cdot \overline{\mu}_{xy,\,\overline{x}\overline{y}}$ addieren.

Wandert die Einzellast $P=1$ über dem Querträger x des Bezugsortes xy, so sind zu den auf obigem Weg ermittelten Ordinaten $\overline{\mu}'_{xy,x\overline{\eta}}$ die Einflußordinaten $\overline{\mu}_{y\overline{\eta}}$ des Durchlaufträgermomentes $\overline{M}_{y\overline{\eta}}$ hinzuzufügen. $\overline{\mu}_{y\overline{\eta}}$ z. B. ist die Einflußlinie für das Stützenmoment der mittleren Stütze 1 eines Durchlaufträgers auf vier Stützen (Abb. 11).

In gleicher Weise ermittelt man die Einflußordinaten einer beliebigen Rostgröße, wenn die Last $P=1$ über einen Längsträger $\overline{y}$ wandert. Wir betrachten jetzt diesen Längsträger als Durchlaufträger, der in den Knoten $x = 0, 1, \ldots n$ fest gestützt ist und ermitteln in diesem System die Einflußlinien der Knotenersatzlasten in $\overline{x}=0, 1, \ldots n$, deren Ordinaten wir allgemein mit $\varrho_{\overline{x}\overline{\xi}}$ bezeichnen.

Diese Einflußlinien gleichen den Einflußlinien für die Auflagerdrücke dieses Durchlaufträgers.

Auf Grund der Ausführungen des § 2, 9 erhält man unmittelbar die Einflußordinate $v_{\xi y, \bar{\xi}\bar{y}}$ einer beliebigen Größe N_{ξ}, eines Längsträgers $y \neq \bar{y}$ im Punkte $\bar{\xi}\,\bar{y}$ aus:

$$v_{\xi y, \bar{\xi}\bar{y}} = \sum_{\bar{x}=0}^{n} \varrho_{\bar{x}\bar{\xi}} \cdot v_{\xi y, \bar{x}\bar{y}} \tag{5}$$

die Einflußordinate $v_{\xi\bar{y}, \bar{\xi}\bar{y}}$ einer beliebigen Größe $N_{\xi\bar{y}}$ des Längsträgers $\bar{y}$ im Punkte $\bar{\xi}\bar{y}$ aus:

$$v_{\xi\bar{y}, \bar{\xi}\bar{y}} = v'_{\xi\bar{y}, \bar{\xi}\bar{y}} + v''_{\xi\bar{y}, \bar{\xi}\bar{y}} = \sum_{\bar{x}=0}^{n} \varrho_{\bar{x}\bar{\xi}} \cdot v_{\xi\bar{y}, \bar{x}\bar{y}} + v_{\xi\bar{\xi}}\,. \tag{6}$$

$v_{\xi\bar{\xi}}$ ist hierbei die Einflußordinate der entsprechenden Größe N_{ξ} an der Stelle $\bar{\xi}$ im Längsträger $\bar{y}$ als Durchlaufträger auf festen Stützen; schließlich erhält man die Einflußordinate $\bar{v}_{x\eta, \bar{\xi}\bar{y}}$ einer beliebigen Querträgergröße $\bar{N}_{x\eta}$ im Punkte $\bar{\xi}\bar{y}$ aus:

$$\bar{v}_{x\eta, \bar{\xi}\bar{y}} = \sum_{\bar{x}=0}^{n} \varrho_{\bar{x}\bar{\xi}} \cdot \bar{v}_{x\eta, \bar{x}\bar{y}}\,. \tag{7}$$

Die praktische Ermittlung der Einflußlinien mit Hilfe der Knoteneinflußwerte ist in Abschn. IV gezeigt.

II. Das Gleichungssystem $D(k_y w_y) + \Delta\left(\frac{v_y}{\alpha_y}\right) = 0,\ \Delta\left(\frac{w_y}{\alpha_y}\right) + \gamma_y v_y \lambda = 0$ mit den Randwerten $w_{-1} = w_0 = w_m = w_{m+1} = 0$.

§ 6. Die wichtigsten Eigenschaften homogener Gleichungssysteme.

17. Das Gleichungssystem für v und w als Sonderfall eines allgemeineren Gleichungssystemes.

Wie aus den vorhergegangenen Ausführungen folgt, verlangt die Auflösung der Grundgleichungen des Rostes vor allem die Kenntnis der Lösungen des Gleichungssystems

$$\left.\begin{aligned} &D\,(k_y w_y) + \Delta\left(\frac{v_y}{\alpha_y}\right) = 0 \qquad (y = 1, 2, \ldots, m-1)\\ &\Delta\left(\frac{w_y}{\alpha_y}\right) + \gamma_y v_y \lambda = 0 \qquad (y = 0, 1, \ldots, m)\\ &\text{mit den Randwerten} \quad w_{-1} = w_0 = w_m = w_{m+1} = 0\,. \end{aligned}\right\} \tag{1}$$

Ausführlich angeschrieben lautet dasselbe mit Berücksichtigung der Randwerte folgendermaßen:

$$\frac{1}{6}\,[2\,(k_1 + k_2)\,w_1 + k_2 w_2] + \frac{v_0 - v_1}{\alpha_1} - \frac{v_1 - v_2}{\alpha_2} = 0$$

$$\frac{1}{6}\,[k_2 w_1 + 2\,(k_2 + k_3)\,w_2 + k_3 w_3] + \frac{v_1 - v_2}{\alpha_2} - \frac{v_2 - v_3}{\alpha_3} = 0$$

. . . .

$$\frac{1}{6}\,[k_y w_{y-1} + 2\,(k_y + k_{y+1})\,w_y + k_{y+1}\,w_{y+1}] + \frac{v_{y-1} - v_y}{\alpha_y} - \frac{v_y - v_{y+1}}{\alpha_{y+1}} = 0$$

. . . .

$$\frac{1}{6}\left[k_{m-2} w_{m-3} + 2\left(k_{m-2} + k_{m-1}\right) w_{m-2} + k_{m-1} w_{m-1}\right] + \frac{v_{m-3} - v_{m-2}}{\alpha_{m-2}} - \frac{v_{m-2} - v_{m-1}}{\alpha_{m-1}} = 0$$

$$\frac{1}{6}\left[k_{m-1} w_{m-2} + 2\left(k_{m-1} + k_m\right) w_{m-1}\right] + \frac{v_{m-2} - v_{m-1}}{\alpha_{m-1}} - \frac{v_{m-1} - v_m}{\alpha_m} = 0$$

und

$$\frac{w_1}{\alpha_1} + \lambda \gamma_0 v_0 = 0$$

$$-\frac{w_1}{\alpha_1} - \frac{w_1 - w_2}{\alpha_2} + \lambda \gamma_1 v_1 = 0$$

$$\frac{w_1 - w_2}{\alpha_2} - \frac{w_2 - w_3}{\alpha_3} + \lambda \gamma_2 v_2 = 0$$

$$\cdots\cdots\cdots\cdots\cdots$$

$$\frac{w_{y-1} - w_y}{\alpha_y} - \frac{w_y - w_{y+1}}{\alpha_{y+1}} + \lambda \gamma_\nu v_y = 0$$

$$\cdots\cdots\cdots\cdots\cdots$$

$$\frac{w_{m-3} - w_{m-2}}{\alpha_{m-2}} - \frac{w_{m-2} - w_{m-1}}{\alpha_{m-1}} + \lambda \gamma_{m-2} v_{m-2} = 0$$

$$\frac{w_{m-2} - w_{m-1}}{\alpha_{m-1}} - \frac{w_{m-1}}{\alpha_m} + \lambda \gamma_{m-1} v_{m-1} = 0$$

$$\frac{w_{m-1}}{\alpha_m} + \lambda \gamma_m v_m = 0$$

Dieses Gleichungssystem kann als Sonderfall des folgenden allgemeineren angesehen werden:

$$\begin{aligned}
&a_{00} w_0 + a_{01} w_1 + \cdots a_{0m} w_m + b_{00} v_0 + b_{01} v_1 + \cdots b_{0m} v_m = 0\\
&a_{10} w_0 + a_{11} w_1 + \cdots a_{1m} w_m + b_{10} v_0 + b_{11} v_1 + \cdots b_{1m} v_m = 0\\
&\cdots\cdots\cdots\cdots\cdots\cdots\cdots\cdots\cdots\cdots\\
&a_{m0} w_0 + a_{m1} w_1 + \cdots a_{mm} w_m + b_{m0} v_0 + b_{m1} v_1 + \cdots b_{mm} v_m = 0
\end{aligned}$$

$$\begin{aligned}
&b_{00} w_0 + b_{01} w_1 + \cdots b_{0m} w_m + \lambda \gamma_0 v_0 = 0\\
&b_{10} w_0 + b_{11} w_1 + \cdots b_{1m} w_m + \lambda \gamma_1 v_1 = 0\\
&\cdots\cdots\cdots\cdots\cdots\cdots\\
&b_{m0} w_0 + b_{m1} w_1 + \cdots b_{mm} w_m + \lambda \gamma_m v_m = 0
\end{aligned}$$

oder kürzer geschrieben

$$\left.\begin{aligned}
&\sum_{k=0}^{m} a_{jk} w_k + \sum_{k=0}^{m} b_{jk} v_k = 0\\
&\sum_{k=0}^{m} b_{jk} w_k + \lambda \gamma_j v_j = 0
\end{aligned}\right\} \quad (j = 0, 1, 2, \ldots, m). \tag{2}$$

Wir setzen hierbei in Übereinstimmung mit den Gl. (1) voraus, daß die für die folgenden Beziehungen wichtigen Gleichungen

$$a_{jk} = a_{kj} \qquad \text{und} \qquad b_{jk} = b_{kj}$$

bestehen, also die Matrix der Koeffizienten der Gleichungen symmetrisch wie bei allen aus einem Extremalproblem hervorgehenden Gleichungssystemen ist.

Das Gleichungssystem besitzt kein Glied, welches von den Unbekannten v und w frei ist; man nennt ein solches System „homogen". Bei beliebigen Werten von λ hat es nur die triviale Lösung für alle k

$$v_k = w_k = 0\,.$$

Diese Lösung bietet kein weiteres Interesse, denn zufolge der Ansätze für Belastung, Durchbiegung, Momente usw. des Rostes verschwinden alle diese Größen mit v und w.

Anders liegt der Fall, wenn eine lineare Beziehung zwischen den Koeffizienten der Gl. (2) besteht, also, wenn es Größen r_j und s_j ($j = 0, 1, \ldots m$) gibt, welche das Gleichungssystem

$$\sum_{j=0}^{m} r_j\, a_{jk} + \sum_{j=0}^{m} s_j\, b_{jk} = 0 \qquad \sum_{j=0}^{m} r_j\, b_{jk} + \lambda s_k\, \gamma_k = 0$$

erfüllen. Vertauscht man hierin j und k, so erhält man das transponierte System

$$\sum_{k=0}^{m} r_k\, a_{kj} + \sum_{k=0}^{m} s_k\, b_{kj} = 0 \qquad \sum_{k=0}^{m} r_k\, b_{kj} + \lambda s_j\, \gamma_j = 0 .$$

Wegen $a_{jk} = a_{kj}$ und $b_{jk} = b_{kj}$ ist dieses transponierte System identisch mit dem ursprünglichen, sonach wird $w_k = r_k$ und $v_k = s_k$ eine Lösung der Gleichungssysteme (2). Es existieren von Null verschiedene Lösungen v_k und w_k, wenn die Gl. (2) linear abhängig sind.

Der prägnante Ausdruck hierfür ist das Verschwinden der Determinante aus den Koeffizienten. Denn eine Determinante ist Null, wenn zwischen den Elementen der Zeilen (oder Spalten) eine lineare Beziehung besteht. Wenn demnach die Determinante

$$\begin{matrix} a_{00} & a_{01} & \ldots & a_{0m} & b_{00} & b_{01} & \ldots & b_{0m} \\ a_{10} & a_{11} & \ldots & a_{1m} & b_{10} & b_{11} & \ldots & b_{1m} \\ \ldots & \ldots & \ldots & \ldots & \ldots & \ldots & \ldots & \ldots \\ a_{m0} & a_{m1} & \ldots & a_{mm} & b_{m0} & b_{m1} & \ldots & b_{mm} \\ b_{00} & b_{01} & \ldots & b_{0m} & \lambda\gamma_0 & 0 & \ldots & 0 \\ b_{10} & b_{11} & \ldots & b_{1m} & 0 & \lambda\gamma_1 & \ldots & 0 \\ \ldots & \ldots & \ldots & \ldots & \ldots & \ldots & \ldots & \ldots \\ b_{m0} & b_{m1} & \ldots & b_{mm} & 0 & 0 & \ldots & \lambda\gamma_m \end{matrix}$$

verschwindet, treten von Null verschiedene Lösungen v_k und w_k auf. Man kann dies erreichen, wenn man λ passend wählt, d. h. man erhält durch Nullsetzen der angeschriebenen Determinante eine Gleichung vom $m + 1$ Grade in λ, deren Wurzeln, der Größe nach geordnet, mit $\lambda^0, \lambda^1, \ldots \lambda^m$ bezeichnet werden mögen. Es liegt in der Natur der Aufgabe, daß alle diese Wurzeln reell sind. Zu jeder Wurzel gehört ein System von Lösungen, von denen mindestens ein v_k oder ein w_k nicht Null ist.

Man nennt die Gleichung $m + 1$ Grades, die durch Nullsetzen der Determinate entsteht, die Frequenzgleichung, ihre Wurzeln die Eigenwerte und die nicht verschwindenden Lösungen des homogenen Gleichungssystems (2) Eigenlösungen. Es gehören also zu dem Eigenwert

$$\begin{matrix} \lambda^0\text{: die Eigenlösungen} & v_0^0, v_1^0, \ldots, v_m^0; & w_0^0, w_1^0, \ldots, w_m^0 \\ \lambda^1\text{:} & v_0^1, v_1^1, \ldots, v_m^1; & w_0^1, w_1^1, \ldots, w_m^1 \\ \ldots & \ldots & \ldots \\ \lambda^i\text{:} & v_0^i, v_1^i, \ldots, v_m^i; & w_0^i, w_1^i, \ldots, w_m^i \\ \ldots & \ldots & \ldots \\ \lambda^m\text{:} & v_0^m, v_1^m, \ldots, v_m^m; & w_0^m, w_1^m, \ldots, w_m^m \end{matrix}$$

18. Die Normierung der Lösungen v und die Orthogonalitätsbedingungen.

Wie man sich sofort durch Einsetzen überzeugen kann, sind auch $q\overset{i}{v}_k$ und $q\overset{i}{w}_k$ Lösungen, die zu λ^i gehören, wenn $\overset{i}{v}_k$ und $\overset{i}{w}_k$ Lösungen sind und q eine beliebige Konstante vorstellt. Im folgenden wird q stets so gewählt werden, daß die Summe

$$\gamma_0(\overset{i}{v}_0)^2 + \gamma_1(\overset{i}{v}_1)^2 + \gamma_2(\overset{i}{v}_2)^2 + \ldots\ldots \gamma_m(\overset{i}{v}_m)^2 = 1 \tag{3}$$

wird.

Wir nennen dann die Größen $\sqrt{\gamma_j}\,\overset{i}{v}_j$ „normiert"[1]).

Die Bedingung, daß $a_{jk} = a_{kj}$ und $b_{jk} = b_{kj}$ ist, hat eine bemerkenswerte, für die Folge wichtige Eigenschaft der Eigenlösungen $\overset{i}{v}_k$ und $\overset{i}{w}_k$ zur Folge. Diese Lösungen, die zu dem Parameter λ^i gehören, erfüllen das Gleichungssystem

$$\sum_{k=0}^{m} a_{jk}\,\overset{i}{w}_k + \sum_{k=0}^{m} b_{jk}\,\overset{i}{v}_k = 0$$

$$\sum_{k=0}^{m} b_{jk}\,\overset{i}{w}_k + \lambda^i \gamma_j\,\overset{i}{v}_j = 0 \quad (j = 0, 1, \ldots, m)\,.$$

Multipliziert man die zweite der vorstehenden Gleichungen mit der zu einem anderen Eigenwert λ^h gehörenden Lösung $\overset{h}{v}_j$ — wobei $\lambda^h \neq \lambda^i$ vorausgesetzt ist, — und summiert die $m+1$-Gleichungen für $j = 0, \ldots, m$, so erhält man

$$\sum_{j=0}^{m}\sum_{k=0}^{m} b_{jk}\,\overset{h}{v}_j\,\overset{i}{w}_k = -\lambda^i \sum_{j=0}^{m} \gamma_j\,\overset{h}{v}_j\,\overset{i}{v}_j\,.$$

Wegen $b_{jk} = b_{kj}$ kann für die Summe

$$\sum_{j=0}^{m} b_{jk}\,\overset{h}{v}_j = \sum_{j=0}^{m} b_{kj}\,\overset{h}{v}_j \quad \text{auch} \quad -\sum_{j=0}^{m} a_{kj}\,\overset{h}{w}_j$$

geschrieben werden und damit wird

$$\sum_{j=0}^{m}\sum_{k=0}^{m} a_{kj}\,\overset{h}{w}_j\,\overset{i}{w}_k = \lambda^i \sum_{j=0}^{m} \gamma_j\,\overset{h}{v}_j\,\overset{i}{v}_j\,.$$

Vertauscht man hierin k und j, h und i, so erhält man mit Berücksichtigung, daß $a_{kj} = a_{jk}$ ist

$$\sum_{k=0}^{m}\sum_{j=0}^{m} a_{kj}\,\overset{i}{w}_k\,\overset{h}{w}_j = \lambda^h \sum_{k=0}^{m} \gamma_k\,\overset{i}{v}_k\,\overset{h}{v}_h\,.$$

[1]) Man könnte durch die Substitution $w_k = \bar{w}_k/\sqrt{\gamma_k}$, $v_k = \bar{v}_k/\sqrt{\gamma_k}$, $a_{jk} = \bar{a}_{jk}\cdot\sqrt{\gamma_j\gamma_k}$, $b_{jk} = \bar{b}_{jk}\cdot\sqrt{\gamma_j\gamma_k}$ die Gleichungen auf die von γ freie Form

$$\sum_{k=0}^{m}\bar{a}_{jk}\bar{w}_k + \sum_{k=0}^{m}\bar{b}_{jk}\bar{v}_k = 0$$

$$\sum_{k=0}^{m}\bar{b}_{jk}\bar{w}_k + \lambda\bar{v}_j = 0$$

bringen, wobei wiederum $\bar{a}_{jk} = \bar{a}_{kj}$ und $\bar{b}_{jk} = \bar{b}_{kj}$ ist, doch ist hiermit kein wesentlicher Vorteil verbunden.

Die linke Seite hat sich hierbei nicht geändert und demnach ihren Wert behalten; auf der rechten Seite ist der Faktor von λ^i bzw. λ^h ebenfalls unverändert geblieben, da ja in beiden Fällen dieselben Ausdrücke zu summieren sind. Sonach folgt aus

$$\lambda^i \sum_{j=0}^{m} \gamma_j \overset{h}{v_j} \overset{i}{v_j} = \lambda^h \sum_{j=0}^{m} \gamma_j \overset{h}{v_j} \overset{i}{v_j}$$

bei verschiedenen Eigenwerten $\lambda^h \neq \lambda^i$

$$\sum_{j=0}^{m} \gamma_j \overset{h}{v_j} \overset{i}{v_j} = 0 \,. \tag{3a}$$

Man bezeichnet dies als Orthogonalitätseigenschaft der $v_j \sqrt{\gamma_j}$; der Name rührt daher, weil diese Gleichung die Bedingung dafür vorstellt, daß zwei Vektoren mit den Komponenten $\sqrt{\gamma_0}\, \overset{h}{v_0}, \sqrt{\gamma_1}\, \overset{h}{v_1}, \ldots, \sqrt{\gamma_m}\, \overset{h}{v_m}$ und $\sqrt{\gamma_0}\, \overset{i}{v_0}, \sqrt{\gamma_1}\, \overset{i}{v_1}, \ldots, \sqrt{\gamma_m}\overset{i}{v_m}$ zueinander senkrecht sind. Ist aber $h = i$, so kann die Summe nicht verschwinden, da nur nicht negative Summanden vorkommen; sie erhält vielmehr in Folge der vorausgesetzten Normierung den Wert 1.

Aus $\sum_{j=0}^{m} \gamma_j \overset{h}{v_j} \overset{i}{v_j} = 0$ folgt, daß auch

$$\sum_{j=0}^{m} \sum_{k=0}^{m} a_{jk} \overset{h}{w_j} \overset{i}{w_k} = 0 \quad \text{wenn} \quad h \neq i \tag{4}$$

und

$$\sum_{j=0}^{m} \sum_{k=0}^{m} a_{jk} \overset{i}{w_j} \overset{i}{w_k} = + \lambda^i \tag{4a}$$

und wenn man hierin statt

$$\sum_{k=0}^{m} a_{jk} \overset{i}{w_k} = - \sum_{k=0}^{m} b_{jk} \overset{i}{v_k}$$

setzt, schließlich

$$\sum_{k=0}^{m} \sum_{j=0}^{m} b_{jk} \overset{h}{w_j} \overset{i}{v_k} = 0 \quad \text{wenn} \quad h \neq i \tag{5}$$

und

$$\sum_{k=0}^{m} \sum_{j=0}^{m} b_{jk} \overset{h}{w_j} \overset{h}{v_k} = - \lambda^h \,. \tag{5a}$$

19. Reihenentwicklungen nach Eigenlösungen.

Es sei das folgende lineare Gleichungssystem mit den Unbekannten u^k vorgelegt:

$$\begin{aligned}
\varphi_0^0\, u^0 + \varphi_0^1\, u^1 + \ldots \varphi_0^i\, u^i + \cdots \varphi_0^m\, u^m &= U_0 \\
\varphi_1^0\, u^0 + \varphi_1^1\, u^1 + \cdots \varphi_1^i\, u^i + \cdots \varphi_1^m\, u^m &= U_1 \\
\cdots\cdots\cdots\cdots\cdots\cdots\cdots\cdots\cdots\cdots \\
\varphi_j^0\, u^0 + \varphi_j^1\, u^1 + \cdots \varphi_j^i\, u^i + \cdots \varphi_j^m\, u^m &= U_j \\
\cdots\cdots\cdots\cdots\cdots\cdots\cdots\cdots\cdots\cdots \\
\varphi_m^0\, u^0 + \varphi_m^1 u^1 + \cdots \varphi_m^i\, u^i + \cdots \varphi_m^m\, u^m &= U_m
\end{aligned}$$

oder kürzer geschrieben

$$\sum_{i=0}^{m} \varphi_j^i u^i = U_j \; (j = 0, 1, \ldots, m) .$$

Hierbei sind die U_j ebenso wie die φ_j^i gegebene Größen. Letztere sollen überdies die Eigenschaft haben, daß es eine Reihe von Größen ψ_j^h $(h = 0, 1, \ldots, m; j = 0, 1, \ldots, m)$ gibt, welche die Gleichungen

$$\sum_{j=0}^{m} \varphi_j^i \psi_j^h = 0 \quad \text{wenn} \quad i \neq h, \text{ und}$$

$$\sum_{j=0}^{m} \varphi_j^i \psi_j^i = \nu^i$$

erfüllen. Die Lösung des vorgelegten Gleichungssystem läßt sich dann leicht bewerkstelligen. Man multipliziert die vorgelegten Gleichungen der Reihe nach mit ψ_j^h und summiert über j; so findet man

$$\sum_{j=0}^{m} \sum_{i=0}^{m} \varphi_j^i u^i \psi_j^h = \sum_{j=0}^{m} U_j \psi_j^h .$$

Durch Vertauschung der Summationsfolge nimmt die linke Seite die Form

$$\sum_{i=0}^{m} u^i \sum_{j=0}^{m} \varphi_j^i \psi_j^h$$

an und hierin verschwindet die innere Summe für $i \neq h$; nur für $i = h$ erhält sie den Wert ν^h. Sonach wird die Lösung des vorgelegten Gleichungssystemes

$$u^h = \frac{1}{\nu^h} \sum_{j=0}^{m} U_j \psi_j^h .$$

Dieses Ergebnis läßt sich wie folgt auf das Gleichungssystem (2) übertragen: Es sei die Größe P_j an den Stellen $j = 0, 1, \ldots, m$ gegeben; es sollen die Beiwerte p^i der „Entwicklung"

$$P_j = \sum_{i=0}^{m} p^i v_j^i \gamma_j \tag{6}$$

ermittelt werden. Wir setzen

$$U_j = P_j , \qquad u^i = p^i$$
$$\varphi_j^i = v_j^i \gamma_j$$
$$\psi_j^i = v_j^i$$

und erhalten

$$p^i = \sum_{j=0}^{m} P_j v_j^i \quad \text{mit} \quad \nu^i = \sum_{j=0}^{m} v_j^i \gamma_j v_j^i = 1 \tag{6a}$$

Weiteres wird die Entwicklung der Größen L_j in der Form

$$L_j = - \sum_{i=0}^{m} \frac{l^i}{\lambda^i} t_j^i , \tag{7}$$

worin zur Abkürzung
$$t_j^i = \sum_{k=0}^{m} b_{jk} v_k^i$$
gesetzt wurde, gebraucht. Wir setzen jetzt
$$U_j = L_j\,, \quad u^i = -\frac{l^i}{\lambda^i}$$
$$\varphi_j^i = t_j^i = \sum_{k=0}^{m} b_{jk} v_k^i$$
$$\psi_j^i = w_j^i$$
und erhalten mit
$$v^i = \sum_{j=0}^{m} w_j^i t_j^i = -\lambda^i$$
$$l^i = -\lambda^i u^i = \sum_{j=0}^{m} L_j w_j^i\,. \tag{7a}$$

§ 7. Anwendung der Ergebnisse auf das Gleichungssystem
$D(k_y w_y) + \Delta\left(\frac{v_y}{\alpha_y}\right) = 0\,, \qquad \Delta\left(\frac{w_y}{\alpha_y}\right) + \lambda\gamma_y v_y = 0\,.$

20. Eigenwerte und Eigenlösungen.

Wir übertragen nunmehr die in § 6 erhaltenen Ergebnisse auf das Gleichungssystem für v und w in der ursprünglichen Form. Es gibt demnach m + 1-Werte $\lambda^0, \lambda^1, \ldots, \lambda^i, \ldots, \lambda^m$, welchen die Eigenlösungen $v_0^i, v_1^i, \ldots, v_y^i, \ldots, v_m^i$ und $w_1^i, \ldots, w_y^i, \ldots, w_{m-1}^i$ $(i = 0, 1, 2, \ldots, m)$ zugeordnet sind. Da w_0^i und w_m^i wegen der Randwerte für alle i gleich Null sind, wurden diese Werte nicht besonders angeschrieben.

Die Orthogonalitätsbedingung lautet gemäß der Gl. (3) und (3a) des § 6
$$\sum_{y=0}^{m} v_y^i v_y^h \gamma_y = 0 \quad \text{für} \quad i \neq h \quad \text{und} \quad \sum_{y=0}^{m} v_y^i v_y^i \gamma_y = 1 \tag{1}$$
während nach Gl. (5) und (5a) von § 6
$$\sum_{y=0}^{m} \Delta\left(\frac{w_y^i}{\alpha_y}\right) v_y^h = 0 \quad \text{für} \quad i \neq h \quad \text{und} \quad \sum_{y=0}^{m} \Delta\left(\frac{w_y^i}{\alpha_y}\right) v_y^i = -\lambda^i \tag{2}$$
wird. Ferner überzeugt man sich leicht, daß unser Gleichungssystem stets auch den Eigenwert $\lambda = 0$ besitzt, denn für $\lambda = 0$ lautet es
$$D(k_y w_y) + \Delta\left(\frac{v_y}{\alpha_y}\right) = 0$$
$$\Delta\left(\frac{w_y}{\alpha_y}\right) = 0$$
mit den Randwerten
$$w_{-1} = w_0 = w_m = w_{m+1} = 0\,.$$

Schreibt man die zweite Gleichungsgruppe ausführlich an

$$\frac{w_1}{\alpha_1} = 0$$
$$\frac{-w_1}{\alpha_1} - \frac{w_1 - w_2}{\alpha_2} = 0$$
$$\frac{w_1 - w_2}{\alpha_2} - \frac{w_2 - w_3}{\alpha_3} = 0$$
$$\cdots\cdots\cdots\cdots$$

so sieht man, daß nur die Lösung alle $w_y = 0$ möglich ist. Damit erhält man für die v_y folgendes Gleichungssystem

$$\frac{v_0 - v_1}{\alpha_1} - \frac{v_1 - v_2}{\alpha_2} = 0$$
$$\frac{v_1 - v_2}{\alpha_2} - \frac{v_2 - v_3}{\alpha_3} = 0$$
$$\cdots\cdots\cdots\cdots$$
$$\frac{v_{y-1} - v_y}{\alpha_y} - \frac{v_y - v_{y+1}}{\alpha_{y+1}} = 0$$
$$\cdots\cdots\cdots\cdots$$
$$\frac{v_{m-2} - v_{m-1}}{\alpha_{m-1}} - \frac{v_{m-1} - v_m}{\alpha_m} = 0\,.$$

Die Lösungen dieses Gleichungssystems lassen sich leicht angeben. Abgesehen von der trivialen Lösung $v_y = 0$, bietet sich der Ansatz

$$v_y^0 = k^0 = \text{const.}$$

unmittelbar dar. k^0 wählen wir so, daß $\sum_{y=0}^{m} (v_y^0)^2\, \gamma_y = 1$ wird.

Wir erhalten aber noch eine zweite Lösung, wenn wir v_y^1 so bestimmen, daß

$$\frac{\overset{1}{v}_{y-1} - \overset{1}{v}_y}{\alpha_y} = k^1 = \text{const.}$$

wird. Es muß also auch

$$\frac{\overset{1}{v}_{y-1} - \overset{1}{v}_y}{a\,\alpha_y} = \frac{\overset{1}{v}_{y-1} - \overset{1}{v}_y}{a_y} = \text{const.}$$

sein. Es heißt dies, daß die Endpunkte der v_y^1 auf einer Geraden liegen. Diese Gerade bestimmen wir so, daß die Orthogonalitätsbedingung

$$\sum_{y=0}^{m} v_y^0\, v_y^1\, \gamma_y = 0$$

oder was wegen $v_y^0 = \text{const}$ dasselbe ist,

$$\sum_{y=0}^{m} v_y^1\, \gamma_y = 0$$

erfüllt ist. Die Neigung der Geraden ist so zu wählen, daß

$$\sum_{y=0}^{m} (v_y^1)^2\, \gamma_y = 1$$

wird.

Es gehört also zu $\lambda = 0$, d. i. für $i = 0$ und $i = 1$ stets $w_y = 0$ und entweder $v_y^0 = \text{const.}$ oder v_y^1 als lineare Funktion von y. Wir nennen

$\lambda \;\; = 0$ einen doppelten Eigenwert und erhalten
$\lambda^0 = 0$ mit den Eigenlösungen v_y^0 und allen $w_y^0 = 0$
$\lambda^1 = 0$ mit linearem v_y^1 und allen $w_y^1 = 0$.

Schreibt man die Orthogonalitätsbedingung für v_y^i ($i \geqq 2$) einmal mit v_y^0, das andere Mal mit v_y^1 an, so erhält man die beiden Gleichungen

$$\sum_{y=0}^{m} v_y^i \gamma_y = 0 \qquad \sum_{y=0}^{m} v_y^i v_y^1 \gamma_y = 0 .$$

Faßt man nun die Größen $v_y^i \gamma_y$ als Kräfte mit den Angriffspunkten y auf, so heißt dies, daß diese Kräfte weder eine Resultierende, noch wegen des linearen Zusammenhanges von v_y^1 und a_y ein Moment besitzen dürfen, also im Gleichgewicht sind. Es tritt hierbei ein i-maliger Zeichenwechsel im Vorzeichen der v_y^i auf; so hat v_y^0 überhaupt keinen Zeichenwechsel, v_y^1 einen, v_y^2 zwei Zeichenwechsel usf.

Ist der Rost zu einer zu den Längsträgern parallelen Achse symmetrisch, also $\alpha_{y+1} = \alpha_{m-y}$, ferner $k_{y+1} = k_{m-y}$ und $\gamma_y = \gamma_{m-y}$, wie dies praktisch wohl zumeist der Fall ist, so werden alle Eigenlösungen mit geraden Ordnungszeigern $i = 2n$ symmetrisch, d. h. es ist

$$v_y^{2n} = v_{m-y}^{2n} \quad \text{und} \quad w_y^{2n} = w_{m-y}^{2n} ,$$

während Lösungen mit ungeraden Ordnungszeigern $i = 2n - 1$ antisymmetrisch sind. Es ist also

$$v_y^{2n-1} = - v_{m-y}^{2n-1} \quad \text{und} \quad w_y^{2n-1} = - w_{m-y}^{2n-1} .$$

21. Die Entwicklungssätze.

Die Entwicklungssätze, welche in § 6,19 angegeben sind, nehmen jetzt folgende Gestalt an:

In der Entwicklung

$$P_y = \sum_{i=0}^{m} p^i v_y^i \gamma_y \tag{3}$$

sind die Beiwerte p^i durch

$$p^i = \sum_{\bar{y}=0}^{m} P_{\bar{y}} v_{\bar{y}}^i \tag{3a}$$

gegeben. Ferner wird in

$$L_y = - \sum_{i=2}^{m} \frac{l^i}{\lambda^i} \Delta \left(\frac{v_y^i}{\alpha_y} \right) \tag{4}$$

l^i durch

$$l^i = \sum_{\bar{y}=1}^{m-1} L_{\bar{y}} w_{\bar{y}}^i \tag{4a}$$

bestimmt.

Dabei beginnt die Reihe für L_y erst mit $i = 2$, weil für $i = 0$ und $i = 1$ w_y^0 und w_y^1 und damit auch $\Delta \left(\frac{v_y}{\alpha_y} \right)$ verschwindet. Die Reihe für l^i umfaßt hingegen nur die Glieder von $y = 1$ bis $y = m - 1$, da $w_y^i = 0$ für $\bar{y} = 0$ und $\bar{y} = m$. L_y darf daher nur an den Stellen $y = 1, 2, \ldots, m - 1$ beliebig vorgegeben sein; für $y = 0$ und $y = m$ muß es den Wert $L = 0$ besitzen.

§ 8. Die numerische Bestimmung der Eigenwerte und Eigenlösungen.

22. Die Auflösung des Gleichungssystemes bei veränderlichen k_y, α_y und γ_y.

Das Gleichungssystem $D(k_y w_y) + \Delta\left(\frac{v_y}{\alpha_y}\right) = 0$, $\Delta\left(\frac{w_y}{\alpha_y}\right) + \lambda \gamma_y v_y = 0$ bezeichnet man als ein Simultansystem von zwei Differenzengleichungen 2. Ordnung. Für die allgemeine Lösung dieses Gleichungssystems gibt es unter bestimmten Voraussetzungen eigene Verfahren; doch kommt man bei nicht zu vielen Unbekannten durch unmittelbare Auflösung rascher zum Ziele. Setzt man den aus der zweiten Gleichung sich ergebenden Wert mit $\varepsilon_y = 1/\gamma_y$

$$v_y = -\frac{1}{\lambda} \varepsilon_y \Delta\left(\frac{w_y}{\alpha_y}\right)$$

in die erste Gleichung ein und bezeichnet zur Abkürzung

$$\frac{\lambda}{6} = \psi, \qquad \nu_y = \frac{\varepsilon_y}{\alpha_y \alpha_{y+1}}, \qquad \mu_y = \frac{\varepsilon_{y-1} + \varepsilon_y}{\alpha_y^2}$$

so erhält man

$$\left.\begin{aligned} &-\nu_{y-1} w_{y-2} + (\psi k_y + \nu_{y-1} + \mu_y + \nu_y) w_{y-1} + [2\psi(k_y + k_{y+1}) \\ &\quad - (\mu_y + 2\nu_y + \mu_{y+1})] w_y + (\psi k_{y+1} + \nu_y + \mu_{y+1} + \nu_{y+1}) \cdot w_{y+1} \\ &\quad - \nu_{y+1} w_{y+2} = 0 . \end{aligned}\right\} \quad (1)$$

Dieses Gleichungssystem ist das erste Mal für $y = 1$, das letzte Mal für $y = m - 1$, anzuschreiben. Berücksichtigt man die Randwerte, so sind gerade soviel Gleichungen als Unbekannte vorhanden. Die ersten Gleichungen lauten:

$$\left.\begin{aligned} &[2\psi(k_1 + k_2) - (\mu_1 + 2\nu_1 + \mu_2)] w_1 + (\psi k_2 + \nu_1 + \mu_2 + \nu_2) w_2 - \nu_2 w_3 = 0 \\ &\quad (\psi k_2 + \nu_1 + \mu_2 + \nu_2) w_1 + [2\psi(k_2 + k_3) - (\mu_2 + 2\nu_2 + \mu_3)] w_2 + \\ &+ (\psi k_3 + \nu_2 + \mu_3 + \nu_3) w_3 - \nu_3 w_4 = 0 \\ &- \nu_2 w_1 + (\psi k_3 + \nu_2 + \mu_3 + \nu_3) w_2 + [2\psi(k_3 + k_4) - (\mu_3 + 2\nu_3 + \mu_4)] w_3 + \\ &\quad + (\psi k_4 + \nu_3 + \mu_4 + \nu_4) w_4 - \nu_4 w_5 = 0 \\ &\quad \cdots\cdots\cdots\cdots\cdots\cdots\cdots\cdots \end{aligned}\right\} \quad (2)$$

Sind die Längsträger zur Brückenlängsachse symmetrisch, d. h. ist $a_{y+1} = a_{m-y}$, also auch $\alpha_{y+1} = \alpha_{m-y}$ und $J_{\xi y} = J_{\xi\, m-y}$, daher $\gamma_y = \gamma_{m-y}$ und $\varepsilon_y = \varepsilon_{m-y}$, weiters auch die Querträger symmetrisch, $k_{y+1} = k_{m-y}$, so gehören zu geraden i symmetrische Eigenlösungen, bei welchen $\overset{i}{w}_y = \overset{i}{w}_{m-y}$ und $\overset{i}{v}_y = \overset{i}{v}_{m-y}$ ist, zu ungeraden i antisymmetrische Eigenlösungen mit $\overset{i}{w}_y = -\overset{i}{w}_{m-y}$ und $\overset{i}{v}_y = -\overset{i}{v}_{m-y}$. Es genügt dann die Gleichungen bei gerader Felderanzahl nur bis zur Mitte $y = m/2$, bei ungerader Felderanzahl bis $y = (m-1)/2$ anzuschreiben. Dann stellt man die Frequenzgleichung auf, indem man die Determinante aus den Koeffizienten der vorstehenden Gleichungen Null setzt. Man erhält so bei ungerader Felderanzahl sowohl für die Eigenwerte mit geradem Zeiger i wie für jene mit ungeradem Zeiger je eine Gleichung vom $(m-1)/2$ ten Grade in ψ. Ist die Felderzahl aber gerade, so ist die Gleichung für gerade i vom $m/2$ ten Grade, für ungerade i vom Grade $m/2 - 1$. In beiden Fällen ergeben sich $m - 1$ von Null verschiedene Eigenwerte und ebensoviele dazugehörige Systeme von Eigenlösungen. Außerdem gibt es noch die Doppelwurzel $\lambda^0 = \lambda^1 = 0$. Bezeichnen wir im folgenden die noch nicht normierten Eigenlösungen mit $\overset{i}{\bar{w}}_y$ und $\overset{i}{\bar{v}}_y$, so werden nach Früherem für λ^0 $\overset{0}{\bar{w}}_y = 0$ und $\overset{0}{\bar{v}}_y = 1$ und mit

$$(N_0)^2 = \sum_{y=0}^{m} (\overset{0}{\bar{v}}_y)^2 \gamma_y = \sum_{y=0}^{m} \gamma_y$$

die normierten Eigenlösungen

$$v_y^0 = 1/N_0, \quad w_y^0 = 0\,. \tag{3}$$

Für $i = 1$ wird

$$\overline{w}_y^1 = 0 \qquad \text{und} \qquad \overline{v}_y^1 = -\overline{v}_{m-y}^1 = \frac{1}{2}\sum_{\overline{y}=1}^{m} \alpha_{\overline{y}} - \sum_{\overline{y}=1}^{y} \alpha_{\overline{y}}\,.$$

Die normierten Lösungen lauten dann, nachdem

$$(N_1)^2 = \sum_{y=0}^{m} (\overline{v}_y^1)^2\, \gamma_y$$

bestimmt ist,

$$v_y^1 = -v_{m-y}^1 = \frac{\overline{v}_y^1}{N_1}, \qquad w_y^1 = 0\,. \tag{4}$$

Die Eigenlösungen für $i \geqq 2$ können nur so bestimmt werden, daß zunächst die Determinante der Koeffizienten ausgerechnet und Null gesetzt wird. Bei acht Längsträgern, also $m = 7$ und Symmetrie zur Mitte erhält man nach dem Vorhergehenden sowohl für gerade als auch ungerade i je eine dreizeilige Determinate und sonach für ψ eine Gleichung dritten Grades. Es ist dies wohl die obere Grenze, wo die Rechnung — insbesondere das Ausrechnen der Determinante — noch keinen allzugroßen Umfang annimmt. Für $m = 8$ würde sich bereits die Benützung der Theorie der Differenzengleichungen empfehlen; doch scheinen wohl kaum andere Fälle als mit konstanten Koeffizienten einer Behandlung zugänglich zu sein. Hierauf soll hier nicht näher eingegangen werden.

Hat man die $m - 1$ Werte ψ^i und damit auch $\lambda^i = 6\,\psi^i$ bestimmt, so setzt man diese Werte der Reihe nach in die Gl. (1) ein, nimmt den Wert einer Unbekannten, z. B. $\overline{w}_1^i = 1$ an, und löst das lineare Gleichungssystem (1) für die $\overline{w}_y^i$ $(y = 2, 3, \ldots)$ auf. Dabei liegt um eine Unbekannte weniger als die Zahl der Gleichungen vor; man läßt irgendeine der Gleichungen unberücksichtigt und kann diese Gleichung als Kontrolle benützen. Sind ψ^i und die $\overline{w}_y^i$ richtig bestimmt, so muß diese überzählige Gleichung erfüllt sein.

Aus den $\overline{w}_y^i$ ermittelt man dann die Werte $\Delta\left(\frac{\overline{w}_y^i}{\alpha_y}\right)$

und mit Unterdrückung des Faktors λ^i: $\overline{v}_y^i = -\varepsilon_y\, \Delta\left(\frac{\overline{w}_y^i}{\alpha_y}\right)$

wobei, wenn $\overline{w}_1^i = 1$ gewählt wurde, sich ergibt

$$\left.\begin{aligned}
\Delta\left(\frac{\overline{w}_0^i}{\alpha_0}\right) &= \frac{1}{\alpha_1}\\
\Delta\left(\frac{\overline{w}_1^i}{\alpha_1}\right) &= -\left(\frac{1}{\alpha_1} + \frac{1}{\alpha_2}\right) + \frac{\overline{w}_2^i}{\alpha_2}\\
\Delta\left(\frac{\overline{w}_2^i}{\alpha_2}\right) &= \frac{1 - \overline{w}_2^i}{\alpha_2} - \frac{\overline{w}_2^i - \overline{w}_3^i}{\alpha_3}\\
\Delta\left(\frac{\overline{w}_3^i}{\alpha_3}\right) &= \frac{\overline{w}_2^i - \overline{w}_3^i}{\alpha_3} - \frac{\overline{w}_3^i - \overline{w}_4^i}{\alpha_4}\\
&\cdots\cdots\cdots\cdots\cdots\cdots
\end{aligned}\right\} \tag{5}$$

Man erhält dann weiters

$$(N_i)^2 = -\sum_{y=0}^{m} \Delta\left(\frac{\overline{w}_y^i}{\alpha_y}\right) \overline{v}_y^i \tag{6}$$

und damit die normierten Lösungen

$$v_y^i = \frac{\bar{v}_y^i}{N_i}, \qquad w_y^i = \frac{\bar{w}_y^i}{N_i}\,\lambda^i . \tag{7}$$

23. Lösungen für den Sonderfall $\alpha_y = k_y = 1$, $\gamma_y = \gamma_{m-y}$.

Wenn alle Felder eines Querträgers das gleiche Trägheitsmoment und gleiche Feldweite besitzen, wird $\alpha_y = k_y = 1$; bezüglich der Längsträger setzen wir zur Längsachse symmetrisches Trägheitsmoment, also $\gamma_y = \gamma_{m-y}$ voraus.

In diesem Falle wird $\nu_y = \varepsilon_y$ und $\mu_y = \varepsilon_{y-1} + \varepsilon_y$ und das Gleichungssystem zur Bestimmung der w_y lautet mithin

$$-\varepsilon_{y-1} w_{y-2} + [\psi + 2(\varepsilon_{y-1} + \varepsilon_y)] w_{y-1} + [4\psi - (\varepsilon_{y-1} + 4\varepsilon_y + \varepsilon_{y+1})] w_y + \\ + [\psi + 2(\varepsilon_y + \varepsilon_{y+1})] w_{y+1} - \varepsilon_{y+1} w_{y+2} = 0 .$$

Setzt man unbeschadet der Allgemeinheit $\varepsilon_0 = 1$, so lauten die ersten Gleichungen mit Berücksichtigung der Randbedingungen $w_{-1} = w_0 = 0$

$$\left.\begin{array}{l}
[4\psi - (1 + 4\varepsilon_1 + \varepsilon_2)] w_1 + [\psi + 2(\varepsilon_1 + \varepsilon_2)] w_2 - \varepsilon_2 w_3 = 0 \\
[\psi + 2(\varepsilon_1 + \varepsilon_2)] w_1 + [4\psi - (\varepsilon_1 + 4\varepsilon_2 + \varepsilon_3)] w_2 + \\
[\psi + 2(\varepsilon_2 + \varepsilon_3)] w_3 - \varepsilon_3 w_4 = 0 \\
-\varepsilon_2 w_1 + [\psi + 2(\varepsilon_2 + \varepsilon_3)] w_2 + [4\psi - (\varepsilon_2 + 4\varepsilon_3 + \varepsilon_4)] w_3 + \\
[\psi + 2(\varepsilon_3 + \varepsilon_4)] w_4 - \varepsilon_4 w_5 = 0.
\end{array}\right\} \tag{8}$$

Nach Auflösung der Frequenzgleichung und Bestimmung der $\bar{w}_y$ mit $\bar{w}_1 = 1$ erhält man in diesem Falle für $i \geq 2$ aus Gl. (5):

$$\left.\begin{array}{ll}
\Delta\bar{w}_0 = +1 & \bar{v}_0 = -1 \\
\Delta\bar{w}_1 = -2 + \bar{w}_2 & \bar{v}_1 = -\Delta\bar{w}_1\varepsilon_1 \\
\Delta\bar{w}_2 = 1 - 2\bar{w}_2 + \bar{w}_3 & \bar{v}_2 = -\Delta\bar{w}_2\varepsilon_2 \\
\Delta\bar{w}_3 = \bar{w}_2 - 2\bar{w}_3 + \bar{w}_4 & \bar{v}_3 = -\Delta\bar{w}_3\varepsilon_3 \;\ldots\ldots
\end{array}\right\} \tag{9}$$

Sohin wird

$$N^2 = -[-1 + \bar{v}_1\Delta\bar{w}_1 + \bar{v}_2\Delta\bar{w}_2 + \bar{v}_3\Delta\bar{w}_3 + \cdots] \tag{10}$$

In dieser Summe sind sämtliche Summanden positiv und die normierten Lösungen lauten:

$$\left.\begin{array}{ll}
v_0 = -1/N & w_1 = \lambda/N \\
v_1 = \bar{v}_1/N & w_2 = \bar{w}_2\,\lambda/N \\
v_2 = \bar{v}_2/N & w_3 = \bar{w}_3\,\lambda/N \\
\ldots\ldots\ldots & \ldots\ldots\ldots\ldots
\end{array}\right\} \tag{11}$$

Im folgenden sind für drei bis acht Längsträger, d. i. für $m = 2$ bis $m = 7$ die zur Berechnung der Eigenwerte und Eigenlösungen notwendigen Gleichungen angegeben.

$m = 2$ $\varepsilon_0 = \varepsilon_2 = 1$, ε_1 (Abb. 12)

$i = 0 \quad \lambda = 0 \quad \bar{v}_y = 1$

$N^2 = 2 + \gamma_1$

$v_0 = v_1 = v_2 = \dfrac{1}{\sqrt{2 + \gamma_1}} \qquad w_1 = 0$

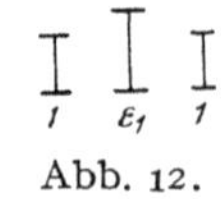

Abb. 12.

$i = 1 \quad \lambda = 0 \quad \bar{v}_0 = -\bar{v}_2 = 1 \qquad \bar{v}_1 = 0$

$$N^2 = 2$$

$$v_0 = -v_2 = \frac{\sqrt{2}}{2}, \quad v_1 = 0, \quad w_1 = 0$$

$i = 2$ Das Gleichungssystem für w besteht aus einer einzigen Gleichung:

$$[4\,\psi - (1 + 4\,\varepsilon_1 + 1)]\,w_1 = 0$$

$$\bar{w}_1 = 1$$

$$\psi = \frac{1 + 2\,\varepsilon_1}{2}, \qquad \lambda = 3\,(1 + 2\,\varepsilon_1)$$

$$\Delta\bar{w}_0 = \Delta\bar{w}_2 = 1 \qquad \bar{v}_0 = \bar{v}_2 = -1$$

$$\Delta\bar{w}_1 = -2 \qquad \bar{v}_1 = +2\,\varepsilon_1$$

$$N^2 = 2\,(1 + 2\,\varepsilon_1)$$

$$v_0 = v_2 = -\frac{1}{\sqrt{2\,(1 + 2\,\varepsilon_1)}}, \quad v_1 = \frac{2\,\varepsilon_1}{\sqrt{2\,(1 + 2\,\varepsilon_1)}}, \qquad w_1 = 3\sqrt{\frac{1 + 2\,\varepsilon_1}{2}}$$

$m = 3 \quad \varepsilon_0 = \varepsilon_3 = 1, \quad \varepsilon_1 = \varepsilon_2$ (Abb. 13)

$i = 0 \quad \lambda = 0 \quad N^2 = 2\,(1 + \gamma_1)$

$$v_0 = v_1 = v_2 = \frac{1}{\sqrt{2\,(1 + \gamma_1)}} \qquad w = 0$$

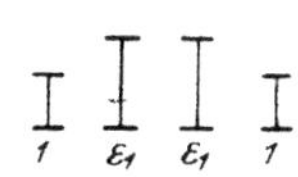

Abb. 13.

$i = 1 \quad \lambda = 0 \quad \bar{v}_0 = -\bar{v}_3 = 3, \qquad \bar{v}_1 = -\bar{v}_2 = 1$

$$N^2 = 2\,(9 + \gamma_1)$$

$$v_0 = -v_3 = \frac{3}{\sqrt{2\,(9 + \gamma_1)}} \qquad v_1 = -v_2 = \frac{1}{\sqrt{2\,(9 + \gamma_1)}} \qquad w = 0.$$

$i \geqq 2$ Gleichungssystem für $y = 1$

$$w_1\,[4\,\psi - (1 + 4\,\varepsilon_1 + \varepsilon_1)] + w_2\,[\psi + 2\,(\varepsilon_1 + \varepsilon_1)] = 0$$

$i = 2$ symmetrische Lösung $w_1 = w_2$

$$w_1\,[5\,\psi - (1 + \varepsilon_1)] = 0, \quad \psi = \frac{1 + \varepsilon_1}{5}, \quad \lambda = \frac{6}{5}\,(1 + \varepsilon_1)$$

$$\bar{w}_1 = \bar{w}_2 = 1 \quad \Delta\bar{w}_0 = \Delta\bar{w}_3 = 1 \qquad \bar{v}_0 = \bar{v}_3 = -1$$

$$\Delta\bar{w}_1 = \Delta\bar{w}_2 = -1 \quad \bar{v}_1 = \bar{v}_2 = \varepsilon_1$$

$$N^2 = 2\,(1 + \varepsilon_1)$$

$$v_0 = v_3 = -\frac{1}{\sqrt{2\,(1 + \varepsilon_1)}} \qquad v_1 = v_2 = \frac{\varepsilon_1}{\sqrt{2\,(1 + \varepsilon_1)}}$$

$$w_1 = w_2 = \frac{6}{5}\sqrt{\frac{1 + \varepsilon_1}{2}}$$

$i = 3$ antisymmetrische Lösung $w_1 = -w_2$

$$w_1\,[3\,\psi - (1 + 9\,\varepsilon_1)] = 0, \quad \psi = \frac{1 + 9\,\varepsilon_1}{3}, \quad \lambda = 2\,(1 + 9\,\varepsilon_1)$$

$$\bar{w}_1 = -\bar{w}_2 = 1 \quad \Delta\bar{w}_0 = -\Delta\bar{w}_3 = 1 \quad \bar{v}_0 = -\bar{v}_3 = -1$$

$$\Delta\bar{w}_1 = -\Delta\bar{w}_2 = -3 \quad \bar{v}_1 = -\bar{v}_2 = 3\,\varepsilon_1$$

$$N^2 = 2\,(1 + 9\,\varepsilon_1)$$

$$v_0 = -v_3 = -\frac{1}{\sqrt{2(1+9\varepsilon_1)}} \qquad v_1 = -v_2 = \frac{3\varepsilon_1}{\sqrt{2(1+9\varepsilon_1)}}$$
$$w_1 = -w_2 = \sqrt{2(1+9\varepsilon_1)}$$

$m = 4 \quad \varepsilon_0 = \varepsilon_4 = 1, \quad \varepsilon_1 = \varepsilon_3, \quad \varepsilon_2$ (Abb. 14)

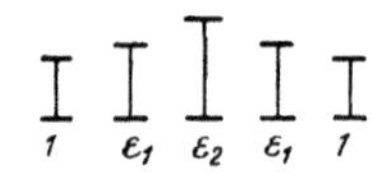

Abb. 14.

$i = 0 \quad \lambda = 0 \quad N^2 = 2(1+\gamma_1) + \gamma_2$

$$v_0 = v_1 = v_2 = v_3 = \frac{1}{\sqrt{2(1+\gamma_1)+\gamma_2}} \qquad w = 0$$

$i = 1 \quad \lambda = 0 \quad \bar{v}_0 = -\bar{v}_4 = 2 \qquad \bar{v}_1 = -\bar{v}_3 = 1 \qquad \bar{v}_2 = 0$

$$N^2 = 2(4+\gamma_1)$$
$$v_0 = -v_4 = \frac{2}{\sqrt{2(4+\gamma_1)}} \qquad v_1 = -v_3 = \frac{1}{\sqrt{2(4+\gamma_1)}} \qquad v_2 = 0$$
$$w = 0$$

$i \geq 2$ Gleichungssystem ($y = 1$ und $y = 2$):

$$w_1[4\psi - (1+4\varepsilon_1+\varepsilon_2)] + w_2[\psi + 2(\varepsilon_1+\varepsilon_2)] - w_3\varepsilon_2 = 0$$
$$w_1[\psi+2(\varepsilon_1+\varepsilon_2)] + w_2[4\psi-(\varepsilon_1+4\varepsilon_2+\varepsilon_1)] + w_3[\psi+2(\varepsilon_2+\varepsilon_1)] = 0$$

$i = 2$ und $i = 4$ symmetrische Lösung $w_1 = w_3$

$$w_1[4\psi-(1+4\varepsilon_1+2\varepsilon_2)] + w_2[\psi+2(\varepsilon_1+\varepsilon_2)] = 0$$
$$w_1[2\psi+4(\varepsilon_1+\varepsilon_2)] + w_2[4\psi-2(\varepsilon_1+2\varepsilon_2)] = 0$$

Frequenzgleichung

$$\begin{vmatrix} 4\psi-(1+4\varepsilon_1+2\varepsilon_2) & \psi+2(\varepsilon_1+\varepsilon_2) \\ \psi+2(\varepsilon_1+\varepsilon_2) & 2\psi-(\varepsilon_1+2\varepsilon_2) \end{vmatrix} = 0$$

Lösung $\psi_2 = \frac{1}{7}(a - \sqrt{a^2-7b}) \quad \psi_4 = \frac{1}{7}(a+\sqrt{a^2-7b})$

mit $\quad a = 1 + 8(\varepsilon_1+\varepsilon_2) \qquad b = \varepsilon_1 + 2\varepsilon_2(1+\varepsilon_1)$

$\qquad \lambda^2 = 6\psi_2 \qquad \lambda^4 = 6\psi_4$

$$\bar{w}_1 = \bar{w}_3 = 1 \qquad \bar{w}_2 = -\frac{4\psi-(1+4\varepsilon_1+2\varepsilon_2)}{\psi+2(\varepsilon_1+\varepsilon_2)}$$

$\Delta\bar{w}_0 = \Delta\bar{w}_4 = 1 \qquad \bar{v}_0 = \bar{v}_4 = -1$

$\Delta\bar{w}_1 = \Delta\bar{w}_3 = -2 + \bar{w}_2 \qquad \bar{v}_1 = \bar{v}_3 = -(-2+\bar{w}_2)\varepsilon_1$

$\Delta\bar{w}_2 = 2(1-\bar{w}_2) \qquad \bar{v}_2 = -2(1-\bar{w}_2)\varepsilon_2$

$$N^2 = -[2(-1+\Delta\bar{w}_1\bar{v}_1) + \Delta\bar{w}_2\bar{v}_2]$$

$v_0 = v_4 = -1/N, \qquad v_1 = v_3 = \bar{v}_1/N, \qquad v_2 = \bar{v}_2/N$

$w_1 = w_3 = \lambda/N, \qquad w_2 = \bar{w}_2 \cdot \lambda/N$

$i = 3$ antisymmetrische Lösung $w_1 = -w_3, \quad w_2 = 0$

$$w_1[4\psi-(1+4\varepsilon_1)] = 0, \quad \psi = \frac{1+4\varepsilon_1}{4}, \quad \lambda = \frac{3}{2}(1+4\varepsilon_1)$$

$\bar{w}_1 = -\bar{w}_3 = 1 \qquad \Delta\bar{w}_0 = -\Delta\bar{w}_4 = 1 \qquad \bar{v}_0 = -v_4 = -1$

$\qquad \Delta\bar{w}_1 = -\Delta\bar{w}_3 = -2 \qquad \bar{v}_1 = -\bar{v}_3 = 2\varepsilon_1$

$\qquad \Delta\bar{w}_2 = 0 \qquad \bar{v}_2 = 0$

$$N^2 = -2(-1+\Delta\bar{w}_1\bar{v}_1) = 2(1+4\varepsilon_1)$$

$$v_0 = -v_4 = +\frac{1}{\sqrt{2(1+4\varepsilon_1)}}, \quad v_1 = -v_3 = \frac{2\varepsilon_1}{\sqrt{2(1+4\varepsilon_1)}}, \quad v_2 = 0$$

$$w_1 = -w_3 = \frac{3}{2}\sqrt{\frac{1+4\varepsilon_1}{2}}, \quad w_2 = 0$$

$m = 5 \quad \varepsilon_0 = \varepsilon_5 = 1, \quad \varepsilon_1 = \varepsilon_4, \quad \varepsilon_2 = \varepsilon_3$ (Abb. 15)

$i = 0 \quad \lambda = 0 \qquad N^2 = 2(1 + \gamma_1 + \gamma_2)$

$$v_0 = v_1 = \ldots\ldots = v_5 = \frac{1}{\sqrt{2(1+\gamma_1+\gamma_2)}}$$

$w = 0$

Abb. 15.

$i = 1 \quad \lambda = 0 \quad \bar{v}_0 = -\bar{v}_5 = 5 \qquad \bar{v}_1 = -\bar{v}_4 = 3 \qquad \bar{v}_2 = -\bar{v}_3 = 1$

$$N^2 = 2(25 + 9\gamma_1 + \gamma_2)$$

$$v_0 = -v_5 = \frac{5}{\sqrt{2(25+9\gamma_1+\gamma_2)}} \qquad v_1 = -v_4 = \frac{3}{\sqrt{2(25+9\gamma_1+\gamma_2)}}$$

$$v_2 = -v_3 = \frac{1}{\sqrt{2(25+9\gamma_1+\gamma_2)}} \qquad w = 0$$

$i \geqq 2$ Gleichungssystem $(y = 1$ und $y = 2)$

$$w_1[4\psi - (1 + 4\varepsilon_1 + \varepsilon_2)] + w_2[\psi + 2(\varepsilon_1 + \varepsilon_2)] - w_3\varepsilon_2 = 0$$

$$w_1[\psi + 2(\varepsilon_1 + \varepsilon_2)] + w_2[4\psi - (\varepsilon_1 + 4\varepsilon_2 + \varepsilon_2)] + w_3[\psi + 2(\varepsilon_2 + \varepsilon_2)] - w_4\varepsilon_2 = 0$$

$i = 2$ und $i = 4$ symmetrische Lösung $w_1 = w_4,\ w_2 = w_3$

$$w_1[4\psi - (1 + 4\varepsilon_1 + \varepsilon_2)] + w_2[\psi + 2\varepsilon_1 + \varepsilon_2] = 0$$

$$w_1[\psi + 2\varepsilon_1 + \varepsilon_2] + w_2[5\psi - (\varepsilon_1 + \varepsilon_2)] = 0$$

Frequenzgleichung

$$\begin{vmatrix} 4\psi - (1 + 4\varepsilon_1 + \varepsilon_2) & \psi + 2\varepsilon_1 + \varepsilon_2 \\ \psi + 2\varepsilon_1 + \varepsilon_2 & 5\psi - (\varepsilon_1 + \varepsilon_2) \end{vmatrix} = 0$$

Lösung $\psi_2 = \frac{1}{19}\left(a - \sqrt{a^2 - 19b}\right) \qquad \psi_4 = \frac{1}{19}\left(a + \sqrt{a^2 - 19b}\right)$

$$\lambda^2 = 6\psi_2 \qquad\qquad \lambda^4 = 6\psi_4$$

mit $a = \frac{1}{2}(5 + 28\varepsilon_1 + 11\varepsilon_2) \qquad b = \varepsilon_1 + \varepsilon_2 + \varepsilon_1\varepsilon_2$

$$\bar{w}_1 = \bar{w}_4 = 1 \quad \bar{w}_2 = \bar{w}_3 = -\frac{4\psi - (1 + 4\varepsilon_1 + \varepsilon_2)}{\psi + 2\varepsilon_1 + \varepsilon_2}$$

$$\Delta\bar{w}_0 = \Delta\bar{w}_5 = 1 \qquad \bar{v}_0 = \bar{v}_5 = -1$$

$$\Delta\bar{w}_1 = \Delta\bar{w}_4 = -2 + \bar{w}_2 \qquad \bar{v}_1 = \bar{v}_4 = -(-2 + \bar{w}_2)\,\varepsilon_1$$

$$\Delta\bar{w}_2 = \Delta\bar{w}_3 = 1 - \bar{w}_2 \qquad \bar{v}_2 = \bar{v}_3 = -(1 - \bar{w}_2)\,\varepsilon_2$$

$$N^2 = -2(-1 + \Delta\bar{w}_1\bar{v}_1 + \Delta\bar{w}_2\bar{v}_2)$$

$$v_0 = v_5 = -1/N \qquad v_1 = v_4 = \bar{v}_1/N \qquad v_2 = v_3 = \bar{v}_2/N$$

$$w_1 = w_4 = \lambda/N \qquad w_2 = w_3 = \bar{w}_2\lambda/N$$

$i = 3$ und $i = 5$ antisymmetrische Lösung $w_1 = -w_4 \quad w_2 = -w_3$

$$w_1[4\psi - (1 + 4\varepsilon_1 + \varepsilon_2)] + w_2[\psi + 2\varepsilon_1 + 3\varepsilon_2] = 0$$

$$w_1[\psi + 2\varepsilon_1 + 3\varepsilon_2] + w_2[3\psi - (\varepsilon_1 + 9\varepsilon_2)] = 0$$

Frequenzgleichung

$$\begin{vmatrix} 4\,\psi - (1 + 4\,\varepsilon_1 + \varepsilon_2) & \psi + 2\,\varepsilon_1 + 3\,\varepsilon_2 \\ \psi + 2\,\varepsilon_1 + 3\,\varepsilon_2 & 3\,\psi - (\varepsilon_1 + 9\,\varepsilon_2) \end{vmatrix} = 0$$

Lösung $\psi_3 = \frac{1}{11}\left(a - \sqrt{a^2 - 11\,b}\right)$ $\quad\psi_5 = \frac{1}{11}\left(a + \sqrt{a^2 - 11\,b}\right)$

$$\lambda^3 = 6\,\psi_3 \qquad \lambda^5 = 6\,\psi_5$$

mit $a = \frac{1}{2}(3 + 20\,\varepsilon_1 + 45\,\varepsilon_2)$ $\quad b = \varepsilon_1 + 25\,\varepsilon_1\,\varepsilon_2 + 9\,\varepsilon_2$

$$\bar{w}_1 = -\bar{w}_4 = 1 \qquad \bar{w}_2 = -\bar{w}_3 = -\frac{4\,\psi - (1 + 4\,\varepsilon_1 + \varepsilon_2)}{\psi + 2\,\varepsilon_1 + 3\,\varepsilon_2}$$

$$\Delta\bar{w}_0 = -\Delta\bar{w}_5 = 1 \qquad \bar{v}_0 = -\bar{v}_5 = -1$$

$$\Delta\bar{w}_1 = -\Delta\bar{w}_4 = -2 + \bar{w}_2 \qquad \bar{v}_1 = -\bar{v}_4 = -(-2 + \bar{w}_2)\,\varepsilon_1$$

$$\Delta\bar{w}_2 = -\Delta\bar{w}_3 = 1 - 3\,\bar{w}_2 \qquad \bar{v}_2 = \bar{v}_3 = -(1 - 3\,\bar{w}_2)\,\varepsilon_2$$

$$N^2 = -2\,(-1 + \Delta\bar{w}_1\bar{v}_1 + \Delta\bar{w}_2\,\bar{v}_2)$$

$$v_0 = -v_5 = -1/N \qquad v_1 = -v_4 = \bar{v}_1/N \qquad v_2 = -v_3 = \bar{v}_2/N$$

$$w_1 = -w_4 = \lambda/N \qquad w_2 = -w_3 = \bar{w}_2\,\lambda/N$$

$m = 6$ $\quad\varepsilon_0 = \varepsilon_6 = 1,\quad \varepsilon_1 = \varepsilon_5,\quad \varepsilon_2 = \varepsilon_4,\quad \varepsilon_3$ (Abb. 16)

$i = 0 \quad \lambda = 0 \quad N^2 = 2 + 2\,\gamma_1 + 2\,\gamma_2 + \gamma_3$

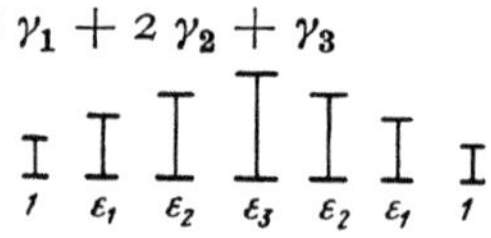

Abb. 16.

$$v_0 = v_1 = \ldots = v_6 = \frac{1}{\sqrt{2 + 2\,\gamma_1 + 2\,\gamma_2 + \gamma_3}} \qquad w = 0$$

$i = 1 \quad \lambda = 0 \quad \bar{v}_0 = -\bar{v}_6 = 3$

$$\bar{v}_1 = -\bar{v}_5 = 2 \qquad \bar{v}_2 = -\bar{v}_4 = 1 \qquad \bar{v}_3 = 0$$

$$N^2 = 2\,(9 + 4\,\gamma_1 + \gamma_2)$$

$$v_0 = -v_6 = \frac{3}{\sqrt{2\,(9 + 4\,\gamma_1 + \gamma_2)}} \qquad v_1 = -v_5 = \frac{2}{\sqrt{2\,(9 + 4\,\gamma_1 + \gamma_2)}}$$

$$v_2 = -v_4 = \frac{1}{\sqrt{2\,(9 + 4\,\gamma_1 + \gamma_2)}} \qquad v_3 = 0$$

$$w = 0$$

$i \geq 2$ Gleichungssystem ($y = 1,\ y = 2$ und $y = 3$)

$$w_1\,[4\,\psi - (1 + 4\,\varepsilon_1 + \varepsilon_2)] + w_2\,[\psi + 2\,(\varepsilon_1 + \varepsilon_2)] - w_3\,\varepsilon_2 = 0$$

$$w_1\,[\psi + 2\,(\varepsilon_1 + \varepsilon_2)] + w_2\,[4\,\psi - (\varepsilon_1 + 4\,\varepsilon_2 + \varepsilon_3)] + w_3\,[\psi + 2\,(\varepsilon_2 + \varepsilon_3)] - w_4\,\varepsilon_3 = 0$$

$$-w_1\,\varepsilon_2 + w_2\,[\psi + 2\,(\varepsilon_2 + \varepsilon_3)] + w_3\,[4\,\psi - 2\,(\varepsilon_2 + 2\,\varepsilon_3)] + w_4\,[\psi + 2\,(\varepsilon_2 + \varepsilon_3)] - w_5\,\varepsilon_2 = 0$$

$i = 2,\ i = 4,\ i = 6$ symmetrische Lösung $w_1 = w_5,\ w_2 = w_4,\ w_3$

$$w_1\,[4\,\psi - (1 + 4\,\varepsilon_1 + \varepsilon_2)] + w_2\,[\psi + 2\,(\varepsilon_1 + \varepsilon_2)] - w_3\,\varepsilon_2 = 0$$

$$w_1\,[\psi + 2\,(\varepsilon_1 + \varepsilon_2)] + w_2\,[4\,\psi - (\varepsilon_1 + 4\,\varepsilon_2 + 2\,\varepsilon_3)] + w_3\,[\psi + 2\,(\varepsilon_2 + \varepsilon_3)] = 0$$

$$-w_1\,\varepsilon_2 + w_2\,[\psi + 2\,(\varepsilon_2 + \varepsilon_3)] + w_3\,[2\,\psi - (\varepsilon_2 + 2\,\varepsilon_3)] = 0$$

Wir setzen zur Abkürzung:

$$a_{11} = 1 + 4\,\varepsilon_1 + \varepsilon_2 \qquad a_{22} = \varepsilon_1 + 4\,\varepsilon_2 + 2\,\varepsilon_3 \qquad a_{33} = \varepsilon_2 + 2\,\varepsilon_3$$
$$a_{12} = 2\,(\varepsilon_1 + \varepsilon_2) \qquad a_{23} = 2\,(\varepsilon_2 + \varepsilon_3)$$

Frequenzgleichung

$$\begin{vmatrix} 4\,\psi - a_{11} & \psi + a_{12} & -\varepsilon_2 \\ \psi + a_{12} & 4\,\psi - a_{22} & \psi + a_{23} \\ -\varepsilon_2 & \psi + a_{23} & 2\,\psi - a_{33} \end{vmatrix} = 0$$

oder

$$(4\,\psi - a_{11})\,(4\,\psi - a_{22})\,(2\,\psi - a_{33}) - 2\,\varepsilon_2\,(\psi + a_{12})\,(\psi + a_{23}) -$$
$$\varepsilon_2^2\,(4\,\psi - a_{22}) - (4\,\psi - a_{11})\,(\psi + a_{23})^2 - (2\,\psi - a_{33})\,(\psi + a_{12})^2 = 0$$

und nach Potenzen von ψ geordnet

$$26\,\psi^3 - \psi^2\,(7\,a_{11} + 8\,a_{22} + 15\,a_{33} + 2\,\varepsilon_2 + 8\,a_{23} + 4\,a_{12})$$
$$-2\,\psi\,[-a_{11}a_{22} - 2\,a_{11}a_{33} - 2\,a_{22}a_{33} + \varepsilon_2\,(a_{12} + a_{23} + 2\,\varepsilon_2)$$
$$+ a_{23}\,(2\,a_{23} - a_{11}) + a_{12}\,(a_{12} - a_{33})] -$$
$$(a_{11}a_{22}a_{33} + a_{12}a_{23}\,2\,\varepsilon_2 - a_{22}\,\varepsilon_2^2 - a_{23}^2 a_{11} - a_{12}^2 a_{33}) = 0.$$

Die Lösungen ψ_2, ψ_4 und ψ_6 werden am einfachsten durch Versuche ermittelt.

$$\lambda^2 = 6\,\psi_2 \qquad \lambda^4 = 6\,\psi_4 \qquad \lambda^6 = 6\,\psi_6$$

$\overline{w}_1 = 1$, $\overline{w}_2$ und $\overline{w}_3$ als Lösungen des Gleichungssystems

$$\overline{w}_2[\psi + 2\,(\varepsilon_1 + \varepsilon_2)] - \overline{w}_3\varepsilon_2 = -[4\,\psi - (1 + 4\,\varepsilon_1 + \varepsilon_2)]$$
$$\overline{w}_2[\psi + 2\,(\varepsilon_2 + \varepsilon_3)] + \overline{w}_3\,[2\,\psi - (\varepsilon_2 + 2\,\varepsilon_3)] = \varepsilon_2$$

$$\Delta\overline{w}_0 = \Delta\overline{w}_6 = 1 \qquad \bar{v}_0 = \bar{v}_6 = -1$$
$$\Delta\overline{w}_1 = \Delta\overline{w}_5 = -2 + \overline{w}_2 \qquad \bar{v}_1 = \bar{v}_5 = -(-2 + \overline{w}_2)\,\varepsilon_1$$
$$\Delta\overline{w}_2 = \Delta\overline{w}_4 = 1 - 2\,\overline{w}_2 + \overline{w}_3 \qquad \bar{v}_2 = \bar{v}_4 = -(1 - 2\,\overline{w}_2 + \overline{w}_3)\,\varepsilon_2$$
$$\Delta\overline{w}_3 = 2\,(\overline{w}_2 - \overline{w}_3) \qquad \bar{v}_3 = -2\,(\overline{w}_2 - \overline{w}_3)\,\varepsilon_3$$
$$N^2 = -2\,(-1 + \Delta\overline{w}_1\bar{v}_1 + \Delta\overline{w}_2\bar{v}_2) + \Delta\overline{w}_3\bar{v}_3$$

$$v_0 = v_6 = -1/N, \quad v_1 = v_5 = \bar{v}_1/N, \quad v_2 = v_4 = \bar{v}_2/N, \quad v_3 = \bar{v}_3/N$$
$$w_1 = w_5 = \lambda/N \qquad w_2 = w_4 = \overline{w}_2\,\lambda/N \qquad w_3 = \overline{w}_3\,\lambda/N$$

$i = 3$ und $i = 5$ antisymmetrische Lösung $w_1 = -w_5$, $w_2 = -w_4$, $w_3 = 0$

$$w_1\,[4\,\psi - (1 + 4\,\varepsilon_1 + \varepsilon_2)] + w_2\,[\psi + 2\,(\varepsilon_1 + \varepsilon_2)] = 0$$
$$w_1\,[\psi + 2\,(\varepsilon_1 + \varepsilon_2)] + w_2\,[4\,\psi - (\varepsilon_1 + 4\,\varepsilon_2)] = 0$$

Frequenzgleichung

$$\begin{vmatrix} 4\,\psi - (1 + 4\,\varepsilon_1 + \varepsilon_2) & \psi + 2\,(\varepsilon_1 + \varepsilon_2) \\ \psi + 2\,(\varepsilon_1 + \varepsilon_2) & 4\,\psi - (\varepsilon_1 + 4\,\varepsilon_2) \end{vmatrix} = 0$$

Lösung $\psi_3 = \frac{1}{15}\,(a - \sqrt{a^2 - 15\,b}) \qquad \psi_5 = \frac{1}{15}\,(a + \sqrt{a^2 - 15\,b})$

mit $a = 2\,[1 + 6\,(\varepsilon_1 + \varepsilon_2)] \qquad b = \varepsilon_1 + 4\,\varepsilon_2 + 9\,\varepsilon_1\varepsilon_2$

$$\lambda^3 = 6\psi_3 \qquad \lambda^5 = 6\,\psi_5$$

$$\overline{w}_1 = -\overline{w}_5 = 1 \qquad \overline{w}_2 = -\overline{w}_4 = -\frac{4\,\psi - (1 + 4\,\varepsilon_1 + \varepsilon_2)}{\psi + 2\,(\varepsilon_1 + \varepsilon_2)}$$

$$\Delta \overline{w}_0 = -\Delta \overline{w}_6 = 1 \qquad \overline{v}_0 = -\overline{v}_6 = -1$$
$$\Delta \overline{w}_1 = -\Delta \overline{w}_5 = -2 + \overline{w}_2 \qquad \overline{v}_1 = -\overline{v}_5 = (2 - \overline{w}_2)\,\varepsilon_1$$
$$\Delta \overline{w}_2 = -\Delta \overline{w}_4 = 1 - 2\,\overline{w}_2 \qquad \overline{v}_2 = -\overline{v}_4 = -(1 - 2\,\overline{w}_2)\,\varepsilon_2$$
$$\Delta \overline{w}_3 = 0 \qquad \overline{v}_3 = 0$$
$$N^2 = 2\,(-1 + \Delta \overline{w}_1 \overline{v}_1 + \Delta \overline{w}_2 \overline{v}_2)$$
$$v_0 = -v_6 = -1/N, \quad v_1 = -v_5 = \overline{v}_1/N, \quad v_2 = -v_4 = \overline{v}_2/N, \quad v_3 = 0$$
$$w_1 = -w_5 = \lambda/N, \quad w_2 = -w_4 = \overline{w}_2\,\lambda/N, \quad w_3 = 0$$

$m = 7 \quad \varepsilon_0 = \varepsilon_7 = 1, \quad \varepsilon_1 = \varepsilon_6, \quad \varepsilon_2 = \varepsilon_5, \quad \varepsilon_3 = \varepsilon_4$ (Abb. 17)

$i = 0 \quad \lambda = 0 \quad N^2 = 2\,(1 + \gamma_1 + \gamma_2 + \gamma_3)$

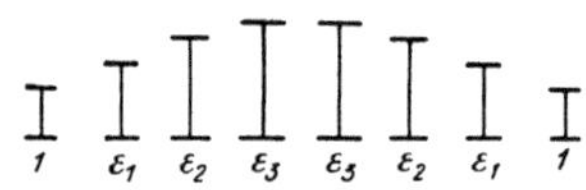

Abb. 17.

$$v_0 = v_1 = \ldots = v_7 = \frac{1}{\sqrt{2\,(1 + \gamma_1 + \gamma_2 + \gamma_3)}} \qquad w = 0$$

$i = 1 \quad \lambda = 0 \quad \overline{v}_0 = -\overline{v}_7 = 7$

$$\overline{v}_1 = -\overline{v}_6 = 5 \qquad \overline{v}_2 = -\overline{v}_5 = 3 \qquad \overline{v}_3 = -\overline{v}_4 = 1$$
$$N^2 = 2\,(49 + 25\,\gamma_1 + 9\,\gamma_2 + \gamma_3)$$
$$v_0 = -v_7 = 7/N \quad v_1 = -v_6 = 5/N \quad v_2 = -v_5 = 3/N \quad v_3 = -v_4 = 1/N$$
$$w = 0$$

$i \geqq 2$ Gleichungssystem $(y = 1,\ y = 2,\ y = 3)$

$$w_1\,[4\,\psi - (1 + 4\,\varepsilon_1 + \varepsilon_2)] + w_2\,[\psi + 2\,(\varepsilon_1 + \varepsilon_2)] - w_3\,\varepsilon_2 = 0$$
$$w_1\,[\psi + 2\,(\varepsilon_1 + \varepsilon_2)] + w_2\,[4\,\psi - (\varepsilon_1 + 4\,\varepsilon_2 + \varepsilon_3)] + w_3\,[\psi + 2\,(\varepsilon_2 + \varepsilon_3)] - w_4 \varepsilon_3 = 0$$
$$-w_1 \varepsilon_2 + w_2\,[\psi + 2\,(\varepsilon_2 + \varepsilon_3)] + w_3\,[4\,\psi - (\varepsilon_2 + 5\,\varepsilon_3)] + w_4\,[\psi + 4\,\varepsilon_3] - w_5\,\varepsilon_3 = 0$$

$i = 2,\ i = 4,\ i = 6$ symmetrische Lösung $w_1 = w_6,\ w_2 = w_5,\ w_3 = w_4$

$$w_1\,[4\,\psi - (1 + 4\,\varepsilon_1 + \varepsilon_2)] + w_2\,[\psi + 2\,(\varepsilon_1 + \varepsilon_2)] - w_3\,\varepsilon_2 = 0$$
$$w_1\,[\psi + 2\,(\varepsilon_1 + \varepsilon_2)] + w_2\,[4\,\psi - (\varepsilon_1 + 4\,\varepsilon_2 + \varepsilon_3)] + w_3\,[\psi + 2\,\varepsilon_2 + \varepsilon_3] = 0$$
$$-w_1\,\varepsilon_2 + w_2\,[\psi + 2\,\varepsilon_2 + \varepsilon_3] + w_3\,[5\,\psi - (\varepsilon_2 + \varepsilon_3)] = 0$$

Frequenzgleichung

$$\begin{vmatrix} 4\,\psi - a_{11} & \psi + a_{12} & -\varepsilon_2 \\ \psi + a_{12} & 4\,\psi - a_{22} & \psi + a_{23} \\ -\varepsilon_2 & \psi + a_{23} & 5\,\psi - a_{33} \end{vmatrix} = 0$$

mit den Abkürzungen

$$a_{11} = 1 + 4\,\varepsilon_1 + \varepsilon_2 \qquad a_{22} = \varepsilon_1 + 4\,\varepsilon_2 + \varepsilon_3 \qquad a_{33} = \varepsilon_2 + \varepsilon_3$$
$$a_{12} = 2\,(\varepsilon_1 + \varepsilon_2) \qquad a_{23} = 2\,\varepsilon_2 + \varepsilon_3$$

oder

$$(4\,\psi - a_{11})\,(4\,\psi - a_{22})\,(5\,\psi - a_{33}) - 2\,\varepsilon_2\,(\psi + a_{12})\,(\psi + a_{23}) - \varepsilon_2^2\,(4\,\psi - a_{22})$$
$$-(4\,\psi - a_{11})\,(\psi + a_{23})^2 - (5\,\psi - a_{33})\,(\psi + a_{12})^2 = 0$$

und nach Potenzen von ψ geordnet

$$71\,\psi^3 - \psi^2\,(19\,a_{11} + 20\,a_{22} + 15\,a_{33} + 2\,\varepsilon_2 + 8\,a_{23} + 10\,a_{12})$$
$$- \psi\,[-5\,a_{11}a_{22} - 4\,(a_{11} + a_{22})\,a_{33} + 2\,\varepsilon_2\,(a_{12} + a_{23}) + 4\,\varepsilon_2^2 + 4\,a_{23}^2$$
$$- 2\,a_{23}a_{11} + 5\,a_{12}^2 - 2\,a_{12}a_{33}]$$
$$- (a_{11}a_{22}a_{33} + 2\,\varepsilon_2 a_{12}a_{23} - \varepsilon_2^2\,a_{22} - a_{23}^2 a_{11} - a_{12}^2 a_{23}) = 0$$

Die Lösungen ψ_2, ψ_4 und ψ_6 werden am einfachsten durch Versuche ermittelt.

$$\lambda^2 = 6\,\psi_2 \qquad \lambda^4 = 6\,\psi_4 \qquad \lambda^6 = 6\,\psi_6$$

$\overline{w}_1 = 1$, $\overline{w}_2$ und $\overline{w}_3$ als Lösungen des Gleichungssystems

$$\overline{w}_2\,[\psi + 2\,(\varepsilon_1 + \varepsilon_2)] - \overline{w}_3\varepsilon_2 = -[4\,\psi - (1 + 4\,\varepsilon_1 + \varepsilon_2)]$$
$$\overline{w}_2\,[\psi + 2\,\varepsilon_2 + \varepsilon_3] + \overline{w}_3\,[5\,\psi - (\varepsilon_2 + \varepsilon_3)] = \varepsilon_2$$

$$\Delta\overline{w}_0 = \Delta\overline{w}_7 = 1 \qquad \overline{v}_0 = \overline{v}_7 = -1$$
$$\Delta\overline{w}_1 = \Delta\overline{w}_6 = -2 + \overline{w}_2 \qquad \overline{v}_1 = \overline{v}_6 = (2 - \overline{w}_2)\,\varepsilon_1$$
$$\Delta\overline{w}_2 = \Delta\overline{w}_5 = +1 - 2\,\overline{w}_2 + \overline{w}_3 \qquad \overline{v}_2 = \overline{v}_5 = -(1 - 2\,\overline{w}_2 + \overline{w}_3)\,\varepsilon_2$$
$$\Delta\overline{w}_3 = \Delta\overline{w}_4 = \overline{w}_2 - \overline{w}_3 \qquad \overline{v}_3 = \overline{v}_4 = -(\overline{w}_2 - \overline{w}_3)\,\varepsilon_3$$
$$N^2 = -2\,(-1 + \Delta\overline{w}_1\overline{v}_1 + \Delta\overline{w}_2\overline{v}_2 + \Delta\overline{w}_3\overline{v}_3)$$
$$v_0 = v_7 = -1/N \quad v_1 = v_6 = \overline{v}_1/N \quad v_2 = v_5 = \overline{v}_2/N \quad v_3 = v_4 = \overline{v}_3/N$$
$$w_1 = w_6 = \lambda/N \qquad w_2 = w_5 = \overline{w}_2\,\lambda/N \quad w_3 = w_4 = \overline{w}_3\,\lambda/N$$

$i = 3$, $i = 5$, $i = 7$ antisymmetrische Lösung $w_1 = -w_6$, $w_2 = -w_5$, $w_3 = -w_4$

$$w_1\,[4\,\psi - (1 + 4\,\varepsilon_1 + \varepsilon_2)] + w_2\,[\psi + 2\,(\varepsilon_1 + \varepsilon_2)] - w_3\,\varepsilon_2 = 0$$
$$w_1\,[\psi + 2\,(\varepsilon_1 + \varepsilon_2)] + w_2\,[4\,\psi - (\varepsilon_1 + 4\,\varepsilon_2 + \varepsilon_3)] + w_3\,[\psi + 2\,\varepsilon_2 + 3\,\varepsilon_3] = 0$$
$$-w_1\,\varepsilon_2 + w_2\,[\psi + 2\,\varepsilon_2 + 3\,\varepsilon_3] + w_3\,[3\,\psi - (\varepsilon_2 + 9\,\varepsilon_3)] = 0$$

Wir setzen zur Abkürzung

$$a_{11} = 1 + 4\,\varepsilon_1 + \varepsilon_2 \qquad a_{22} = \varepsilon_1 + 4\,\varepsilon_2 + \varepsilon_3 \qquad a_{33} = \varepsilon_2 + 9\,\varepsilon_3$$
$$a_{12} = 2\,(\varepsilon_1 + \varepsilon_2) \qquad a_{23} = 2\,\varepsilon_2 + 3\,\varepsilon_3$$

Frequenzgleichung

$$\begin{vmatrix} 4\,\psi - a_{11} & \psi + a_{12} & -\varepsilon_2 \\ \psi + a_{12} & 4\,\psi - a_{22} & \psi + a_{23} \\ -\varepsilon_2 & \psi + a_{23} & 3\,\psi - a_{33} \end{vmatrix} = 0$$

oder

$$(4\,\psi - a_{11})\,(4\,\psi - a_{22})\,(3\,\psi - a_{33}) - 2\,\varepsilon_2\,(\psi + a_{12})\,(\psi + a_{23})$$
$$- \varepsilon_2^2\,(4\,\psi - a_{22}) - (4\,\psi - a_{11})\,(\psi + a_{23})^2 - (3\,\psi - a_{33})\,(\psi + a_{12})^2 = 0$$

und nach Potenzen von ψ geordnet

$$41\,\psi^3 - \psi^2\,[11\,a_{11} + 12\,a_{22} + 15\,a_{33} + 2\,\varepsilon_2 + 8\,a_{23} + 6\,a_{12}]$$
$$- \psi\,[-3\,a_{11}a_{22} - 4\,(a_{11} + a_{22})\,a_{33} + 2\,\varepsilon_2\,(a_{12} + a_{23}) + 4\,\varepsilon_2^2 + 4\,a_{23}^2$$
$$- 2\,a_{11}a_{23} + 3\,a_{12}^2 - 2\,a_{12}a_{33}]$$
$$- [a_{11}a_{22}a_{33} + 2\,\varepsilon_2 a_{12}a_{23} - \varepsilon_2^2 a_{22} - a_{11}a_{23}^2 - a_{12}^2 a_{33}] = 0$$

Die Lösungen ψ_3, ψ_5 und ψ_7 werden am einfachsten durch Versuch bestimmt

$$\lambda^3 = 6\,\psi_3 \qquad \lambda^5 = 6\,\psi_5 \qquad \lambda^7 = 6\,\psi_7$$

$\overline{w}_1 = 1$, $\overline{w}_2$ und $\overline{w}_3$ als Lösungen des Gleichungssystems

$$\overline{w}_2 [\psi + 2(\varepsilon_1 + \varepsilon_2)] - \overline{w}_3 \varepsilon_2 = -[4\psi - (1 + 4\varepsilon_1 + \varepsilon_2)]$$
$$\overline{w}_2 [\psi + 2\varepsilon_2 + 3\varepsilon_3] + \overline{w}_3 [3\psi - (\varepsilon_2 + 9\varepsilon_3)] = \varepsilon_2$$

$$\Delta\overline{w}_0 = -\Delta\overline{w}_7 = 1 \qquad \overline{v}_0 = -\overline{v}_7 = -1$$
$$\Delta\overline{w}_1 = -\Delta\overline{w}_6 = -2 + \overline{w}_2 \qquad \overline{v}_1 = -\overline{v}_6 = -(-2 + \overline{w}_2)\,\varepsilon_1$$
$$\Delta\overline{w}_2 = -\Delta\overline{w}_5 = 1 - 2\overline{w}_2 + \overline{w}_3 \qquad \overline{v}_2 = -\overline{v}_5 = -(1 - 2\overline{w}_2 + \overline{w}_3)\,\varepsilon_2$$
$$\Delta\overline{w}_3 = -\Delta\overline{w}_4 = \overline{w}_2 - 3\overline{w}_3 \qquad \overline{v}_3 = -\overline{v}_4 = -(\overline{w}_2 - 3\overline{w}_3)\,\varepsilon_3$$
$$N^2 = -2(-1 + \Delta\overline{w}_1\overline{v}_1 + \Delta\overline{w}_2\overline{v}_2 + \Delta\overline{w}_3\overline{v}_3)$$
$$v_0 = -v_7 = -1/N, \quad v_1 = -v_6 = \overline{v}_1/N, \quad v_2 = -v_5 = \overline{v}_2/N,$$
$$v_3 = -v_4 = \overline{v}_3/N$$
$$w_1 = -w_6 = \lambda/N, \quad w_2 = -w_5 = \overline{w}_2\,\lambda/N, \quad w_3 = -w_4 = \overline{w}_3\,\lambda/N$$

24. Lösungen für den Sonderfall $\alpha_y = k_y = \gamma_y = 1$.

Dieser Fall entspricht einem Rosttragwerk, bei dem die Querträger unveränderliches Trägheitsmoment besitzen, alle Längsträger untereinander gleich sind und in gleichen Abständen liegen. Das Gleichungssystem für die Eigenlösungen v_y^i und w_y^i erhält jetzt die Form

$$1/6\,(w_{y-1} + 4\,w_y + w_{y+1}) + v_{y-1} - 2\,v_y + v_{y+1} = 0$$
$$w_{y-1} - 2\,w_y + w_{y+1} + \lambda\,v_y = 0$$

mit den Randwerten

$$w_{-1} = w_0 = w_m = w_{m+1} = 0\,.$$

Setzt man den Wert von v_y aus der zweiten Gleichung in der ersten ein, so bekommt man für w_y die Gleichung

$$-w_{y-2} + (\lambda/6 + 4)\,w_{y-1} + (4\lambda/6 - 6)\,w_y + (\lambda/6 + 4)\,w_{y+1} - w_{y+2} = 0$$

mit denselben Randbedingungen wie oben. Mithin lautet das Gleichungssystem:

$$(4\lambda/6 - 6)\,w_1 + (\lambda/6 + 4)\,w_2 - w_3 = 0$$
$$(\lambda/6 + 4)\,w_1 + (4\lambda/6 - 6)\,w_2 + (\lambda/6 + 4)\,w_3 - w_4 = 0$$
$$-w_1 + (\lambda/6 + 4)\,w_2 + (4\lambda/6 - 6)\,w_3 + (\lambda/6 + 4)\,w_4 - w_5 = 0$$
$$\cdots\cdots\cdots\cdots\cdots\cdots\cdots\cdots\cdots\cdots$$

Die Auflösung kann entweder ebenso wie in Absatz 23 oder auch mit Hilfe der Theorie der Differenzengleichungen erfolgen. Die Anwendung der letzteren ist für $m > 7$, also bei Rosten mit mehr als acht Längsträgern angezeigt. Zur Ersparnis an Rechenarbeit sind übrigens die Werte von v_y^i, w_y^i und λ^i in den Tafeln (S. 128) für $m = 2$ bis $m = 7$ angegeben. Ebenso sind die häufig gebrauchten Produkte der Eigenlösungen $v_{\bar{y}}^i v_y^i$ und $v_{\bar{y}}^i\, w_y^i/\lambda^i$ in diesen Tafeln enthalten.

III. Die „i"-Systeme.

§ 9. Allgemeine Erläuterungen.

25. Einleitende Bemerkungen.

Die in Abschnitt I ermittelte Theorie der Rostbrücken führt mittels Trennung der Veränderlichen auf die Berechnung der „i"-Systeme; es sind dies statisch unbestimmte Systeme, deren Grundsystem dem Längsträgersystem der jeweils vorliegenden Rostbrücke gleicht und die außerdem in jedem einem Querscheibenorte entsprechenden Punkte lotrecht elastisch gestützt sind. Wir wollen diese Punkte ebenso wie beim Rost Knoten nennen. Besitzt also eine Rostbrücke $\bar{n}$-Querscheiben — jene über den Auflagern nicht mitgezählt — und ν-fach statisch unbestimmte Längsträger, so ist das zugehörige „i“-System $(\nu+\bar{n})$-fach statisch unbestimmt.

Der Biegungswiderstand des „i“-Systems an der Stelle ξ beträgt:

$$B_\xi = EJ_\xi \tag{1}$$

wobei J_ξ nach § 1,2 das im allgemeinen mit ξ veränderliche Trägheitsmoment des Bezugsträgers an der Stelle ξ bedeutet; bekanntlich ist J_ξ mit den Trägheitsmomenten $J_{\xi y}$ der Längsträger y durch die Beziehung: $J_{\xi y} = J_\xi \cdot \gamma_y$ verknüpft. Weiteres ist nach Gl. (12), § 2,7 die Federungszahl der elastischen Zwischenstützen des i-Systems im Knoten x durch

$$\beta_x^i = \frac{\lambda^i j_x}{a\,k} = \lambda^i \frac{E\bar{J} j_x}{a^3} \tag{2}$$

gegeben. Die hierin vorkommenden Größen j_x, a, k, $\bar{J}$ sind in § 1, 2 erklärt. λ^i bedeutet den „i“ten Eigenwert des Gleichungssystems für v_y^i, w_y^i (s. § 2,6 und ausführlicher Abschnitt II). Der Stützendruck des i-Systems im Knoten x ergibt sich mit

$$C_x^i = \beta_x^i z_x^i\,, \tag{3}$$

wobei z_x^i die lotrechte Verschiebung des „i“-Systems an der Stelle x darstellt. z_x^i wird wie üblich nach abwärts positiv gezählt. Da nach § 2, 6 λ^i immer positiv ist, so ist C_x^i bei positiven z_x^i ebenfalls positiv. Ein positives C_x^i bedeutet demnach eine auf das „i“-System nach aufwärts wirkende Kraft.

Wir wissen nun aus Abschnitt II, daß es stets ebensoviele Eigenwerte λ^i gibt, als der Rost Längsträger besitzt. Da der Wert von β_x^i durch λ^i bedingt ist, so erhalten wir bei einem Rost mit $(m+1)$ Längsträgern $(m+1)$ „i“-Systeme, die sich nur durch den verschiedenen Wert der Federungszahlen voneinander unterscheiden. Da für $i = 0$ und 1 λ^i und mithin auch β_x^i stets gleich Null sind, fehlen in den „i“-Systemen $i = 0$ und 1 die elastischen Zwischenstüzen; die „i“-Systeme $i = 0$ und 1 gleichen also dem Längsträger mit $\gamma_y = 1$. Es verbleiben somit $(m-1)$ „i“-Systeme mit elastischer Zwischenstützung. Die Eigenwerte λ^i sollen stets so geordnet werden, daß mit i auch λ^i zunimmt; dementsprechend wächst in den Systemen $i > 1$ mit zunehmendem i die Federungszahl β_x^i der elastischen Zwischenstützen, während die Durchbiegung z_x^i abnimmt. Die Berechnung dieser $(m-1)$ Systeme „i“ erfolgt am zweckmäßigsten so, daß zunächst für einen beliebigen Wert von β_x^i Lösungen aufgestellt werden, in welche dann die $(m-1)$ Zahlenwerte von β_x^i eingesetzt werden.

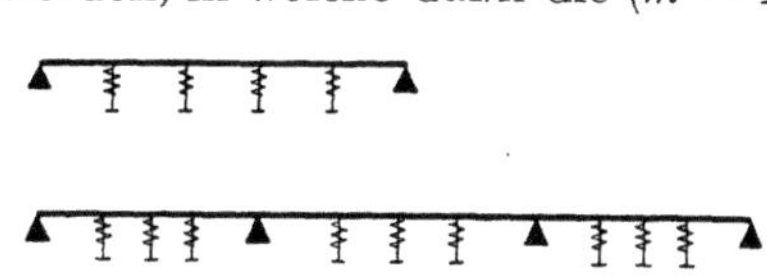

Abb. 18.

26. Die zumeist vorkommenden „i“-Systeme.

Die häufigste Ausführungsart von Rostbrücken im Stahl- und Eisenbetonbau sind ein- oder mehrfeldrige Balkentragwerke mit ein oder mehr Querscheiben je Feld. Die zugehörigen „i“-Systeme sind daher einfache oder durchlaufende Balken mit ein oder mehr elastischen Zwischenstützen je Feld (Abb. 18). Die Auflösung derartiger Systeme ist verhältnismäßig einfach, wenn

1. die Längsträger des Rostes und mithin auch die „i"-Balken feldweise konstante Trägheitsmomente aufweisen, und wenn
2. die Querscheiben des Rostes in jedem Feld gleich sind, d. h. j_x feldweise konstant ist und mithin die elastischen Zwischenstützen der „i"-Balken eine feldweise unveränderliche Federungszahl besitzen.

Derartige „i"-Systeme haben wir in den folgenden §§ 10—12 für verschiedene Anzahlen von Querscheiben je Feld allgemein untersucht. Man findet dort explizite Formelausdrücke für alle maßgebenden Größen und für die wichtigsten Belastungsfälle. Ferner haben wir diese Formeln auch zahlenmäßig ausgewertet und die Ergebnisse in den Tafeln des § 19 graphisch dargestellt. Durch diese Vorarbeiten wird der Rechenaufwand für die praktische Anwendung auf ein Geringstmaß herabgemindert.

Die Berechnung der „i"-Systeme wird wesentlich umfangreicher, wenn die Trägheitsmomente der Längsträger und damit auch die Trägheitsmomente des zugehörigen „i"-Balkens im Felde veränderlich sind (s. § 13). Wir werden aber im § 17 einen Näherungsweg zeigen, mit Hilfe dessen man die Untersuchung derartiger „i"-Systeme vereinfachen kann.

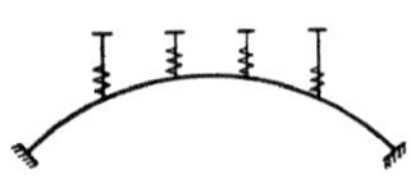
Abb. 19.

Besonders im Eisenbetonbau werden auch Rostbrücken ausgeführt, deren Längsträger eingespannte oder gelenkig gelagerte Bogen darstellen. Die zugehörigen „i"-Systeme sind dann eingespannte oder gelenkig gelagerte Bogen, die außerdem in den Knoten lotrechte elastische Zwischenstützen aufweisen (Abb. 19). Allgemeine Erläuterungen über die Berechnung derartiger „i"-Systeme bringt § 13 dieses Abschnittes.

27. Die Belastungen der „i"-Systeme.

Gemäß den Ausführungen des Abschnittes IV, § 15, ist es in der Regel ausreichend, die „i"-Systeme für folgende Einheitsbelastungsfälle zu untersuchen:

a) für eine Einzellast P, die der Reihe nach an allen Knoten angreift;
b) für eine feldweise Gleichlast p.

Die Lastfälle a) entsprechen im Roste der Belastung durch eine Einzellast P in den einzelnen Knoten des Rostes, die Lastfälle b) der Belastung durch eine Gleichlast p in den einzelnen Feldern der Längsträger. Jeder beliebige Belastungsfall des Rostes, welcher praktisch in Frage kommt, kann, wie Abschnitt IV, § 15 zeigt, in einfacher Weise auf diese Belastungsfälle zurückgeführt werden.

Im folgenden untersuchen wir nur die i-Systeme mit wirksamer Zwischenstützung, d. s. die Systeme $i = 2, 3, \ldots, m$. Auf die Berechnung der Systeme $i = 0$ und 1 hingegen gehen wir hier nicht näher ein, da sie den Längsträgersystemen gleichen.

§ 10. Der frei aufliegende „i"-Balken, $i = 2, 3, \ldots m$, mit 1—6 Zwischenstützen, mit konstantem Trägheitsmoment und mit gleichen Federungszahlen.

28. Die Elastizitätsgleichungen und deren Auflösung.

Wir betrachten im folgenden einen einfeldrigen „i"-Balken mit einer geringen Anzahl von elastischen Zwischenstützen (höchstens 6), wobei wir voraussetzen, daß

1. das Trägheitsmoment konstant ist ($J_\xi = J$) und daß
2. die elastischen Zwischenstützen in gleichen Abständen liegen und eine gleiche Federungszahl β^i aufweisen ($j_x = 1$).

Diesen Annahmen entspricht ein Rost, dessen Längsträger frei aufliegende Balken mit unveränderlichen Trägheitsmomenten darstellen und dessen Querscheiben in gleichen Abständen liegen und untereinander gleich sind.

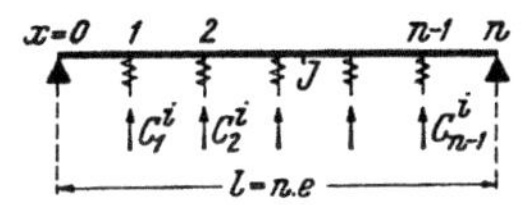

Abb. 20.

Wir bezeichnen in einem derartigen „i"-Balken (Abb. 20) mit

l: die Spannweite von Festlager zu Festlager; mit
J: das konstante Trägheitsmoment; weiters mit
n: die Anzahl der Zwischenfelder, somit mit
$(n-1)$: die Anzahl der elastischen Zwischenstützen, schließlich mit
β^i: deren konstante Federungszahl; sie beträgt mit $j_x = 1$ nach § 9, Gl. (2):

$$\beta^i = \lambda^i \frac{E\bar{J}}{a^3}. \tag{1}$$

Der Einfeld-i-Balken ist $(n-1)$fach statisch unbestimmt. Besitzt er eine geringe Anzahl von elastischen Zwischenstützen (Abb. 20), so ist es zweckmäßig, die Stützkräfte $C_1^i, C_2^i \ldots C_{n-1}^i$ als Überzählige einzuführen und die zugehörigen Elastizitätsgleichungen allgemein aufzulösen. Um die Anzahl der zusammenhängenden Gleichungen zu vermindern, ist es weiters vorteilhaft, einseitige Belastungen in einen symmetrischen und einen spiegelsymmetrischen Belastungsfall aufzuspalten. Hierdurch werden auch die Stützendrücke C^i in einen symmetrischen und einen spiegelsymmetrischen Teil zerlegt. Sind die Stützkräfte $C_1^i, C_2^i \ldots C_{n-1}^i$ ermittelt, so können sämtliche Momente und Querkräfte des i-Balkens sowie auch seine Verformungen in einfachster Weise berechnet werden.

Bezeichnen allgemein:

$\mathfrak{z}_{xp}$: die Durchbiegung des Freifeldbalkens l in x unter der äußeren Last,

$\mathfrak{z}_{x\bar{x}}$: die Durchbiegung des Freifeldbalkens l in x unter $C_{\bar{x}}^i = -1$,

so lauten die Elastizitätsbedingungen für die Stützkräfte $C_1^i, C_2^i \ldots C_{n-1}^i$:

$$\left.\begin{aligned} C_1^i(\mathfrak{z}_{1,1} + 1/\beta^i) + C_2^i \mathfrak{z}_{1,2} \ldots + C_{n-1}^i \cdot \mathfrak{z}_{1,n-1} &= \mathfrak{z}_{1,p} \\ C_1^i \cdot \mathfrak{z}_{2,1} + C_2^i (\mathfrak{z}_{2,2} + 1/\beta^i) \ldots + C_{n-1}^i \cdot \mathfrak{z}_{2,n-1} &= \mathfrak{z}_{2,p} \\ \ldots\ldots\ldots\ldots\ldots\ldots\ldots\ldots\ldots\ldots\ldots\ldots & \\ C_1^i \cdot \mathfrak{z}_{n-1,1} + C_2^i \cdot \mathfrak{z}_{n-1,2} \ldots + C_{n-1}^i (\mathfrak{z}_{n-1,n-1} + 1/\beta^i) &= \mathfrak{z}_{n-1,p} \end{aligned}\right\} \tag{2}$$

Mit Hilfe der im einschlägigen Schrifttum angegebenen allgemeinen Formeln kann man in jedem praktischen Belastungsfall die Beiwerte $\mathfrak{z}$ der Elastizitätsgleichungen (2) rasch und einfach ermitteln. Die Auflösung dieser Gleichungen zeigt, daß die Stützendrücke C_x^i und damit auch die übrigen statischen Größen, außer von der Belastung und Spannweite, von einer einzigen Größe, nämlich von

$$\varrho^i = \frac{\lambda^i}{12} \cdot \frac{\Phi}{n^4} \tag{3}$$

mit

$$\Phi = n \frac{\bar{J}}{J} \cdot \left(\frac{l}{a}\right)^3 \tag{4}$$

abhängen; wir nennen ϱ^i den *Parameter des i-Balkens.* Entsprechend den $m-1$ Werten von λ^i gehört zu jedem der Systeme $i = 2, 3 \ldots, m$ ein bestimmter Wert von ϱ^i. In Φ äußert sich der Einfluß der Abmessung des Rostes auf das i-System. Umgekehrt bedingt die Größe Φ, wie wir im Abschnitt IV, Abs. 44 erklären werden, das Maß der Querverteilung im Rost; wir nennen Φ deshalb den *Kennwert der Querverteilung im Roste.*

Sind die Stützkräfte C_x^i ermittelt, so können hieraus sämtliche statischen und Formänderungsgrößen des Einfeld-i-Balkens in Abhängigkeit von ϱ^i dargestellt werden.

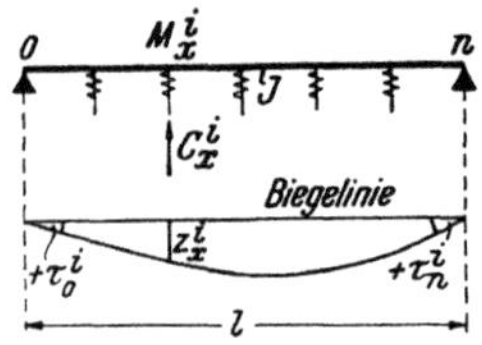

Abb. 21.

Der folgende Abs. 29 bringt die Lösungen für Einfeld-i-Balken mit 1 bis 6 elastischen Zwischenstützen bei den praktisch wichtigsten Belastungsfällen; hierbei sind angegeben (Abb. 21):

1. die Stützkräfte C_x^i der elastischen Zwischenstützen,
2. die Momente M_x^i am Orte der elastischen Zwischenstützen,
3. die Endverdrehungen in der Form: $\beta^i \frac{n}{l} \tau_0^i$ und $\beta^i \frac{n}{l} \tau_n^i$.

Aus den beiden ersten können alle weiteren statischen Größen und die Durchbiegungen z_x^i leicht ermittelt werden. Die Endverdrehungen werden in der oben angegebenen Form im § 12 bei der Ermittlung der Stützenmomente durchlaufender „i“-Balken verwendet. Im Abs. 29 sind alle soeben aufgezählten Größen als Produkte dargestellt, bei denen ein Faktor die äußeren Kräfte P, p, M und die Spannweite l enthält, während der andere (c^i, m^i, t^i) nur von ϱ^i abhängt; dieser Faktor wird als *Beiwert* bezeichnet.

29. Formeln für den Einfeld-i-Balken ($i > 1$) mit 1—6 elastischen Zwischenstützen.

Allgemeine Formeln:

Einzellast P in $\bar{x}$:

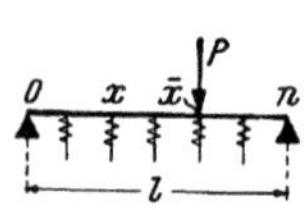

Abb. 22.

$$\left.\begin{aligned} &\text{Stützendruck in } x: && C_{x\bar{x}}^i = P \cdot c_{x\bar{x}}^i \\ &\text{Moment in } x: && M_{x\bar{x}}^i = Pl \cdot m_{x\bar{x}}^i \\ &\text{Endverdrehungen:} && \beta^i \frac{n}{l} \tau_{\substack{0\bar{x}\\n\bar{x}}}^i = \frac{P}{l^2} \cdot t_{\substack{0\bar{x}\\n\bar{x}}}^i \end{aligned}\right\} \quad (5)$$

Gleichförmig verteilte Vollbelastung p:

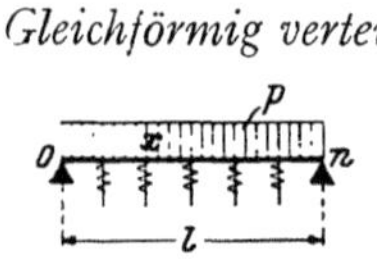

Abb. 23.

$$\left.\begin{aligned} &\text{Stützendruck in } x: && C_{xp}^i = pl \cdot c_{xp}^i \\ &\text{Moment in } x: && M_{xp}^i = pl^2 \cdot m_{xp}^i \\ &\text{Endverdrehungen:} && \beta^i \frac{n}{l} \tau_{\substack{0p\\np}}^i = \frac{p}{l} \cdot t_{\substack{0p\\np}}^i \end{aligned}\right\} \quad (6)$$

Endmoment M in n:

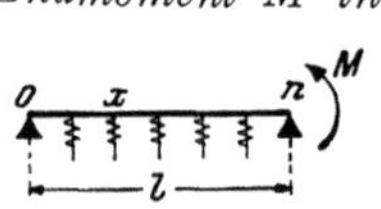

Abb. 24.

$$\left.\begin{aligned} &\text{Stützendruck in } x: && C_{xn}^i = \frac{M}{l} \cdot c_{xn}^i \\ &\text{Moment in } x: && M_{xn}^i = M \cdot m_{xn}^i \\ &\text{Endverdrehungen:} && \beta^i \frac{n}{l} \tau_{\substack{0n\\nn}}^i = \frac{M}{l^3} \cdot t_{\substack{0n\\nn}}^i \end{aligned}\right\} \quad (7)$$

Beiwerte c^i, m^i und t^i der Gleichungen (5) bis (7):
(ϱ^i s. Gl. 3)

i-Balken mit einer Zwischenstütze ($n = 2$):

$N_i = 1 + 2\,\varrho^i$

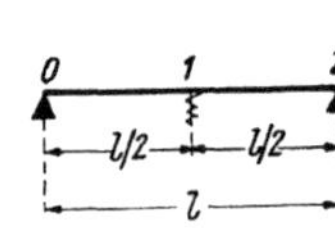

Abb. 25.

Last in 1:	*Gleichlast:*
$c_{1,1}^i = 2\,\varrho^i \frac{1}{N^i}$	$c_{1,p}^i = \frac{5}{4}\,\varrho^i \frac{1}{N^i}$
$m_{1,1}^i = \frac{1}{4} \frac{1}{N^i}$	$m_{1,p}^i = \frac{1}{16} \frac{1}{N^i} (2 - \varrho^i)$
$t_{0,1}^i = t_{2,1}^i = 12\varrho^i \frac{1}{N^i}$	$t_{0,p}^i = t_{2,p}^i = \varrho^i \frac{1}{N^i} (8 + \varrho^i)$

Endmoment in 2:

$$c^i_{1,2} = 6\varrho^i \frac{1}{N^i}$$

$$m^i_{1,2} = \frac{1}{2} \frac{1}{N^i} (1 - \varrho^i)$$

$$t^i_{\substack{0,2\\2,2}} = 8\,\varrho^i \left[\frac{1}{N^i} (6 + 3\,\varrho^i) \mp 2\right]$$

i-Balken mit zwei Zwischenstützen ($n = 3$):

$$N^i_1 = 1 + 10\,\varrho^i$$
$$N^i_2 = 3 + 2\,\varrho^i$$

Abb. 26.

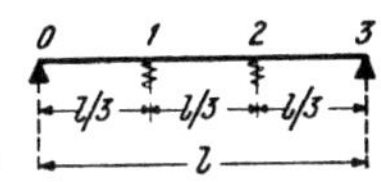

Last in 1:

$$c^i_{\substack{1,1\\2,1}} = \varrho^i \left(5 \frac{1}{N^i_1} \pm \frac{1}{N^i_2}\right)$$

$$m^i_{\substack{1,1\\2,1}} = \frac{1}{6} \left(\frac{1}{N^i_1} \pm \frac{1}{N^i_2}\right)$$

$$t^i_{\substack{0,1\\3,1}} = 18\,\varrho^i \left(3 \frac{1}{N^i_1} \pm \frac{1}{N^i_2}\right)$$

Gleichlast:

$$c^i_{\substack{1,p\\2,p}} = \frac{11}{3} \varrho^i \frac{1}{N^i_1}$$

$$m^i_{\substack{1,p\\2,p}} = \frac{1}{9} \frac{1}{N^i_1} (1 - \varrho^i)$$

$$t^i_{\substack{0,p\\3,p}} = \frac{9}{2} \varrho^i \frac{1}{N^i_1} (9 + 2\,\varrho^i)$$

Endmoment in 3:

$$c^i_{\substack{1,3\\2,3}} = 6\,\varrho^i \left(3 \frac{1}{N^i_1} \mp \frac{1}{N^i_2}\right)$$

$$m^i_{\substack{1,3\\2,3}} = \frac{1}{6} \left[\frac{1}{N^i_1} (3 - 6\,\varrho^i) \mp \frac{1}{N^i_2} (3 - 2\,\varrho^i)\right]$$

$$t^i_{\substack{0,3\\3,3}} = 9\,\varrho^i \left[\frac{1}{N^i_1} (27 + 54\,\varrho^i) \mp \frac{1}{N^i_2} (27 + 10\,\varrho^i)\right]$$

i-Balken mit drei Zwischenstützen ($n = 4$):

$$N^i_1 = 1 + 32\,\varrho^i + 14\,\varrho^{i2}$$
$$N^i_2 = 1 + 2\,\varrho^i$$

Abb. 27.

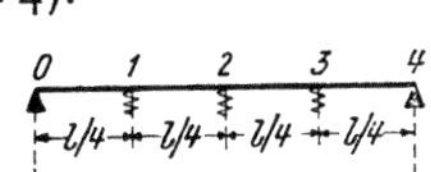

Last in 1:

$$c^i_{\substack{1,1\\3,1}} = \varrho^i \left[\frac{1}{N^i_1} (8 + 7\,\varrho^i) \pm \frac{1}{N^i_2}\right]$$

$$c^i_{2,1} = 11\,\varrho^i \cdot \frac{1}{N^i_1}$$

$$m^i_{\substack{1,1\\3,1}} = \frac{1}{16} \left[\frac{1}{N^i_1} (2 + 10\,\varrho^i) \pm \frac{1}{N^i_2}\right]$$

$$m^i_{2,1} = \frac{1}{16} \frac{1}{N^i_1} (2 - 12\,\varrho^i)$$

$$t^i_{\substack{0,1\\4,1}} = 24\,\varrho^i \left[\frac{1}{N^i_1} (6 + 8\,\varrho^i) \pm \frac{1}{N^i_2}\right]$$

Last in 2:

$$c^i_{1,2} = c^i_{3,2} = c^i_{2,1}$$

$$c^i_{2,2} = \varrho^i \frac{1}{N^i_1} (16 + 14\,\varrho^i)$$

$$m^i_{1,2} = m^i_{3,2} = m^i_{2,1}$$

$$m^i_{2,2} = \frac{1}{8} \frac{1}{N^i_1} (2 + 10\,\varrho^i)$$

$$t^i_{0,2} = t^i_{4,2} = 96\,\varrho^i \frac{1}{N^i_1} (2 - \varrho^i)$$

Gleichlast:

$$c^i_{1,p} = c^i_{3,p} = \frac{1}{8}\,\varrho^i \frac{1}{N^i_1}(57 + 32\,\varrho^i)$$

$$c^i_{2,p} = \frac{1}{8}\,\varrho^i \frac{1}{N^i_1}(80 + 26\,\varrho^i)$$

$$m^i_{1,p} = m^i_{3,p} = \frac{1}{32}\frac{1}{N^i_1}(3 - \varrho^i - 3\,\varrho^{i2})$$

$$m^i_{2,p} = \frac{1}{32}\frac{1}{N^i_1}(4 - 9\,\varrho^i - 2\,\varrho^{i2})$$

$$t^i_{0,p} = t^i_{4,p} = 4\,\varrho^i \frac{1}{N^i_1}(32 + 31\,\varrho^i + 4\,\varrho^{i2})$$

Endmoment in 4:

$$c^i_{\substack{1,4\\3,4}} = 6\,\varrho^i \left[\frac{1}{N^i_1}(6 + 8\,\varrho^i) \mp \frac{1}{N^i_2}\right]$$

$$c^i_{2,4} = 6\,\varrho^i \frac{1}{N^i_1}(8 - 4\,\varrho^i)$$

$$m^i_{\substack{1,4\\3,4}} = \frac{1}{4}\left[\frac{1}{N^i_1}(2 + 4\,\varrho^i - 8\,\varrho^{i2}) \mp \frac{1}{N^i_2}(1 - \varrho^i)\right]$$

$$m^i_{2,4} = \frac{1}{4}\frac{1}{N^i_1}(2 - 20\,\varrho^i + 4\,\varrho^{i2})$$

$$t^i_{\substack{0,4\\4,4}} = 32\,\varrho^i \left[\frac{1}{N^i_1}(24 + 156\,\varrho^i + 48\,\varrho^{i2}) \mp \frac{1}{N^i_2}(8 + 7\,\varrho^i)\right]$$

i-Balken mit vier Zwischenstützen ($n = 5$):

$$N^i_1 = 1 + 78\,\varrho^i + 76\,\varrho^{i2}$$

$$N^i_2 = 25 + 130\,\varrho^i + 44\,\varrho^{i2}$$

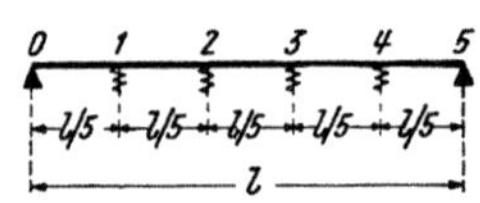

Abb. 28.

Last in 1.

$$c^i_{\substack{1,1\\4,1}} = \varrho^i \left[\frac{1}{N^i_1}(11 + 38\,\varrho^i) \pm \frac{1}{N^i_2}(45 + 22\,\varrho^i)\right]$$

$$c^i_{\substack{2,1\\3,1}} = \varrho^i \left(17\,\frac{1}{N^i_1} \pm 25\,\frac{1}{N^i_2}\right)$$

$$m^i_{\substack{1,1\\4,1}} = \frac{1}{10}\left[\frac{1}{N^i_1}(1 + 22\,\varrho^i) \pm \frac{1}{N^i_2}(15 + 14\,\varrho^i)\right]$$

$$m^i_{\substack{2,1\\3,1}} = \frac{1}{10}\left[\frac{1}{N^i_1}(1 - 12\,\varrho^i) \pm \frac{1}{N^i_2}(5 - 12\,\varrho^i)\right]$$

$$t^i_{\substack{0,1\\5,1}} = 300\,\varrho^i \left[\frac{1}{N^i_1}(1 + 5\,\varrho^i) \pm \frac{1}{N^i_2}(5 + 3\,\varrho^i)\right]$$

Last in 2:

$$c^i_{\substack{1,2\\4,2}} = c^i_{\substack{2,1\\3,1}}$$

$$c^i_{\substack{2,2\\3,2}} = \varrho^i \left[\frac{1}{N^i_1}(28 + 38\,\varrho^i) \pm \frac{1}{N^i_2}(20 + 22\,\varrho^i)\right]$$

$$\underset{4,2}{m^{i}_{1,2}} = \underset{3,1}{m^{i}_{2,1}}$$

$$\underset{3,2}{m^{i}_{2,2}} = \frac{1}{10}\left[\frac{1}{N^{i}_{1}}(2 + 10\,\varrho^{i}) \pm \frac{1}{N^{i}_{2}}(10 + 26\,\varrho^{i})\right]$$

$$\underset{5,2}{t^{i}_{0,2}} = 150\,\varrho^{i}\left[\frac{1}{N^{i}_{1}}(3 - 2\,\varrho^{i}) \pm \frac{1}{N^{i}_{2}}(5 - 2\,\varrho^{i})\right]$$

Gleichlast:

$$\underset{4,p}{c^{i}_{1,p}} = \frac{1}{5}\varrho^{i}\,\frac{1}{N^{i}_{1}}(58 + 86\,\varrho^{i})$$

$$\underset{3,p}{c^{i}_{2,p}} = \frac{1}{5}\varrho^{i}\,\frac{1}{N^{i}_{1}}(93 + 74\,\varrho^{i})$$

$$\underset{4,p}{m^{i}_{1,p}} = \frac{1}{25}\,\frac{1}{N^{i}_{1}}(2 + 5\,\varrho^{i} - 8\,\varrho^{i2})$$

$$\underset{3,p}{m^{i}_{2,p}} = \frac{1}{25}\,\frac{1}{N^{i}_{1}}(3 - 10\,\varrho^{i} - 6\,\varrho^{i2})$$

$$\underset{5,p}{t^{i}_{0,p}} = \frac{5}{2}\,\varrho^{i}\,\frac{1}{N^{i}_{1}}(125 + 270\,\varrho^{i} + 44\,\varrho^{i2})$$

Endmoment in 5:

$$\underset{4,5}{c^{i}_{1,5}} = 30\,\varrho^{i}\left[\frac{1}{N^{i}_{1}}(2 + 10\,\varrho^{i}) \mp \frac{1}{N^{i}_{2}}(10 + 6\,\varrho^{i})\right]$$

$$\underset{3,5}{c^{i}_{2,5}} = 30\,\varrho^{i}\left[\frac{1}{N^{i}_{1}}(3 - 2\,\varrho^{i}) \mp \frac{1}{N^{i}_{2}}(5 - 2\,\varrho^{i})\right]$$

$$\underset{4,5}{m^{i}_{1,5}} = \frac{1}{2}\left[\frac{1}{N^{i}_{1}}(1 + 18\,\varrho^{i} - 20\,\varrho^{i2}) \mp \frac{1}{N^{i}_{2}}(15 - 6\,\varrho^{i} - 12\,\varrho^{i2})\right]$$

$$\underset{3,5}{m^{i}_{2,5}} = \frac{1}{2}\left[\frac{1}{N^{i}_{1}}(1 - 18\,\varrho^{i} + 4\,\varrho^{i2}) \mp \frac{1}{N^{i}_{2}}(5 - 22\,\varrho^{i} + 4\,\varrho^{i2})\right]$$

$$\underset{5,5}{t^{i}_{0,5}} = 125\,\varrho^{i}\left[\frac{1}{N^{i}_{1}}(15 + 234\,\varrho^{i} + 132\,\varrho^{i2}) \mp \frac{1}{N^{i}_{2}}(125 + 290\,\varrho^{i} + 76\,\varrho^{i2})\right]$$

i-Balken mit fünf Zwischenstützen ($n = 6$):

$$N^{i}_{1} = 1 + 162\,\varrho^{i} + 372\,\varrho^{i2} + 104\,\varrho^{i3}$$

$$N^{i}_{2} = 3 + 32\,\varrho^{i} + 20\,\varrho^{i2}$$

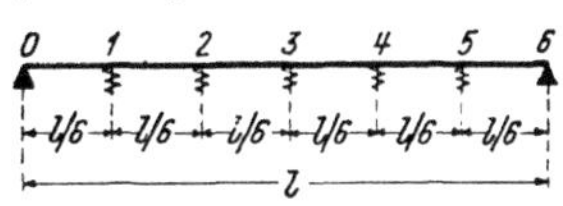

Abb. 29.

Last in 1:

$$\underset{5,1}{c^{i}_{1,1}} = \varrho^{i}\left[\frac{1}{N^{i}_{1}}(14 + 142\,\varrho^{i} + 52\,\varrho^{i2}) \pm \frac{1}{N^{i}_{2}}(8 + 10\,\varrho^{i})\right]$$

$$\underset{4,1}{c^{i}_{2,1}} = \varrho^{i}\left[\frac{1}{N^{i}_{1}}(23 + 46\,\varrho^{i}) \pm 7\,\frac{1}{N^{i}_{2}}\right]$$

$$c^{i}_{3,1} = \varrho^{i}\,\frac{1}{N^{i}_{1}}(26 - 36\,\varrho^{i})$$

$$\underset{5,1}{m^{i}_{1,1}} = \frac{1}{12}\left[\frac{1}{N^{i}_{1}}(1 + 62\,\varrho^{i} + 32\,\varrho^{i2}) \pm \frac{1}{N^{i}_{2}}(2 + 6\,\varrho^{i})\right]$$

$$\underset{4,1}{m^{i}_{2,1}} = \frac{1}{12}\left[\frac{1}{N^{i}_{1}}(1 - 10\,\varrho^{i} - 24\,\varrho^{i2}) \pm \frac{1}{N^{i}_{2}}(1 - 4\,\varrho^{i})\right]$$

$$\overset{i}{m}_{3,1} = \frac{1}{12}\frac{1}{N_1^i}(1 - 36\,\varrho^i + 12\,\varrho^{i2})$$

$$\overset{i}{t}_{\substack{0,1\\6,1}} = 36\,\varrho^i\left[\frac{1}{N_1^i}(15 + 204\,\varrho^i + 84\,\varrho^{i2}) \pm \frac{1}{N_2^i}(10 + 16\,\varrho^i)\right]$$

Last in 2:

$$\overset{i}{c}_{\substack{1,2\\5,2}} = \overset{i}{c}_{\substack{2,1\\4,1}}$$

$$\overset{i}{c}_{\substack{2,2\\4,2}} = \varrho^i\left[\frac{1}{N_1^i}(40 + 106\,\varrho^i + 52\,\varrho^{i2}) \pm \frac{1}{N_2^i}(8 + 10\varrho^i)\right]$$

$$\overset{i}{c}_{3,2} = \varrho^i\frac{1}{N_1^i}(46 + 92\,\varrho^i)$$

$$\overset{i}{m}_{\substack{1,2\\5,2}} = \overset{i}{m}_{\substack{2,1\\4,1}}$$

$$\overset{i}{m}_{\substack{2,2\\4,2}} = \frac{1}{12}\left[\frac{1}{N_1^i}(2 + 26\,\varrho^i + 44\,\varrho^{i2}) \pm \frac{1}{N_2^i}(2 + 6\,\varrho^i)\right]$$

$$\overset{i}{m}_{3,2} = \frac{1}{12}\frac{1}{N_1^i}(2 - 20\,\varrho^i - 48\,\varrho^{i2})$$

$$\overset{i}{t}_{\substack{0,2\\6,2}} = 144\,\varrho^i\left[\frac{1}{N_1^i}(6 + 9\,\varrho^i - 6\,\varrho^{i2}) \pm \frac{1}{N_2^i}(2 - \varrho^i)\right]$$

Last in 3:

$$\overset{i}{c}_{1,3} = \overset{i}{c}_{5,3} = \overset{i}{c}_{3,1}$$

$$\overset{i}{c}_{2,3} = \overset{i}{c}_{4,3} = \overset{i}{c}_{3,2}$$

$$\overset{i}{c}_{3,3} = 2\,\varrho^i\frac{1}{N_1^i}(27 + 124\,\varrho^i + 52\,\varrho^{i2})$$

$$\overset{i}{m}_{1,3} = \overset{i}{m}_{5,3} = \overset{i}{m}_{3,1}$$

$$\overset{i}{m}_{2,3} = \overset{i}{m}_{4,3} = \overset{i}{m}_{3,2}$$

$$\overset{i}{m}_{3,3} = \frac{1}{12}\frac{1}{N_1^i}(3 + 88\,\varrho^i + 76\,\varrho^{i2})$$

$$\overset{i}{t}_{0,3} = \overset{i}{t}_{6,3} = 108\,\varrho^i\frac{1}{N_1^i}(9 - 24\,\varrho^i + 4\,\varrho^{i2})$$

Gleichlast:

$$\overset{i}{c}_{1,p} = \overset{i}{c}_{5,p} = \frac{1}{12}\varrho^i\frac{1}{N_1^i}(205 + 748\,\varrho^i + 236\,\varrho^{i2})$$

$$\overset{i}{c}_{2,p} = \overset{i}{c}_{4,p} = \frac{1}{12}\varrho^i\frac{1}{N_1^i}(352 + 804\,\varrho^i + 200\,\varrho^{i2})$$

$$\overset{i}{c}_{3,p} = \frac{1}{12}\varrho^i\frac{1}{N_1^i}(405 + 696\,\varrho^i + 212\,\varrho^{i2})$$

$$\overset{i}{m}_{1,p} = \overset{i}{m}_{5,p} = \frac{1}{144}\frac{1}{N_1^i}(10 + 101\,\varrho^i - 80\,\varrho^{i2} - 44\,\varrho^{i3})$$

$$\overset{i}{m}_{2,p} = \overset{i}{m}_{4,p} = \frac{1}{144}\frac{1}{N_1^i}(16 - 36\,\varrho^i - 152\,\varrho^{i2} - 32\,\varrho^{i3})$$

$$\overset{i}{m}_{3,p} = \frac{1}{144}\frac{1}{N_1^i}(18 - 117\,\varrho^i - 104\,\varrho^{i2} - 36\,\varrho^{i3})$$

$$\overset{i}{t}_{0\,p} = \overset{i}{t}_{6,p} = 9\,\varrho^i\frac{1}{N_1^i}(72 + 337\,\varrho^i + 176\,\varrho^{i2} + 20\,\varrho^{i3})$$

Endmoment in 6:

$$\underset{5,6}{c^i_{1,6}} = 2\,\varrho^i \left[\frac{1}{N^i_1}(45 + 612\,\varrho^i + 252\,\varrho^{i2}) \mp \frac{1}{N^i_2}(30 + 48\,\varrho^i)\right]$$

$$\underset{4,6}{c^i_{2,6}} = 2\,\varrho^i \left[\frac{1}{N^i_1}(72 + 108\,\varrho^i - 72\,\varrho^{i2}) \mp \frac{1}{N^i_2}(24 - 12\,\varrho^i)\right]$$

$$c^i_{3,6} = 2\,\varrho^i \frac{1}{N^i_1}(81 - 216\,\varrho^i + 36\,\varrho^{i2})$$

$$\underset{5,6}{m^i_{1,6}} = \frac{1}{6}\left[\frac{1}{N^i_1}(3 + 171\,\varrho^i - 108\,\varrho^{i2} - 84\,\varrho^{i3}) \mp \frac{1}{N^i_2}(6 + 8\,\varrho^i - 16\,\varrho^{i2})\right]$$

$$\underset{4,6}{m^i_{2,6}} = \frac{1}{6}\left[\frac{1}{N^i_1}(3 - 54\,\varrho^i - 108\,\varrho^{i2} + 24\,\varrho^{i3}) \mp \frac{1}{N^i_2}(3 - 20\,\varrho^i + 4\,\varrho^{i2})\right]$$

$$m^i_{3,6} = \frac{1}{2}\frac{1}{N^i_1}(1 - 45\,\varrho^i + 36\,\varrho^{i2} - 4\,\varrho^{i3})$$

$$\underset{6,6}{t^i_{0,6}} = 72\,\varrho^i \left[\frac{1}{N^i_1}(54 + 1755\,\varrho^i + 2376\,\varrho^{i2} + 540\,\varrho^{i3}) \mp \right.$$

$$\left. \mp \frac{1}{N^i_2}(54 + 248\,\varrho^i + 104\,\varrho^{i2})\right]$$

i-Balken mit sechs Zwischenstützen ($n = 7$):

$$N^i_1 = 1 + 300\,\varrho^i + 1244\,\varrho^{i2} + 568\,\varrho^{i3}$$

$$N^i_2 = 49 + 980\,\varrho^i + 1372\,\varrho^{i2} + 328\,\varrho^{i3}$$

Abb. 30.

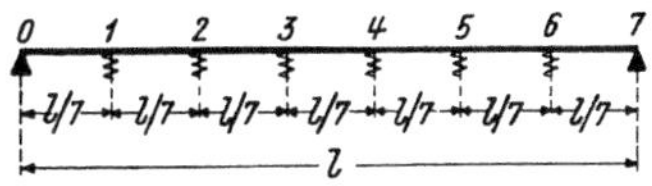

Last in 1:

$$\underset{6,1}{c^i_{1,1}} = \varrho^i \left[\frac{1}{N^i_1}(17 + 390\,\varrho^i + 284\,\varrho^{i2}) \pm \frac{1}{N^i_2}(175 + 550\,\varrho^i + 164\,\varrho^{i2})\right]$$

$$\underset{5,1}{c^i_{2,1}} = \varrho^i \left[\frac{1}{N^i_1}(29 + 218\,\varrho^i) \pm \frac{1}{N^i_2}(189 + 134\,\varrho^i)\right]$$

$$\underset{4,1}{c^i_{3,1}} = \varrho^i \left[\frac{1}{N^i_1}(35 - 72\,\varrho^i) \pm \frac{1}{N^i_2}(77 - 72\,\varrho^i)\right]$$

$$\underset{6,1}{m^i_{1,1}} = \frac{1}{14}\left[\frac{1}{N^i_1}(1 + 138\,\varrho^i + 172\,\varrho^{i2}) \pm \frac{1}{N^i_2}(35 + 266\,\varrho^i + 100\,\varrho^{i2})\right]$$

$$\underset{5,1}{m^i_{2,1}} = \frac{1}{14}\left[\frac{1}{N^i_1}(1 + 10\,\varrho^i - 120\,\varrho^{i2}) \pm \frac{1}{N^i_2}(21 - 98\,\varrho^i - 72\,\varrho^{i2})\right]$$

$$\underset{4,1}{m^i_{3,1}} = \frac{1}{14}\left[\frac{1}{N^i_1}(1 - 60\,\varrho^i + 24\,\varrho^{i2}) \pm \frac{1}{N^i_2}(7 - 84\,\varrho^i + 24\,\varrho^{i2})\right]$$

$$\underset{7,1}{t^i_{0,1}} = 294\,\varrho^i \left[\frac{1}{N^i_1}(3 + 88\,\varrho^i + 76\,\varrho^{i2}) \pm \frac{1}{N^i_2}(35 + 136\,\varrho^i + 44\,\varrho^{i2})\right]$$

Last in 2:

$$\underset{6,2}{c^i_{1,2}} = \underset{5,1}{c^i_{2,1}}$$

$$\underset{5,2}{c^i_{2,2}} = \varrho^i \left[\frac{1}{N^i_1}(52 + 318\,\varrho^i + 284\,\varrho^{i2}) \pm \frac{1}{N^i_2}(252 + 478\,\varrho^i + 164\,\varrho^{i2})\right]$$

$$\underset{4,2}{c^i_{3,2}} = \varrho^i \left[\frac{1}{N^i_1}(64 + 146\,\varrho^i) \pm \frac{1}{N^i_2}(112 + 206\,\varrho^i)\right]$$

$$\underset{6,2}{m^i_{1,2}} = \underset{5,1}{m^i_{2,1}}$$

$$\underset{5,2}{m^i_{2,2}} = \frac{1}{14}\left[\frac{1}{N^i_1}(2 + 78\,\varrho^i + 196\,\varrho^{i2}) \pm \frac{1}{N^i_2}(42 + 182\,\varrho^i + 124\,\varrho^{i2})\right]$$

$$\underset{4,2}{m^i_{3,2}} = \frac{1}{14}\left[\frac{1}{N^i_1}(2 - 50\,\varrho^i - 96\,\varrho^{i2}) \pm \frac{1}{N^i_2}(14 - 14\,\varrho^i - 96\,\varrho^{i2})\right]$$

$$\underset{7,2}{t^i_{0,2}} = 294\,\varrho^i\left[\frac{1}{N^i_1}(5 + 38\,\varrho^i - 20\,\varrho^{i2}) \pm \frac{1}{N^i_2}(35 + 6\,\varrho^i - 12\,\varrho^{i2})\right]$$

Last in 3:

$$\underset{6,3}{c^i_{1,3}} = \underset{4,1}{c^i_{3,1}}$$

$$\underset{5,3}{c^i_{2,3}} = \underset{4,2}{c^i_{3,2}}$$

$$\underset{4,3}{c^i_{3,3}} = \varrho^i\left[\frac{1}{N^i_1}(81 + 536\,\varrho^i + 284\,\varrho^{i2}) \pm \frac{1}{N^i_2}(63 + 344\,\varrho^i + 164\,\varrho^{i2})\right]$$

$$\underset{6,3}{m^i_{1,3}} = \underset{4,1}{m^i_{3,1}}$$

$$\underset{5,3}{m^i_{2,3}} = \underset{4,2}{m^i_{3,2}}$$

$$\underset{4,3}{m^i_{3,3}} = \frac{1}{14}\left[\frac{1}{N^i_1}(3 + 88\,\varrho^i + 76\,\varrho^{i2}) \pm \frac{1}{N^i_2}(21 + 280\,\varrho^i + 196\,\varrho^{i2})\right]$$

$$\underset{7,3}{t^i_{0,3}} = 294\,\varrho^i\left[\frac{1}{N^i_1}(6 - 22\,\varrho^i + 4\,\varrho^{i2}) \pm \frac{1}{N^i_2}(14 - 26\,\varrho^i + 4\,\varrho^{i2})\right]$$

Gleichlast:

$$c^i_{1,p} = c^i_{6,p} = \frac{1}{7}\,\varrho^i\,\frac{1}{N^i_1}(165 + 1160\,\varrho^i + 644\,\varrho^{i2})$$

$$c^i_{2,p} = c^i_{5,p} = \frac{1}{7}\,\varrho^i\,\frac{1}{N^i_1}(295 + 1402\,\varrho^i + 548\,\varrho^{i2})$$

$$c^i_{3,p} = c^i_{4,p} = \frac{1}{7}\,\varrho^i\,\frac{1}{N^i_1}(366 + 1198\,\varrho^i + 572\,\varrho^{i2})$$

$$m^i_{1,p} = m^i_{6,p} = \frac{1}{49}\,\frac{1}{N^i_1}(3 + 74\,\varrho^i - 28\,\varrho^{i2} - 60\,\varrho^{i3})$$

$$m^i_{2,p} = m^i_{5,p} = \frac{1}{49}\,\frac{1}{N^i_1}(5 + 13\,\varrho^i - 140\,\varrho^{i2} - 44\,\varrho^{i3})$$

$$m^i_{3,p} = m^i_{4,p} = \frac{1}{49}\,\frac{1}{N^i_1}(6 - 53\,\varrho^i - 94\,\varrho^{i2} - 48\,\varrho^{i3})$$

$$t^i_{0,p} = t^i_{7,p} = \frac{7}{2}\,\varrho^i\,\frac{1}{N^i_1}(343 + 2916\,\varrho^i + 2420\,\varrho^{i2} + 328\,\varrho^{i3})$$

Endmoment in 7:

$$\underset{6,7}{c^i_{1,7}} = 42\,\varrho^i\left[\frac{1}{N^i_1}(3 + 88\,\varrho^i + 76\,\varrho^{i2}) \mp \frac{1}{N^i_2}(35 + 136\,\varrho^i + 44\,\varrho^{i2})\right]$$

$$\underset{5,7}{c^i_{2,7}} = 42\,\varrho^i\left[\frac{1}{N^i_1}(5 + 38\,\varrho^i - 20\,\varrho^{i2}) \mp \frac{1}{N^i_2}(35 + 6\,\varrho^i - 12\,\varrho^{i2})\right]$$

$$c^i_{3,7} = 42\,\varrho^i\left[\frac{1}{N^i_1}(6 - 22\,\varrho^i + 4\,\varrho^{i2}) \mp \frac{1}{N^i_2}(14 - 26\,\varrho^i + 4\,\varrho^{i2})\right]$$

$$m^i_{\substack{1,7\\6,7}} = \frac{1}{2}\left[\frac{1}{N^i_1}(1 + 132\,\varrho^i - 4\,\varrho^{i2} - 152\,\varrho^{i3}) \mp \right.$$

$$\left. \mp \frac{1}{N^i_2}(35 + 196\,\varrho^i - 172\,\varrho^{i2} - 88\,\varrho^{i3})\right]$$

$$m^i_{\substack{2,7\\5,7}} = \frac{1}{2}\left[\frac{1}{N^i_1}(1 - 196\,\varrho^{i2} + 40\,\varrho^{i3}) \mp \frac{1}{N^i_2}(21 - 168\,\varrho^i - 84\,\varrho^{i2} + 24\,\varrho^{i3})\right]$$

$$m^i_{\substack{3,7\\4,7}} = \frac{1}{2}\left[\frac{1}{N^i_1}(1 - 72\,\varrho^i + 68\,\varrho^{i2} - 8\,\varrho^{i3}) \mp \frac{1}{N^i_2}(7 - 112\,\varrho^i + 76\,\varrho^{i2} - 8\,\varrho^{i3})\right]$$

$$t^i_{\substack{0,7\\7,7}} = 343\,\varrho^i\left[\frac{1}{N^i_1}(21 + 1260\,\varrho^i + 2940\,\varrho^{i2} + 984\,\varrho^{i3}) \mp \right.$$

$$\left. \mp \frac{1}{N^i_2}(343 + 2972\,\varrho^i + 2836\,\varrho^{i2} + 568\,\varrho^{i3})\right]$$

Um bei der Anwendung der Formeln die Rechenarbeit möglichst zu beschränken, haben wir die in diesem Absatz enthaltenen Beiwerte der i-Balken $i > 1$ im praktisch vorkommenden ϱ^i-Bereich zahlenmäßig ausgewertet und die Ergebnisse in Tafeln des § 19 graphisch dargestellt.

§ 11. Der frei aufliegende „i"-Balken, $i = 2, 3, \ldots m$, mit mehr als 6 Zwischenstützen, mit konstantem Trägheitsmoment und mit gleichen Federungszahlen.

30. Näherungslösung.

Besitzt ein einfeldriger „i"-Balken mehr als sechs elastische Zwischenstützen, so wird der in § 10 eingeschlagene Weg einer unmittelbaren Auflösung der Elastizitätsgleichungen für die Stützdrücke C^i_x umständlich und langwierig. Wir vereinfachen uns die Arbeit durch folgende Näherungslösung:

Gegeben sei ein einfacher „i"-Balken mit der Spannweite l, mit dem konstanten Trägheitsmoment J und mit $(n-1)$ elastischen Zwischenstützen im konstanten Abstand $e = l/n$ (Abb. 31a); die Federungszahlen aller Zwischenstützen seien gleich und betragen gemäß Gl. (1), § 10:

$$\beta^i = \lambda^i \frac{E\bar{J}}{a^3}\,. \qquad (1)$$

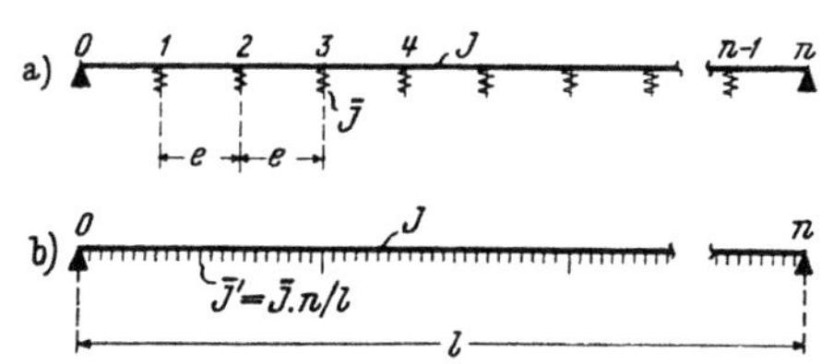

Abb. 31.

Wir betrachten nun an Stelle dieses „i"-Balkens einen zweiten, welcher dieselbe Spannweite besitzt, in den Punkten 0 und n ebenfalls unverschieblich gelagert, aber im übrigen an Stelle der Zwischenstützen in $x = 1, 2, \cdots (n-1)$ *stetig* elastisch gestützt ist (Abb. 31b). Wählen wir für diese stetige Stützung die Federungszahl, die wir hier als *Bettungsziffer* bezeichnen wollen, mit

$$\beta'^i = \beta^i\,\frac{n}{l} = \lambda^i\,\frac{E\bar{J}}{a^3}\cdot\frac{n}{l} = \lambda^i\,\frac{E\bar{J}'}{a^3} \qquad (2)$$

wobei

$$\bar{J}' = \bar{J}\,\frac{n}{l} \qquad (3)$$

ist, so zeigt es sich, daß bei hinreichend großem n die Durchbiegungen z^i_x und Biegungsmomente M^i_x beider Balken genügend genau übereinstimmen. Der

i-Balken mit stetiger Stützung würde sich sonach bei einem Rost ergeben, bei welchem die Querträger unendlich nahe nebeneinanderliegen und je Längeneinheit das Trägheitsmoment $\bar{J}'$ besitzen.

Wir können also einen i-Balken mit zahlreichen Einzelzwischenstützen ($n > 6$) näherungsweise durch einen i-Balken mit stetiger Zwischenstützung ersetzen, wobei die Bettungsziffer dieser Stützung aus Gl. (2) zu ermitteln ist.

Den Bettungswiderstand dieses Ersatzsystems an der Stelle x je Längeneinheit wollen wir mit $C_x'^i$ bezeichnen (Abb. 32). Zwischen $C_x'^i$ und der Durchbiegung z_x^i besteht der Zusammenhang:

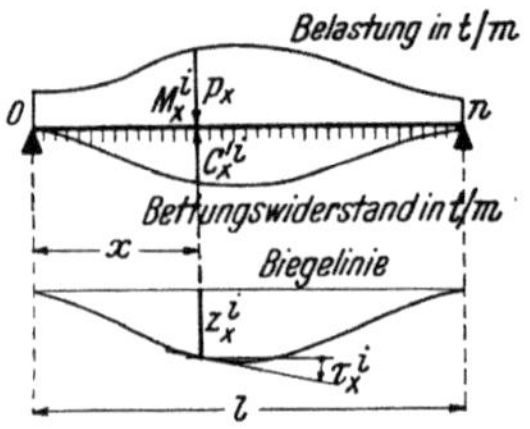

Abb. 32.

$$C_x'^i = \beta'^i \cdot z_x^i . \tag{4}$$

Die Differentialgleichung für $C_x'^i$ lautet allgemein:

$$EJ \cdot \frac{d^4 z_x^i}{dx^4} = p_x - C_x'^i \tag{5}$$

bzw. nach Einführung der Gl. (2) und (4):

$$\frac{J}{\bar{J}'} \cdot \frac{a^3}{\lambda^i} \cdot \frac{d^4 C_x'^i}{dx^4} + C_x'^i = p_x . \tag{6}$$

Hierin bedeutet p_x die Belastung an der Stelle x je Längeneinheit (Abb. 32). Die allgemeine Lösung dieser Differentialgleichung hat die Form:

$$C_x'^i = (A_1 e^{\varphi^i x} + A_2 e^{-\varphi^i x}) \cos \varphi^i x + (B_1 e^{\varphi^i x} + B_2 e^{-\varphi^i x}) \sin \varphi^i x + F_x^i \tag{7}$$

wobei

$$\varphi^i = \sqrt[4]{\frac{\lambda^i}{4\,a^3} \cdot \frac{\bar{J}'}{J}} . \tag{8}$$

Kennt man die von der Belastung abhängige Hauptlösung F_x^i, so können mittels der Randbedingungen die Integrationskonstanten A und B bestimmt werden; damit ist $C_x'^i$ als Funktion von x dargestellt. Aus $C_x'^i$ ergeben sich die übrigen statischen und Formänderungsgrößen, und zwar:

die Durchbiegungen: $$z_x^i = \frac{C_x'^i}{\beta'^i} \tag{9}$$

die Verdrehungen: $$\tau_x^i = \frac{d z_x^i}{dx} = \frac{1}{\beta'^i} \frac{d C_x'^i}{dx} \tag{10}$$

die Momente: $$M_x^i = -EJ \frac{d^2 z_x^i}{dx^2} = -\frac{EJ}{\beta'^i} \frac{d^2 C_x'^i}{dx^2} = -\frac{1}{4(\varphi^i)^4} \frac{d^2 C_x'^i}{dx^2} \tag{11}$$

die Querkräfte: $$Q_x^i = \frac{d M_x^i}{dx} = -\frac{1}{4(\varphi^i)^4} \frac{d^3 C_x'^i}{dx^3} . \tag{12}$$

Die statischen Größen C_x^i, M_x^i, Q_x^i sowie die mit $\beta'^i = \beta^i \cdot n/l$ multiplizierten Formänderungsgrößen $\beta'^i z_x^i$, $\beta'^i \tau_x^i$ sind außer von der Belastung und Spannweite von einer einzigen Größe abhängig, nämlich von:

$$\varphi^i l = \sqrt[4]{\frac{\lambda^i}{4} \frac{\bar{J}' l}{J} \left(\frac{l}{a}\right)^3} = \sqrt[4]{\frac{\lambda^i}{4} \frac{n \bar{J}}{J} \left(\frac{l}{a}\right)^3} = \sqrt[4]{\frac{\lambda^i}{4}\, \Phi} \tag{13}$$

mit

$$\Phi = \frac{\bar{J}' l}{J} \left(\frac{l}{a}\right)^3 = \frac{n \bar{J}}{J} \left(\frac{l}{a}\right)^3 . \tag{14}$$

Es entspricht demnach dem in § 10, 28 definierten Wert $n^4 \varrho^i$ jetzt der Wert $(\varphi^i l)^4$; wir nennen, ähnlich wie dort ϱ^i, jetzt $\varphi^i l$ den *Parameter des stetig gestützten „i"-Balkens.* Entsprechend den $m - 1$ unterschiedlichen Werten von λ^i gehört zu jedem der Systeme $i = 2, 3, \ldots, m$ ein bestimmter Wert von $\varphi^i l \cdot \Phi$ stellt, wie uns bereits bekannt ist, den Kennwert der Querverteilung im Roste dar. Durch Einführung der Werte $\bar{J}$ und n des ursprünglich vorgelegten i-Balkens wird Φ auf dieselbe Form gebracht wie § 10, 28.

Im folgenden werden die Lösungen für die einfachsten Belastungsfälle ohne Wiedergabe der Entwicklung angegeben. Hierbei werden, ähnlich wie in § 10, die Ausdrücke, die den Parameter $\varphi^i l$ bzw. $\varphi^i x$ enthalten, zu gesonderten Gliedern, den sog. „*Beiwerten*" zusammengefaßt. In den Lösungen treten hyperbolische und trigonometrische Funktionen des Parameters $\varphi^i l$ bzw. $\varphi^i x$ auf. Zur Vereinfachung benützen wir hierfür folgende Abkürzungen:

$$\mathfrak{C}\,(\varphi^i x) = \mathfrak{Cof}\,(\varphi^i x);\quad \mathfrak{S}\,(\varphi^i x) = \mathfrak{Sin}\,(\varphi^i x);\quad c\,(\varphi^i x) = \cos\,(\varphi^i x);\quad s\,(\varphi^i x) = \sin\,(\varphi^i x)$$

$$\mathfrak{C}c\,(\varphi^i x) = \mathfrak{Cof}\,(\varphi^i x) \cdot \cos\,(\varphi^i x);\quad \mathfrak{C}s\,(\varphi^i x) = \mathfrak{Cof}\,(\varphi^i x) \cdot \sin\,(\varphi^i x)$$

usw.

$$N\,(\varphi^i x) = \mathfrak{Cof}^2\,(\varphi^i x) \cdot \cos^2\,(\varphi^i x) + \mathfrak{Sin}^2\,(\varphi^i x) \cdot \sin^2\,(\varphi^i x)$$

$$N'\,(\varphi^i x) = \mathfrak{Cof}^2\,(\varphi^i x) \cdot \sin^2\,(\varphi^i x) + \mathfrak{Sin}^2\,(\varphi^i x) \cdot \cos^2\,(\varphi^i x)$$

$$\frac{\mathfrak{C}c}{N}\,(\varphi^i x) = \frac{\mathfrak{Cof}\,(\varphi^i x) \cdot \cos\,(\varphi^i x)}{N\,(\varphi^i x)};\quad \frac{\mathfrak{C}c + \mathfrak{S}s}{N}\,(\varphi^i x) = \frac{\mathfrak{Cof}\,(\varphi^i x)\cos\,(\varphi^i x) + \mathfrak{Sin}\,(\varphi^i x)\sin\,(\varphi^i x)}{N\,(\varphi^i x)}$$

usw.

In dem Tabellenwerk: HAYASHI: „Tafeln der Kreis- und Hyperbelfunktionen" sind die Zahlenwerte der Produkte $\mathfrak{C}c\,(\varphi^i x)$, $\mathfrak{S}s\,(\varphi^i x) \cdots$ enthalten.

31. Formeln für den Einfeld-i-Balken ($i > 1$) mit stetiger elastischer Zwischenstützung.

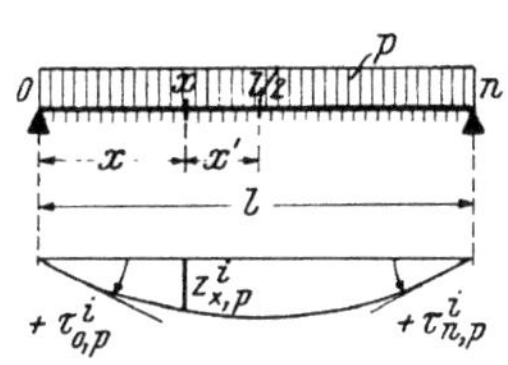

Abb. 33.

Gleichförmig verteilte Vollbelastung p (Abb. 33).

Bettungswiderstände pro lfd. m:

$$C'^i_{xp} = p \cdot c'^i_{xp};\quad \begin{cases} c'^i_{xp} = \left[1 - \frac{\mathfrak{C}c}{N}\left(\frac{\varphi^i l}{2}\right) \cdot \mathfrak{C}c\,(\varphi^i x') - \frac{\mathfrak{S}s}{N}\left(\frac{\varphi^i l}{2}\right) \cdot \mathfrak{S}s\,(\varphi^i x')\right] \\ c'^i_{\frac{l}{2}p} = \left[1 - \frac{\mathfrak{C}c}{N}\left(\frac{\varphi^i l}{2}\right)\right]. \end{cases}$$

Querkräfte:

$$Q^i_{xp} = pl \cdot q^i_{xp};\quad \begin{cases} q^i_{xp} = + \frac{1}{4\left(\frac{\varphi^i l}{2}\right)}\left[\frac{\mathfrak{C}c + \mathfrak{S}s}{N}\left(\frac{\varphi^i l}{2}\right) \cdot \mathfrak{C}s\,(\varphi^i x') + \frac{\mathfrak{C}c - \mathfrak{S}s}{N}\left(\frac{\varphi^i l}{2}\right) \cdot \mathfrak{S}c\,(\varphi^i x')\right] \\ q^i_{\substack{op \\ np}} = \pm \frac{1}{4\left(\frac{\varphi^i l}{2}\right)}\left[\frac{\mathfrak{S}\mathfrak{C} + sc}{N}\left(\frac{\varphi^i l}{2}\right)\right]. \end{cases}$$

Momente:

$$M^i_{xp} = pl^2 \cdot m^i_{xp};\quad \begin{cases} m^i_{xp} = \frac{1}{8\left(\frac{\varphi^i l}{2}\right)^2}\left[\frac{\mathfrak{S}s}{N}\left(\frac{\varphi^i l}{2}\right) \cdot \mathfrak{C}c\,(\varphi^i x') - \frac{\mathfrak{C}c}{N}\left(\frac{\varphi^i l}{2}\right) \cdot \mathfrak{S}s\,(\varphi^i x')\right] \\ m^i_{\frac{l}{2}p} = \frac{1}{8\left(\frac{\varphi^i l}{2}\right)^2} \cdot \frac{\mathfrak{S}s}{N}\left(\frac{\varphi^i l}{2}\right). \end{cases}$$

Endverdrehungen (Vorzeichensinn s. Abb. 33):

$$\beta'^i \tau^i_{\substack{op\\np}} = \beta^i \frac{n}{l} \tau^i_{\substack{op\\np}} = \frac{p}{l} \cdot t^i_{\substack{op\\np}} \; ; \quad t^i_{\substack{op\\np}} = +2\left(\frac{\varphi^i l}{2}\right)\left[\frac{\mathfrak{S}\mathfrak{C} - sc}{N}\left(\frac{\varphi^i l}{2}\right)\right].$$

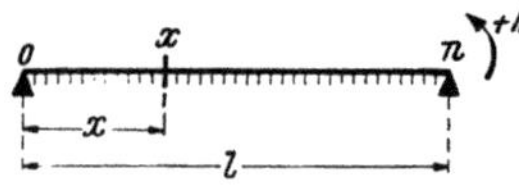

Abb. 34.

Moment $(+M)$ am Balkenende „n“ (Abb. 34).

Bettungswiderstände pro lfd. m:

$$C'^i_{xn} = \frac{M}{l^2} \cdot c'^i_{xn} \; ; \quad \begin{cases} c'^i_{xn} = 2\,(\varphi^i l)^2 \left[\frac{\mathfrak{C}s}{N'}(\varphi^i l) \cdot \mathfrak{S}c\,(\varphi^i x) - \frac{\mathfrak{S}c}{N'}(\varphi^i l) \cdot \mathfrak{C}s\,(\varphi^i x)\right] \\ c'^i_{\frac{l}{2}n} = 4\left(\frac{\varphi^i l}{2}\right)^2 \frac{\mathfrak{S}s}{N}\left(\frac{\varphi^i l}{2}\right). \end{cases}$$

Querkräfte:

$$Q^i_{xn} = \frac{M}{l} \cdot q^i_{xn} \; ; \quad \begin{cases} q^i_{xn} = (\varphi^i l)\left[\frac{\mathfrak{C}s + \mathfrak{S}c}{N'}(\varphi^i l) \cdot \mathfrak{C}c\,(\varphi^i x) + \frac{\mathfrak{C}s - \mathfrak{S}c}{N'}(\varphi^i l) \cdot \mathfrak{S}s\,(\varphi^i x)\right] \\ q^i_{on} = (\varphi^i l)\left[\frac{\mathfrak{C}s + \mathfrak{S}c}{N'}(\varphi^i l)\right] \\ q^i_{nn} = (\varphi^i l)\left[\frac{\mathfrak{S}\mathfrak{C} + sc}{N'}(\varphi^i l)\right]. \end{cases}$$

Momente:

$$M^i_{xn} = M \cdot m^i_{xn} \; ; \quad \begin{cases} m^i_{xn} = \left[\frac{\mathfrak{C}s}{N'}(\varphi^i l) \cdot \mathfrak{C}s\,(\varphi^i x) + \frac{\mathfrak{S}c}{N'}(\varphi^i l) \cdot \mathfrak{S}c\,(\varphi^i x)\right] \\ m^i_{\frac{l}{2}n} = \frac{1}{2}\,\frac{\mathfrak{C}c}{N}\left(\frac{\varphi^i l}{2}\right). \end{cases}$$

Endverdrehungen (Vorzeichensinn wie in Abb. 33):

$$\beta'^i \tau^i_{\substack{on\\nn}} = \beta^i \frac{n}{l} \tau^i_{\substack{on\\nn}} = \frac{M}{l^3}\, t^i_{\substack{on\\nn}} \; ; \quad \begin{cases} t^i_{on} = +2\,(\varphi^i l)^3 \left[\frac{\mathfrak{C}s - \mathfrak{S}c}{N'}(\varphi^i l)\right] \\ t^i_{nn} = +2\,(\varphi^i l)^3 \left[\frac{\mathfrak{S}\mathfrak{C} - sc}{N'}(\varphi^i l)\right]. \end{cases}$$

Einzellast P in Feldmitte (Abb. 35).

Bettungswiderstände pro lfd. m für $x = 0$ bis $l/2$:

$$C'^i_{x\,l/2} = \frac{P}{l} \cdot c'^i_{x\,l/2} \; ; \quad \begin{cases} c'^i_{x\,l/2} = \left(\frac{\varphi^i l}{2}\right)\left[\frac{\mathfrak{C}c + \mathfrak{S}s}{N}\left(\frac{\varphi^i l}{2}\right) \cdot \mathfrak{S}c\,(\varphi^i x) - \frac{\mathfrak{C}c - \mathfrak{S}s}{N}\left(\frac{\varphi^i l}{2}\right) \cdot \mathfrak{C}s\,(\varphi^i x)\right] \\ c'^i_{l/2\,l/2} = \left(\frac{\varphi^i l}{2}\right) \cdot \frac{\mathfrak{S}\mathfrak{C} - sc}{N}\left(\frac{\varphi^i l}{2}\right). \end{cases}$$

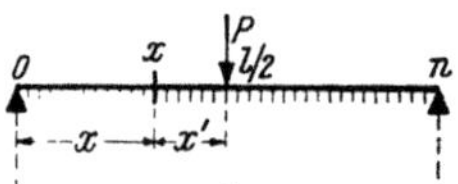

Abb. 35.

Querkräfte am Lastort:

$$Q^{li}_{l/2\,l/2} = -Q^{ri}_{l/2\,l/2} = +\frac{P}{2}.$$

Momente für $x = 0$ bis $l/2$:

$$M^i_{x\,l/2} = Pl \cdot m^i_{x\,l/2} \; ; \quad \begin{cases} m^i_{x\,l/2} = \frac{1}{8\left(\frac{\varphi^i l}{2}\right)}\left[\frac{\mathfrak{C}c + \mathfrak{S}s}{N}\left(\frac{\varphi^i l}{2}\right) \cdot \mathfrak{C}s\,(\varphi^i x) + \frac{\mathfrak{C}c - \mathfrak{S}s}{N}\left(\frac{\varphi^i l}{2}\right) \cdot \mathfrak{S}c\,(\varphi^i x)\right] \\ m^i_{l/2\,l/2} = \frac{1}{8\left(\frac{\varphi^i l}{2}\right)}\left[\frac{\mathfrak{S}\mathfrak{C} + sc}{N}\left(\frac{\varphi^i l}{2}\right)\right]. \end{cases}$$

Endverdrehungen (Vorzeichensinn wie in Abb. 33):

$$\beta'^i \overset{i}{\tau}_{\substack{o\,l/2\\ n\,l/2}} = \beta^i \frac{n}{l} \overset{i}{\tau}_{\substack{o\,l/2\\ n\,l/2}} = \frac{P}{l^2} \cdot \overset{i}{t}_{\substack{o\,l/2\\ n\,l/2}} \,; \quad \overset{i}{t}_{\substack{o\,l/2\\ n\,l/2}} = +\,4 \left(\frac{\varphi^i l}{2}\right)^2 \frac{\mathfrak{S}s}{N} \left(\frac{\varphi^i l}{2}\right).$$

Einzellast P in beliebiger Stellung (Abb. 36).

Bei diesem Belastungsfall ist es zweckmäßig, die Lösungen des i-Balkens auf die Lösungen eines unendlich langen i-Balkens (Abb. 37), zurückzuführen.

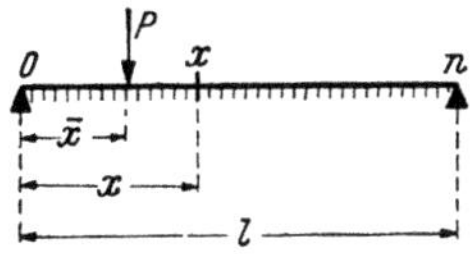

Abb. 36.

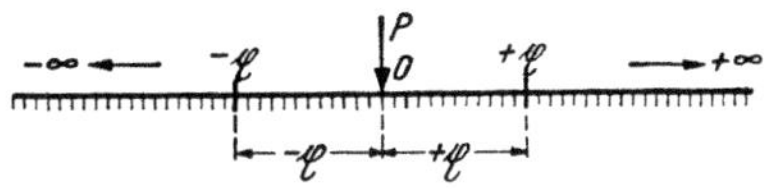

Abb. 37.

Lösungen des unendlichen i-Balkens für $\mathfrak{x} \geqq 0$ (Abb. 37).

Bettungswiderstände pro lfd. m:

$$C'^{i\infty}_{\mathfrak{x}} = \frac{P}{l} \cdot c'^{i\infty}_{\mathfrak{x}} \,; \quad c'^{i\infty}_{\mathfrak{x}} = \frac{1}{2} (\varphi^i l)\, e^{-\varphi^i \mathfrak{x}} \left[\cos(\varphi^i \mathfrak{x}) + \sin(\varphi^i \mathfrak{x})\right].$$

Querkräfte:

$$Q^{i\infty}_{\mathfrak{x}} = P \cdot q^{i\infty}_{\mathfrak{x}} \,; \quad q^{i\infty}_{\mathfrak{x}} = -\frac{1}{2} e^{-\varphi^i \mathfrak{x}} \cos(\varphi^i \mathfrak{x}).$$

Momente:

$$M^{i\infty}_{\mathfrak{x}} = P\,l \cdot m^{i\infty}_{\mathfrak{x}} \,; \quad m^{i\infty}_{\mathfrak{x}} = \frac{1}{4\,(\varphi^i l)} e^{-\varphi^i \mathfrak{x}} \left[\cos(\varphi^i \mathfrak{x}) - \sin(\varphi^i \mathfrak{x})\right].$$

Verdrehungen (Vorzeichensinn wie in Abb. 33):

$$\beta'^i \tau^{i\infty}_{\mathfrak{x}} = \beta^i \frac{n}{l} \tau^{i\infty}_{\mathfrak{x}} = \frac{P}{l^2} \cdot t^{i\infty}_{\mathfrak{x}} \,; \quad t^{i\infty}_{\mathfrak{x}} = -\,(\varphi^i l)^2\, e^{-\varphi^i \mathfrak{x}} \cdot \sin(\varphi^i \mathfrak{x}).$$

In obigen Gleichungen bedeuten l bzw. $\varphi^i l$ die Spannweite bzw. den Parameter des i-Balkens von endlicher Länge, n die Anzahl seiner Zwischenfelder. Die Werte der Funktionen e^{-x}, $\cos x$ und $\sin x$ findet man in HAYASHI: „Tafeln der Kreis- und Hyperbelfunktionen".

Die Werte von $c'^{i\infty}_{\mathfrak{x}}$, $q^{i\infty}_{\mathfrak{x}}$ und $m^{i\infty}_{\mathfrak{x}}$ nehmen mit zunehmendem $\mathfrak{x}$ stetig ab, desgleichen die Werte von $t^{i\infty}_{\mathfrak{x}}$, wenn $\mathfrak{x}$ über einem bestimmten Grenzwert liegt. Der Rechnungsgang verläuft nun folgendermaßen: Man wählt passend ein Intervall $\Delta\mathfrak{x} = l/\nu$, z. B. gleich dem Abstand e der tatsächlich vorhandenen Querscheiben (also $\Delta\mathfrak{x} = l/8,\ l/10 \cdots$) und bestimmt die statischen Größen und Form-

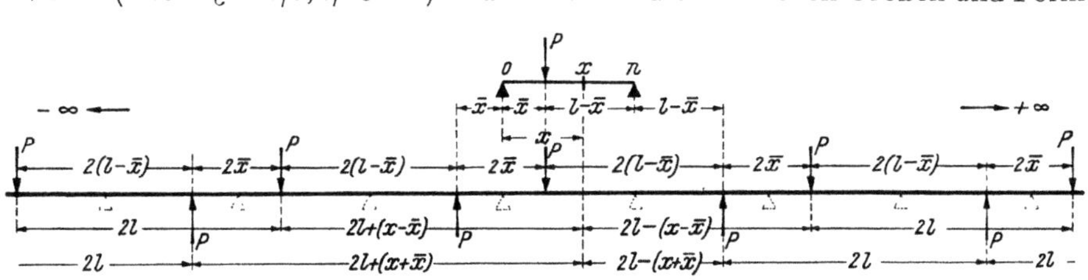

Abb. 38.

änderungsgrößen im unendlichen i-Balken gemäß den obigen Gleichungen der Reihe nach für $\mathfrak{x} = 0,\ l/\nu,\ 2 \cdot l/\nu \cdots$, soweit, bis die Werte unterhalb der gewünschten Genauigkeit der Rechnung liegen. Mit Hilfe dieser Reihe von Werten erhält man gemäß Abb. 38 in einfachster Weise die Lösungen des endlichen -i-Balkens für Bezugsorte und Lastorte, deren Abszissen ein Vielfaches von $\Delta\mathfrak{x}$ sind, und zwar wie folgt:

Lösungen des endlichen i-Balkens (Abb. 36).

x bzw. $\bar{x}$ bedeutet den Abstand des Bezugsortes bzw. Lastortes vom linken Festlager; beide sind voraussetzungsgemäß Vielfache von $\Delta\mathfrak{x}$.

Bettungswiderstände pro lfd. m:

$$C'^{i}_{x\bar{x}} = \frac{P}{l} \cdot c'^{i}_{x\bar{x}} \; ; \; c'^{i}_{x} = \sum c'^{i\infty}_{\mathfrak{x}=|x-\bar{x}|} - \sum c'^{i\infty}_{\mathfrak{x}=|x+\bar{x}|}$$

wobei:

$$\sum c'^{i\infty}_{\mathfrak{x}} = c'^{i\infty}_{\mathfrak{x}} + \sum_{r=1}^{r} c'^{i\infty}_{(2rl+\mathfrak{x})} + \sum_{r=1}^{r} c'^{i\infty}_{(2rl-\mathfrak{x})} .$$

Querkräfte:

$$Q^{i}_{x\bar{x}} = P \cdot q^{i}_{x\bar{x}} \quad \begin{cases} \text{für } x \lesssim \bar{x}\colon \; q^{i}_{x\bar{x}} = -\sum q^{i\infty}_{\mathfrak{x}=|x-\bar{x}|} - \sum q^{i\infty}_{\mathfrak{x}=|x+\bar{x}|} \\ \text{für } x \gtrsim \bar{x}\colon \; q^{i}_{x\bar{x}} = +\sum q^{i\infty}_{\mathfrak{x}=|x-\bar{x}|} - \sum q^{i\infty}_{\mathfrak{x}=|x+\bar{x}|} \end{cases}$$

wobei:

$$\sum q^{i\infty}_{\mathfrak{x}} = q^{i\infty}_{\mathfrak{x}} + \sum_{r=1}^{r} q^{i\infty}_{(2rl+\mathfrak{x})} - \sum_{r=1}^{r} q^{i\infty}_{(2rl-\mathfrak{x})} .$$

Momente:

$$M^{i}_{x\bar{x}} = Pl \cdot m^{i}_{x\bar{x}} \; ; \; m^{i}_{x\bar{x}} = \sum m^{i\infty}_{\mathfrak{x}=|x-\bar{x}|} - \sum m^{i\infty}_{\mathfrak{x}=|x+\bar{x}|}$$

wobei:

$$\sum m^{i\infty}_{\mathfrak{x}} = m^{i\infty}_{\mathfrak{x}} + \sum_{r=1}^{r} m^{i\infty}_{(2rl+\mathfrak{x})} + \sum_{r=1}^{r} m^{i\infty}_{(2rl-\mathfrak{x})} .$$

Endverdrehungen (Vorzeichensinn wie in Abb. 33):

$$\beta'^{i}\, \tau^{i}_{\substack{o\bar{x}\\ n\bar{x}}} = \beta^{i}\, \frac{n}{l}\, \tau_{\substack{o\bar{x}\\ n\bar{x}}} = \frac{P}{l^2} \cdot t^{i}_{\substack{o\bar{x}\\ n\bar{x}}} \; ; \quad \begin{cases} \text{für } x = 0\colon \; t^{i}_{o\bar{x}} = -\,2 \sum t^{i\infty}_{\mathfrak{x}=\bar{x}} \\ \text{für } x = l\colon \; t^{i}_{n\bar{x}} = +\sum t^{i\infty}_{\mathfrak{x}=|l-\bar{x}|} - \sum t^{i\infty}_{\mathfrak{x}=|l+\bar{x}|} \end{cases}$$

wobei:

$$\sum t^{i\infty}_{\mathfrak{x}} = t^{i\infty}_{\mathfrak{x}} + \sum_{r=1}^{r} t^{i\infty}_{(2rl+\mathfrak{x})} - \sum_{r=1}^{r} t^{i\infty}_{(2rl-\mathfrak{x})} .$$

Die in den vorangegangenen Gleichungen angegebenen Summen über $r = 1$ bis r erstrecken sich über alle jene Werte des Unendlich-i-Balkens, die innerhalb der gewünschten Genauigkeit der Rechnung liegen. Die Strecken $|x-\bar{x}|$ und $|x+\bar{x}|$ müssen immer ein Vielfaches des Intervalls $\Delta\mathfrak{x} = l/\nu$ sein, das bei der Untersuchung des unendlich langen i-Balkens verwendet wurde; dementsprechend müssen, wie vorerwähnt, sowohl die Abszissen x der Bezugsorte, als auch die Abszissen $\bar{x}$ der Lastorte ein Vielfaches von $\Delta\mathfrak{x}$ sein.

Um bei der Anwendung der Formeln die Rechenarbeit möglichst zu beschränken, haben wir die wichtigsten Beiwerte des i-Balkens mit stetiger elastischer Stützung in dem praktisch vorkommenden $\varphi^i l$-Bereich zahlenmäßig ausgewertet und die Ergebnisse in Tafeln des § 19 graphisch dargestellt.

32. Strenge Lösung.

Im allgemeinen, insbesonders bei der Bemessung von Rosten mit mehr als sechs Querscheiben im Felde, ist es zweckmäßig, den zugehörigen „i"-Balken mit Hilfe des in (30) und (31) entwickelten Näherungsverfahrens, bei welchem der stetig gestützte Balken des Ersatzsystems verwendet wird, zu behandeln. In besonderen Fällen hingegen, vor allem bei der genauen Ermittlung von Rosteinflußflächen, ist es erforderlich, die zugehörigen „i"-Balken mit Hilfe der Theorie der Differenzengleichungen auf strengem Wege zu untersuchen. Hierbei wird, im Gegensatz zu (30), das vorhandene i-System unverändert beibehalten.

Gegeben sei ein einfacher „i"-Balken $i > 1$ (Abb. 39), mit der Spannweite l, mit dem konstanten Trägheitsmoment J und mit $(n - 1)$ elastischen Zwischenstützen im konstanten Abstand $e = l/n$; die Federungszahlen aller Zwischenstützen seien gleich und durch Gl. (1), § 10 definiert.

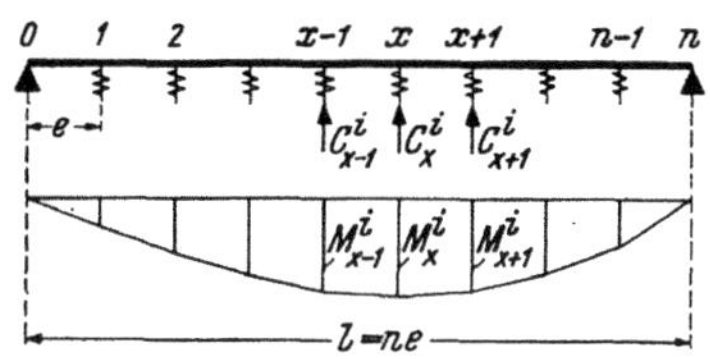

Abb. 39.

Zwischen je drei aufeinanderfolgenden Stützkräften und Knotenmomenten bestehen, wenn man von äußeren Lasten im zugehörigen Trägerteil absieht, folgende Beziehungen:

$$\left.\begin{aligned} &(M^i_{x-1} + 4\,M^i_x + M^i_{x+1}) + \frac{6\,EJ}{\beta^i e^2}\,(C^i_{x-1} - 2\,C^i_x + C^i_{x+1}) = 0 \\ &(M^i_{x-1} - 2\,M^i_x + M^i_{x+1}) - e \cdot C^i_x = 0\,. \end{aligned}\right\} \quad (15)$$

Diese beiden Gleichungen bilden ein Simultansystem zweier homogener linearer Differenzengleichungen mit konstanten Koeffizienten, das nach der Theorie der Differenzengleichungen aufgelöst werden kann. Aus der allgemeinen Lösung der Gl. (15) einschließlich der Hauptlösung und aus den Randbedingungen ergeben sich dann Ausdrücke für die Stützkräfte C^i_x und Momente M^i_x, die im folgenden ohne Wiedergabe der Entwicklung angegeben werden. Ebenso wie in § 10 sind auch hier die Lösungen außer von der Belastung und Spannweite nur von dem Parameter:

$$\varrho^i = \frac{\lambda^i}{12} \cdot \frac{\Phi}{n^4} \quad (16)$$

abhängig, wobei wieder

$$\Phi = \frac{n\,\bar{J}}{J} \cdot \left(\frac{l}{a}\right)^3 . \quad (17)$$

den Kennwert der Querverteilung im Roste darstellt. Zur Vereinfachung der Ergebnisse setzen wir zur Abkürzung:

$$\left.\begin{aligned} d^i_1 &= \sqrt{\varrho^i\,(12 - \varrho^i)} \\ d^i_2 &= (2 - \varrho^i) \\ d^i_3 &= \sqrt{\sqrt{12\,\varrho^i\,(4 + \varrho^i)} - \varrho^i\,(8 - \varrho^i)} \end{aligned}\right\} \quad (18)$$

$$b^i_1 = \frac{1}{2}\,(d^i_2 - d^i_3)\,; \qquad b^i_2 = - b^i_1 \cdot \frac{d^i_1}{d^i_3}\,. \quad (19)$$

Weiters beschränken wir uns im folgenden auf jene Belastungsfälle, für die wir die Anwendung des Differenzenverfahrens als zweckmäßig erachten. Sie dienen durchweg dazu, Rosteinflußflächen zu ermitteln oder Rostgrößen unter dem Angriff einer Einzellast in einem Knoten, d. h. also die in § 5,15 erklärten *Knoteneinflußwerte* zu berechnen.

33. Genaue Formeln für den Einfeld-i-Balken ($i > 1$) mit mehr als 6 elastischen Zwischenstützen.

Einzellast P in einem beliebigen Knoten (Abb. 40).

Ebenso wie unter (31) ist es auch hier zweckmäßig, die Lösung des „i“-Balkens auf die Lösung des unendlich langen „i“-Balkens (Abb. 41), zurückzuführen.

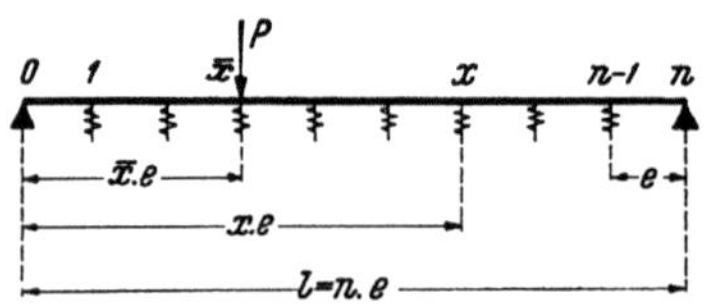

Abb. 40.

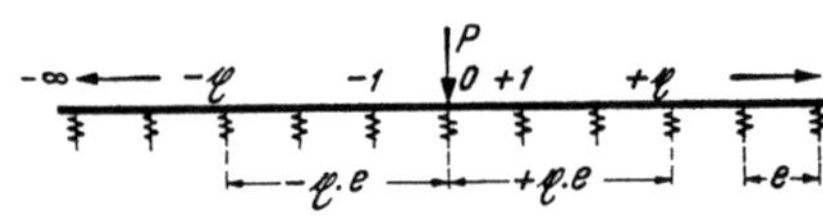

Abb. 41.

Lösungen des unendlichen-i-Balkens für $\mathfrak{x} \geq 0$ (Abb. 41).

Man berechnet vorerst:

$$s_1^i = b_2^i\,[1 + (b_1^{i\,2} + b_2^{i\,2})]; \qquad s_2^i = b_1^i\,[1 - (b_1^{i\,2} + b_2^{i\,2})]$$

$$N^i = [1 - (b_1^{i\,2} + b_2^{i\,2}) + 4\,b_2^{i\,2}]\,.$$

Hierauf ermittelt man der Reihe nach die Stützdrücke:

$$C_{\mathfrak{x}}^{i\infty} = P \cdot c_{\mathfrak{x}}^{i\infty}\,; \quad \left\{ \begin{array}{l} c_0^{i\infty} = -\dfrac{2\varrho^i}{N^i}\left(\dfrac{6-\varrho^i}{d_1^i}\, s_1^i + s_2^i\right) \\ c_1^{i\infty} = \dfrac{2\varrho^i}{N^i}\left[b_2^i\left(s_1^i - \dfrac{6-\varrho^i}{d_1^i}\, s_2^i\right) - b_1^i\left(\dfrac{6-\varrho^i}{d_1^i}\, s_1^i + s_2^i\right)\right] \\ c_2^{i\infty} = 2\,b_1^i\, c_1^{i\infty} - (b_1^{i\,2} + b_2^{i\,2})\, c_0^{i\infty} \\ c_3^{i\infty} = 2\,b_1^i\, c_2^{i\infty} - (b_1^{i\,2} + b_2^{i\,2}) \cdot c_1^{i\infty} \\ \cdots\cdots\cdots\cdots\cdots\cdots \\ c_{\mathfrak{x}+1}^{i\infty} = 2\,b_1^i \cdot c_{\mathfrak{x}}^{i\infty} - (b_1^{i\,2} + b_2^{i\,2})\, c_{\mathfrak{x}-1}^{i\infty} \\ \cdots\cdots\cdots\cdots\cdots\cdots \end{array} \right.$$

ebenso die Knotenmomente:

$$M_{\mathfrak{x}}^{i\infty} = Pl \cdot m_{\mathfrak{x}}^{i\infty}\,; \quad \left\{ \begin{array}{l} m_0^{i\infty} = -\dfrac{1}{n \cdot N^i}\left(\dfrac{\varrho^i}{d_1^i}\, s_1^i - s_2^i\right) \\ m_1^{i\infty} = -\dfrac{1}{n \cdot N^i}\left[b_2^i\left(s_1^i + \dfrac{\varrho^i}{d_1^i}\, s_2^i\right) + b_1^i\left(\dfrac{\varrho^i}{d_1^i}\, s_1^i - s_2^i\right)\right] \\ m_2^{i\infty} = 2\,b_1^i\, m_1^{i\infty} - (b_1^{i\,2} + b_2^{i\,2})\, m_0^{i\infty} \\ m_3^{i\infty} = 2\,b_1^i\, m_2^{i\infty} - (b_1^{i\,2} + b_2^{i\,2})\, m_1^{i\infty} \\ \cdots\cdots\cdots\cdots\cdots\cdots \\ m_{\mathfrak{x}+1}^{i\infty} = 2\,b_1^i\, m_{\mathfrak{x}}^{i\infty} - (b_1^{i\,2} + b_2^{i\,2})\, m_{\mathfrak{x}-1}^{i\infty} \\ \cdots\cdots\cdots\cdots\cdots\cdots \end{array} \right.$$

l und n bedeuten die Spannweite und die Anzahl der Zwischenfelder im vorgelegten „i“-Balken von endlicher Länge. Die obige Entwicklung führt man so weit durch, bis die mit zunehmenden $\mathfrak{x}$ stets abnehmenden Werte von $c^{i\infty}$ bzw. $m^{i\infty}$ unterhalb der gewünschten Genauigkeitsgrenze der Berechnung zu liegen beginnen.

Mit Hilfe dieser Reihe von Werten erhält man gemäß Abb. 38 die Lösungen des endlichen-i-Balkens wie folgt:

Lösungen des endlichen-i-Balkens (Abb. 40).

Stützdrücke:

$$C_{x\bar{x}}^i = P \cdot c_{x\bar{x}}^i\,; \quad c_{x\bar{x}}^i = \sum c_{\mathfrak{x}=|x-\bar{x}|}^{i\infty} - \sum c_{\mathfrak{x}=|x+\bar{x}|}^{i\infty}$$

wobei

$$\sum c_{\mathfrak{x}}^{i\infty} = c_{\mathfrak{x}}^{i\infty} + \sum_{r=1}^{r} c_{(2\,rn+\mathfrak{x})}^{i\infty} + \sum_{r=1}^{r} c_{(2\,rn-\mathfrak{x})}^{i\infty} \,.$$

Knotenmomente:

$$M_{x\bar{x}}^{i} = Pl \cdot m_{x\bar{x}}^{i}\,; \qquad m_{x\bar{x}}^{i} = \sum m_{\mathfrak{x}=|x-\bar{x}|}^{i\infty} - \sum m_{\mathfrak{x}=|x+\bar{x}|}^{i\infty}$$

wobei

$$\sum m_{\mathfrak{x}}^{i\infty} = m_{\mathfrak{x}}^{i\infty} + \sum_{r=1}^{r} m_{(2\,rn+\mathfrak{x})}^{i\infty} + \sum_{r=1}^{r} m_{(2\,rn-\mathfrak{x})}^{i\infty} \,.$$

Die in den vorangegangenen Gleichungen angegebenen Summen über $r = 1$ bis r erstrecken sich bis zu jenen Werten des unendlich langen Balkens, die unterhalb der gewünschten Genauigkeit der Rechnung liegen.

Endverdrehungen (Vorzeichensinn wie in Abb. 33):

$$\beta^{i}\frac{n}{l}\,\tau_{0\bar{x}}^{i} = \frac{P}{l^{2}} \cdot t_{0\bar{x}}^{i}\,; \qquad t_{0\bar{x}}^{i} = n^{2}\,(c_{1\bar{x}}^{i} + 2\,\varrho^{i} n \cdot m_{1\bar{x}}^{i})$$

$$\beta^{i}\frac{n}{l}\,\tau_{n\bar{x}}^{i} = \frac{P}{l^{2}} \cdot t_{n\bar{x}}^{i}\,; \qquad t_{n\bar{x}}^{i} = n^{2}\,(c_{(n-1)\,\bar{x}}^{i} + 2\,\varrho^{i} n \cdot m_{(n-1)\,\bar{x}}^{i})\,.$$

Moment ($+M$) im Balkenende „o“ (Abb. 42).

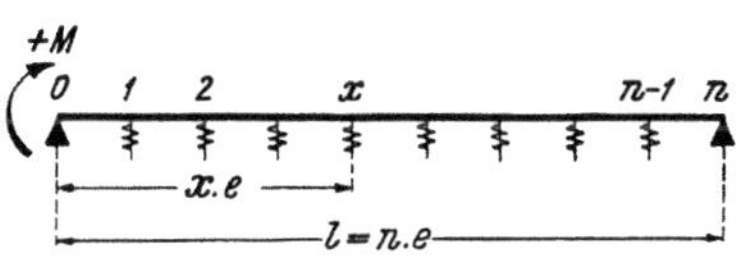

Abb. 42.

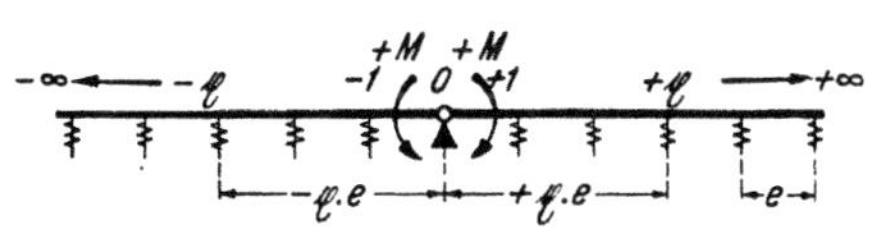

Abb. 43.

Die Entwicklung der Lösungen erfolgt auf demselben Wege wie zuvor.

Lösungen des Unendlich-i-Balkens für $\mathfrak{x} \geq 0$ (Abb. 43):

Man ermittelt der Reihe nach die Stützdrücke in 1, 2, ... usw.:

$$C_{\mathfrak{x}M}^{i\infty} = \frac{M}{l} \cdot c_{\mathfrak{x}M}^{i\infty}\,; \qquad \left\{ \begin{aligned} c_{1M}^{i\infty} &= -\,12\,n\,\frac{\varrho^{i}}{d_{1}^{i}}\,b_{2}^{i} \\ c_{2M}^{i\infty} &= 2\,b_{1}^{i}\,c_{1M}^{i\infty} \\ c_{3M}^{i\infty} &= 2\,b_{1}^{i}\,c_{2M}^{i\infty} - (b_{1}^{i\,2} + b_{2}^{i\,2})\,c_{1M}^{i\infty} \\ &\cdots\cdots\cdots\cdots \\ c_{(\mathfrak{x}+1)\,M}^{i\infty} &= 2\,b_{1}^{i}\,c_{\mathfrak{x}M}^{i\infty} - (b_{1}^{i\,2} + b_{2}^{i\,2})\,c_{(\mathfrak{x}-1)M}^{i\infty} \\ &\cdots\cdots\cdots\cdots \end{aligned} \right.$$

Ebenso die Knotenmomente:

$$M_{\mathfrak{x}M}^{i\infty} = M \cdot m_{\mathfrak{x}M}^{i\infty}\,; \qquad \left\{ \begin{aligned} m_{0M}^{i\infty} &= +\,1 \\ m_{1M}^{i\infty} &= b_{1}^{i} - \frac{\varrho^{i}}{d_{1}^{i}}\,b_{2}^{i} \\ m_{2M}^{i\infty} &= 2\,b_{1}^{i}\,m_{1M}^{i\infty} - (b_{1}^{i\,2} + b_{2}^{i\,2})\,m_{0M}^{i\infty} \\ m_{3M}^{i\infty} &= 2\,b_{1}^{i}\,m_{2M}^{i\infty} - (b_{1}^{i\,2} + b_{2}^{i\,2})\,m_{1M}^{i\infty} \\ &\cdots\cdots\cdots\cdots \\ m_{(\mathfrak{x}+1)M}^{i\infty} &= 2\,b_{1}^{i}\,m_{\mathfrak{x}M}^{i\infty} - (b_{1}^{i\,2} + b_{2}^{i\,2})\,m_{(\mathfrak{x}-1)M}^{i\infty} \\ &\cdots\cdots\cdots\cdots, \end{aligned} \right.$$

Lösungen des endlichen-i-Balkens (Abb. 42):
Stützdrücke:

$$C^i_{x0} = \frac{M}{l}\cdot c^i_{x0}\,; \qquad c^i_{x0} = c^{i\infty}_{xM} + \sum_{r=1}^{r} c^{i\infty}_{(2rn+x)M} - \sum_{r=1}^{r} c^{i\infty}_{(2rn-x)M}\,.$$

Knotenmomente:

$$M^i_{x0} = M\cdot m^i_{x0}\,; \qquad m^i_{x0} = m^{i\infty}_{xM} + \sum_{r=1}^{r} m^{i\infty}_{(2rn+x)M} - \sum_{r=1}^{r} m^{i\infty}_{(2rn-x)M}\,.$$

Erstreckung der Summen wie bei dem vorhergegangenen Belastungsfall.
Endverdrehungen (Vorzeichensinn wie in Abb. 33):

$$\beta^i\frac{n}{l}\tau^i_{00} = \frac{M}{l^3}\cdot t^i_{00}\,; \qquad t^i_{00} = n^2\,[c^i_{1,0} + 2\,\varrho^i n\,(m^i_{1,0} + 2)]$$

$$\beta^i\frac{n}{l}\tau^i_{n0} = \frac{M}{l^3}\cdot t^i_{n0}\,; \qquad t^i_{n0} = n^2\,[c^i_{(n-1),0} + 2\,\varrho^i n\cdot m^i_{(n-1),0}]\,.$$

§ 12. Der durchlaufende i-Balken, $i=2, 3\ldots m$, mit feldweise konstanten Trägheitsmomenten und feldweise konstanten Federungszahlen.

34. Einleitende Erläuterungen.

Wir betrachten allgemein einen über beliebig viele Felder durchlaufenden i-Balken mit beliebig vielen elastischen Zwischenstützen je Feld, wobei wir voraussetzen, daß

1. die Trägheitsmomente des i-Balkens in jedem Felde konstant sind und daß
2. in jedem Feld die elastischen Zwischenstützen in gleichem Abstand liegen und eine gleiche Federungszahl β^i aufweisen.

Von Feld zu Feld können sowohl die Trägheitsmomente des i-Balkens, als auch die Abstände und Federungszahlen der Zwischenstützen beliebig verschieden sein. Diese Annahmen entsprechen den Bedingungen, daß im zugehörigen Roste die Trägheitsmomente jedes Längsträgers feldweise konstant sind (J_ξ = konstant) und daß die Querscheiben feldweise in gleichem Abstand liegen und feldweise gleich sind (j_x = konstant).

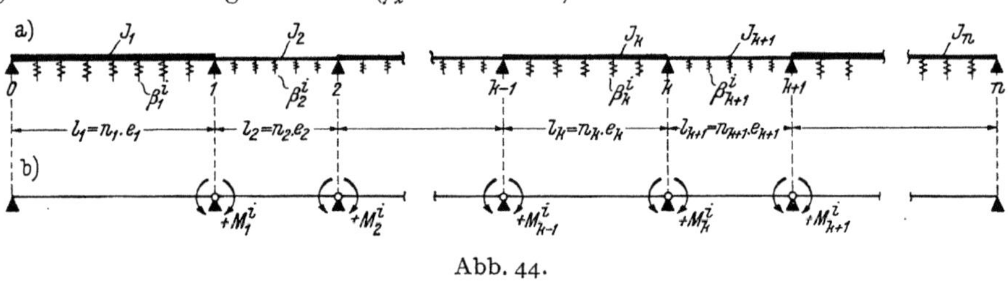

Abb. 44.

Wir bezeichnen bei einem derartigen Durchlauf-i-Balken (Abb. 44) die einzelnen Felder und sämtliche zugehörigen Größen mit dem Zeiger $k = 1, 2, \ldots, n$; somit bedeuten:

J_k: das konstante Trägheitsmoment des i-Balkens im Felde l_k,

$(n_k - 1)$: die Anzahl der elastischen Zwischenstützen im Felde l_k,

β^i_k: deren konstante Federungszahl im Felde l_k; sie beträgt gemäß Gleichung (2), § 9:

$$\beta^i_k = \lambda^i\,\frac{E\overline{J}\cdot j_k}{a^3} = \lambda^i\cdot\frac{E\overline{J}_k}{a^3}\,. \tag{1}$$

Hierin bedeutet j_k den konstant vorausgesetzten Proportionalitätsfaktor in x-Richtung für die Trägheitsmomente der Querscheiben im Felde l_k (s. S. 2).

Um einen beliebig vielfeldrigen Durchlauf-i-Balken allgemein zu untersuchen, schalten wir zunächst nach Abb. 44b über allen Mittelstützen Gelenke ein und setzen die Stützenmomente M_1^i, $M_2^i \ldots$, $M_k^i \ldots M_{n-1}^i$ als unbekannte äußere Kräfte an. Der Durchlauf-i-Balken zerfällt hierdurch in n unabhängige Einfeld-i-Balken, von denen jeder durch seine unmittelbaren äußeren Lasten und durch die beiden an seinen Enden angreifenden Stützenmomente belastet ist.

Die Lösungen derartig belasteter Einfeld-i-Balken mit verschieden vielen elastischen Zwischenstützen findet man in § 10 und 11. Alle dort vorkommenden Größen müssen zur Kennzeichnung, daß sie z. B. dem Felde l_k angehören, im folgenden den Zeiger k führen. Es ist also der Parameter des Feldes l_k,

sofern das Feld mit der tatsächlich vorhandenen Einzelzwischenstützung untersucht wird, gemäß § 10:

$$\overset{i}{\varrho}_k = \frac{\lambda^i}{12} \cdot \frac{\Phi_k}{n_k^4} \tag{2}$$

sofern eine gleichwertige elastische Bettung eingeführt wird, gemäß § 11:

$$(\varphi^i l)_k = \sqrt[4]{\tfrac{1}{4} \lambda^i \, \Phi_k}\,. \tag{3}$$

In beiden Gleichungen bedeutet Φ_k den Kennwert der Querverteilung im Rostfelde l_k, und zwar:

$$\Phi_k = \frac{n_k \cdot \bar{J}_k}{J} \left(\frac{l_k}{a}\right)^3. \tag{4}$$

Zwischen $\overset{i}{\varrho}_k$ und $(\varphi^i l)_k$ besteht der Zusammenhang:

$$\overset{i}{\varrho}_k = \frac{1}{3} \cdot \frac{(\varphi^i l)_k^4}{n_k^4}\,. \tag{5}$$

Wir führen deshalb von jetzt an $(\varphi^i l)_k$ in allen Fällen als Parameter des Feldes l_k ein.

Durch die Ergebnisse der § 10 und 11 sind alle wichtigen statischen Größen und Formänderungsgrößen sämtlicher Felder des Durchlauf-i-Balkens als Funktion der äußeren Belastung und der Stützenmomente M_k^i bereits bekannt. Zur Ermittlung der unbekannten Stützenmomente M_k^i dienen die Kontinuitätsbedingungen: $\sum \overset{i}{\tau}_k = 0$ über den Mittelstützen, wobei $\overset{i}{\tau}_k$ die Endverdrehungen der einzelnen Felder l_k als Einfeld-i-Balken bedeuten. Ihre allgemeinen Werte unter den verschiedenen Belastungsfällen findet man in § 10 und 11. Es ist hierbei einheitlich der Ausdruck $\beta_k^i \frac{n_k}{l_k} \cdot \overset{i}{\tau}_k$ angegeben. Sind die Stützenmomente M_k^i ermittelt, so erhält man eine beliebige Größe S_{xP}^i im Punkte x des Feldes l_k aus:

$$S_{xP}^i = \mathfrak{S}_{xP}^i + M_{k-1\,P}^i \cdot \mathfrak{S}_{x\,k-1}^i + M_{kP}^i \cdot \mathfrak{S}_{xk}^i\,. \tag{6}$$

Hierbei bedeuten

$\mathfrak{S}_{xP}^i$: die Größe im Einfeld-i-Balken l_k unter der äußeren Last des Feldes l_k,
$\mathfrak{S}_{x\,k-1}^i$: ,, ,, ,, ,, ,, l_k ,, $M_{k-1}^i = +1$,
$\mathfrak{S}_{xk}^i$: ,, ,, ,, ,, ,, l_k ,, $M_k^i = +1$.

Die zu den wichtigsten Belastungsfällen gehörigen Werte von $\mathfrak{S}_{xP}^i$ sowie die Werte von $\mathfrak{S}_{x\,k-1}^i$ und $\mathfrak{S}_{xk}^i$ können den Formeln der § 10 und 11 entnommen werden. Somit verbleibt hier die einzige Aufgabe, Formeln für die Stützenmomente der Durchlauf-i-Balken zu entwickeln.

35. Stützenmomente unter Vollbelastung eines Mittelfeldes l_k mit einer Gleichlast p, Abb. 45.

Die folgenden Entwicklungen gelten bei den eingangs des Abs. 34 angeführten Voraussetzungen, unabhängig von der Größe der Feldspannweiten und von der Anzahl der in den Feldern vorhandenen elastischen Zwischenstützen.

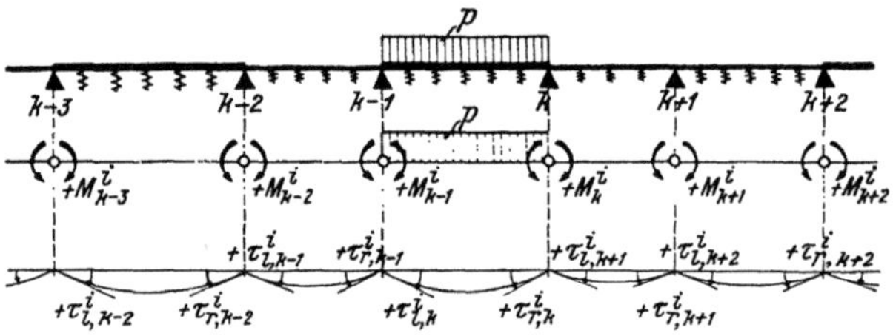

Abb. 45.

Wir nehmen vorerst folgende Tatsache vorweg, die die Berechnung wesentlich vereinfacht: In den praktisch vorkommenden Fällen sind bei i-Balken $i > 1$ die Stützenmomente M^i_{k-2} und M^i_{k+1} infolge einer Belastung des Feldes l_k relativ klein, die Stützenmomente M^i_{k-3} und M^i_{k+2} sowie die noch weiter entfernt liegenden Stützenmomente überhaupt praktisch gleich Null. Wir können also mit hinreichender Genauigkeit für Belastungen des Feldes l_k ansetzen:

$$M^i_{k-3} \sim 0 \qquad \text{und} \qquad M^i_{k+2} \sim 0\,. \tag{7}$$

Gemäß den Formeln in § 10 und 11 lauten die Endverdrehungen der Einfeld-i-Balken:

a) im Felde l_k unter der Vollbelastung p:

$$\tau^i_{lk} = \tau^i_{rk} = \frac{l_k}{n_k\,\beta^i_k} \cdot \frac{p}{l_k} \cdot t^i_{kp} = \frac{1}{n_k\,\beta^i_k\,l^2_k} \cdot p\,l^2_k \cdot t^i_{kp}\,. \tag{8}$$

b) im Felde l_ν unter dem Stützenmoment M^i_ν:

$$\left.\begin{aligned} \tau^i_{l\nu} &= \frac{l_\nu}{n_\nu\,\beta^i_\nu} \cdot \frac{M^i_\nu}{l^3_\nu} \cdot \bar{t}^i_{\nu M} = \frac{1}{n_\nu \beta^i_\nu \cdot l^2_\nu} \cdot M^i_\nu \cdot \bar{t}^i_{\nu M} \\ \tau^i_{r\nu} &= \frac{l_\nu}{n_\nu \beta^i_\nu} \cdot \frac{M^i_\nu}{l^3_\nu}\, t^i_{\nu M} = \frac{1}{n_\nu\,\beta^i_\nu\,l^2_\nu} \cdot M^i_\nu \cdot t^i_{\nu M} \end{aligned}\right\} \tag{9}$$

c) im Felde $l_{\nu+1}$ unter dem Stützenmoment M^i_ν:

$$\left.\begin{aligned} \tau^i_{l\,\nu+1} &= \frac{l_{\nu+1}}{n_{\nu+1}\,\beta^i_{\nu+1}} \cdot \frac{M^i_\nu}{l^3_{\nu+1}} \cdot t^i_{\nu+1\,M} = \frac{1}{n_{\nu+1}\,\beta^i_{\nu+1}\,l^2_{\nu+1}} \cdot M^i_\nu\, t^i_{\nu+1\,M} \\ \tau^i_{r\,\nu+1} &= \frac{l_{\nu+1}}{n_{\nu+1}\,\beta^i_{\nu+1}} \cdot \frac{M^i_\nu}{l^3_{\nu+1}}\, \bar{t}^i_{\nu+1\,M} = \frac{1}{n_{\nu+1}\,\beta^i_{\nu+1} \cdot l^2_{\nu+1}} \cdot M^i_\nu\, \bar{t}^i_{\nu+1\,M} \end{aligned}\right\} \tag{9'}$$

Die Größen t in den Gl. (8), (9), (9') sind allgemein die Beiwerte der Endverdrehungen gemäß den Formeln der § 10 und 11; diese Beiwerte sind nur von dem Parameter $(\varphi^i l)$ bzw. ϱ^i des betreffenden Feldes abhängig. Es beziehen sich im Felde l_ν allgemein

$t^i_{\nu p}$: auf die beiderseits gleichen Endverdrehungen infolge der Vollbelastung p,
$t^i_{\nu M}$: auf die Endverdrehung am Ort eines angreifenden Endmomentes M,
$\bar{t}^i_{\nu M}$: auf die Endverdrehung an der anderen Stütze des Feldes l_ν.

Führt man für die einzelnen Felder den Kennwert der Querverteilung Φ_ν [Gl. (4)] und die reduzierte Länge l'_ν:

$$l'_\nu = l_\nu \cdot \frac{J_c}{J_\nu} \tag{10}$$

ein, so erhält man unter Beachtung der Gl. (1), allgemein:

$$\frac{n_{\nu+1}\,\beta^i_{\nu+1}\cdot l^2_{\nu+1}}{n_\nu\,\beta^i_\nu\,l^2_\nu} = \frac{\Phi_{\nu+1}}{\Phi_\nu}\cdot\frac{l'_\nu}{l'_{\nu+1}}\,. \tag{11}$$

Nach diesen Vorbereitungen setzen wir nun die Kontinuitätsbedingungen an, und zwar:

über der Stütze $(k-2)$ nach Multiplikation mit $n_{k-1}\beta^i_{k-1}\cdot l^2_{k-1}$:

$$M^i_{k-2}\left(t^i_{k-1\,M} + \frac{\Phi_{k-1}}{\Phi_{k-2}}\cdot\frac{l'_{k-2}}{l'_{k-1}}\cdot t^i_{k-2\,M}\right) + M^i_{k-1}\cdot\bar{t}^i_{k-1\,M} = 0 \tag{12}$$

über der Stütze $(k+1)$ unter Multiplikation mit $n_{k+1}\beta^i_{k+1}l^2_{k+1}$:

$$M^i_{k+1}\left(t^i_{k+1\,M} + \frac{\Phi_{k+1}}{\Phi_{k+2}}\cdot\frac{l'_{k+2}}{l'_{k+1}}\,t^i_{k+2\,M}\right) + M^i_k\cdot\bar{t}^i_{k+1\,M} = 0\,. \tag{12'}$$

Wir erhalten hieraus:

$$M^i_{k-2} = -M^i_{k-1}\cdot\frac{\bar{t}^i_{k-1\,M}}{t^i_{k-1\,M} + \dfrac{\Phi_{k-1}}{\Phi_{k-2}}\cdot\dfrac{l'_{k-2}}{l'_{k-1}}\cdot t^i_{k-2\,M}} \tag{13}$$

$$M^i_{k+1} = -M^i_k\cdot\frac{\bar{t}^i_{k+1\,M}}{t^i_{k+1\,M} + \dfrac{\Phi_{k+1}}{\Phi_{k+2}}\,\dfrac{l'_{k+2}}{l'_{k+1}}\,t^i_{k+2\,M}}\,. \tag{13'}$$

Da $\bar{t}^i$ gegenüber t^i klein ist, so folgt aus den Gl. (13) und (13'), daß die Momente M^i_{k-2} bzw. M^i_{k+1} im Verhältnis zu den Momenten M^i_{k-1} bzw. M^i_k klein sind. Die Gl. (13) und (13') gelten unabhängig von der Art der Belastung des Feldes l_k.

Schließlich setzen wir die Kontinuitätsbedingungen über den Stützen $k-1$ und k nach Multiplikation mit $n_k\,\beta^i_k l^2_k$ an:

$$\left.\begin{aligned}
&M^i_{k-2\,p}\,\frac{\Phi_k}{\Phi_{k-1}}\,\frac{l'_{k-1}}{l'_k}\,\bar{t}^i_{k-1M} + M^i_{k-1p}\left(t^i_{kM} + \frac{\Phi_k}{\Phi_{k-1}}\,\frac{l'_{k-1}}{l'_k}\,t^i_{k-1M}\right) +\\
&\qquad + M^i_{kp}\,\bar{t}^i_{kM} = -pl^2_k\,t^i_{kp}\\
&M^i_{k-1\,p}\,\bar{t}^i_{kM} + M^i_{kp}\left(t^i_{kM} + \frac{\Phi_k}{\Phi_{k+1}}\,\frac{l'_{k+1}}{l'_k}\,t^i_{k+1\,M}\right) +\\
&\qquad + M^i_{k+1p}\,\frac{\Phi_k}{\Phi_{k+1}}\,\frac{l'_{k+1}}{l'_k}\,\bar{t}^i_{k+1M} = -pl^2_k\,t^i_{kp}
\end{aligned}\right\} \tag{14}$$

Die Momente M^i_{k-2p} und $M^i_{k+1\,p}$ und deren Beiwerte $\bar{t}^i_{k-1M}$ und $\bar{t}^i_{k+1M}$ sind verhältnismäßig kleine Größen, die überdies in Form von Produkten auftreten. Infolgedessen kann man den Einfluß dieser Glieder in Gl. (14) ohne Fehler vernachlässigen. Man erhält dann als Nennerdeterminante von Gl. (14):

$$\left(t^i_{kM} + \frac{\Phi_k}{\Phi_{k-1}}\cdot\frac{l'_{k-1}}{l'_k}\,t^i_{k-1M}\right)\left(t^i_{kM} + \frac{\Phi_k}{\Phi_{k+1}}\cdot\frac{l'_{k+1}}{l'_k}\,t^i_{k+1M}\right) - \left(\bar{t}^i_{kM}\right)^2$$

und für die Momente M^i_{k-1p} und M^i_{kp}:

$$M^i_{k-1p} = -pl_k^2 \frac{t^i_{kp}\left[\left(t^i_{kM} + \frac{\Phi_k}{\Phi_{k+1}}\,\frac{l'_{k+1}}{l'_k}\,t^i_{k+1M}\right) - \bar{t}^i_{kM}\right]}{\left(t^i_{kM} + \frac{\Phi_k}{\Phi_{k-1}}\,\frac{l'_{k-1}}{l'_k}\,t^i_{k-1M}\right)\left(t^i_{kM} + \frac{\Phi_k}{\Phi_{k+1}}\,\frac{l'_{k+1}}{l'_k}\,t^i_{k+1M}\right) - (\bar{t}^i_{kM})^2} \tag{15}$$

$$M^i_{kp} = -pl_k^2 \frac{t^i_{kp}\left[\left(t^i_{kM} + \frac{\Phi_k}{\Phi_{k-1}}\,\frac{l'_{k-1}}{l'_k}\,t^i_{k-1M}\right) - \bar{t}^i_{kM}\right]}{\left(t^i_{kM} + \frac{\Phi_k}{\Phi_{k-1}}\,\frac{l'_{k-1}}{l'_k}\,t^i_{k-1M}\right)\left(t^i_{kM} + \frac{\Phi_k}{\Phi_{k+1}}\,\frac{l'_{k+1}}{l'_k}\,t^i_{k+1M}\right) - (\bar{t}^i_{kM})^2} \tag{15'}$$

Setzen wir vorübergehend

$$\frac{\Phi_k}{\Phi_{k-1}}\,\frac{l'_{k-1}}{l'_k} = b_{k\,k-1} \quad \text{und} \quad \frac{\Phi_k}{\Phi_{k+1}}\,\frac{l'_{k+1}}{l'_k} = b_{k\,k+1}\,,$$

so können wir den Bruch in dem Ausdruck für $M^i_{k-1\,p}$ wie folgt umformen:

$$\frac{t^i_{kp}}{t^i_{kM} + b_{k\,k-1}\,t^i_{k-1M}} \cdot \frac{1 - \dfrac{\bar{t}^i_{kM}}{t^i_{kM} + b_{k\,k+1}\,t^i_{k+1M}}}{1 - \dfrac{(\bar{t}^i_{kM})^2}{\left(t^i_{kM} + b_{k\,k-1}\,t^i_{k-1M}\right)\left(t^i_{kM} + b_{k\,k+1}\,t^i_{k+1M}\right)}}\,.$$

Bedenkt man, daß $\bar{t}^i_{kM}$ gegenüber t^i_{kM} klein ist, so kann man den obigen Ausdruck ohne nennenswerten Fehler vereinfachen zu:

$$\frac{t^i_{kp}}{t^i_{kM} + b_{k\,k-1}\cdot t^i_{k-1M}} \cdot \frac{1 - \dfrac{\bar{t}^i_{kM}}{2\,t^i_{kM}}}{1 - \dfrac{(\bar{t}^i_{kM})^2}{2\,t^i_{kM}\cdot 2\,t^i_{kM}}} = \frac{2}{1 + b_{k\,k-1}\dfrac{t^i_{k-1M}}{t^i_{kM}}} \cdot \frac{t^i_{kp}\left(2\,t^i_{kM} - \bar{t}^i_{kM}\right)}{4\left(t^i_{kM}\right)^2 - \left(\bar{t}^i_{kM}\right)^2}\,.$$

Ähnliche Vereinfachungen erhält man auch für die Brüche in den Formeln für M^i_{kp}, M^i_{k-2p} und M^i_{k+1p}.

Schließlich führen wir als „reduzierten Beiwert der Endverdrehung im Felde l_ν" allgemein den Ausdruck ein:

$$t'^i_\nu = \frac{t^i_{\nu M}}{(\varphi^i l)^{\mathrm{I}}_\nu} \tag{16}$$

und beachten, daß gemäß Gl. (3) z. B.

$$\frac{\Phi_\nu}{\Phi_{\nu+1}} = \frac{(\varphi^i l)^{\mathrm{I}}_\nu}{(\varphi^i l)^{\mathrm{I}}_{\nu+1}} \tag{17}$$

ist. Auf diese Weise erhalten wir, wenn wir ebenso wie in § 10 und 11 die von $\varphi^i l$ abhängigen Glieder zu „Beiwerten" zusammenfassen, folgende endgültigen Ausdrücke:

Beiwerte der Stützenmomente:

$$m^i_{k-1\,p} = -\chi^i_{k-1\,p} \cdot \frac{2}{1 + \dfrac{l'_{k-1}}{l'_k}\cdot\dfrac{t'^i_{k-1}}{t'^i_k}}\,; \qquad m^i_{k\,p} = -\chi^i_{kp} \cdot \frac{2}{1 + \dfrac{l'_{k+1}}{l'_k}\cdot\dfrac{t'^i_{k+1}}{t'^i_k}} \tag{18}$$

wobei:

$$\chi^i_{k-1\,p} = \chi^i_{kp} = \frac{t^i_{kp}\left(2\, t^i_{kM} - \bar{t}^i_{kM}\right)}{4\left(t^i_{kM}\right)^2 - \left(\bar{t}^i_{kM}\right)^2} \tag{19}$$

$$m^i_{k-2p} = -\, m^i_{k-1\,p} \cdot \frac{\bar{t}^i_{k-1M}}{2\, t^i_{k-1M}}\,; \qquad m^i_{k+1\,p} = -\, m^i_{kp} \frac{\bar{t}^i_{k+1M}}{2\, t^i_{k+1M}} \tag{20}$$

Stützenmomente:

$$\left.\begin{aligned} M^i_{k-1\,p} &= pl_k^2 \cdot m^i_{k-1\,p}; & M^i_{kp} &= pl_k^2 \cdot m^i_{kp} \\ M^i_{k-2p} &= pl_k^2 \cdot m^i_{k-2p}; & M^i_{k+1\,p} &= pl_k^2 \cdot m^i_{k+1p} \end{aligned}\right\} \tag{21}$$

Infolge der von uns durchgeführten Vernachlässigungen gelten die Gleichungen auch für die Stützenmomente M^i_{1p} und M^i_{2p} unter Vollbelastung des Feldes l_2, und zwar sowohl bei einem beliebigen Durchlauf-i-Balken (Abb. 46a) als auch bei einem beliebigen Dreifeld-i-Balken (Abb. 46b). Das Moment M^i_{0p} ist in beiden Fällen naturgemäß gleich Null, desgleichen das Moment M^i_{3p} im zweiten Fall, während das Moment M^i_{3p} im ersten Fall nach Gl. (20), (21) zu ermitteln ist.

Sind in den Feldern l_{k-1}, l_k und l_{k+1} die Spannweiten Trägheitsmomente und Zwischenstützungen gleich, so lauten die Beiwerte der Stützenmomente $M^i_{k-1,p}$ und $M^i_{k,p}$:

$$m^i_{k-1\,p} = m^i_{k\,p} = -\,\chi^i_{k-1\,p} = -\,\chi^i_{kp}\,. \tag{22}$$

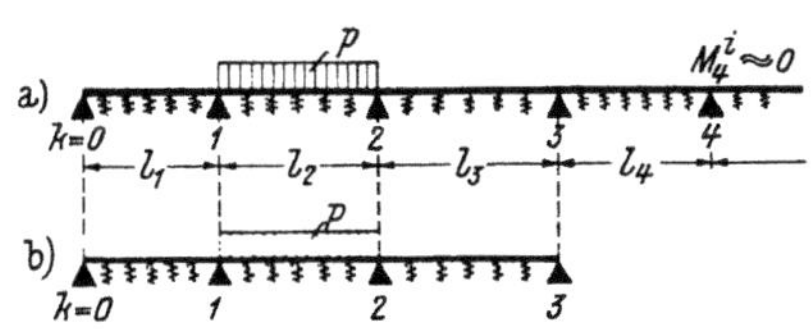

Abb. 46.

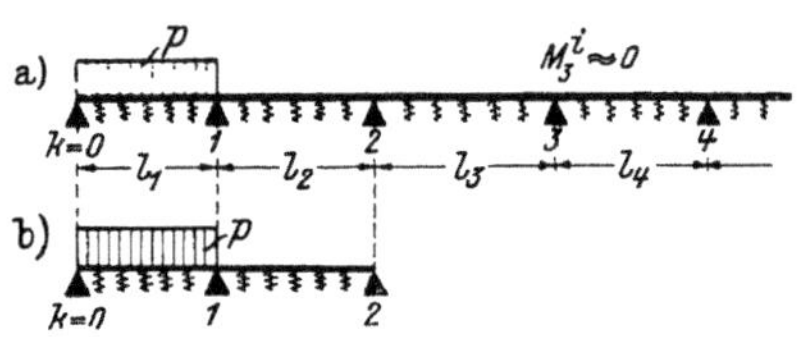

Abb. 47.

36. Stützenmomente unter Vollbelastung des Endfeldes l_1 mit einer Gleichlast p, Abb. 47.

Auf dem gleichen Weg wie im Abs. 35 gelangt man zu folgender vereinfachten Kontiniutätsbedingung über der Stütze 1:

$$M^i_{1p}\left(t^i_{1M} + \frac{\Phi_1}{\Phi_2} \cdot \frac{l_2'}{l_1'} \cdot t^i_{2M}\right) = -\, pl_1^2\, t^i_{1p}\,. \tag{23}$$

Die Kontiniutätsbedingung über Stütze 2 ist sinngemäß gleichlautend mit Gl. (12').

Mit den gleichen Bezeichnungen wie im Abs. 35 folgt:

Beiwerte der Stützenmomente:

$$m^i_{1p} = -\,\chi^i_{1p} \frac{2}{1 + \frac{l_2'}{l_1'} \cdot \frac{t_2'^i}{t_1'^i}}\,; \qquad m^i_{2p} = -\, m^i_{1p} \frac{\bar{t}^i_{2M}}{2\, t^i_{2M}} \tag{24}$$

wobei:

$$\chi^i_{1p} = \frac{t^i_{1p}}{2\, t^i_{1M}}\,. \tag{25}$$

Stützenmomente:

$$M^i_{1p} = pl_1^2 \cdot m^i_{1p}\,; \qquad M^i_{2p} = pl_1^2 \cdot m^i_{2p}\,. \tag{26}$$

Die Gleichungen gelten auch für das Stützenmoment M^i_{1p} eines beliebigen Zweifeld-i-Balkens unter Vollbelastung des Feldes l_1 (Abb. 47b). Über der Randstütze 2 ist das Moment naturgemäß gleich Null.

37. Stützenmomente unter Belastung eines Mittelfeldes l_k mit der Einzellast P in $\bar{x}$, Abb. 48.

Die Endverdrehungen des Einfeld-i-Balkens l_k unter äußerer Last lauten:

$$\left.\begin{aligned}\tau^i_{lk\bar{x}} &= \frac{l_k}{n_k\,\beta^i_k}\cdot\frac{P}{l_k^2}\,t^i_{lk\bar{x}} = \frac{1}{n_k\,\beta^i_k\,l_k^2}\cdot Pl_k\cdot t^i_{lk\bar{x}}\\ \tau^i_{rk\bar{x}} &= \frac{l_k}{n_k\,\beta^i_k}\cdot\frac{P}{l_k^2}\,t^i_{rk\bar{x}} = \frac{1}{n_k\,\beta^i_k\,l_k^2}\cdot Pl_k\cdot t^i_{rk\bar{x}}\end{aligned}\right\}\quad(27)$$

Die t-Werte in den vorangegangenen Gleichungen sind wie bisher die Beiwerte der Endverdrehungen gemäß den Formeln des § 10 und 11, und zwar beziehen sich $t^i_{lk\bar{x}}$ bzw. $t^i_{rk\bar{x}}$ allgemein auf die Endverdrehung des Feldes l_k beim linken bzw. rechten Auflager unter der Einzellast P in $\bar{x}$.

Die Beiwerte $t^i_{lk\bar{x}}$ und $t^i_{rk\bar{x}}$ für Einfeld-i-Balken mit Einzelzwischenstützen sind für alle maßgebenden Laststellungen unter der Bezeichnung $t^i_{o\bar{x}}$ und $t^i_{n\bar{x}}$ in den Formeln des Abs. 29 und 33 aufzufinden. Sie sind einzig und allein von ϱ^i abhängig.

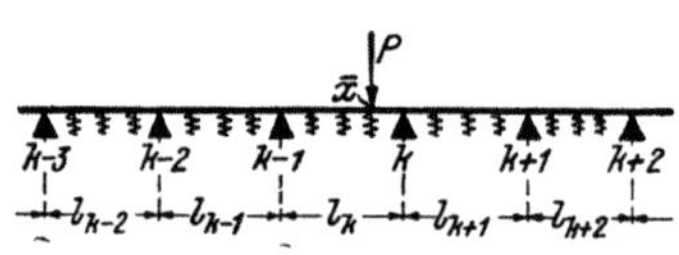

Abb. 48.

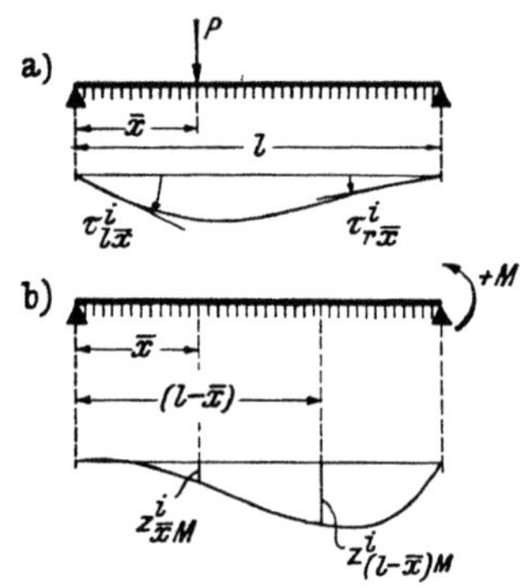

Abb. 49.

Ist hingegen der i-Balken mit einer durchgehenden Bettung ausgestattet, so gewinnt man die Beiwerte $t^i_{lk\bar{x}}$ und $t^i_{rk\bar{x}}$ für wandernde Laststellungen $\bar{x}$ (Abb. 49a), am besten aus der Belastung durch ein Moment M_k am Balkenende (Abb. 49b). Zwischen diesen beiden Lastfällen bestehen nämlich, wenn man den Zeiger k wegläßt, folgende Beziehungen:

$$M\cdot\tau^i_{l\bar{x}} = P\cdot z^i_{(l-\bar{x})M} \qquad\text{und}\qquad M\cdot\tau^i_{r\bar{x}} = P\cdot z^i_{\bar{x}M}\,. \qquad (28)$$

Mit Hilfe der Gl. (4), § 11, entwickeln wir hieraus:

$$\left.\begin{aligned}M\beta'^i\tau^i_{l\bar{x}} &= P\beta'^i\cdot z^i_{(l-\bar{x})M} = P\cdot C'^i_{(l-\bar{x})M}\\ M\beta'^i\tau^i_{r\bar{x}} &= P\beta'^i\,z^i_{\bar{x}M} = P\cdot C'^i_{\bar{x}M}\end{aligned}\right\}\quad(29)$$

Nun gelten gemäß den Formeln des § 11 folgende allgemeine Ansätze für den Lastfall Abb. 49a):

$$\beta'^i\,\tau^i_{l\bar{x}} = \frac{P}{l^2}\,t^i_{l\bar{x}} \qquad\text{und}\qquad \beta'^i\,\tau^i_{r\bar{x}} = \frac{P}{l^2}\,t'^i_{r\bar{x}} \qquad (30)$$

für den Lastfall Abb. 49b):

$$C'^i_{\bar{x}M} = \frac{M}{l^2}\cdot c'^i_{\bar{x}M} \quad\text{und}\quad C'^i_{(l-\bar{x})M} = \frac{M}{l^2}\cdot c'^i_{(l-\bar{x})M}\,. \qquad (31)$$

Die Beiwerte t^i und c^i sind hierbei nur von dem Parameter $\varphi^i l$ abhängig. Aus Gl. (29) bis (31) folgt endlich:

$$t^i_{l\bar{x}} = c'^i_{(l-\bar{x})M} \qquad\text{und}\qquad t^i_{r\bar{x}} = c'^i_{\bar{x}M}\,. \qquad (32)$$

Die Werte von $c'^i_{\bar{x}M}$ und $c'^i_{(l-\bar{x})M}$ findet man unter der Bezeichnung c'^i_{xn} im Abs. 31.

Auf Grund einer ähnlichen Entwicklung wie im Abs. 35 erhält man für die Stützenmomente folgendes Ergebnis:

Beiwerte der Stützenmomente:

$$m^i_{k-1\,\bar{x}} = -\chi^i_{k-1\,\bar{x}} \cdot \frac{2}{1 + \frac{l'_{k-1}}{l'_k} \cdot \frac{t'^i_{k-1}}{t'^i_k}}\,; \qquad m^i_{k\bar{x}} = -\chi^i_{k\bar{x}} \cdot \frac{2}{1 + \frac{l'_{k+1}}{l'_k} \cdot \frac{t'^i_{k+1}}{t'^i_k}} \tag{33}$$

wobei:

$$\chi^i_{k-1\,\bar{x}} = \frac{2\, t^i_{lk\bar{x}}\, t^i_{kM} - t^i_{rk\bar{x}}\, \bar{t}^i_{kM}}{4\left(t^i_{kM}\right)^2 - \left(\bar{t}^i_{kM}\right)^2}\,; \qquad \chi^i_{k\bar{x}} = \frac{2\, t^i_{rk\bar{x}} \cdot t^i_{kM} - t^i_{lk\bar{x}} \cdot \bar{t}^i_{kM}}{4\left(t^i_{kM}\right)^2 - \left(\bar{t}^i_{kM}\right)^2} \tag{34}$$

$$m^i_{k-2\,\bar{x}} = -m^i_{k-1\,\bar{x}} \cdot \frac{\bar{t}^i_{k-1\,M}}{2\, t^i_{k-1\,M}}\,; \qquad m^i_{k+1\,\bar{x}} = -m^i_{k\bar{x}} \cdot \frac{\bar{t}^i_{k+1\,M}}{2\, t^i_{k+1\,M}}\,. \tag{35}$$

Stützenmomente:

$$\left.\begin{aligned} M^i_{k-1\,\bar{x}} &= Pl_k \cdot m^i_{k-1\,\bar{x}}; & M^i_{k\,\bar{x}} &= Pl_k \cdot m^i_{k\,\bar{x}} \\ M^i_{k-2\,\bar{x}} &= Pl_k \cdot m^i_{k-2\,\bar{x}}; & M^i_{k+1\,\bar{x}} &= Pl_k \cdot m^i_{k+1\,\bar{x}} \end{aligned}\right\} \tag{36}$$

Die obigen Schlußformeln gelten gemäß den Bemerkungen auf S. 69 für Belastung eines beliebigen Mittelfeldes in einem beliebigen Durchlauf-i-Balken.

Sind in den Feldern l_{k-1}, l_k und l_{k+1} die Spannweiten, Trägheitsmomente und Zwischenstützungen gleich, so lauten die Beiwerte der Stützenmomente $M^i_{k-1\bar{x}}$ und $M^i_{k\bar{x}}$:

$$m^i_{k-1\,\bar{x}} = -\chi^i_{k-1\,\bar{x}}\,; \qquad m^i_{k\,\bar{x}} = -\chi^i_{k\,\bar{x}}\,. \tag{37}$$

38. Stützenmomente unter Belastung eines Endfeldes mit einer Einzellast P in $\bar{x}$, Abb. 50a.

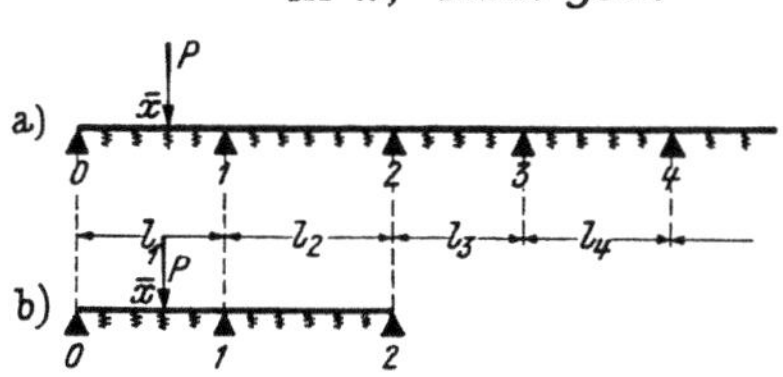

Abb. 50.

Unter Hinweis auf Abs. 35 bis 37 ergibt sich unmittelbar:

Last im Endfeld $k = 1$: *Last im Endfeld $k = n$:*

Beiwerte der Stützenmomente:

$$m^i_{1\,\bar{x}} = -\chi^i_{1\,\bar{x}} \frac{2}{1 + \frac{l'_2}{l'_1}\,\frac{t'^i_2}{t'^i_1}} \qquad m^i_{n-1\,\bar{x}} = -\chi^i_{n-1\,\bar{x}} \frac{2}{1 + \frac{l'_{n-1}}{l'_n}\,\frac{t'^i_{n-1}}{t'^i_n}} \tag{38}$$

wobei:

$$\chi^i_{1\,\bar{x}} = \frac{t^i_{r1\,\bar{x}}}{2\, t^i_{1M}} \qquad \chi^i_{n-1\,\bar{x}} = \frac{t^i_{ln\,\bar{x}}}{2\, t^i_{nM}} \tag{39}$$

$$m^i_{2\,\bar{x}} = -m^i_{1\,\bar{x}} \frac{\bar{t}^i_{2M}}{2\, t^i_{2M}} \qquad m^i_{n-2\,\bar{x}} = -m^i_{n-1\,\bar{x}} \cdot \frac{\bar{t}^i_{n-1M}}{2\, t^i_{n-1M}} \tag{40}$$

Stützenmomente:

$$\left.\begin{aligned} M^i_{1\,\bar{x}} &= Pl_1 \cdot m^i_{1\,\bar{x}} & M^i_{n-1\,\bar{x}} &= Pl_n \cdot m^i_{n-1\,\bar{x}} \\ M^i_{2\,\bar{x}} &= Pl_1 \cdot m^i_{2\,\bar{x}} & M^i_{n-2\,\bar{x}} &= Pl_n \cdot m^i_{n-2\,\bar{x}} \end{aligned}\right\} \tag{41}$$

Die obigen Formeln gelten gemäß den Bemerkungen auf S. 69 für Belastung eines Endfeldes in einem beliebigen Durchlauf-i-Balken, z. B. auch in Abb. 50b. Um bei der Anwendung der Formeln die Rechenarbeit möglichst zu beschränken, haben wir die in den Abs. 35—38 enthaltenen Formeln für die Hilfswerte χ^i und t'^i der Stützenmomente in Durchlaufbalken $i > 1$, unterteilt nach der Anzahl der elastischen Zwischenstützen im belasteten Feld, im praktisch vorkommenden $\varphi^i l$-Bereich ausgewertet und die Ergebnisse in Tafeln des § 19 graphisch dargestellt.

§ 13. Die übrigen „i"-Systeme.

39. Beliebige Einfeld-i-Balken.

Wir betrachten zunächst einen Einfeld-i-Balken mit $(n - 1)$ elastischen Zwischenstützen (Abb. 51); das Trägheitsmoment J_ξ des i-Balkens sei mit ξ beliebig veränderlich; die elastischen Zwischenstützen mögen in beliebigen Abständen liegen und unterschiedliche Federungszahlen aufweisen, die gemäß Gl. (2), § 9 mit j_x veränderlich sein sollen. Diese Annahmen entsprechen bekanntlich den Bedingungen, daß im zugehörigen einfeldrigen Rost jeder Längsträger einen zu J_ξ ähnlichen Trägheitsmomentenverlauf $J_{\xi y}$ aufweist, daß ferner die Querscheiben in ungleichen Abständen liegen und verschieden ausgebildet sind, und zwar so, daß die Trägheitsmomente $\overline{J}_{x\eta}$ der einzelnen Querscheiben zwar zueinander ähnlich, aber von Scheibe zu Scheibe gemäß dem Faktor j_x verschieden sind.

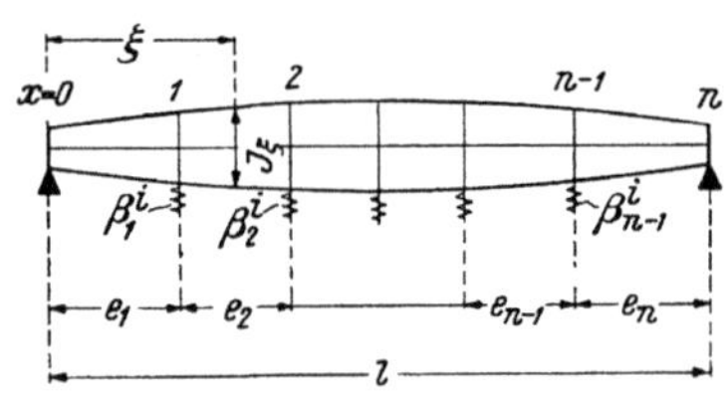

Abb. 51.

Wir wählen ebenso wie in § 10 die Stützendrücke $C_1^i, C_2^i, \ldots, C_{n-1}^i$ der elastischen Zwischenstützen als statisch Überzählige; die zugehörigen Elastizitätsgleichungen lauten:

$$\left.\begin{aligned}
C_1^i(\mathfrak{z}_{1,1} + 1/\beta_1^i) + C_2^i \cdot \mathfrak{z}_{1,2} + \cdots\cdots\cdots + C_{n-1}^i \cdot \mathfrak{z}_{1,n-1} &= \mathfrak{z}_{1,p} \\
C_1^i \cdot \mathfrak{z}_{2,1} + C_2^i(\mathfrak{z}_{2,2} + 1/\beta_2^i) + \cdots\cdots\cdots + C_{n-1}^i \cdot \mathfrak{z}_{2,n-1} &= \mathfrak{z}_{2,p} \\
\cdots\cdots\cdots\cdots\cdots\cdots\cdots\cdots\cdots\cdots\cdots\cdots \\
C_1^i \cdot \mathfrak{z}_{n-1,1} + C_2^i \cdot \mathfrak{z}_{n-1,2} + \cdots\cdots + C_{n-1}^i(\mathfrak{z}_{n-1,n-1} + 1/\beta_{n-1}^i) &= \mathfrak{z}_{n-1,p}
\end{aligned}\right\} \quad (1)$$

Hierin bedeuten:

$\mathfrak{z}_{x,p}$: die Durchbiegung des Freifeldbalkens von der Spannweite l und dem variablen Trägheitsmoment J_ξ in x unter der äußeren Last;

$\mathfrak{z}_{x,\bar{x}}$: die Durchbiegung desselben Freifeldbalkens in x unter $C_{\bar{x}}^i = -1$;

β_x^i: die Federungszahl der Stütze x; gemäß Gl. (2), § 9 beträgt

$$\beta_x^i = \lambda^i \frac{E\overline{J} \cdot j_x}{a^3}.$$

Die Werte $\mathfrak{z}_{x,p}$ und $\mathfrak{z}_{x,\bar{x}}$ müssen in jedem Einzelfall unter Berücksichtigung des Trägheitsmomentenverlaufes J_ξ berechnet werden. Man benötigt also zur Auflösung derartiger i-Systeme vorerst die Biegelinien des Freifeldbalkens mit variablem Trägheitsmoment J_ξ unter der äußeren Last sowie der Reihe nach die Biegelinien unter den Angriffen $C_1^i = -1$, $C_2^i = -1, \ldots, C_{n-1}^i = -1$; die Ermittlung derselben ist allgemein bekannt und bietet grundsätzlich keine Schwierigkeiten.

Nach Berechnung der Werte $\mathfrak{z}_x$ und $1/\beta_x^i$ können die Elastizitätsgleichungen aufgelöst und alle notwendigen Größen des i-Balkens ermittelt werden.

Es ist zweckmäßig, die Trägheitsmomente J_ξ als Funktion z. B. des Trägheitsmomentes J_m in Balkenmitte anzusetzen, also in der Form:

$$J_\xi = \gamma_\xi \cdot J_m.$$

Man drückt hierauf, ähnlich wie in § 10 die Durchbiegungen $\mathfrak{z}_x$ unter Einführung der jeweils vorliegenden Zahlenwerte γ_ξ als Funktion von P, l und J_m, weiters die Federungszahlen β_x^i unter Einführung der jeweils vorliegenden Zahlenwerte j_x als Funktion von λ^i, a und $\overline{J}$ aus. Setzt man die Beiwerte $\mathfrak{z}_x$ und $1/\beta_x^i$ in dieser allgemeinen Form in die Elastizitätsgleichungen, Gl. (1), ein und löst dieselben auf, so erhält man, ähnlich wie in § 10, die Stützkräfte C_x^i als Funktion einer Variabeln ϱ_m^i, welche die allgemeine Form:

$$\varrho_m^i = F\,(\lambda^i,\ \Phi_m)$$

besitzt; hierbei wird

$$\Phi_m = \frac{n \cdot \overline{J}}{J_m} \left(\frac{l}{a}\right)^3$$

ebenso wie in § 10, als *Kennwert der Querverteilung im Roste* bezeichnet.

Dieses allgemeine Lösungsverfahren hat den Vorteil, daß die in allgemeiner Form gewonnenen Resultate für i-Balken mit verschiedenen Werten von l, a und J_m Gültigkeit besitzen, insofern nur die Verhältnisse der Trägheitsmomente d. h. sowohl γ_ξ als auch j_x unverändert bleiben. Dies wird z. B. in den meisten Fällen genau genug zutreffen, wenn ein Rost auf Grund eines ersten Rechnungsganges bemessen und hierauf in einem zweiten Rechnungsgang mit den endgültigen J_m- und $\overline{J}$-Werten untersucht wird.

40. Beliebige Durchlauf-i-Balken.

Wir betrachten nunmehr einen Durchlauf-i-Balken mit beliebig vielen Feldern, dessen Trägheitsmoment J_ξ beliebig variabel ist und dessen elastische Zwischenstützen in beliebigen Abständen liegen und beliebig unterschiedliche Federungszahlen β_x^i besitzen. Die Untersuchung derartiger i-Systeme erfolgt auf demselben Wege wie in § 12. Auch hier werden wieder vorerst die Stützenmomente als Überzählige angesetzt. Für deren Wert gelten unter den gleichen Vereinfachungen dieselben Endformeln wie in § 12, nur beziehen sich jetzt die Beiwerte t auf die Endverdrehungen τ von Einfeld-i-Balken mit variablen Trägheitsmomenten J_ξ und mit variablen Federungszahlen β_x^i. Diese Beiwerte können nach den Entwicklungen des vorangegangenen Abs. 39 ohne Schwierigkeit ermittelt werden.

Sind die Stützenmomente bekannt, so kann jede beliebige statische Größe des vorliegenden Durchlauf-i-Balkens gemäß Gl. (6), § 12, berechnet werden. Die darin aufscheinenden Werte $\mathfrak{S}^i$ bedeuten hier die entsprechenden statischen Größen in Einfeld-i-Balken mit variablen Trägheitsmomenten J_ξ und variablen Federungszahlen β_x^i; ihre Ermittlung erfolgt gemäß dem vorangegangenen Abs. 39.

41. Weitere i-Systeme.

In ähnlicher Weise wie zuvor werden beliebige andere i-Systeme behandelt, so z. B. ein Einfeld-i-Bogen mit $(n - 1)$ elastischen Zwischenstützen (Abb. 19). Auch hier werden, ebenso wie in Abs. 28, die Stützkräfte C_x^i der elastischen Zwischenstützen als Überzählige angesetzt. Die zugehörigen Elastizitätsgleichungen haben dieselbe Form wie Gl. (2), § 10. Naturgemäß bedeuten diesfalls die Werte $\mathfrak{z}_x$ lotrechte Durchbiegungen von gelenkig gelagerten oder eingespannten Bogen.

In allen Fällen bietet die Auflösung derartiger linearer Systeme mit zusätzlichen elastischen Zwischenstützen dem geschulten Statiker keine grundsätzlichen Schwierigkeiten.

IV. Der praktische Ausbau der Theorie.

§ 14. Querverteilungszahlen.

42. Allgemeine Erläuterungen.

Eine beliebige Belastung $P_{\xi\bar{y}}$ eines einzigen Längsträgers erzeugt im Rost an der Stelle ξ des Längsträgers y die statische Größe $S_{\xi y, P\bar{y}}$. Denkt man sich in den Knoten Gelenke in den Querträgern eingebaut, so erhält man das Grundsystem; in demselben tritt nur in dem belasteten Längsträger $\bar{y}$ die statische Größe $\mathfrak{S}_{\xi\bar{y}, P\bar{y}}$ auf, während in den übrigen Längsträgern $\mathfrak{S}_{\xi y, P\bar{y}}$ verschwindet. Wir bezeichnen nun das Verhältnis

$$\frac{S_{\xi y, P\bar{y}}}{\mathfrak{S}_{\xi\bar{y}, P\bar{y}}} = (q s)_{\xi y, P\bar{y}} \tag{1}$$

als *Querverteilungszahl der statischen Größe S im Rost.*

Nach § 4, Gl. (3) ist $S_{\xi y, P\bar{y}}$ durch die Gleichung

$$S_{\xi y, P\bar{y}} = \sum_{i=0}^{m} S^i_{\xi P}\, v^i_{\bar{y}}\, v^i_y\, \gamma_y \tag{2}$$

gegeben, wobei $S^i_{\xi P}$ den Wert von S in den Systemen $i = 0, 1, \ldots, m$ an der Stelle ξ unter den Lasten P vorstellt. Da weiters für $i = 0$ und $i = 1$ die elastische Zwischenstützung wegen $\lambda^0 = \lambda^1 = 0$ entfällt und der Verlauf der Trägheitsmomente in den i-Systemen ähnlich dem der Längsträger ist, wird

$$S^0_\xi = S^1_\xi = \mathfrak{S}_{\xi\bar{y}, P\bar{y}}$$

also

$$S_{\xi y, P\bar{y}} = \mathfrak{S}_{\xi\bar{y}, P\bar{y}}\,(v^0_{\bar{y}}\, v^0_y\, \gamma_y + v^1_{\bar{y}} v^1_y \gamma_y) + \sum_{i=2}^{m} S^i_{\xi P}\, v^i_{\bar{y}}\, v^i_y\, \gamma_y$$

mithin die Querverteilungszahl

$$(q s)_{\xi y, P\bar{y}} = (v^0_{\bar{y}}\, v^0_y\, \gamma_y + v^1_{\bar{y}}\, v^1_y\, \gamma_y) + \frac{1}{\mathfrak{S}_{\xi\bar{y}, P\bar{y}}} \cdot \sum_{i=2}^{m} S^i_{\xi P}\, v^i_{\bar{y}}\, v^i_y\, \gamma_y\,. \tag{3}$$

Sind die Querverteilungszahlen bekannt, so kann $S_{\xi y, P\bar{y}}$ aus der Gleichung

$$S_{\xi y, P\bar{y}} = (q s)_{\xi y, P\bar{y}} \cdot \mathfrak{S}_{\xi\bar{y}, P\bar{y}} \tag{4}$$

bestimmt werden. Demnach ist $S_{\xi y, P\bar{y}}$ auch der Wert von S im Grundsystem an der Stelle ξ des Längsträgers y, wenn dieser mit den Lasten $(q s)_{\xi y, P\bar{y}} \cdot P_{\xi\bar{y}}$ belastet wird.

In dem Rostquerschnitt ξ muß, wie leicht einzusehen ist, die Summe der auf die einzelnen Längsträger entfallenden Werte $S_{\xi y, P\bar{y}}$ gleich $\mathfrak{S}_{\xi\bar{y}, P\bar{y}}$ sein, also

$$\sum_{y=0}^{m} S_{\xi y, P\bar{y}} = \mathfrak{S}_{\xi\bar{y}, P\bar{y}}\,. \tag{5}$$

Setzt man hierin Gl. (4) ein, so findet man:

$$\sum_{y=0}^{m} (q s)_{\xi y, P\bar{y}} = 1 \tag{6}$$

Diese Gleichung läßt sich übrigens auch mittels der besonderen Eigenschaften der v_y^i beweisen.

Sind mehrere Längsträger belastet, so ergibt sich durch Überlagerung

$$S_{\xi y, P} = \sum_{\bar{y}=0}^{m} (q s)_{\xi y, P\bar{y}} \cdot \mathfrak{S}_{\xi\bar{y}, P\bar{y}} \tag{7}$$

und hierfür kann man auch durch Einführung einer neuen Querverteilungszahl $(q s)_{\xi y, P}$

$$S_{\xi y, P} = (q_S)_{\xi y, P} \cdot \sum_{\bar{y}=0}^{m} \mathfrak{S}_{\xi\bar{y}, P\bar{y}} = (q s)_{\xi y, P} \cdot \mathfrak{S}_{\xi P} \tag{8}$$

schreiben. $\mathfrak{S}_{\xi P} = \sum_{\bar{y}=0}^{m} \mathfrak{S}_{\xi\bar{y}, P\bar{y}}$ bedeutet hierbei die Summe aller statischen Größen $\mathfrak{S}$ an der Stelle ξ sämtlicher Längsträger im Grundsystem. Unter Beachtung der aus Gl. (7) abgeleiteten Beziehung

$$\sum_{y=0}^{m} S_{\xi y, P} = \sum_{\bar{y}=0}^{m} \mathfrak{S}_{\xi\bar{y}, P\bar{y}} = \mathfrak{S}_{\xi P} \tag{9}$$

nennen wir $\mathfrak{S}_{\xi P}$ kurz den *statischen Gesamtwert im Rostquerschnitt* ξ. Seine Bestimmung kann ohne zu Hilfenahme der Rosttheorie erfolgen, in dem man einen beliebigen Längsträger des Grundsystems mit der Summe der auf sämtliche Längsträger wirkenden Lasten P belastet und die zugehörige Größe $\mathfrak{S}$ ermittelt. Die durch Gl. (8) gegebene statische Längsträgergröße $S_{\xi y, P}$ des Rostes kann man auch als den Wert von S im Grundsystem an der Stelle ξ des Längsträgers y erhalten, wenn man diesen mit den Lasten $(q s)_{\xi y, P} \cdot P$ belastet.

Schließlich gewinnt man auch bei Belastung mehrerer Längsträger aus Gl. (8) die wichtige Beziehung:

$$\sum_{y=0}^{m} (q s)_{\xi y, P} = 1 \,. \tag{10}$$

43. Vergleich mit der bisher üblichen Theorie der Querverteilungszahlen.

Aus den Darlegungen des vorhergegangenen Absatzes ersieht man, daß die Querverteilungszahlen $(q s)_{\xi y, P\bar{y}}$ und $(q s)_{\xi y, P}$ je nach der Art der statischen Größe im allgemeinen verschieden sind. Es werden sich demnach z. B. für die Momente der Längsträger $M_{\xi y}$ andere Querverteilungszahlen — oder kurz eine andere Querverteilung — als für die Querkräfte $Q_{\xi y}$ ergeben. Ferner sind die Querverteilungszahlen auch wegen der Größen $S_{\xi P}^i$ von dem Rostquerschnitt ξ abhängig, d. h. die Querverteilung wird z. B. in der Mitte des Trägers eine andere wie am Auflager sein. Schließlich wird die Querverteilung im Roste auch von der Art der Belastung und ihrer Lage in Längs- und Querrichtung beeinflußt.

Die bisher übliche Theorie hat auf diese Tatsachen keine Rücksicht genommen, sondern für alle Arten statischer Größen, unabhängig von dem Rostquerschnitt ξ und von der Art und Lage der Belastung in Längsrichtung, dieselbe Querverteilung als gültig angesehen, d. h. lediglich die Veränderlichkeit mit y und $\bar{y}$ berücksichtigt. Die sich dadurch ergebende Vereinfachung erscheint aber, wie Vergleichsrechnungen zeigten, so ungenau, daß diese Näherung in vielen Fällen als unzulässig angesehen werden muß und ein gänzlich falsches Bild über die inneren Kräfte des Rostes liefert. Es stellt daher das Verfahren, Maximalwerte von Längsträgern mit Hilfe der bisher üblichen Querverteilungszahlen, die nur von der Lage des belasteten Längsträgers abhängen, zu bestimmen, eine im allgemeinen unzulässige Näherung vor. Berücksichtigt man aber sämtliche tatsächlich vorhandene Einflüsse, so bringt die Aufstellung der Querverteilungszahlen im allgemeinen keinen Vorteil mehr. Wir werden daher in dem § 16 andere Verfahren entwickeln, mit deren Hilfe die Maximalwerte von Längsträgergrößen streng berechnet werden können. Nichtsdestoweniger geben die Querverteilungszahlen ein anschauliches Bild über die Querverteilung im Rost. In besonderen Fällen, wie sie in § 17 behandelt werden, bilden sie in der von uns eingeführten schärferen Fassung ein Hilfsmittel, um die Bestimmung von Längsträgergrößen zu vereinfachen.

44. Die Abhängigkeit der Querverteilung von den Anlageverhältnissen des Rostes.

Die in Abs. 42 eingeführten Querverteilungszahlen sind zunächst — ebenso wie die bislang benützten — von y und $\overline{y}$ abhängig; dies ist durch die Werte v_y^i, $v_{\overline{y}}^i$ und γ_y bedingt, die ihrerseits wieder, wie wir aus Abschnitt II wissen, im wesentlichen von der Anzahl, den Abständen und Trägheitsmomentenverhältnissen der Längsträger bestimmt werden. Ferner hängen die Querverteilungszahlen von den Werten $S_{\xi P}^i$ ab, die ihrerseits wieder durch den Parameter Φ [§ 10, Gl. (4)] beeinflußt werden. Es kann also entsprechend dem Ausdruck für $\Phi = \frac{n\overline{J}}{J}\left(\frac{l}{a}\right)^3$ bei gleichbleibender Grundrißanordnung des Rostes, d. h. bei gleichbleibender Stützweite l und gleicher Entfernung a der Längsträger, durch Änderung des Faktors $n\overline{J}/J$ der Wert von Φ und hiermit auch die Querverteilung im Roste geändert werden.

Ist $\Phi = \infty$, d. i. bei unendlich steifen Querträgern, erhalten wir eine Querverteilung, für die sich bei Knotenbelastung eines Längsträgers $\overline{y}$ für $i \geqq 2: S_{\xi P}^i = 0$ und daher

$$[(qs)_{\xi y, P\overline{y}}]_{\Phi=\infty} = v_{\overline{y}}^0\, v_y^0\, \gamma_y + v_{\overline{y}}^1\, v_y^1\, \gamma_y \tag{11}$$

ergeben.

Das zweite Glied in dem Ausdruck für (qS), Gl. (3), Abs. 42, d. i.:

$$\frac{1}{\mathfrak{S}_{\xi\overline{y}, P\overline{y}}} \cdot \sum_{i=2}^{m} S_{\xi P}^i\, v_{\overline{y}}^i\, v_y^i\, \gamma_y$$

stellt daher den Einfluß der Nachgiebigkeit der Querträger auf die Querverteilung im Roste dar; es wird um so größer, je kleiner Φ ist.

Ist endlich $\Phi = 0$, d. h. die Biegungssteifigkeit der Querscheiben gleich Null, so wird für alle i: $S_{\xi P}^i = \mathfrak{S}_{\xi\overline{y}, P\overline{y}}$; wir erhalten daher als Querverteilungszahlen allgemein:

$$[(qs)_{\xi y, P\overline{y}}]_{\Phi=0} = \sum_{i=0}^{m} v_{\overline{y}}^i\, v_y^i\, \gamma_y\,.$$

Mit Hilfe der Eigenschaften der v_y^i folgt hieraus, daß in diesem Falle für den belasteten Längsträger $y = \overline{y}$:

$$[(qs)_{\xi\overline{y}, P\overline{y}}]_{\Phi=0} = 1$$

bzw. für alle übrigen unbelasteten Längsträger $y \neq \bar{y}$:

$$[(qs)_{\xi y, p_{\bar{y}}}]_{\Phi=0} = 0$$

ist. Dieses Resultat ist ohne weiteres klar, denn mit $\Phi = 0$ geht der Rost in das Grundsystem mit gelenkig angeschlossenen Querträgern über, bei dem die verteilende Wirkung der Querträger fehlt.

Hieraus erkennt man den ausschlaggebenden Einfluß von Φ auf die Querverteilung des Rostes; deshalb wurde im Abschnitt III Φ der *Kennwert der Querverteilung im Roste* genannt.

Entsprechend dem Ausdruck für Φ wird das Maß der Querverteilung in erster Linie durch das Verhältnis der Summe der Trägheitsmomente aller Querträger je Feld $(n \cdot \bar{J})$ zu dem der Längsträger J bestimmt. Demgegenüber ist die Anzahl der Querscheiben je Feld von nur geringem Einfluß; es kommt somit nicht so sehr auf die Aufteilung als vielmehr hauptsächlich auf die gesamte Biegungssteifigkeit der Querscheiben in einem Rostfeld an. Die Anzahl der Querscheiben eines Feldes wird daher wesentlich durch andere Gesichtspunkte bestimmt, so z. B. durch die Bedingung, die Längsträger in gewissen Abständen gegen Knikkung oder Windangriff seitlich abzustützen, oder die Querträger bei gegebener Trägerhöhe einerseits ausreichend tragfähig, andererseits konstruktiv einfach zu gestalten.

§ 15. Die Berechnung der Rostgrößen bei gegebener Belastung.

45. Feldweise Belastung der Längsträger mit Gleichlasten.

Bei einer beliebigen Belastung eines Rosttragwerkes bilden die durch die Zwischenkonstruktion auf die Längs- und Querträger übertragenen Lasten die eigentliche Rostbelastung. Das in diesem Absatz angegebene Berechnungsverfahren ist nur dann zweckmäßig, wenn diese Belastung so beschaffen ist, daß die Größen der i-Systeme einfach und rasch ermittelt werden können. Dies ist z. B. der Fall, wenn beliebig viele Längsträger $\bar{y}$ feldweise mit Gleichlasten $p_{\bar{y}}$ belastet sind. Man gewinnt dann gemäß § 4, Abs. 12:

die statische Größe des Längsträgers y im Punkte ξ aus:

$$S_{\xi y, p} = \sum_{\bar{y}} p_{\bar{y}} \sum_{i=0}^{m} S^{i}_{\xi, p=1} \cdot v^{i}_{\bar{y}}\, v^{i}_{y}\, \gamma_y \tag{1}$$

die Formänderungsgröße des Längsträgers y im Punkte ξ aus:

$$E_{\xi y, p} = \sum_{\bar{y}} p_{\bar{y}} \sum_{i=0}^{m} E^{i}_{\xi, p=1} \cdot v^{i}_{\bar{y}}\, v^{i}_{y} \tag{2}$$

die innere Auflagerkraft zwischen Längs- und Querträger im Knoten xy aus:

$$C_{xy, p} = \sum_{\bar{y}} p_{\bar{y}} \sum_{i=2}^{m} C^{i}_{x, p=1} \cdot v^{i}_{\bar{y}}\, v^{i}_{y}\, \gamma_y \tag{3}$$

schließlich das Biegungsmoment des Querträgers x im Knoten xy aus:

$$\overline{M}_{xy, p} = a \cdot \sum_{\bar{y}} p_{\bar{y}} \sum_{i=2}^{m} C^{i}_{x, p=1} \cdot v^{i}_{\bar{y}} \cdot \frac{w^{i}_{y}}{\lambda^{i}}\,. \tag{4}$$

In Gl. (1) bis (4) bedeuten $S^{i}_{\xi, p=1}$, $E^{i}_{\xi, p=1}$ und $C^{i}_{x, p=1}$ die entsprechenden Werte in den Systemen $i = 0 \ldots m$, wenn diese mit der feldweisen Gleichlast $p = 1$ belastet werden.

Die erste Arbeit besteht sonach in der Ermittlung der Eigenlösungen v_y^i und w_y^i und Eigenwerte λ^i sowie der Produkte $v_{\bar{y}}^i\, v_y^i\, \gamma_y$ und $v^i\, w_y^i/\lambda^i$ nach Abschnitt II. Sind alle Längsträger gleich $(J_{\xi y} = J_\xi)$, also $\gamma_y = 1$, und liegen sie in gleichen Abständen a, also $\alpha_y = 1$, besitzen ferner die Querträger in allen Feldern dasselbe Trägheitsmoment $\bar{J}_{xy} = \bar{J} \cdot j_x$, also $j_y = 1$, so können die obigen Werte für Roste mit 3 bis 8 Längsträgern den Tafeln in § 19 entnommen werden. Andernfalls müssen sie neu berechnet werden, wofür in § 8 die notwendigen Ansätze gegeben sind.

Die zweite Arbeit bildet die Untersuchung der Systeme $i = 0 \ldots m$, gemäß Abschnitt III, wobei diese Systeme mit der feldweisen Gleichlast $p = 1$ zu belasten sind. Ist das Trägheitsmoment je Längsträger feldweise konstant, also $J_{\xi y} = J \cdot \gamma_y$, liegen ferner die Querträger feldweise in gleichen Entfernungen und sind sie feldweise untereinander gleich $(\bar{J}_{xy} = \bar{J} \cdot j_y)$, also $j_x = 1$, so können die Knotenmomente M_{xp}^i und Knotenstützkräfte C_{xp}^i der Systeme $i = 2 \ldots m$ unter feldweiser Gleichlast p mit Hilfe der Tafeln des § 19 in einfachster Weise bestimmt werden.

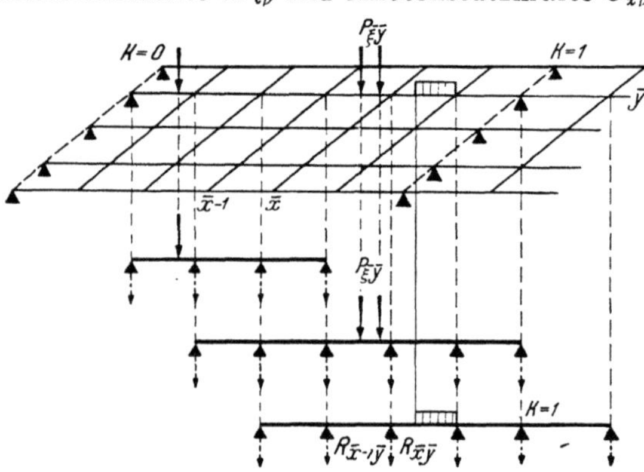

Abb. 52.

46. Beliebige Belastung des Rostes.

Liegt eine beliebige allgemeine Belastung von Längs- und Querträgern vor, so ist es in der Regel nicht vorteilhaft, eine Rostgröße infolge dieser Belastung in einem Rechnungsgang nach dem in Abs. 8 und 11 entwickelten Verfahren zu berechnen. Es ist vielmehr zweckmäßiger, das Verfahren der Knotenersatzlasten, wie in Abs. 9 und 10 angegeben, anzuwenden.

Man betrachtet zunächst jeden unmittelbar belasteten Längsträger $\bar{y}$ (Abb. 52) und jeden unmittelbar belasteten Querträger $\bar{x}$ (Abb. 53) als einen Durchlaufträger, der in den Knoten unverschieblich gestützt ist, und bestimmt die Auflagerkräfte infolge der auf ihn wirkenden Belastung $P_{\xi \bar{y}}$ des Längsträgers $\bar{y}$ bzw. $P_{\bar{x}\eta}$ des Querträgers $\bar{x}$. Diese Kräfte, im Pfeilsinn ihrer Wirkung auf die Auflager, sind die Knotenersatzlasten $R_{\bar{x}\bar{y}}$. Hierbei genügt es, beiderseits des belasteten Feldes höchstens zwei weitere Felder als vorhanden anzunehmen, so daß also Durchlaufträger mit höchstens fünf Feldern zu un-

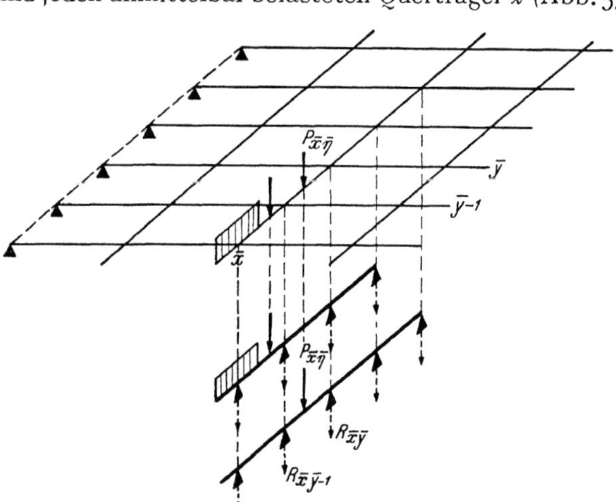

Abb. 53.

tersuchen sind. Man benützt hierfür vorteilhaft vorhandene Tafeln, die für alle Laststellungen die Auflagerdrücke und hiermit die Knotenersatzlasten $R_{\bar{x}\bar{y}}$ angeben. Derartige Tafeln findet man auch in § 19. Ferner ermittelt man oder entnimmt den Tafeln jene statischen Größen $S''_{\xi\bar{y}}$, $E''_{\xi\bar{y}}$, $C''_{x\bar{y}}$, $C''_{\bar{x}y}$ und $\overline{M}''_{\bar{x}\eta}$ dieser Durchlaufträger, die den gesuchten Rostgrößen eines unmittelbar belasteten Längsträgers $\bar{y}$ oder Querträgers $\bar{x}$ entsprechen.

Hierauf belastet man den Rost nur mit den Knotenersatzlasten $R_{\bar{x}\bar{\eta}}$ und bestimmt die Rostgrößen $S_{\xi y}$, $E_{\xi y}$, C_{xy} und $\overline{M}_{x\eta}$ unter dieser Belastung gemäß den folgenden Entwicklungen. Diese Werte sind, sofern sie nicht unmittelbar belasteten Rostträgern angehören, bereits die gesuchten Werte unter der ursprünglichen Rostbelastung $P_{\bar{\xi}\bar{y}}$ und $P_{\bar{x}\bar{\eta}}$. Um Größen der unmittelbar belasteten Längsträger $\bar{y}$ oder Querträger $\bar{x}$ zu erhalten, sind zu den infolge der Lasten $R_{\bar{x}\bar{y}}$ entstandenen Werten $S'_{\xi\bar{y}}$, $E'_{\xi\bar{y}}$, $C'_{x\bar{y}}$, $C'_{\bar{x}y}$, $\overline{M}'_{\bar{x}\eta}$ die zuvor ermittelten Werte $S''_{\xi\bar{y}}$, $E''_{\xi\bar{y}}$, $C''_{x\bar{y}}$, $C''_{\bar{x}y}$, $\overline{M}''_{\bar{x}\eta}$ hinzuzufügen.

Unter der Belastung des Rostes mit den Knotenersatzlasten $R_{\bar{x}\bar{\eta}}$ erhält man aus § 5 Abs. 15 durch Überlagerung zunächst allgemein für eine statische Größe des Längsträgers y an der Stelle ξ:

$$S_{\xi y,\,R} = \sum_{\bar{x}} \sum_{\bar{y}} \sum_{i=0}^{m} R_{\bar{x}\bar{y}}\, \overset{i}{\sigma}_{\xi\bar{x}}\, \overset{i}{v}_{\bar{y}}\, \overset{i}{v}_{y}\, \gamma_y \tag{5}$$

für eine Formänderungsgröße des Längsträgers y an der Stelle ξ:

$$E_{\xi y,\,R} = \sum_{\bar{x}} \sum_{\bar{y}} \sum_{i=0}^{m} R_{\bar{x}\bar{y}}\, \overset{i}{\varepsilon}_{\xi\bar{x}}\, \overset{i}{v}_{\bar{y}}\, \overset{i}{v}_{y} \tag{6}$$

für die innere Auflagerkraft zwischen Längs- und Querträger im Knoten xy:

$$C_{xy,\,R} = \sum_{\bar{x}} \sum_{\bar{y}} \sum_{i=2}^{m} R_{\bar{x}\bar{y}}\, \overset{i}{\zeta}_{x\bar{x}}\, \overset{i}{v}_{\bar{y}}\, \overset{i}{v}_{y}\, \gamma_y \tag{7}$$

schließlich für das Biegungsmoment $\overline{M}_{xy}$ des Querträgers x im Knoten xy:

$$\overline{M}_{xy,\,R} = a \cdot \sum_{\bar{x}} \sum_{\bar{y}} \sum_{i=2}^{m} R_{\bar{x}\bar{y}}\, \overset{i}{\zeta}_{x\bar{x}}\, \overset{i}{v}_{\bar{y}}\, \frac{\overset{i}{w}_{y}}{\lambda^i}. \tag{8}$$

$\overset{i}{\sigma}_{\xi\bar{x}}$, $\overset{i}{\varepsilon}_{\xi\bar{x}}$ und $\overset{i}{\zeta}_{x\bar{x}}$ sind hierbei die Knoteneinflußwerte der Größen S^i_ξ, E^i_ξ und C^i_x in den Systemen $i = 0 \ldots m$ am Orte $\bar{x}$, d. s. also die Werte dieser Größen, wenn die Last $P = 1$ im Knoten $\bar{x}$ der i-Systeme angreift. Sind die Trägheitsmomente je Längsträger konstant, also $J_{\xi y} = J \cdot \gamma_y$, liegen ferner die Querträger feldweise in gleichen Entfernungen und sind sie feldweise untereinander gleich ($\overline{J}_{xy} = \overline{J} \cdot j_y$), also $j_x = 1$, so können die Einflußwerte $\overset{i}{\mu}_{x\bar{x}}$ und $\overset{i}{\zeta}_{x\bar{x}}$ für die Knotenmomente M^i_x und Knotenstützkräfte C^i_x der Systeme $i = 2 \ldots m$ mit Hilfe der Tafeln des § 19 in einfachster Weise bestimmt werden. Hinsichtlich der Eigenlösungsprodukte siehe die Bemerkungen in Abs. 45.

Aus den Gl. (5) bis (8) kann man sich durch Vertauschung der Summationsfolgen $\bar{x}$, $\bar{y}$ und i eine Reihe weiterer Gleichungen für $S_{\xi y}$, $E_{\xi y}$, C_{xy} und $\overline{M}_{xy}$ verschaffen. Von diesen greifen wir im folgenden jene heraus, welche unter Umständen die Rechenarbeit vereinfachen, wobei wir berücksichtigen, daß die Belastung des Rostes gegeben ist. Weiters ist zu beachten, daß die Eigenlösungsprodukte $\overset{i}{v}_{\bar{y}}\, \overset{i}{v}_{y}\, \gamma_y$ und $\overset{i}{v}_{\bar{y}}\, \overset{i}{w}_{y}/\lambda^i$ entweder aus Tafeln fertig entnommen oder ein für allemal berechnet werden können, so daß sie bei der Abzählung der Multiplikationen als ein Faktor bewertet werden dürfen.

Hat man eine einzige Rostgröße für eine oder mehrere ganz beliebige Belastungen zu ermitteln, so stellen die voranstehend angeschriebenen Gl. (5) bis (8) in der

Regel die zweckmäßigste Form dar. Man wird demnach zuerst durch Bestimmung der Summen über i die Knoteneinflußwerte der Rostgröße berechnen, d. s.

$$\left.\begin{aligned}\sigma_{\xi y,\bar{x}\bar{y}} &= \sum_{i=0}^{m} \sigma_{\xi\bar{x}}^{i} v_{\bar{y}}^{i}\, v_{y}^{i}\, \gamma_{y}; & \varepsilon_{\xi y,\bar{x}\bar{y}} &= \sum_{i=0}^{m} \varepsilon_{\xi\bar{x}}^{i}\, v_{\bar{y}}^{i}\, v_{y}^{i} \\ \zeta_{xy,\bar{x}\bar{y}} &= \sum_{i=2}^{m} \zeta_{x\bar{x}}^{i} \cdot v_{\bar{y}}^{i}\, v_{y}^{i}\, \gamma_{y}; & \bar{\mu}_{xy,\bar{x}\bar{y}} &= a \sum_{i=2}^{m} \zeta_{x\bar{x}}^{i}\, v_{\bar{y}}^{i} \frac{w_{y}^{i}}{\lambda^{i}}\end{aligned}\right\} \quad (9)$$

Dann werden diese Knoteneinflußwerte mit den über ihnen stehenden Lasten $R_{\bar{x}\bar{y}}$ multipliziert und addiert gemäß:

$$\left.\begin{aligned}S_{\xi y,R} &= \sum_{\bar{x}} \sum_{\bar{y}} R_{\bar{x}\bar{y}} \cdot \sigma_{\xi y,\bar{x}\bar{y}}; & E_{\xi y,R} &= \sum_{\bar{x}} \sum_{\bar{y}} R_{\bar{x}\bar{y}} \cdot \varepsilon_{\xi y,\bar{x}\bar{y}} \\ C_{xy,R} &= \sum_{\bar{x}} \sum_{\bar{y}} R_{\bar{x}\bar{y}} \cdot \zeta_{xy,\bar{x}\bar{y}}; & \bar{M}_{xy,R} &= \sum_{\bar{x}} \sum_{\bar{y}} R_{\bar{x}\bar{y}} \cdot \mu_{xy,\bar{x}\bar{y}}\,.\end{aligned}\right\} \quad (10)$$

Ist hingegen eine einzige Rostgröße für eine Belastung zu ermitteln, deren Knotenersatzlasten $R_{\bar{x}\bar{y}}$ ähnlich sind, d. h. in der Form

$$R_{\bar{x}\bar{y}} = R_{\bar{x}} \cdot R_{\bar{y}} \quad (11)$$

darstellbar sind, so summiert man zweckmäßig zuerst über $\bar{x}$, dann über i und zuletzt über $\bar{y}$. Die ersten beiden Summationen ergeben:

$$\left.\begin{aligned}S_{\xi y,R\bar{y}} &= \sum_{i=0}^{m} v_{\bar{y}}^{i}\, v_{y}^{i}\, \gamma_{y} \sum_{\bar{x}} R_{\bar{x}}\, \sigma_{\xi\bar{x}}^{i}; & E_{\xi y,R\bar{y}} &= \sum_{i=0}^{m} v_{\bar{y}}^{i}\, v_{y}^{i} \sum_{\bar{x}} R_{\bar{x}}\, \varepsilon_{\xi\bar{x}} \\ C_{xy,R\bar{y}} &= \sum_{i=2}^{m} v_{\bar{y}}^{i}\, v_{y}^{i}\, \gamma_{y} \sum_{\bar{x}} R_{\bar{x}}\, \zeta_{x\bar{x}}^{i}; & \bar{M}_{xy,R\bar{y}} &= a \cdot \sum_{i=2}^{m} v_{\bar{y}}^{i} \frac{w_{y}^{i}}{\lambda^{i}} \sum_{\bar{x}} R_{\bar{x}}\, \zeta_{x\bar{x}}^{i}\end{aligned}\right\} \quad (12)$$

Diese Ausdrücke stellen die Werte von $S_{\xi y}$, $E_{\xi y}$, C_{xy}, $\bar{M}_{xy}$ im Roste vor, wenn nur ein Längsträger $\bar{y}$ mit den Lasten $R_{\bar{x}}$ belastet, alle übrigen Längsträger aber unbelastet sind. Die endgültigen Werte der Rostgrößen unter den Lasten $R_{\bar{x}\bar{y}}$ erhält man hierauf, wenn man alle Längsträger $\bar{y}$ der Reihe nach mit $R_{\bar{x}}$ belastet, die zugehörigen Werte S, E, C, $\bar{M}$ nach Gl. (12) berechnet, mit $R_{\bar{y}}$ multipliziert und schließlich summiert gemäß:

$$\left.\begin{aligned}S_{\xi y,R} &= \sum_{\bar{y}} R_{\bar{y}} \cdot S_{\xi y,R\bar{y}}; & E_{\xi y,R} &= \sum_{\bar{y}} R_{\bar{y}} \cdot E_{\xi y,R\bar{y}} \\ C_{xy,R} &= \sum_{\bar{y}} R_{\bar{y}} \cdot C_{xy,R\bar{y}}; & \bar{M}_{xy,R} &= \sum_{\bar{y}} R_{\bar{y}}\, \bar{M}_{xy,R\bar{y}}\end{aligned}\right\} \quad (13)$$

Sind schließlich mehrere Rostgrößen für einen einzigen Belastungsfall zu berechnen, so ist es zumeist vorteilhaft, zuerst über $\bar{y}$, dann über $\bar{x}$ und zuletzt über i zu summieren. Die Gleichungen lauten somit bei beliebigen $R_{\bar{x}\bar{y}}$:

$$\left.\begin{aligned}S_{\xi y,R} &= \sum_{i=0}^{m} v_{y}^{i}\, \gamma_{y} \cdot \sum_{\bar{x}} \sigma_{\xi\bar{x}}^{i} \sum_{\bar{y}} R_{\bar{x}\bar{y}}\, v_{\bar{y}}^{i} \\ E_{\xi y,R} &= \sum_{i=0}^{m} v_{y}^{i} \sum_{\bar{x}} \varepsilon_{\xi\bar{x}}^{i} \sum_{\bar{y}} R_{\bar{x}\bar{y}}\, v_{\bar{y}}^{i} \\ C_{xy,R} &= \sum_{i=2}^{m} v_{y}^{i}\, \gamma_{y} \sum_{\bar{x}} \zeta_{x\bar{x}}^{i} \sum_{\bar{y}} R_{\bar{x}\bar{y}}\, v_{\bar{y}}^{i} \\ \bar{M}_{xy,R} &= a \cdot \sum_{i=2}^{m} \frac{w_{y}^{i}}{\lambda^{i}} \sum_{\bar{x}} \zeta_{x\bar{x}}^{i} \sum_{\bar{y}} R_{\bar{x}\bar{y}}\, v_{\bar{y}}^{i}\end{aligned}\right\} \quad (14)$$

oder wenn $R_{\bar{x}\bar{y}}$ in der Form $R_{\bar{x}} \cdot R_{\bar{y}}$, Gl. (11), darstellbar ist:

$$\left.\begin{aligned} S_{\xi y, R} &= \sum_{i=0}^{m} v_y^i \, \gamma_y \sum_{\bar{x}} R_{\bar{x}} \, \sigma_{\xi\bar{x}}^i \sum_{\bar{y}} R_{\bar{y}} \, v_{\bar{y}}^i \\ E_{\xi y, R} &= \sum_{i=0}^{m} v_y^i \sum_{\bar{x}} R_{\bar{x}} \, \varepsilon_{\xi\bar{x}}^i \sum_{\bar{y}} R_{\bar{y}} \, v_{\bar{y}}^i \\ C_{xy, R} &= \sum_{i=2}^{m} v_y^i \, \gamma_y \sum_{\bar{x}} R_{\bar{x}} \, \zeta_{x\bar{x}}^i \sum_{\bar{y}} R_{\bar{y}} \, v_{\bar{y}}^i \\ \overline{M}_{xy, R} &= a \cdot \sum_{i=2}^{m} \frac{w_y^i}{\lambda^i} \sum_{\bar{x}} R_{\bar{x}} \, \zeta_{x\bar{x}}^i \sum_{\bar{y}} R_{\bar{y}} \, v_{\bar{y}}^i \end{aligned}\right\} \quad (15)$$

Die übrigen, durch Änderung der Summationsfolgen gebildeten Formen der Gl. (5) bis (8) sind entweder Wiederholungen der bereits angeführten Gleichungen oder praktisch bedeutungslos.

47. Vereinfachung der Berechnung.

Zum Abschluß wollen wir noch einige allgemeine Bemerkungen anschließen, die für die Abkürzung der Rechenarbeit von großer Bedeutung sind. Bei der Berechnung eines Rostes mit $m + 1$ Längsträgern nach unserer neuen Theorie wird jede beliebige Belastung z. B. des Längsträgers $\bar{y}$ gemäß Abs. 8 in $m + 1$ Belastungszustände $i = 0, 1, \ldots, m$ zerlegt, die durch § 2, Gl. (17, 18) allgemein definiert sind, und der Rost gesondert unter der Wirkung je eines Belastungszustandes „i" untersucht. Dementsprechend sind die Formänderungsgrößen $E_{\xi y}$ und statischen Größen $S_{\xi y}$ der Längsträger aus $(m+1)$ Beiträgen, $i = 0, 1, \ldots, m$ zusammengesetzt. Es zeigt sich nun bei Rosten mit mehr als vier Längsträgern, insbesonders wenn die Querträger steif ausgebildet sind, daß die Beiträge $i > 3$ gegenüber den Beiträgen $i = 0$ bis 3 sehr klein sind und mit wachsendem i rasch abnehmen. Infolgedessen können sie, insbesonders bei der Bemessung von Rosten häufig ohne nennenswerten Fehler vernachlässigt werden. Bei starren Querträgern und ausschließlicher Knotenbelastung verschwinden die Beiträge $i = 2$ bis m zu den Größen der Längsträger überhaupt vollständig. In diesem Fall verbleiben hierfür nur mehr die beiden ersten Beiträge $i = 0$ und 1, die in ihrem Aufbau den beiden Stufen des bekannten Belastungsumordnungsverfahrens für starre Querträger gleichen.

Bei den Querträgergrößen und inneren Auflagerkräften C_{xy} hingegen liefern auch die höheren Belastungszustände $i > 3$ beträchtliche Beiträge, während sich für $i = 0$ und 1 überhaupt kein Beitrag ergibt. Infolgedessen dürfen in Rosten mit mehr als vier Längsträgern die Beiträge $i > 3$ zu diesen Größen keinesfalls vernachlässigt werden.

Schließlich weisen wir noch bei Rosten, die über mehr als drei Felder durchlaufen, auf die Möglichkeit einer Vereinfachung der Berechnung hin, die bei der üblichen Quersteifigkeit derartiger Roste, insbesonders für Bemessungszwecke, eine zulässige Näherung darstellt. Im § 12 haben wir in den zugehörigen Durchlauf-i-Balken, $i = 2, 3, \ldots, m$, z. B. bei Belastung des Feldes l_k Formeln für die Stützenmomente M_{k-2}^i, M_{k-1}^i, M_k^i und M_{k+1}^i ermittelt, während die von der Belastung weiter entfernt liegenden Stützenmomente, die verschwindend klein sind, von vornherein gleich Null gesetzt wurden. Wir haben aber bereits an jener Stelle betont, daß in den Systemen $i > 1$ auch die Momente M_{k-2}^i und M_{k+1}^i

gegenüber den Momenten M_{k-1}^{i} und M_{k}^{i} kleine Größen darstellen, deren Wert von den Kennwerten Φ der Querverteilung in den einzelnen Feldern abhängt. In Durchlaufrosten mit großer Quersteifigkeit, wie sie z. B. im Brückenbau üblich sind, d. h. bei hinreichend großen Werten von Φ, können in den Systemen $i > 1$ bei Belastung des Feldes l_k die Momente M_{k-2}^{i} und M_{k+1}^{i} ohne besonderen Fehler näherungsweise gleich Null angenommen werden. Demzufolge setzen sich die Längsträgermomente $M_{k-2\,y}$ und $M_{k+1\,y}$ bei Belastung des Feldes l_k nur aus den beiden Beiträgen $i = 0$ und 1 zusammen, was bekanntlich einer starren Querverteilung im Rostquerschnitt $(k - 2)$ und $(k + 1)$ entspricht. Wir halten also fest: In *Durchlaufrosten mit großer Quersteifigkeit kann bei Belastung des Feldes l_k die Querverteilung in den Rostquerschnitten $(k - 2)$ und $(k + 1)$ sowie in noch weiter entfernt liegenden Rostquerschnitten näherungsweise bereits als „starr" angenommen werden.*

§ 16. Die Ermittlung von Maximalwerten der Rostgrößen.

48. Ermittlung mit Hilfe der Einflußfläche.

Um den Maximalwert einer beliebigen Rostgröße bestimmen zu können, ist es vorerst erforderlich, die zugehörige ungünstigste Belastungsart des Rostes festzustellen. Hierfür kommt zunächst die Einflußfläche der Rostgröße in Betracht, die man, wie in § 5, Abs. 15—16 angegeben, ermittelt.

Mit Hilfe der Einflußfläche kann man die Lastscheiden und damit die ungünstigsten Laststellungen genau feststellen sowie die Maximalwerte einer Rostgröße durch Auswerten der Einflußordinaten genau berechnen. Demgegenüber erfordert aber die Ermittlung einer Einflußfläche, insbesonders wenn zur genügend genauen Festlegung derselben die Kenntnis der Einflußordinaten in zahlreichen Punkten notwendig ist, eine umfangreiche Rechenarbeit.

Wir geben daher mit Verwendung von zulässigen Vereinfachungen Verfahren an, die rascher zum Ziele führen und beschäftigen uns zunächst mit den ungünstigsten Belastungsarten.

49. Die ungünstigen Belastungen eines Rostes.

Verbindet man im Grundriß eines Rostes die Nullstellen einer beliebigen Einflußfläche, so erhält man Lastscheidelinien, wie sie z. B. in Abb. 54 strichliert eingezeichnet sind. Es treten hierbei zweierlei Arten von Linien auf und zwar 1. die geradlinig in y-Richtung laufenden *Auflagerscheidelinien*, welche die Auflager der Längsträger 0 bis m verbinden und 2. die *Feld-Scheidelinien*, die im allgemeinen krummlinig über die Rostfelder verlaufen. Durch diese beiden Arten von Lastscheidelinien wird die gesamte Grundfläche des Rostes in einzelne Bereiche von Lasten mit gleichem Wirkungssinn geteilt. Es ist nun nicht erforderlich, bei der Aufstellung der ungünstigsten Belastung, die krummlinigen Lastscheidelinien genau einzuhalten; es ist vielmehr zulässig und für die Vereinfachung der Berechnung zweckmäßig, die vorerwähnten Lastbereiche durch einfache, zu „x" und „y" parallele Gerade abzugrenzen. Dies ist ohne weiteres einzusehen, wenn man bedenkt, daß die Einflußordinaten im Bereich der Lastscheiden relativ klein sind. Außerdem ist die Wahrscheinlichkeit, daß eine im Grundriß krummlinig oder vielstufig abgegrenzte Belastung auftritt, praktisch nicht vorhanden. Schließlich legt man die einfachen Geviertgrenzen so fest, daß sich der Einfluß der Ungenauigkeit der Laststellung zum Großteil aufhebt.

Wir halten also fest, daß es in der Regel praktisch ausreichend ist, die ungünstigste Belastung in dem Rostfelde durch einfache zu „x" und „y" parallele

Gerade abzugrenzen; wir wollen diese vereinfachten Begrenzungslinien der ungünstigsten Belastung im folgenden *Längs- und Querlastscheidelinien* nennen. Je nach der Lage der Querlastscheidelinien unterscheiden wir zwei wichtige Belastungsarten eines Rostfeldes, und zwar:

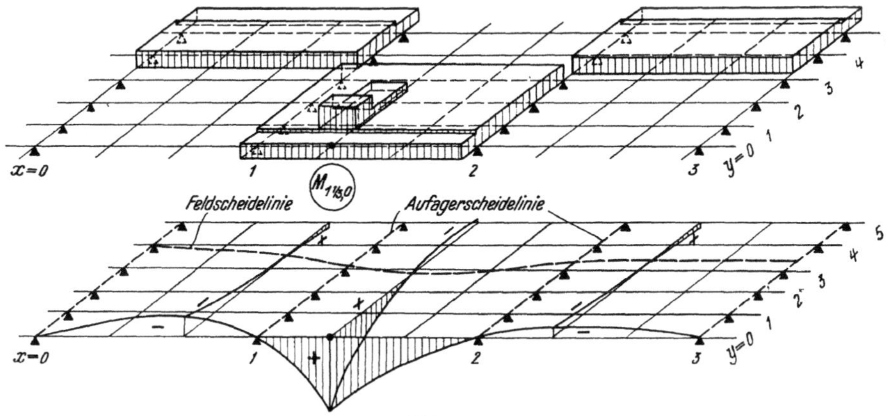

Abb. 54.

Erste Art: Die Querlastscheidelinien eines Rostfeldes fallen mit den Auflagerlinien zusammen, d. h. die ungünstigste Belastung erstreckt sich in x-Richtung über das ganze Rostfeld, während der Lastbereich in y-Richtung beliebig abgegrenzt sein kann (s. Abb. 54). Diese Belastungsweise ist, teilweise unter Vernachlässigung geringfügiger Abweichungen, für eine Reihe wichtiger Rostgrößen maßgebend, und zwar:

bei *einfeldrigen Rostbrücken:* für sämtliche Durchbiegungen, Momente und Auflagerkräfte der Längsträger sowie für deren Querkräfte neben den Auflagern,

bei *durchlaufenden Rostbrücken* als ungünstigste Belastung im *Bezugsfeld:* für die Durchbiegungen und Feldmomente der Längsträger mit Ausnahme der Bereiche beiderseits der Mittelstützen — diese Bereiche erstrecken sich ungefähr je über das anschließende Feldviertel —, weiters für die Auflagerkräfte und Querkräfte der Längsträger neben den Auflagern,

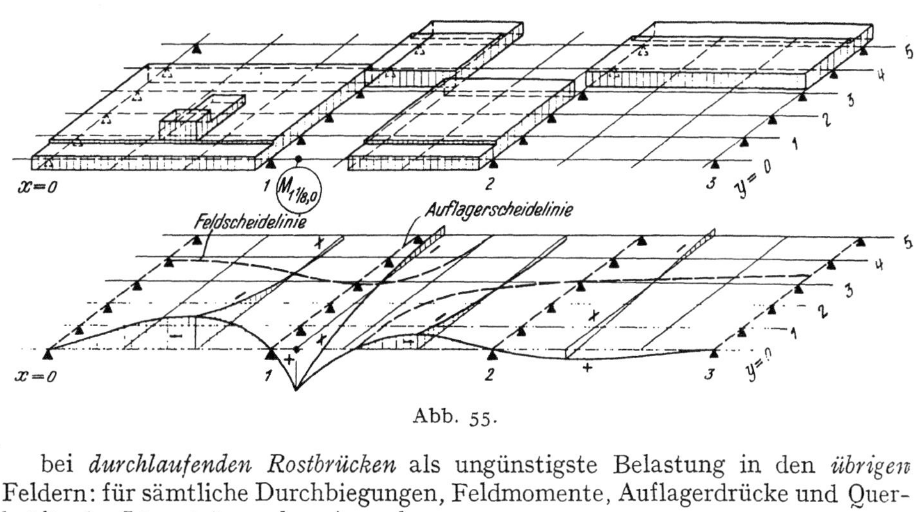

Abb. 55.

bei *durchlaufenden Rostbrücken* als ungünstigste Belastung in den *übrigen* Feldern: für sämtliche Durchbiegungen, Feldmomente, Auflagerdrücke und Querkräfte der Längsträger ohne Ausnahme;

bei *durchlaufenden Rostbrücken* als ungünstigste Belastung in *jedem* Rostfeld; für die Stützenmomente der Längsträger und schließlich

bei *sämtlichen Rostbrücken* als ungünstigste Belastung in *jedem* Rostfeld: für die Momente der Querträger im Bereich der Feldmitten; diese Querträger sind in der Regel unter allen Querträgern eines Feldes am meisten beansprucht.

Zweite Art: Eine Querlastscheidelinie liegt im Rostfelde: d. h. die ungünstigste Belastung erstreckt sich in x-Richtung nur teilweise über das betrachtete Rostfeld, während der Lastbereich in y-Richtung wieder beliebig abgegrenzt sein kann (schachbrettartige Feldbelastung), siehe z. B. das Mittelfeld in Abb. 55. Diese Belastungsweise ist, zum Teil unter Vernachlässigung geringfügiger Abweichungen, für folgende Rostgrößen maßgebend:

bei *einfeldrigen Rostbrücken* für sämtliche Querkräfte der Längsträger mit Ausnahme der Querkräfte neben den Auflagern;

bei *durchlaufenden Rostbrücken* als ungünstigste Belastung im *Bezugsfeld* für die Längsträgermomente in den Feldvierteln beiderseits der Mittelstützen und für sämtliche Querkräfte der Längsträger mit Ausnahme der Querkräfte neben den Auflagern.

Auf Grund der Ausführungen dieses Absatzes entwickeln wir im folgenden zwei weitere Verfahren zur Ermittlung der Maximalwerte von Rostgrößen.

50. Ermittlung mit Hilfe der Knoteneinflußwerte.

Die Kenntnis der Knoteneinflußwerte einer Rostgröße ist in der Regel ausreichend, um die Form der Einflußfläche und die beiläufige Lage der Längs- und Querlastscheidelinien der vereinfachten ungünstigsten Belastung festzustellen. Um die Lage dieser Linien genauer zu bestimmen, genügt es, die Einflußordinaten in einem oder zwei Zwischenpunkten der betreffenden Knotenfelder, wie in § 5 Abs. 16 angegeben, zu berechnen. Die Stellen der positiven und negativen Größtwerte der Einflußordinaten sind entweder aus Erfahrung von vornherein bekannt oder auf Grund der Knoteneinflußwerte leicht aufzufinden. Ist die ungünstigste Belastung des Rostes auf diese Weise festgelegt, so ermittelt man nach § 15 Abs. 46 die Knotenersatzlasten $R_{\bar{x}\bar{y}}$ sämtlicher belasteter Längs- und Querträger infolge dieser Belastung. Da alle Knoteneinflußwerte bereits bekannt sind, so erhält man den Maximalwert der Rostgröße aus den Gl. (10), § 15.

Dieses Verfahren erfordert in der Regel einen wesentlich geringeren Rechenaufwand als die Verwendung der Einflußfläche und ist vor allem dann anzuwenden,

1. wenn die Querlastscheidelinien der vereinfachten ungünstigsten Belastung von vornherein nicht bekannt sind, wie dies bei der in Abs. 49 angegebenen zweiten Belastungsart der Fall ist und
2. wenn die Knotenersatzlasten $R_{\bar{x}\bar{y}}$ nicht in der Form $R_{\bar{x}} \cdot R_{\bar{y}}$ darstellbar sind.

In den übrigen, in 1. und 2. nicht enthaltenen Fällen hingegen ist das folgende Verfahren zweckmäßiger.

51. Ermittlung mit Hilfe der Quereinflußlinien.

Dieses Verfahren setzt zunächst voraus, daß die querlaufenden Lastscheidelinien der vereinfachten ungünstigsten Belastung (Abs. 49), sowie auch die Lage der größten Einflußordinaten in Längsrichtung bereits bekannt sind. Infolgedessen kann man die ungünstigste Belastungsart, also z. B. bei Straßenbrücken sowohl die Stellung der Sonderlasten als auch die der anschließenden Gleichlasten, in der Längsrichtung von vornherein angeben. Wie weit diese Belastung in der Querrichtung zu erstrecken ist, ergibt das Verfahren selbst.

Weiters wird vorausgesetzt, daß sich die Belastung in der Längsrichtung so in einzelne Abschnitte teilen läßt, daß innerhalb jedes Abschnittes Einzellasten $P_{\bar{\xi}\bar{\eta}}$ in der Form:

$$P_{\bar{\xi}\bar{\eta}} = P_{\bar{\xi}} \cdot P_{\bar{\eta}} \qquad (1)$$

oder Gleichlasten $p_{\bar{\xi}\bar{\eta}}$ in der Form:

$$p_{\bar{\xi}\bar{\eta}} = p_{\bar{\xi}} \cdot p_{\bar{\eta}} \qquad (2)$$

darstellbar sind. Müssen in derartigen Lastabschnitten Knotenersatzlasten $R_{\bar{x}\bar{y}}$ ermittelt werden, so können auch diese immer in der Form:

$$R_{\bar{x}\bar{y}} = R_{\bar{x}} \cdot R_{\bar{y}} \qquad (3)$$

entwickelt werden.

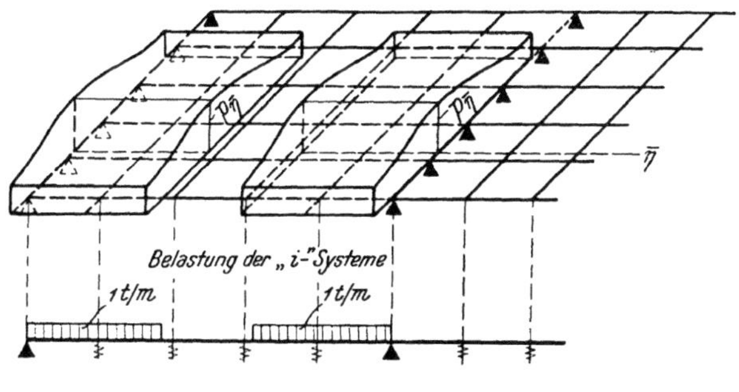

Abb. 56.

Die angeführten Voraussetzungen hinsichtlich der Belastung sind in der Praxis zumeist erfüllt. Ein einfacher Fall dieser Art liegt vor, wenn $p_{\bar{x}} = 1$ ist, wenn also die maßgebende Belastung eines Rostfeldes aus gleichmäßig verteilten Lasten $p_{\bar{\eta}}$ besteht, die sich in Längsrichtung ganz oder teilweise über das Feld erstrecken und in Querrichtung beliebig veränderlich sind (Abb. 56). Einen anderen häufigen Fall, und zwar für Straßenbrücken mit einer kleineren Spannweite als 30 m, stellt Abb. 57 dar. Die Einzellasten sind die Raddrücke der an

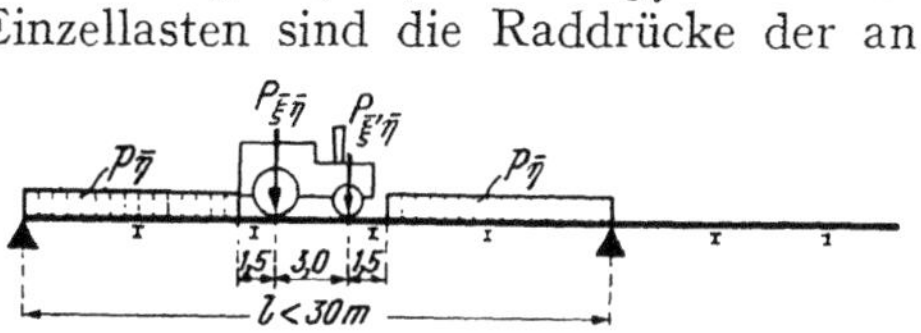

Abb. 57.

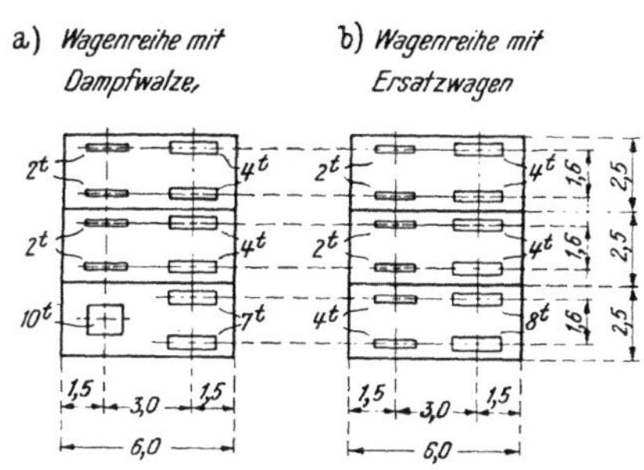

Abb. 58.

ungünstigster Stelle stehenden Sonderlasten, d. s. die Dampfwalze und die beiderseits hiervon in Querrichtung angereihten schweren Lastkraftwagen. In Längsrichtung schließen beiderseits der Sonderlasten bis zu den querlaufenden Lastscheidelinien des Rostfeldes Gleichlasten mit oder ohne Stoßkoeffizienten an. Ersetzt man die vorschriftsmäßigen, in Abb. 58a angegebenen Lasten der Dampfwalze durch jene etwas ungünstigeren Lasten der Abb. 58b, so kann man den gesamten Belastungsfall in zwei Längsabschnitte, Abb. 56 und 59 zerlegen, welche die oben erwähnten Gesetzmäßigkeiten zeigen. Bei Straßenbrücken mit mehr als 30 m Spannweite dürfen die Sonderlasten bekanntlich durch Gleichlasten ersetzt werden (Abb. 60a). In diesem Fall kann man die Gesamtlasten ohne

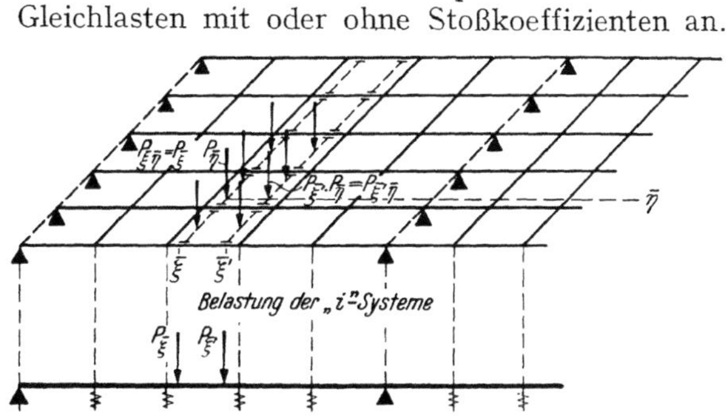

Abb. 59.

Änderung in zwei Lastabschnitte obiger Gesetzmäßigkeit zerlegen. Zweckmäßig wählt man hierbei, wie Abb. 60b zeigt, als ersten Lastabschnitt die außerhalb der Sonderlasten befindlichen Gleichlasten $p_{M\bar{\eta}}$, jedoch unter der Annahme, daß sich diese in X-Richtung über den ganzen maßgebenden Feldbereich erstrecken. Als zweiten Lastabschnitt erhält man dann im Bereich der Sonderlasten Gleichlasten im Differenzbetrage $(p_{S\bar{\eta}} - p_{M\bar{\eta}})$, wobei $p_{S\bar{\eta}}$ die vorgeschriebene Ersatzlast für die einzelnen Sonderfahrzeuge bedeutet.

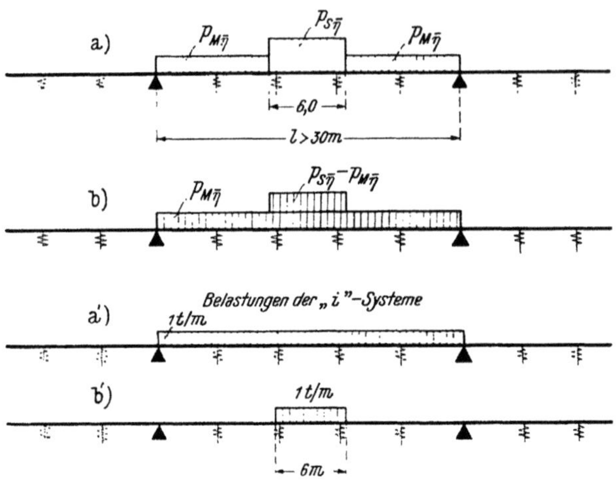

Abb. 60.

Wir untersuchen nun den Rost für eine Belastung nach Gl. (1) oder (2), deren Stellung in der Längsrichtung des Rostes gegeben ist, während ihre Stellung in der Querrichtung so bestimmt werden soll, daß die gesuchte Rostgröße, z. B. $S_{\xi y}$ einen Größtwert erlangt. Zu diesem Zwecke bilden wir aus den Lastanteilen $P_{\bar{\xi}}$ oder $p_{\bar{\xi}}$ einen längs angeordneten „Einheitslastenzug L" und berechnen die verschiedenen Werte von $S_{\xi y}$, wenn dieser Lastenzug quer über den Rost wandert. Befindet er sich in der Stellung $\bar{\eta}$, so möge $S_{\xi y}$ den Wert $\sigma_{\xi y, L\bar{\eta}}$ annehmen. Trägt man in einem Rostquerschnitt zu jedem $\bar{\eta}$ den zugehörigen Wert von $\sigma_{\xi y, L\bar{\eta}}$ auf, so erhält man die *„Quereinflußlinie der Rostgröße für den Einheitslastenzug L"* (Abb. 61 und 62).

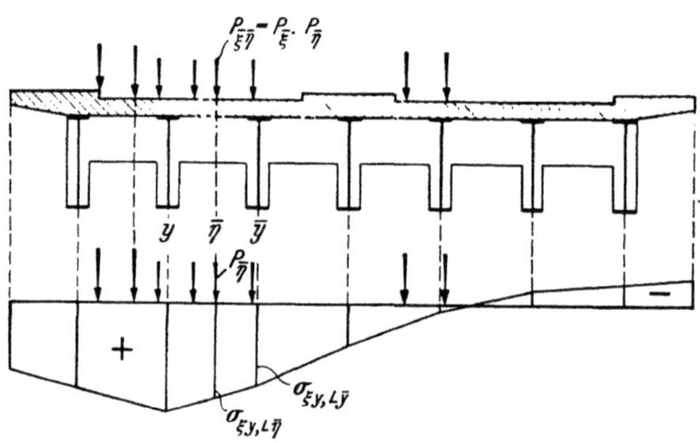

Abb. 61. Quereinflußlinie für den Einheitslastenzug $L = P_{\bar{\xi}}$

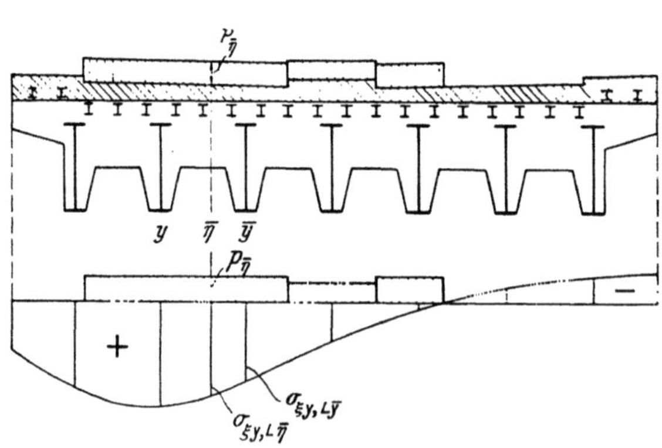

Abb. 62. Quereinflußlinie für die Einheitsbelastung $L = 1$ t/m

Um eine Quereinflußlinie zu erhalten, bestimmt man zuerst die Ordinaten derselben am Orte der Knoten $\bar{y} = 0, 1, \ldots, m$, wenn sich also der Einheitslastenzug L über den Längsträgern $\bar{y} = 0, 1, \ldots, m$ befindet. Ist die gesuchte Rostgröße eine statische Längsträgergröße $S_{\xi y}$, so gewinnt man diese Ordinaten aus:

$$\sigma_{\xi y, L\bar{y}} = \sum_{i=0}^{m} S^i_{\xi L}\, v^i_{\bar{y}}\, v^i_y\, \gamma_\nu \tag{4}$$

Handelt es sich hingegen um ein Querträgermoment $\overline{M}_{xy}$, so gilt:

$$\bar{\mu}_{xy, L\bar{y}} = a \cdot \sum_{i=2}^{m} C^i_{xL}\, v^i_{\bar{y}}\, \frac{w^i_y}{\lambda^i} \tag{5}$$

$S^i_{\xi L}$ und C^i_{xL} bedeuten hierbei die statische Größe S^i_ξ und den elastischen Stützendruck C^i_x in den i-Systemen infolge der Belastung mit dem Einheitslastenzug L.

Werden Lasten zwischen den Längsträgern durch die Zwischenkonstruktion unmittelbar auf die Längsträger übertragen, so erhält man Zwischenordinaten der Quereinflußlinien durch geradlinige Verbindung der Werte in den Knoten; die Quereinflußlinien sind also in diesem Falle Polygone (Abb. 61). Wird die Belastung hingegen zunächst auf die Querträger übertragen, so müssen die Ordinaten für Stellungen des Lastenzuges L zwischen den Längsträgern nach dem in § 15 Abs. 46 beschriebenen Verfahren mit Hilfe der Knotenersatzlasten $R_{\bar{\eta}\bar{y}}$ berechnet werden; die Quereinflußlinien sind dann gekrümmte Linien (Abb. 62).

Mittels der Quereinflußlinien kann nunmehr die ungünstigste Stellung der Belastung in der Querrichtung festgelegt werden. Man geht hierbei so wie bei gewöhnlichen Einflußlinien vor, wobei die Lastanteile $P_{\bar{\eta}}$ bzw. $p_{\bar{\eta}}$ der Gl. (1) u. (2) die Belastungswerte der Quereinflußlinie darstellen. Ist die Stellung gefunden, so erhält man die gesuchte Rostgröße, wenn die Belastung durch Einzellasten $P_{\xi\bar{\eta}}$ gebildet wird, aus:

$$S_{\xi y, P} = \sum_{\bar{\eta}} P_{\bar{\eta}} \cdot \sigma_{\xi y, L\bar{\eta}}; \qquad \overline{M}_{xy, P} = \sum_{\bar{\eta}} P_{\bar{\eta}} \cdot \bar{\mu}_{xy, L\bar{\eta}} \tag{6}$$

oder wenn eine Gleichlast $p_{\xi\bar{\eta}}$ vorliegt, aus:

$$S_{\xi y, P} = \int_{\bar{\eta}} p_{\bar{\eta}} \cdot \sigma_{\xi y, L\bar{\eta}}\, d\bar{\eta}; \qquad \overline{M}_{xy, P} = \int_{\bar{\eta}} p_{\bar{\eta}} \cdot \bar{\mu}_{xy, L\bar{\eta}}\, d\bar{\eta} \tag{7}$$

Die Ermittlung der Quereinflußlinien geht verhältnismäßig rasch vonstatten, wenn die Belastung durch die Zwischenkonstruktion unmittelbar auf die Längsträger übertragen wird; denn in diesem Fall sind z. B. die Quereinflußlinien von $S_{\xi y}$ nach Berechnung der Ordinaten $\sigma_{\xi y, L\bar{y}}$ am Orte der Längsträger vollständig festgelegt (Abb. 61). Weiters ist auch die Auswertung derartiger Einflußlinien äußerst einfach. Aber auch in vielen Fällen, in denen die Belastung zunächst auf die Querträger übertragen wird, genügt bereits die Kenntnis der Ordinaten $\sigma_{\xi y, L\bar{y}}$ am Orte der Längsträger, um den Bereich der größten Ordinaten und die beiläufige Lage des Nullpunktes einer Quereinflußlinie festzustellen. Hiermit kann auch bereits die ungünstigste Stellung der Belastung in der Querrichtung angegeben werden. Man gelangt dann meist rascher zum Ziel, wenn man von der genauen Bestimmung der Form der Quereinflußlinie durch Berechnung von Ordinaten $\sigma_{\xi y, L\bar{\eta}}$ zwischen den Längsträgerorten absieht. Man ermittelt vielmehr zu der ungünstigst aufgestellten Belastung $P_{\bar{\eta}}$ oder $p_{\bar{\eta}}$ die Knotenersatzlasten $R_{\bar{y}}$ des Querträgers als Durchlaufträger auf festen Stützen und erhält hierauf die gesuchte Rostgröße, z. B. $S_{\xi y}$ aus:

$$S_{\xi y, P} = \sum_{\bar{y}} R_{\bar{y}} \cdot \sigma_{\xi y, L\bar{y}}\,. \tag{8}$$

Die nach Abs. 49 vereinfachte ungünstigste Belastung eines Rostes wird im allgemeinen durch die aufeinanderfolgenden querlaufenden Lastscheidelinien in einzelne Längsabschnitte zerlegt, in denen unterschiedliche Stellungen der Belastung in der Querrichtung des Rostes maßgebend sind. Infolgedessen muß für jeden zwischen zwei querlaufenden Lastscheidelinien gelegenen Lastabschnitt eine eigene Quereinflußlinie bestimmt werden. Eine durchlaufende Rostbrücke ist sonach unter Belastung je eines Rostfeldes zu untersuchen. Gelten in einem Rostfeld für einzelne Längsabschnitte unterschiedliche Werte der Gl. (1) oder (2), so ist für jeden Abschnitt gesondert eine Quereinflußlinie zu ermitteln.

Die Quereinflußlinien ergeben im allgemeinen den kürzesten Weg, um den Größtwert einer Rostgröße zu finden. Ihre Anwendung ist an die eingangs angeführten Voraussetzungen gebunden. Mit Rücksicht darauf, daß die querlaufenden Lastscheidelinien bekannt sein müssen, kommen für dieses Verfahren vorwiegend jene Rostgrößen in Betracht, für welche die in Abs. 49 beschriebene erste Belastungsart maßgebend ist, d. s. also alle jene auf S. 83 aufgezählten Größen, deren querlaufende Lastscheidelinien mit den Auflagerlinien des Rostes zusammenfallen. Aber auch für Größen der zweiten Belastungsart, bei denen eine querlaufende Lastscheidelinie im Rostfelde des Bezugsortes liegt, kann das vorbeschriebene Verfahren zweckmäßig sein, wenn es gelingt, durch eine kurze Vorberechnung oder durch eine zulässige Näherungsannahme die Lage dieser Linie genau genug festzustellen.

Die Anwendung der in Abs. 50 und 51 entwickelten Verfahren zur Ermittlung der Maximalwerte von Rostgrößen wird in § 18 an je einem Beispiel gezeigt, und zwar verwendet das erste Beispiel das Verfahren der Quereinflußlinien, das zweite Beispiel das Verfahren der Knoteneinflußwerte.

§ 17. Näherungsweise Berechnung eines Rostes mit veränderlichen Trägheitsmomenten der Längsträger.

52. Entwicklung des Verfahrens für feldweise Belastungen.

Besitzen die Längsträger eines Rostes mit zahlreichen Querscheiben längs ξ veränderliche Trägheitsmomente, so wird die genaue Auflösung der i-Systeme Abschnitt III, § 13 umständlich. Das nachstehende Näherungsverfahren, das in den meisten Fällen ausreichend genaue Ergebnisse liefert, vermindert den Rechenaufwand und gestattet vor allem die Benützung der Tafeln in § 19.

Wir ersetzen das tatsächliche Längsträgersystem „L_V" mit den veränderlichen Trägheitsmomenten J_ξ derart durch ein Längsträgersystem „L_E" mit feldweise konstanten Trägheitsmomenten J_k, daß in beiden Systemen bei Vollbelastung je eines Längsträgerfeldes die Durchbiegungen in Mitte des belasteten Feldes einander gleich werden. Dies ergibt ebensoviele Bedingungen als Längsträgerfelder und mithin unbekannte Ersatzträgheitsmomente J_k vorhanden sind; aus diesen Bedingungen können also die Trägheitsmomente J_k des Längsträgersystems L_E ermittelt werden. Die statischen Größen der beiden Systeme sind, insoweit es sich um statisch unbestimmte Systeme, also z. B. um Durchlaufträger handelt bei gleicher Belastung verschieden.

Wir stellen nun dem tatsächlichen Rost „R_V" einen Ersatzrost „R_E" gegenüber, den wir erhalten, indem wir die Längsträger „L_{Vy}" mit den veränderlichen Trägheitsmomenten $J_{\xi y} = J_\xi \cdot \gamma_y$ durch die Längsträger „L_{Ey}" mit den feldweise konstanten Trägheitsmomenten $J_{ky} = J_k \cdot \gamma_y$ ersetzen. Wir können dann annehmen, daß im tatsächlichen Rost R_V und im Ersatzrost R_E unter gleichen, in Längsrichtung gleichmäßig über ein Rostfeld erstreckten Belastungen:

1. die Durchbiegungen des Rostes im Bereich der Feldmitten,

2. die Biegungsmomente der Querträger in oder neben den Feldmitten des Rostes und

3. die Querverteilungszahlen aller jener statischen Längsträgergrößen näherungsweise einander gleich sind, deren Einflußflächen im belasteten Feld längs „ξ"-Ordinaten mit gleichem Vorzeichen aufweisen.

Für eine derartige Längsträgergröße gilt also nach den Entwicklungen des Abs. 42 bei Belastung des Rostfeldes l_k der Näherungsansatz:

$$[(q\,s)_{\xi y,pk}]_V = [(q s)_{\xi y,pk}]_E \quad \text{oder} \quad \left[\frac{S_{\xi y,pk}}{\mathfrak{S}_{\xi,pk}}\right]_V = \left[\frac{S_{\xi y,pk}}{\mathfrak{S}_{\xi,pk}}\right]_E. \tag{1}$$

Hierin bedeuten:

$[S_{\xi y,pk}]_V$ bzw. $[S_{\xi y,pk}]_E$ eine der oben definierten statischen Größen des Längsträgers y an der Stelle ξ im Rost R_V bzw. R_E unter der gleichen, in Längsrichtung vollen Belastung p des Rostfeldes l_k, weiters

$[\mathfrak{S}_{\xi,pk}]_V$ bzw. $[\mathfrak{S}_{\xi,pk}]_E$ die zugehörige statische Gesamtgröße des Querschnittes ξ im Rost R_V bzw. R_E; die beiden Größen gleichen der entsprechenden statischen Größe $[\mathfrak{S}_\xi]_V$ und $[\mathfrak{S}_\xi]_E$ im Längsträgersystem L_V und L_E, wenn diese mit den gesamten Lasten des Rostfeldes l_k belastet werden; schließlich bedeuten

$[(q s)_{\xi y,pk}]_V$ bzw. $[(q s)_{\xi v,pk}]_E$ die entsprechenden Querverteilungszahlen im Rostsystem R_V bzw. R_E.

Aus Gl. (1) folgt:

$$[S_{\xi y,pk}]_V = \frac{[\mathfrak{S}_{\xi,pk}]_V}{[\mathfrak{S}_{\xi,pk}]_E} \cdot [S_{\xi y,pk}]_E\,. \tag{2}$$

Hierfür können wir auch schreiben:

$$[S_{\xi y,pk}]_V = \frac{[F_{\xi k}]_V}{[F_{\xi k}]_E} \cdot [S_{\xi y,pk}]_E \tag{3}$$

wobei $[F_{\xi k}]_V$ und $[F_{\xi k}]_E$ die Einflußflächen von $[\mathfrak{S}_\xi]_V$ und $[\mathfrak{S}_\xi]_E$ im Felde l_k bedeuten. Hierbei zeigen die Einflußlinien der hier in Betracht kommenden statischen Größen $\mathfrak{S}_\xi$ im ganzen Feld l_k stets Ordinaten mit gleichem Vorzeichen (siehe z. B. Abb. 63).

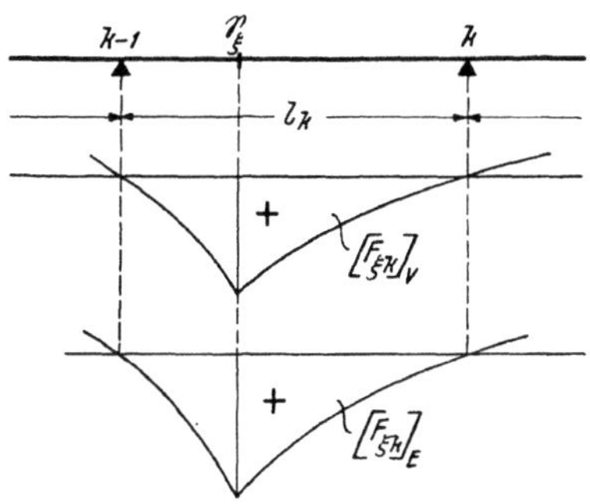

Abb. 63.

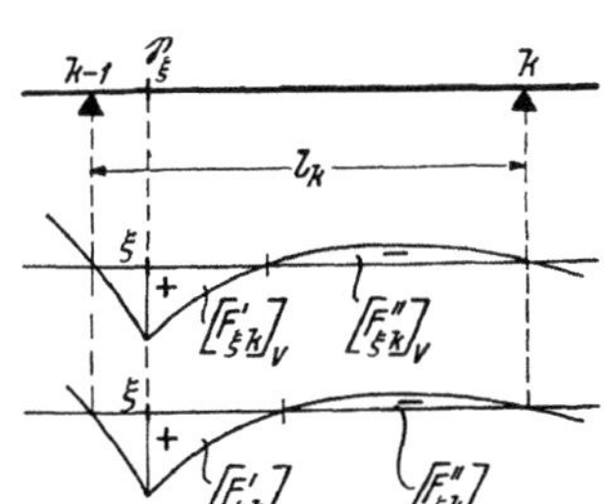

Abb. 64.

Wir haben bisher jene statischen Längsträgergrößen $S_{\xi y}$ im Roste R_V und R_E ausgenommen, deren Einflußflächen im belasteten Rostfeld l_k längs ξ Ordinaten ungleichen Vorzeichens aufweisen. Ebenso zerfallen auch die im belasteten Feld l_k gelegenen Einflußlinien der zugehörigen statischen Größen $[\mathfrak{S}_\xi]_V$ und $[\mathfrak{S}_\xi]_E$ in einen links- und rechtsseitigen Bereich ungleichen Vorzeichens (siehe z. B.

Abb. 64). Um das Näherungsverfahren auch für derartige Längsträgergrößen anwenden zu können, machen wir folgenden Ansatz:

$$[S_{\xi y,pk}]_V = \frac{\frac{[F'_{\xi k}]_V}{[F'_{\xi k}]_E}\cdot[F'_{\xi k}]_V + \frac{[F''_{\xi k}]_V}{[F''_{\xi k}]_E}\cdot[F''_{\xi k}]_V}{[F'_{\xi k}]_V + [F''_{\xi k}]_V}\cdot[S_{\xi y,pk}]_E \tag{4}$$

wobei wir mit $[F'_{\xi k}]$ bzw. $[F''_{\xi k}]$ den links- bzw. rechts der Lastscheide gelegenen Teil der Einflußfläche von $[\mathfrak{S}_\xi]_V$ und $[\mathfrak{S}_\xi]_E$ im Felde l_k bezeichnen (Abb. 64). Damit die durch diesen Ansatz bedingte Näherung für $[S_{\xi y,pk}]_V$ mit Sicherheit größere Werte als die genauen ergibt, führen wir schließlich, wenn

$$\frac{[F'_{\xi k}]_V}{[F'_{\xi k}]_E} < 1 \quad \text{oder} \quad \frac{[F''_{\xi k}]_V}{[F''_{\xi k}]_E} < 1$$

ist, statt dieser Quotienten den Wert 1 in Gl. (4) ein.

Gl. (4) ist naturgemäß dann nicht anzuwenden, wenn eine derartige Längsträgergröße durch benachbarte Größen desselben Längsträgers bereits eindeutig festgelegt ist und die Werte dieser Größen aus Gl. (3) ermittelt sind.

53. Bestimmung der Maximalwerte von Rostgrößen.

Wir beschäftigen uns vorerst ausschließlich mit Belastungen des Rostfeldes l_k. Gemäß Abs. 49 erstreckt sich die ungünstigste Belastung zahlreicher Rostgrößen in Längsrichtung über das ganze Feld l_k (siehe z. B. Abb. 54). Wir haben diese Größen im Abs. 49 unter der Überschrift „1. Belastungsart" aufgezählt. Weiters bestehen die üblichen Rostbelastungen zum größten Teil aus gleichmäßig verteilten Lasten, während die örtlichen Sonderlasten im allgemeinen nur einen verhältnismäßig geringeren Beitrag zu den Maximalwerten dieser Rostgrößen liefern: Infolgedessen wird das im vorstehenden Absatz für feldweise Gleichlasten entwickelte Näherungsverfahren auch für die Maximalwerte dieser Rostgrößen recht brauchbare Ergebnisse erzielen. Wir können also die größten Durchbiegungen in den Feldmitten des Rostes R_V, sowie die größten Biegungsmomente der Querträger im Bereich der Feldmitten infolge der ungünstigen Belastung des Feldes l_k den entsprechenden Werten im Ersatzrost R_E gleichsetzen. Ferner gewinnen wir die Maximalwerte $\max\,[S_{\xi y,Pk}]_V$ jener Längsträgergrößen, für die Vollbelastungen des Feldes l_k in Längsrichtung als ungünstigste Belastung maßgebend ist, gemäß Gl. (3) aus:

$$\max\,[S_{\xi y,Pk}]_V = \frac{[F_{\xi k}]_V}{[F_{\xi k}]_E}\cdot\max\,[S_{\xi y,Pk}]_E\,. \tag{5}$$

Hierbei ist $\max\,[S_{\xi y,Pk}]_E$ der entsprechende Maximalwert im Ersatzrost R_E. $[F_{\xi k}]_V$ bzw. $[F_{\xi k}]_E$ haben die in Gl. (3) angeführte Bedeutung, unabhängig davon, ob die ungünstigste Belastung des Feldes l_k nur aus Gleichlasten oder auch aus zusätzlichen Sonderlasten besteht. Durch diesen Ansatz bleibt, wenn die Belastung des Feldes l_k, wie z. B. im Abs. 51, in mehrere Längsabschnitte zerlegt und jeder Lastabschnitt für sich behandelt wird, das Gesetz der Superposition gewahrt.

Bei jenen Längsträgergrößen, die wir im Abs. 49 unter der Überschrift „2. Belastungsart" aufgezählt haben, teilt eine querlaufende Lastscheidelinie die ungünstigste Belastung des Feldes l_k in zwei links und rechts der Lastscheidelinie gelegene Lastbereiche, die sich in Querrichtung über unterschiedliche Teile der Rostbreite erstrecken, wie z. B. die Belastung des Mittelfeldes in Abb. 55. Es mögen $\max\,[S'_{\xi y,Pk}]_V$ bzw. $\max\,[S''_{\xi y,Pk}]_V$ die Maximalwerte einer derartigen Längsträgergröße im Roste R_V unter der links bzw. rechts der Lastscheidelinie gelegenen ungünstigen Belastung des Feldes l_k, $\max\,[S'_{\xi y,Pk}]_E$ bzw. $\max\,[S''_{\xi y,Pk}]_E$ die entsprechenden Werte im Roste R_E bezeichnen. Zwischen diesen Größen führen wir folgenden Näherungsansatz ein:

$$\left.\begin{aligned} \max\,[S'_{\xi y,Pk}]_V &= \frac{[F'_{\xi k}]_V}{[F'_{\xi k}]_E}\cdot \max\,[S'_{\xi y,Pk}]_E \\ \max\,[S''_{\xi y,Pk}]_V &= \frac{[F''_{\xi k}]_V}{[F''_{\xi k}]_E}\cdot \max\,[S''_{\xi y,Pk}]_E \end{aligned}\right\} \quad (6)$$

Die Werte $[F']$ und $[F'']$ sind uns aus Gl. (4) bereits bekannt. Aus Gründen, die wir bereits im vorangegangenen Absatz angegeben haben, führen wir wieder, wenn die Quotienten von F' oder $F'' < 1$ sind, statt dieser Werte den Wert 1 ein.

Erstreckt sich die ungünstige Belastung einer Rostgröße über mehrere Rostfelder, so wird die Belastung jedes Feldes für sich behandelt.

Durch das soeben entwickelte Nährungsverfahren ist die Berechnung eines Rostes mit veränderlichen Längsträgerträgheitsmomenten auf die Berechnung eines Rostes mit feldweise konstanten Längsträgerträgheitsmomenten zurückgeführt. Hierdurch ist auch die Untersuchung der Systeme $i = 0, 1, \ldots, m$ mit veränderlichen Trägheitsmomenten auf solche mit feldweise konstanten Trägheitsmomenten zurückgeführt. Die zugehörigen i-Systeme sind an und für sich einfacher: überdies enthält Abschnitt III Formeln und § 19 Tafeln für die wichtigsten Größen dieser i-Systeme, wodurch die Rechenarbeit wesentlich abgekürzt wird. Von dem gegebenen Rost R_V benötigt man nur mehr die Einflußlinien der statischen Größen des für sich betrachteten Längsträgersystems L_V mit veränderlichen Trägheitsmomenten.

Die Anwendung des Näherungsverfahrens ist im 2. Beispiel des § 18 gezeigt.

§ 18. Beispiele.

54. Erstes Beispiel.

1. Allgemeine Angaben.

Gegeben sei eine einfeldrige Reichsautobahnbrücke (Abb. 65), mit einer Stützweite von $l = 60$ m. Das rostartig ausgebildete Tragwerk besteht aus vier gleichen Hauptträgern, die in Abständen $a_1 = a_3 = 6{,}00$ m und $a_2 = 8{,}00$ m liegen, und aus gleichen Querscheiben von $e = 6{,}00$ m Verlagsweite; somit ist $n = l/e = 10$.

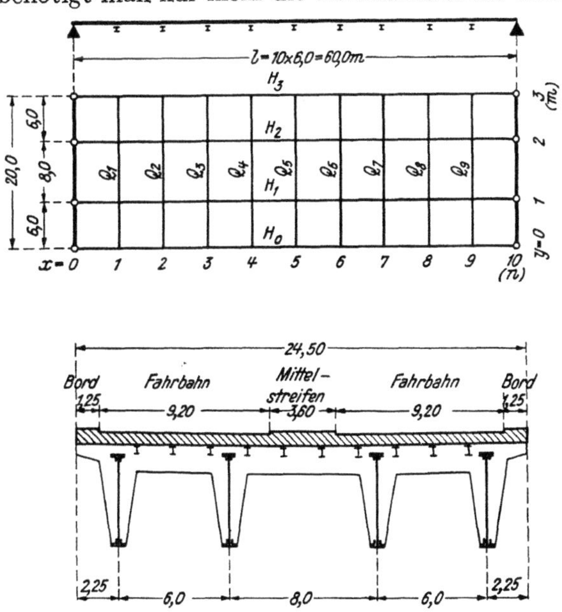

Abb. 65.

Die Trägheitsmomente der Hauptträger und Querscheiben werden in die Berechnung mit konstanten Mittelwerten J und $\bar{J}$ eingeführt; das Verhältnis der beiden wird mit

$$\bar{J}/J = 0{,}015$$

angenommen. Aus diesen Angaben folgen

für die Verhältniswerte der Verlagsweiten der Hauptträger ($a_y = \alpha_y \cdot a$), wenn wir $a = 8{,}00$ m ansetzen:

$$\alpha_1 = \alpha_3 = \frac{6{,}00}{8{,}00} = \frac{3}{4}; \qquad \alpha_2 = 1{,}00$$

für die Verhältniswerte der Trägheitsmomente der Hauptträger ($\gamma_y = J_{\xi y} : J_\xi$):

$$\gamma_y = 1{,}00$$

für die Verhältniswerte der Trägheitsmomente der Querscheiben ($j_x \cdot j_y = \bar{J}_{xy} : \bar{J}$):

$$j_x = j_y = 1{,}00$$

folglich für $k_y = \alpha_y / j_y$:

$$k_1 = k_3 = 3/4; \qquad k_2 = 1{,}00$$

schließlich für den Kennwert der Querverteilung:

$$\Phi = \frac{n\bar{J}}{J} \cdot \left(\frac{l}{a}\right)^3 = 10 \cdot 0{,}015 \cdot \left(\frac{60{,}0}{8{,}0}\right)^3 = 63{,}3\,.$$

2. Ermittlung der Eigenwerte λ^i und Eigenlösungen $\overset{i}{v}_y, \overset{i}{w}_y$.

Da für $y = 1$ und $3 : \alpha_y \neq 1$ ist, so sind die Zahlenwerte der Zahlentafel 2 hier nicht gültig; wir müssen daher die Eigenwerte und Eigenlösungen neu berechnen. Die in § 8, Abs. 22 angegebenen Gleichungen ergeben für $i = 0$

$$\lambda^0 = 0, \quad w_y^0 = 0 \quad N^2 = 4, \quad N = 2 \quad v_y^0 = 0{,}500\,000$$

für $i = 1$ wird

$$\lambda^1 = 0, \quad w_y^1 = 0 \quad 1/2 \sum_{\bar{y}=1}^{m} \alpha_{\bar{y}} = 1/2\,(3/4 + 1 + 3/4) = 5/4$$

sonach

$$\begin{aligned} \bar{v}_0^1 &= -\bar{v}_3^1 = 5/4 \\ \bar{v}_1^1 &= -\bar{v}_2^1 = 5/4 - 3/4 = 2/4 \\ N^2 &= 2\,(5/4 \cdot 5/4 + 2/4 \cdot 2/4) = 58/16 \\ v_0^1 &= -v_3^1 = \bar{v}_0^1/N = 5/\sqrt{58} = 0{,}656\,532 \\ v_1^1 &= -v_2^1 = \bar{v}_1^1/N = 2/\sqrt{58} = 0{,}262\,613 \end{aligned}$$

für $i = 2$ wird nach § 8, Abs. 22 zunächst mit den vorgegebenen Werten

$$\begin{aligned} &\alpha_1 = \alpha_3 = 3/4 \quad \alpha_2 = 1 && \text{und} \quad \varepsilon_0 = \varepsilon_1 = \varepsilon_2 = \varepsilon_3 = 1: \\ &\nu_1 = \varepsilon_1/\alpha_1\alpha_2 = 4/3 && \text{und} \quad \nu_2 = \varepsilon_2/\alpha_2\alpha_3 = 4/3 \\ &\mu_1 = (\varepsilon_0 + \varepsilon_1)/\alpha_1^2 = 32/9 && \text{und} \quad \mu_2 = (\varepsilon_1 + \varepsilon_2)\,\alpha_2^2 = 2 \\ &\mu_3 = \mu_1 = 32/9\,. \end{aligned}$$

Damit lautet das Gleichungssystem (2) des § 8, Abs. 22, welches sich in diesem Falle wegen $w_1 = w_2$ und $w_3 = 0$ auf eine einzige Gleichung reduziert

$$[\psi\,(2\,k_1 + 3\,k_2) - \mu_1 - \nu_1 + \nu_2]\,w_1 = 0 \qquad \text{oder}$$

$$[\psi\,(2 \cdot 3/4 + 3) - 32/9 - 4/3 + 4/3]\,w_1 = 0$$

$$\psi = 64/81, \quad \lambda = 6\,\psi = 4{,}740741\,.$$

Der weitere Rechnungsgang verläuft ebenso wie in § 8, Abs. 23; nur ist $\Delta(\bar{w})$ in unserem Falle durch $\Delta(\bar{w}/\alpha)$ zu ersetzen. Mit $\bar{w}_1 = 1$ und auch $\bar{w}_2 = 1$ ergibt sich

$$\Delta(\bar{w}_0/\alpha) = \Delta(\bar{w}_3/\alpha) = \bar{w}_1/\alpha_1 = 4/3 \qquad \bar{v}_0 = -4/3$$

$$\Delta\left(\frac{\bar{w}_1}{\alpha}\right) = \Delta\left(\frac{\bar{w}_2}{\alpha}\right) = -\frac{\bar{w}_1}{\alpha_1} - \frac{\bar{w}_1 - \bar{w}_2}{\alpha_2} = -\frac{1}{3/4} - \frac{1-1}{1} = -4/3$$

$$\bar{v}_1 = +4/3$$

$$N^2 = -2\,[\bar{v}_0\,\Delta\,(\bar{w}_0/\alpha) + \bar{v}_1\,\Delta\,(\bar{w}_1/\alpha)] = 2\,(4/3 \cdot 4/3 + 4/3 \cdot 4/3) = 64/9$$
$$N = 8/3$$
$$v_0 = v_3 = \bar{v}_0/N = -\tfrac{4}{3}/\tfrac{8}{3} = -0{,}500\,000$$
$$v_1 = v_2 = \bar{v}_1/N = \tfrac{4}{3}/\tfrac{8}{3} = +0{,}500\,000$$
$$w_1 = w_2 = \frac{\lambda}{N}\,\bar{w}_1 = 4{,}740\,741/\tfrac{8}{3} = 1{,}777\,778\,.$$

Für $i = 3$ ergibt sich wegen $w_1 = -w_2$ und $w_3 = 0$ als einzige Gleichung des Gleichungssystems (2) des § 8, Abs. 22:

$$[\psi\,(2\,k_1 + k_2) - \mu_1 - 3\,\nu_1 - 2\,\mu_2 - \nu_2]\,w_1 = 0 \qquad \text{oder}$$
$$[\psi\,(2 \cdot 3/4 + 1) - 32/9 - 3 \cdot 4/3 - 2 \cdot 2 - 4/3]\,w_1 = 0\,, \qquad \text{also}$$
$$\psi = 232/45 \qquad \text{und} \qquad \lambda = 6\,\psi = 464/15 = 30{,}933\,333\,.$$

Jetzt ist $\Delta\,(\bar{w}_0/\alpha) = -\Delta\,(\bar{w}_3/\alpha) = 4/3, \quad \bar{v}_0 = -4/3$

$$\Delta\,(\bar{w}_1/\alpha) = -\Delta\,(\bar{w}_2/\alpha) = -4/3 - 2 = -10/3, \quad \bar{v}_1 = 10/3$$
$$N^2 = 2\,(4/3 \cdot 4/3 + 10/3 \cdot 10/3) = 232/9 \qquad N = \sqrt{232}/3$$
$$v_0 = -v_3 = \bar{v}_0/N = -4/3 \cdot 3/\sqrt{232} = -0{,}262\,613$$
$$v_1 = -v_2 = \bar{v}_1/N = 10/3 \cdot 3/\sqrt{232} = 0{,}656\,532$$
$$w_1 = -w_2 = \frac{\lambda}{N}\,\bar{w}_1 = 464/15 \cdot 3/\sqrt{232} = 6{,}092\,618$$

Zusammenstellung der Werte v_y^i, w^i und λ^i.

i	λ^i	v_y^i				w_y^i	
		$y = 0$	$y = 1$	$y = 2$	$y = 3$	$y = 1$	$y = 2$
0	0	*+0,500 000*	+0,500 000	+0,500 000	+0,500 000	*0*	0
1	*0*	*+0,656 532*	*+0,262 613*	−0,262 613	−0,656 532	*0*	0
2	*4,740 741*	*+0,500 000*	*−0,500 000*	−0,500 000	+0,500 000	*−1,777 778*	−1,777 778
3	*30,933 333*	*+0,262 613*	*−0,656 532*	+0,656 532	−0,262 613	*−6,092 618*	+6,092 618

Produkte $v_{\bar{y}}^i \cdot v_y^i$:

	i	$\bar{y} = 0$	$\bar{y} = 1$	$\bar{y} = 2$	$\bar{y} = 3$
$y = 0$	0	*+0,250 000*	+0,250 000	+0,250 000	+0,250 000
	1	*+0,431 034*	*+0,172 414*	−0,172 414	−0,431 034
	0 + 1	*+0,681 034*	*+0,422 414*	*+0,077 586*	*−0,181 034*
	2	*+0,250 000*	*−0,250 000*	−0,250 000	+0,250 000
	3	*+0,068 966*	*−0,172 414*	+0,172 414	−0,068 966
$y = 1$	0	+0,250 000	+0,250 000	+0,250 000	+0,250 000
	1	*+0,172 414*	*+0,068 966*	−0,068 966	−0,172 414
	0 + 1	wie für	*+0,318 966*	*+0,181 034*	wie für
	2	$y = 0$	+0,250 000	+0,250 000	$y = 0$
	3	$\bar{y} = 1$	*+0,431 034*	−0,431 034	$\bar{y} = 2$

Anmerkung: Die *steil* gedruckten Zahlen sind Wiederholungen von *kursiv* geschriebenen Zahlen. *Auf die Vorzeichen ist zu achten.*

Produkte $v_{\bar{y}}^{i} \dfrac{w_{y}^{i}}{\lambda^{i}}$:

	i	$\bar{y}=0$	$\bar{y}=1$	$\bar{y}=2$	$\bar{y}=3$
$y=1$	2	$-0{,}187\,500$	$+0{,}187\,500$	$+0{,}187\,500$	$-0{,}187\,500$
	3	$-0{,}051\,724$	$+0{,}129\,310$	$-0{,}129\,310$	$+0{,}051\,724$

3. Belastungen.

Die Brückenlasten, mit Ausnahme der Hauptträgereigengewichte, werden, wie der Querschnitt (Abb. 65) zeigt, durch sekundäre Längsträger zunächst auf die Querscheiben und von diesen auf die Hauptträger übertragen.

a) *Ständige Lasten:*

α) Eigengewicht eines Hauptträgers . . $g_H = 1{,}80$ t/m

β) Die übrigen ständigen Lasten
im Bereich der Fahrbahnen . . . . $g_1 = 0{,}95$ t/m²
im Bereich der Bord- u. Mittelstreifen $g_2 = 1{,}15$ t/m²

b) *Verkehrslasten:*

α) Menschengedränge im Bereich der Bord- u. Mittelstreifen ohne Stoßzahl $p_1 = 0{,}465$ t/m²
im Bereich der Fahrbahnen mit Stoßzahl . . . . $\varphi \cdot p_1 = 1{,}31 \cdot 0{,}465 = 0{,}609$ t/m²

β) Wagenlasten im Bereich der Fahrbahnen . . . . $\varphi \cdot p_2 = 1{,}31 \cdot 0{,}800 = 1{,}048$ t/m²
folglich Restbelastung gegenüber Menschengedränge . . . . $\varphi \cdot \Delta p_2 = 1{,}048 - 0{,}609 = 0{,}439$ t/m²
Wirkungsgrundfläche pro Wagenlast 2,50 m × 6,00 m

γ) Raupenschlepper im Bereich der Fahrbahnen . . . . $\varphi \cdot p_3 = 1{,}31 \dfrac{40{,}0}{3{,}0 \cdot 6{,}0} = 2{,}911$ t/m²
folglich Restbelastung gegenüber den Wagenlasten . . . . $\varphi \cdot \Delta p_3 = 2{,}911 - 1{,}048 = 1{,}863$ t/m²
Wirkungsgrundfläche pro Schlepper. 3,00 m × 6,00 m

Das zugehörige Lastschema pro Brückenhälfte ohne Hauptträgereigengewichte zeigt Abb. 66.

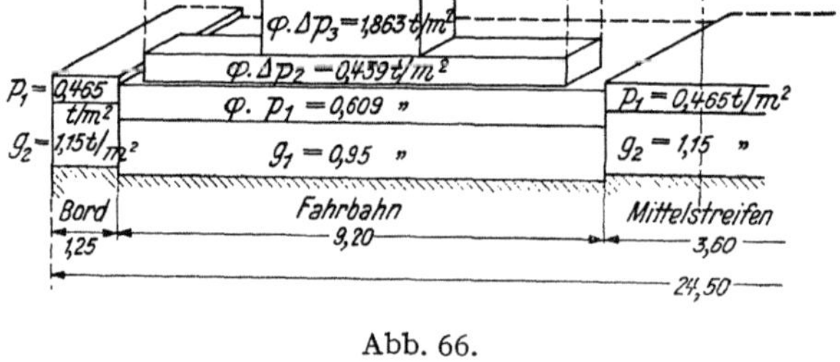

Abb. 66.

4. Festlegung des Ermittlungsverfahrens.

Wir wollen im folgenden zunächst die *maximalen Momente der Hauptträger* H_0 *und* H_1 *in Feldmitte*, d. s. $\max M_{50}$ und $\max M_{51}$ sowie *das maximale Moment der in Brückenmitte gelegenen Querscheibe* Q_5 *im Knoten* (5,1), d. i. $\max \overline{M}_{51}$ berechnen. Diese Querscheibe ist bekanntlich unter allen Querscheiben am meisten beansprucht. Für die genannten Momente können wir die ungünstigste Stellung der in Punkt 3 entwickelten Belastungen in Längsrichtung von vornherein angeben. In dieser Richtung zerfallen die Belastungen in zwei Lastabschnitte (Abb. 67). Der erste Abschnitt, wir wollen ihn allgemein „L" nennen, umfaßt die in Längsrichtung über die ganze Spannweite reichenden Gleichlasten g_1, g_2, p_1 und φp_1. Der zweite Abschnitt, „ΔL" genannt, umfaßt die in Längsrichtung 6 m langen, symmetrisch zur Brückenmitte stehenden Gleichlaststreifen $\varphi \Delta p_2$ und $\varphi \Delta p_3$.

Aus den Ausführungen geht hervor, daß zur Ermittlung der oben genannten Momente am zweckmäßigsten die in Abs. 51 entwickelten *Quereinflußlinien* verwendet werden; hierbei benötigt man für jedes Moment zwei Quereinflußlinien und zwar je eine für die über die ganze Spannweite reichende Einheitsbelastung $L = 1$ t/m und für die über 6 m reichende Einheitsbelastung $\Delta L = 1$ t/m.

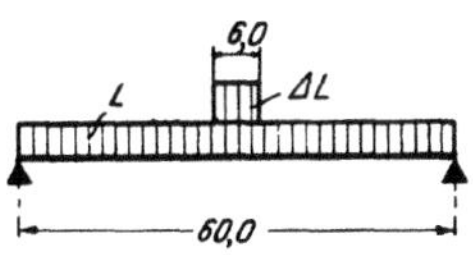

Abb. 67.

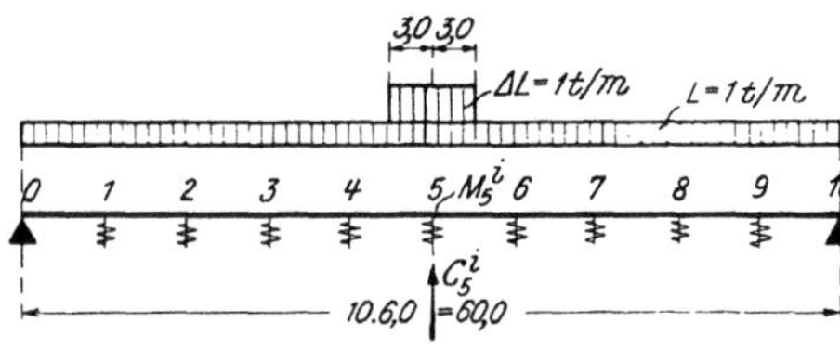

Abb. 68.

5. Auswertung der i-Systeme.

Zunächst sind die i-Systeme $i = 0$, 1, 2 und 3 unter dem Angriff der Einheitsbelastungen $L = 1$ t/m und $\Delta L = 1$ t/m auszuwerten (Abb. 68).

Die Parameter der i-Systeme betragen in unserem Falle:

für $i = 0$ und 1: $\varphi^i l = 0$;

„ $i = 2$: $\varphi^i l = \sqrt[4]{\frac{1}{4}\,\Phi\,\lambda^i} = \sqrt[4]{\frac{1}{4}\,63{,}3} \cdot \sqrt[4]{4{,}7407} = 2{,}942$; $\log \frac{\varphi^i l}{1{,}4} = 0{,}3225$;

„ $i = 3$: $\varphi^i l = \sqrt[4]{\frac{1}{4}\,\Phi\,\lambda^i} = \sqrt[4]{\frac{1}{4}\,63{,}3} \cdot \sqrt[4]{30{,}9333} = 4{,}702$; $\log \frac{\varphi^i l}{1{,}4} = 0{,}5262$.

Die i-Systeme $i = 0$ und 1 sind einfache Balken von der Spannweite l ohne elastische Zwischenstützen. Die i-Systeme $i = 2$ und 3 besitzen neun elastische Zwischenstützen ($n = 10$). Zur Berechnung der in Punkt 4 gewählten Rostgrößen brauchen wir aus den i-Systemen unter den Belastungen L und ΔL das Mittelmoment M_5^i und den Stützendruck C_5^i der elastischen Zwischenstütze in 5. Die Formeln für diese Größen lauten gemäß Abschnitt III unter totaler Gleichlast p allgemein:

$$M_{5p}^i = p l^2 \cdot m_{5p}^i \quad \text{und} \quad C_{5p}^i = p l \cdot c_{5p}^i \tag{8}$$

bzw. unter einer Einzellast P in $\bar{x}$ (= Einflußordinaten):

$$M_{5\bar{x}}^i = P l \cdot m_{5\bar{x}}^i \quad \text{und} \quad C_{5\bar{x}}^i = P \cdot c_{5\bar{x}}^i\,. \tag{9}$$

Da die Trägheitsmomente der Hauptträger konstant angesetzt wurden, weiters die Querscheiben durchwegs gleich sind und in gleichen Abständen liegen, so können wir die Beiwerte m^i und c^i aus den Tafeln des § 19 entnehmen. Für den Fall $n = 10$ gelten die Beiwerttafeln des einfachen Balkens auf elastischer Bettung, d. i. Tafel 36 für die Beiwerte m_5^i bzw. Tafel 33 für die Beiwerte c_5^i. In den Tafeln ist der i-Balken in Achtelpunkte unterteilt. Es entsprechen daher die gesuchten Beiwerte m_5^i bzw. c_5^i den Tafelbeiwerten $m_{(4/8)}^i$ bzw. $c_{(4/8)}^i$. Weiters sind in Tafel 33 zunächst die Beiwerte $c_{(4/8)}'^i$ für den Bettungsdruck pro lfd. m angegeben; den gesuchten Beiwert c_5^i für die Einzelstütze C_5 unseres i-Balkens gewinnt man, wie die Tafel angibt, aus $c'^i_{(4/8)}$ mit Hilfe der Näherungsbeziehung:

$$c_5^i \approx 1/n \cdot c'^i_{(4/8)} . \tag{10}$$

In den Tafeln sind die $\varphi^i l$-Werte auf der Abszissenachse in logarithmischem Maßstab aufgetragen. Um die zu unseren $\varphi^i l$-Werten gehörigen Abszissenpunkte genau feststellen zu können, berechnen wir zunächst die Werte log ($\varphi^i l$: 1,4) (s. oben). Diese Zahlen stellen die Verhältniswerte der Abszissenstrecken [log $\varphi^i l$ — log 1,4] gegenüber der logarithmischen Einheitsstrecke [log 14,0 — log 1,4] = 1 dar. Da die Einheitsstrecke in den Tafeln gegeben ist, so kann man, wie Abb. 69 zeigt, die Lage der gesuchten Abszissenpunkte mit Hilfe der Werte log ($\varphi^i l$: 1,4) in einfacher Weise und mit großer Schärfe bestimmen.

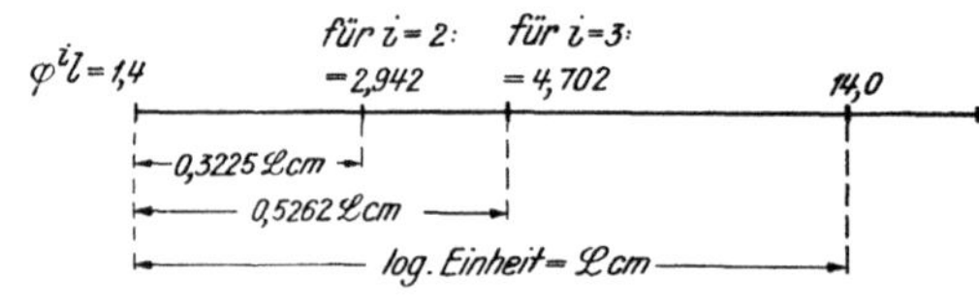

Abb. 69.

Für den Lastfall $L = 1$ t/m (Abb. 68), erhalten wir:

$$M^i_{5L=1} = 1 \cdot l^2 \cdot m^i_{5L} \quad \text{und} \quad C^i_{5L=1} = 1 \cdot l \cdot c^i_{5L} . \tag{11}$$

Die Beiwerte $m^i_{5L} = m^i_{(4/8)p}$ und $c^i_{5L} = 1/n\, c'^i_{(4/8)p}$ können wir unmittelbar aus Tafel 36 und 33 ablesen.

Für den Lastfall $\varDelta L = 1$ t/m (Abb. 68), setzen wir in ähnlicher Weise an:

$$M^i_{5\varDelta L=1} = 1 \cdot l^2 \cdot m^i_{5\varDelta L} \quad \text{und} \quad C^i_{5\varDelta L=1} = 1 \cdot l \cdot c^i_{5\varDelta L} \tag{12}$$

Die beiden Beiwerte $m^i_{5\varDelta L}$ und $c^i_{5\varDelta L}$ gewinnen wir durch Auswertung der Einflußlinien für $m^i_{5\bar{x}}$ und $c^i_{5\bar{x}}$. Zu diesem Zwecke entnehmen wir aus Tafel 36 und 33 die Werte von $m^i_{5\bar{x}}$ und $c^i_{5\bar{x}}$ bei den Laststellungen $\bar{x} = 4/8$ und $\bar{x} = 3/8$ und erhalten, wenn wir die dazwischen liegenden Einflußlinienäste näherungsweise geradlinig ansetzen, die gesuchten Beiwerte gemäß Abb. 70 aus:

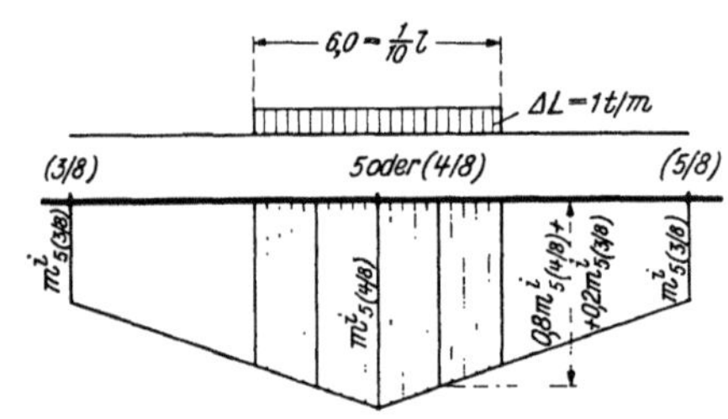

Abb. 70.

$$m^i_{5\varDelta L} = 1/10\,[0,8\, m^i_{5(4/8)} + 0,2\, m^i_{5(3/8)}]$$

und

$$c^i_{5\varDelta L} = 1/10\,[0,8\, c^i_{5(4/8)} + 0,2\, c^i_{5(3/8)}] \tag{13}$$

Die folgende Tabelle bringt die zahlenmäßige Auswertung:

i	$L = 1$ t/m		$\varDelta L = 1$ t/m					
	m^i_{5L}	c^i_{5L}	$m^i_{5(4/8)}$	$m^i_{5(3/8)}$	$m^i_{5\varDelta L}$	$c^i_{5(4/8)}$	$c^i_{5(3/8)}$	$c^i_{5\varDelta L}$
o u. 1	+0,1250	0	+0,2500	+0,1875	+0,02375	0	0	0
2	+0,0285	+0,0953	+0,0970	+0,0475	+0,00871	+0,159	+0,141	+0,01554
3	+0,0030	+0,1137	+0,0520	+0,0080	+0,00432	+0,238	+0,186	+0,02276

6. Knotenordinaten der Quereinflußlinien.

Als nächstes berechnen wir die Ordinaten der gesuchten Quereinflußlinien am Orte der Knotenpunkte, d. s. also die Werte der gesuchten Rostgröße, wenn sich die Einheitsbelastung L oder ΔL der Reihe nach über den Hauptträgern 0, 1, 2 und 3 befindet. Die zugehörigen Formeln lauten gemäß § 15:

für das Mittelmoment M_{5y} des Hauptträgers y mit $\gamma_y = 1$:

$$\left.\begin{aligned} \mu_{5y,L\bar{y}} &= 1 \cdot l^2 \cdot m_{5y,L\bar{y}} \qquad \text{wobei} \qquad m_{5y,L\bar{y}} = \sum_{i=0}^{3} \overset{i}{m}_{5L} \cdot \overset{i}{v}_{\bar{y}} \overset{i}{v}_{y} \\ \mu_{5y,\Delta L\bar{y}} &= 1 \cdot l^2 \cdot m_{5y,\Delta L\bar{y}} \qquad \text{,,} \qquad m_{5y,\Delta L\bar{y}} = \sum_{i=0}^{3} \overset{i}{m}_{5\Delta L} \cdot \overset{i}{v}_{\bar{y}} \overset{i}{v}_{y} \end{aligned}\right\} \quad (14)$$

weiters für das Moment $\overline{M}_{5y}$ des Querträgers 5 im Knoten $(5\,y)$ unter allgemeinem Ansatz von a $(= 8\,\text{m})$:

$$\left.\begin{aligned} \bar{\mu}_{5y,L\bar{y}} &= 1 \cdot a \cdot l \cdot \overline{m}_{5y,L\bar{y}} \qquad \text{wobei} \qquad \overline{m}_{5y,L\bar{y}} = \sum_{i=2}^{3} \overset{i}{c}_{5L} \cdot \overset{i}{v}_{\bar{y}} \overset{i}{w}_{y} / \lambda^i \\ \bar{\mu}_{5y,\Delta L\bar{y}} &= 1 \cdot a \cdot l \cdot \overline{m}_{5y,\Delta L\bar{y}} \qquad \text{,,} \qquad \overline{m}_{5y,\Delta L\bar{y}} = \sum_{i=2}^{3} \overset{i}{c}_{5\Delta L} \cdot \overset{i}{v}_{\bar{y}} \overset{i}{w}_{y} / \lambda^i \end{aligned}\right\} \quad (15)$$

Die Beiwerte m^i und c^i findet man in der vorangegangenen Tabelle, die Eigenlösungsprodukte in Pkt. 2. Es ergibt sich

a) *für die Hauptträgermomente* M_{50} *und* M_{51}:

	i	$\bar{y} = 0$	$\bar{y} = 1$	$\bar{y} = 2$	$\bar{y} = 3$
$y = 0$: $m_{50,L\bar{y}}$	0 + 1	+0,0851	+0,0528	+0,0097	−0,0226
	2	+0,0071	−0,0071	−0,0071	+0,0071
	3	+0,0002	−0,0005	+0,0005	−0,0002
	Σ	+0,0924	+0,0452	+0,0031	−0,0157
$y = 1$: $m_{51,L\bar{y}}$	0 + 1	wie für $y = 0$, $\bar{y} = 1$	+0,0399	+0,0226	wie für $y = 0$, $\bar{y} = 2$
	2		+0,0071	+0,0071	
	3		+0,0013	−0,0013	
	Σ	+0,0452	+0,0483	+0,0284	+0,0031
$y = 0$: $m_{50,\Delta L\bar{y}}$	0 + 1	+0,01618	+0,01003	+0,00184	−0,00430
	2	+0,00218	−0,00218	−0,00218	+0,00218
	3	+0,00030	−0,00074	+0,00074	−0,00030
	Σ	+0,01866	+0,00711	+0,00040	−0,00242
$y = 1$: $m_{51,\Delta L\bar{y}}$	0 + 1	wie für $y = 0$, $\bar{y} = 1$	+0,00757	+0,00431	wie für $y = 0$, $\bar{y} = 2$
	2		+0,00218	+0,00218	
	3		+0,00186	−0,00186	
	Σ	+0,00711	+0,01161	+0,00463	+0,00040

b) *für das Querträgermoment* $\overline{M}_{51}$:

$y = 1$	i	$\bar{y} = 0$	$\bar{y} = 1$	$\bar{y} = 2$	$\bar{y} = 3$
$\overline{m}_{51,L\bar{y}}$	2	−0,0179	+0,0179	+0,0179	−0,0179
	3	−0,0059	+0,0147	−0,0147	+0,0059
	Σ	−0,0238	+0,0326	+0,0032	−0,0120
$\overline{m}_{51,\Delta L\bar{y}}$	2	−0,00291	+0,00291	+0,00291	−0,00291
	3	−0,00118	+0,00296	−0,00296	+0,00118
	Σ	−0,00409	+0,00587	−0,00005	−0,00173

7. Zwischenordinaten der Quereinflußlinien.

Befindet sich der Einheitslastenzug L oder ΔL in einer beliebigen Zwischenstellung η zwischen den Hauptträgern, so sind die Querträger, wie Abb. 65 erkennen läßt, im Felde unmittelbar belastet. In diesem Falle müssen wir gemäß § 15, 46 zunächst die zu den einzelnen Laststellungen gehörigen Knotenersatzlasten $R_{\bar{x}\bar{y}}$ ermitteln. Wir gewinnen diese aus dem Querträgersystem als Durchlaufträger auf festen Stützen.

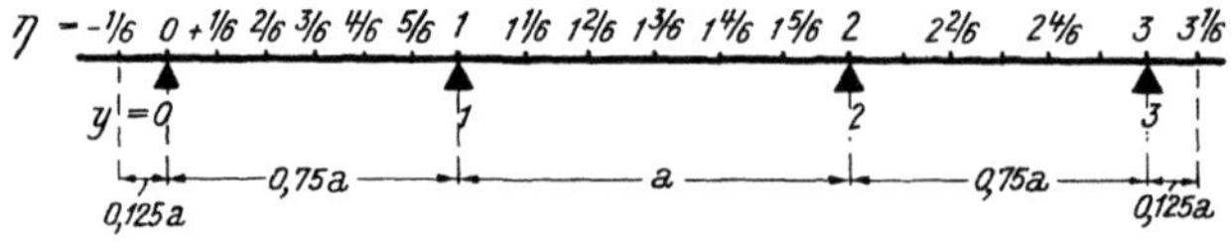

Abb. 71.

a) *Das Querträgersystem als Durchlaufträger* (Abb. 71). Wir brauchen die Einflußlinien $\varrho_{y\bar{\eta}}$ der Knotenersatzlasten $R_{y\bar{\eta}}$ am Orte $y = 0, 1, 2$ und 3 sowie die Einflußlinie $\bar{\mu}_{1\bar{\eta}}$ des Momentes $\bar{M}_{1\bar{\eta}}$ im Punkte (1). Da die Feldspannweiten a_y der Querträger ungleich sind, so können wir die Zahlentafeln 7 bis 9 nicht verwenden. Doch bereitet die Auflösung des hier vorliegenden symmetrischen Dreifeldträgers sowie die Bestimmung der Auflagerdrücke (Knotenersatzlasten) und Momente keine nennenswerte Mühe. Wir geben in der folgenden Zusammenstellung ohne Entwicklung die gesuchten Einflußwerte bekannt. Die Einflußwerte des Momentes $\bar{M}_{1\bar{\eta}}$ wurden hierbei ähnlich wie bisher auf die allgemeine Form

$$\bar{\mu}_{1\bar{\eta}} = 1 \cdot a\, \bar{m}_{1\bar{\eta}} \tag{16}$$

gebracht und die Einflußlinie des Beiwertes $\bar{m}_{1\bar{\eta}}$ im folgenden angegeben.

Einflußlinien der Knotenersatzlasten und Stützenmomente.

$\bar{\eta}$	$\varrho_{0\bar{\eta}}$	$\varrho_{1\bar{\eta}}$	$\varrho_{2\bar{\eta}}$	$\varrho_{3\bar{\eta}}$	$\bar{m}_{1\bar{\eta}}$
$-1/6$	+1,2056	—0,2431	+0,0486	—0,0111	+0,0292
0	+1	0	0	0	0
$1/6$	+0,7955	+0,2410	—0,0473	+0,0108	—0,0284
$2/6$	+0,5975	+0,4692	—0,0865	+0,0198	—0,0519
$3/6$	+0,4125	+0,6719	—0,1094	+0,0250	—0,0656
$4/6$	+0,2469	+0,8363	—0,1080	+0,0247	—0,0648
$5/6$	+0,1073	+0,9501	—0,0743	+0,0170	—0,0446
1	0	+1	0	0	0
$1^1/6$	—0,0864	+0,9568	+0,1667	—0,0371	—0,0648
$1^2/6$	—0,1185	+0,8149	+0,3827	—0,0790	—0,0889
$1^3/6$	—0,1112	+0,6112	+0,6112	—0,1112	—0,0834
$1^4/6$	—0,0790	+0,3827	+0,8149	—0,1185	—0,0593
$1^5/6$	—0,0371	+0,1667	+0,9568	—0,0864	—0,0278
2	0	0	+1	0	0
$2^1/6$	+0,0170	—0,0743	+0,9501	+0,1073	+0,0127
$2^2/6$	+0,0247	—0,1080	+0,8363	+0,2469	+0,0185
$2^3/6$	+0,0250	—0,1094	+0,6719	+0,4125	+0,0188
$2^4/6$	+0,0198	—0,0865	+0,4692	+0,5975	+0,0148
$2^5/6$	+0,0108	—0,0473	+0,2410	+0,7955	+0,0081
3	0	0	0	+1	0
$3^1/6$	—0,0111	+0,0486	—0,2430	+1,2056	—0,0083

b) *Ermittlung der Zwischenordinaten der Quereinflußlinien.* Gemäß § 15, 46 lauten die Werte der Quereinflußlinie in Zwischenpunkten, wenn sich also die

Einheitslastenfolge L bzw. $\varDelta L$ in der Stellung $\bar{\eta}$ zwischen zwei Längsträgern befindet,

für das Hauptträgermoment M_{5y}:

$$\left.\begin{aligned} \mu_{5y,L\bar{\eta}} &= 1\cdot l^2\cdot m_{5y,L\bar{\eta}} \quad \text{wobei} \quad m_{5y,L\bar{\eta}} = \sum_{\bar{y}=0}^{3} \varrho_{\bar{y}\bar{\eta}}\cdot m_{5y,L\bar{y}} \\ \mu_{5y,\varDelta L\bar{\eta}} &= 1\cdot l^2\cdot m_{5y,\varDelta L\bar{\eta}} \quad\quad ,, \quad\quad m_{5y,\varDelta L\bar{\eta}} = \sum_{\bar{y}=0}^{3} \varrho_{\bar{y}\bar{\eta}}\cdot m_{5y,\varDelta L\bar{y}} \end{aligned}\right\} \quad (17)$$

für das Querträgermoment $\overline{M}_{5y}$ von den Knotenersatzlasten R:

$$\left.\begin{aligned} \bar{\mu}'_{5y,L\bar{\eta}} &= 1\cdot a\cdot l\cdot \overline{m}'_{5y,L\bar{\eta}} \quad \text{wobei} \quad \overline{m}'_{5y,L\bar{\eta}} = \sum_{\bar{y}=0}^{3} \varrho_{y\bar{\eta}}\cdot \overline{m}_{5y,L\bar{y}} \\ \bar{\mu}'_{5y,\varDelta L\bar{\eta}} &= 1\cdot a\cdot l\cdot \overline{m}'_{5y,\varDelta L\bar{\eta}} \quad\quad ,, \quad\quad \overline{m}'_{5y,\varDelta L\bar{\eta}} = \sum_{\bar{y}=0}^{3} \varrho_{\bar{y}\bar{\eta}}\cdot \overline{m}_{5y,\varDelta L\bar{y}} \end{aligned}\right\} \quad (18)$$

Die unter den Summenzeichen stehenden Größen m und $\overline{m}$ sind die Beiwerte der zugehörigen Rostgrößen, wenn sich die Einheitslastenfolge L bzw. $\varDelta L$ über den Längsträgern $\bar{y} = 0, 1, 2$ und 3 befinden (Knotenordinaten der Quereinflußlinien). Diese Werte sind uns von Pkt. 6 bereits bekannt. Die Einflußwerte $\varrho_{\bar{y}\bar{\eta}}$ der Knotenersatzlasten für Laststellungen in den Sechstelpunkten der Querträgerfeldweiten sind in der vorangegangenen Tafel zu finden.

Zu den Querträgermomenten $\bar{\mu}'$ kommen noch gemäß § 15, 46 die Zusatzmomente $\bar{\mu}''$, die der Querträger unter dem unmittelbaren Einfluß der Belastung als Durchlaufträger auf festen Stützen erfährt. Diese betragen:

beim Angriff der Einheitslastenfolge $L = 1$ t/m unter Beachtung der Abb. 72:

$$\bar{\mu}''_{5y,L\bar{\eta}} = 1\cdot a\cdot l\cdot \overline{m}''_{5y,L\bar{\eta}} \quad \text{wobei} \quad \overline{m}''_{5y,L\bar{\eta}} = 1/10\cdot \overline{m}_{y\bar{\eta}} \quad (19)$$

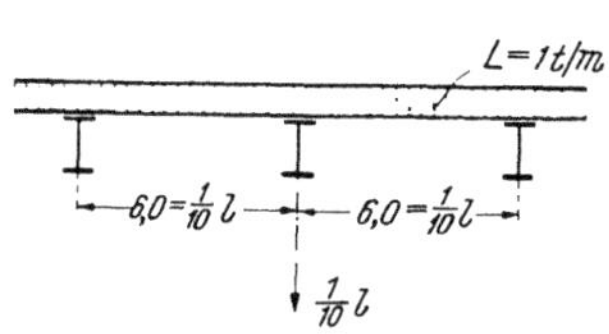

Abb. 72.

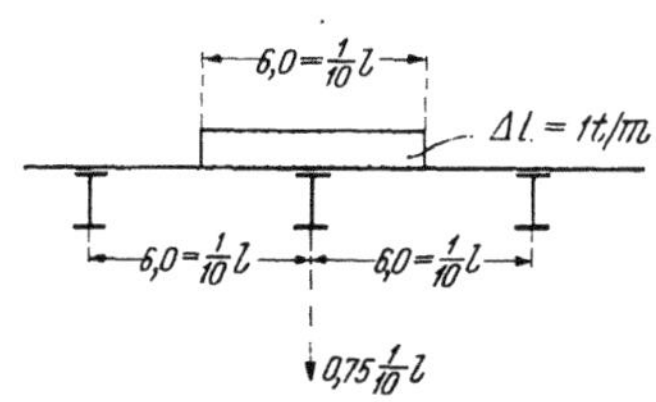

Abb. 73.

beim Angriff der Einheitslastenfolge $\varDelta L = 1$ t/m unter Beachtung der Abb. 73:

$$\bar{\mu}''_{5y,\varDelta L\bar{\eta}} = 1\cdot a\cdot l\cdot \overline{m}''_{5y,\varDelta L\bar{\eta}} \quad \text{wobei} \quad \overline{m}''_{5y,\varDelta L\bar{\eta}} = 1/10\cdot 0{,}75\cdot \overline{m}_{y\bar{\eta}}\,. \quad (20)$$

Die Werte $\overline{m}_{y\bar{\eta}}$ findet man in der vorangegangenen Tafel. Die endgültigen Querträgermomente lauten schließlich allgemein:

$$\bar{\mu} = 1\cdot a\cdot l\cdot \overline{m} \quad \text{wobei} \quad \overline{m} = \overline{m}' + \overline{m}'' \quad (21)$$

Die Auswertung der angeschriebenen Formeln geht einfach und rasch von statten. In der folgenden Tabelle sind die Ergebnisse, d. s. die Beiwerte m bzw. $\overline{m}$ der Quereinflußordinaten für Laststellungen in den Sechstelpunkten der Querträgerfeldweiten zusammengestellt.

Beiwerte der Quereinflußordinaten für die Einheitsbelastungen „L“ und „ΔL“.

Last in $\bar{\eta}$	Hauptträgermoment M_{50}		Hauptträgermoment M_{51}		Querträgermoment $\overline{M}_{51}$			
	$m_{50,\,L\bar{\eta}}$	$m_{50,\,\Delta L\bar{\eta}}$	$m_{51,\,L\bar{\eta}}$	$m_{51,\,\Delta L\bar{\eta}}$	$\overline{m}'_{51,\,L\bar{\eta}}$ $\overline{m}''_{51,\,L\bar{\eta}}$	$\overline{m}_{51,\,L\bar{\eta}}$	$\overline{m}'_{51,\,\Delta L\bar{\eta}}$ $\overline{m}''_{51,\,\Delta L\bar{\eta}}$	$\overline{m}_{51,\,\Delta L\bar{\eta}}$
$-{}^1/_6$	+0,1007	+0,02082	+0,0441	+0,00595	—0,0363 +0,0029	—0,0334	—0,00633 +0,00218	—0,00415
0	+0,0924	+0,01866	+0,0452	+0,00711	—0,0238 0	—0,0238	—0,00409 0	—0,00409
${}^1/_6$	+0,0841	+0,01652	+0,0463	+0,00823	—0,0114 —0,0028	—0,0142	—0,00185 —0,00213	—0,00398
${}^2/_6$	+0,0758	+0,01440	+0,0473	+0,00930	+0,0006 —0,0052	—0,0046	+0,00027 —0,00388	—0,00361
${}^3/_6$	+0,0678	+0,01237	+0,0481	+0,01023	+0,0114 —0,0066	+0,0048	+0,00220 —0,00492	—0,00272
${}^4/_6$	+0,0599	+0,01045	+0,0486	+0,01098	+0,0207 —0,0065	+0,0142	+0,00385 —0,00487	—0,00102
${}^5/_6$	+0,0524	+0,00868	+0,0487	+0,01147	+0,0280 —0,0045	+0,0235	+0,00510 —0,00335	+0,00175
1	+0,0452	+0,00711	+0,0483	+0,01161	+0,0326 0	+0,0326	+0,00587 0	+0,00587
$1^1/_6$	+0,0364	+0,00533	+0,0469	+0,01125	+0,0342 —0,0065	+0,0277	+0,00602 —0,00487	+0,00115
$1^2/_6$	+0,0283	+0,00393	+0,0446	+0,01037	+0,0316 —0,0089	+0,0227	+0,00538 —0,00667	—0,00129
$1^3/_6$	+0,0210	+0,00278	+0,0415	+0,00908	+0,0259 —0,0083	+0,0176	+0,00420 —0,00625	—0,00205
$1^4/_6$	+0,0144	+0,00187	+0,0377	+0,00760	+0,0184 —0,0059	+0,0125	+0,00273 —0,00445	—0,00172
$1^5/_6$	+0,0084	+0,00110	+0,0333	+0,00605	+0,0104 —0,0028	+0,0076	+0,00125 —0,00208	—0,00083
2	+0,0031	+0,00040	+0,0284	+0,00463	+0,0032 0	+0,0032	—0,00005 0	—0,00005
$2^1/_6$	—0,0005	—0,00007	+0,0245	+0,00368	—0,0011 +0,0013	+0,0002	—0,00072 +0,00095	+0,00023
$2^2/_6$	—0,0039	—0,00055	+0,0204	+0,00288	—0,0044 +0,0019	—0,0025	—0,00118 +0,00138	+0,00020
$2^3/_6$	—0,0070	—0,00103	+0,0162	+0,00217	—0,0070 +0,0019	—0,0051	—0,00148 +0,00140	—0,00008
$2^4/_6$	—0,0100	—0,00150	+0,0119	+0,00153	—0,0090 +0,0015	—0,0075	—0,00163 +0,00112	—0,00051
$2^5/_6$	—0,0129	—0,00195	+0,0075	+0,00095	—0,0106 +0,0008	—0,0098	—0,00170 +0,00060	—0,00110
3	—0,0157	—0,00242	+0 0031	+0,00040	—0,0120 0	—0,0120	—0,00173 0	—0,00173
$3^1/_6$	—0,0185	—0,00288	—0,0013	—0,00015	—0,0134 —0,0008	—0,0142	—0,00175 —0,00062	—0,00237

8. Quereinflußlinie für das Querträgermoment $\overline{M}_{5,\,1^3/_6}$.

Um das größte Querträgermoment feststellen zu können, ist es erforderlich, außer den bereits behandelten Knotenmomenten des Querträgers 5 auch dessen *Moment in Mitte des Feldes* $a_2 = a = 8{,}0$ m, d. i. also gemäß unserer in Abb. 71 eingetragenen Bezeichnungsweise $\overline{M}_{5,\,1^3/_6}$, zu berechnen. Wir ermitteln daher auch für dieses Moment die Quereinflußlinien für die Einheitslastenfolge L und ΔL. Hierfür gelten in Anlehnung an Pkt. 7 folgende Formeln:

$$\left.\begin{aligned} \bar{\mu}_{5\,1^3/_6,\,L=1\bar{\eta}} &= 1\cdot a\cdot l\cdot \bar{m}_{5\,1^3/_6,\,L\bar{\eta}} \\ \text{wobei}\quad \bar{m}_{5\,1^3/_6,\,L\bar{\eta}} &= 1/2\,(\bar{m}_{5\,1,\,L\bar{\eta}} + \bar{m}_{52,\,L\bar{\eta}}) + 1/10\,\bar{m}^0_{1^3/_6\,\bar{\eta}} \\ \bar{\mu}_{5\,1^3/_6,\,\Delta L=1\bar{\eta}} &= 1\cdot a\cdot l\cdot \bar{m}_{5\,1^3/_6,\,\Delta L\bar{\eta}} \\ \text{wobei}\quad \bar{m}_{5\,1^3/_6,\,\Delta L\bar{\eta}} &= 1/2\,(\bar{m}_{5\,1,\Delta L\bar{\eta}} + \bar{m}_{5\,2,\,\Delta L\bar{\eta}}) + \tfrac{1}{10}\,0{,}75\,\bar{m}^0_{1^3/_6\bar{\eta}} \end{aligned}\right\} \quad (22)$$

Hierin bedeuten $\bar{m}_{51}$ und $\bar{m}_{52}$ die zur Laststellung $L\bar{\eta}$ bzw. $\Delta L\bar{\eta}$ gehörigen Beiwerte der Querträgermomente in den benachbarten Knoten 1 und 2 (s. Pkt. 6, 7). Weiters ist $\bar{m}^0_{1^3/_6\,\bar{\eta}}$ der Beiwert der Einflußlinie für das Mittelmoment $\bar{M}^0_{1^3/_6\bar{\eta}}$ im gelenkig gelagerten Querträger (Abb. 74) gemäß der Formel:

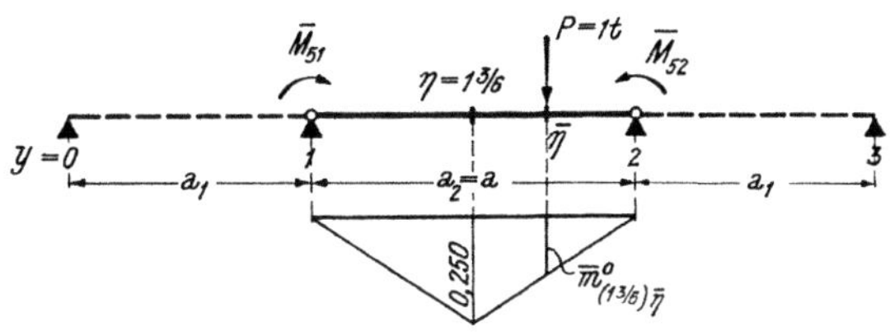

Abb. 74.

$$\bar{\mu}^0_{1^3/_6\,\bar{\eta}} = 1\cdot a\cdot \bar{m}^0_{1^3/_6\,\bar{\eta}}\,. \tag{23}$$

Die Auswertung der Formeln liefert die in der folgenden Tabelle zusammengestellten Ergebnisse.

Beiwerte der Quereinflußordinaten für die Einheitsbelastungen „L" und „ΔL".

Last in $\bar{\eta}$	Querträgermoment $\bar{M}_{5,\,1^3/_6}$: $\frac{1}{2}(\bar{m}_{51}+\bar{m}_{52})_{L\bar{\eta}}$ / $\frac{1}{10}\bar{m}^0_{1^3/_6\bar{\eta}}$	$\bar{m}_{5\,1^3/_6,\,L\bar{\eta}}$	$\frac{1}{2}(\bar{m}_{51}+\bar{m}_{52})_{\Delta L\bar{\eta}}$ / $\frac{1}{10}\cdot 0{,}75\bar{m}^0_{1^3/_6\bar{\eta}}$	$\bar{m}_{5\,1^3/_6,\,\Delta L\bar{\eta}}$
$-1/_6$	−0,0238 0	−0,0238	−0,00327 0	−0,00327
0	−0,0179 0	−0,0179	−0,00292 0	−0,00292
$1/_6$	−0,0120 0	−0,0120	−0,00255 0	−0,00255
$2/_6$	−0,0061 0	−0,0061	−0,00207 0	−0,00207
$3/_6$	−0,0002 0	−0,0002	−0,00140 0	−0,00140
$4/_6$	+0,0059 0	+0,0059	−0,00042 0	−0,00042
$5/_6$	+0,0119 0	+0,0119	+0,00100 0	+0,00100
1	+0,0179 0	+0,0179	+0,00292 0	+0,00292
$1\,1/_6$	+0,0177 +0,0083	+0,0260	+0,00017 +0,00625	+0,00642
$1\,2/_6$	+0,0176 +0,0167	+0,0343	−0,00150 +0,01250	+0,01100
$1\,3/_6$	+0,0176 +0,0250	+0,0426	−0,00205 +0,01875	+0,01670

Fortsetzung symmetrisch

9. Ermittlung der Maximalmomente.

Um zu den Maximalwerten der in diesem Beispiel in Rechnung stehenden Rostmomente zu gelangen, sind gemäß Abs. 51 die Quereinflußlinien derselben mit den vorgegebenen Brückenlasten in ungünstigster Querstellung zu belasten und auszuwerten. Als Ordinaten der Quereinflußlinien tragen wir die zugehörigen Beiwerte $m_{xy,L\bar{\eta}}$, $m_{xy,\Delta L\bar{\eta}}$ bzw. $\overline{m}_{xy,L\bar{\eta}}$, $\overline{m}_{xy,\Delta L\bar{\eta}}$ auf. Wir erhalten auf diese Weise:

a) Hauptträgermoment M_{50}:

α) *unter den Lastfolgen „L"*: Die Quereinflußlinie der zugehörigen Beiwerte $m_{50,L\bar{\eta}}$ (Pkt. 7), ist in Abb. 75a dargestellt. Von den in Pkt. 3 ausgewiesenen Belastungen zählen zu den Lastfolgen L: 1. die ständigen Lasten g_1 und g_2; 2. die

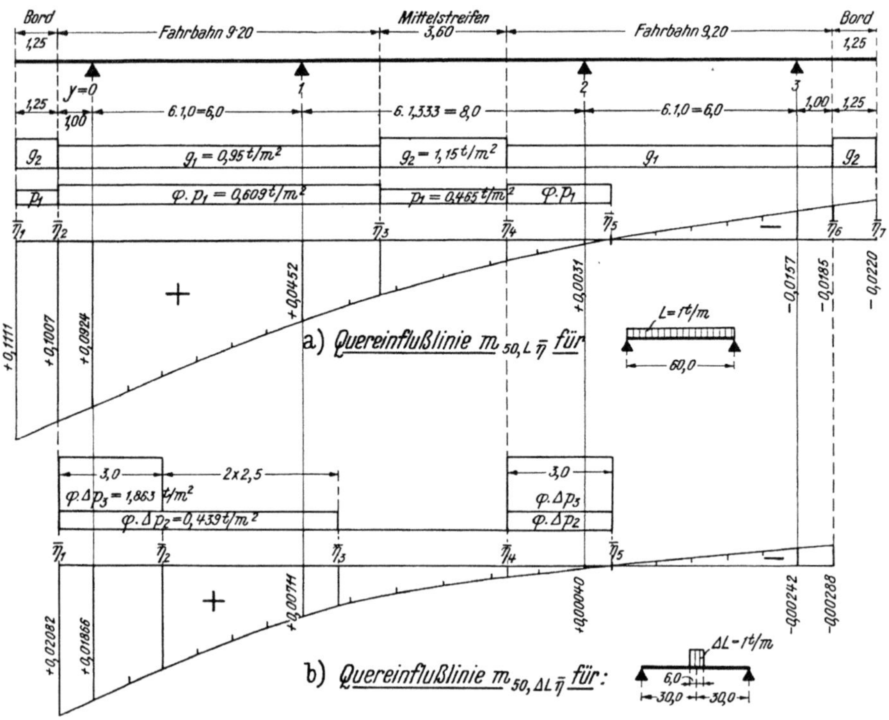

Abb. 75.

Verkehrslasten p_1 und φp_1. Die für den positiven Größtwert des Momentes maßgebende Stellung der Lasten in Querrichtung der Brücke ist in Abb. 75a eingetragen. Die Auswertung ergibt für die ständigen Lasten:

$$\frac{1}{l^2} M_{50,g} = g_2\left(\int_{\bar{\eta}_1}^{\bar{\eta}_2} m\,d\bar{\eta} + \int_{\bar{\eta}_6}^{\bar{\eta}_7} m\,d\bar{\eta}\right) + g_1\left(\int_{\bar{\eta}_2}^{\bar{\eta}_5} m\,d\bar{\eta} + \int_{\bar{\eta}_5}^{\bar{\eta}_6} m\,d\bar{\eta}\right) + (g_2 - g_1)\int_{\bar{\eta}_3}^{\bar{\eta}_4} m\,d\bar{\eta} =$$

$$= 1{,}15\,(0{,}1323 - 0{,}0253) + 0{,}95\,(0{,}6838 - 0{,}0590) +$$

$$+ (1{,}15 - 0{,}95) \cdot 0{,}0762 = 0{,}1231 + 0{,}5936 + 0{,}0152 = \quad 0{,}7319 \text{ t/m}$$

hinzu vom Eigengewicht der Hauptträger (Pkt. 3): $1/8 \cdot 1{,}80 =$ 0,2250 t/m

zusammen: 0,9569 t/m

$$M_{50,g} = 0{,}9569 \cdot 60{,}0^2 = +\,3444 \cdot 84 \text{ tm}.$$

weiters für die Verkehrslasten:

$$\frac{1}{l^2} M_{50,p} = 0{,}465 \cdot 0{,}1323 + 0{,}609 \cdot 0{,}6838 + (0{,}465 - 0{,}609) \cdot 0{,}0762 = 0{,}4670 \text{ t/m}$$

$$\max M_{50,p} = 0{,}4670 \cdot 60{,}0^2 = +\ 1681{,}13 \text{ tm}.$$

β) *unter den Lastfolgen ΔL*: Die Quereinflußlinie der zugehörigen Beiwerte $m_{50,\Delta L\bar{\eta}}$ (Pkt. 7), ist in Abb. 75b dargestellt. Zu den Lastfolgen „ΔL" zählen die Verkehrslasten Δp_2 und Δp_3 (Pkt. 3); diese Lasten sind in Abb. 75b in ungünstigster Stellung für den positiven Größtwert des Momentes aufgestellt. Die Auswertung liefert:

$$\frac{1}{l^2} M_{50,\Delta p} = \varphi \cdot \Delta p_2 \left(\int_{\bar{\eta}_1}^{\bar{\eta}_2} m\, d\bar{\eta} + \int_{\bar{\eta}_2}^{\bar{\eta}_3} m\, d\bar{\eta} + \int_{\bar{\eta}_4}^{\bar{\eta}_5} m\, d\bar{\eta} \right) + \varphi \cdot \Delta p_3 \left(\int_{\bar{\eta}_1}^{\bar{\eta}_2} m\, d\bar{\eta} + \int_{\bar{\eta}_4}^{\bar{\eta}_5} m\, d\bar{\eta} \right) =$$

$$= 0{,}439\,(0{,}05280 + 0{,}04868 + 0{,}00238) + 1{,}863\,(0{,}05280 +$$
$$+ 0{,}00238) = 0{,}04559 + 0{,}10280 = 0{,}14839 \text{ t/m}$$

$$\max M_{50,\Delta p} = 0{,}14839 \cdot 60{,}0^2 = +\ 534{,}20 \text{ tm}.$$

γ) *unter den Gesamtlasten:*

$$\max M_{50,\text{total}} = +\ 3444{,}84 + 1681{,}13 + 534{,}20 = +\ \underline{5660{,}2 \text{ tm}}.$$

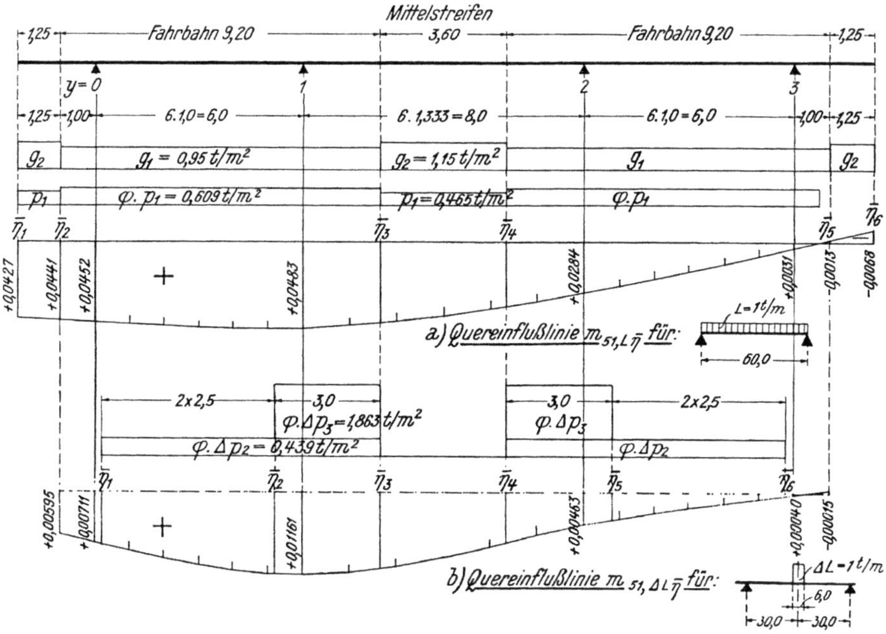

Abb. 76.

b) Hauptträgermoment M_{51}.

In gleicher Weise wird der positive Größtwert des Hauptträgermomentes M_{51} berechnet. Wir erhalten:

α) *unter den Lastfolgen „L"*: Quereinflußlinie der Beiwerte $m_{51,L\bar{\eta}}$ und ungünstigste Stellung der zu „L" gehörigen Lasten s. Abb. 76a. Die Auswertung ergibt für die ständigen Lasten:

$$\frac{1}{l^2} M_{51,g} = g_2\left(\int_{\bar\eta_1}^{\bar\eta_2} m\,d\bar\eta + \int_{\bar\eta_0}^{\bar\eta_6} m\,d\bar\eta\right) + g_1 \int_{\bar\eta_2}^{\bar\eta_5} m\,d\bar\eta + (g_2 - g_1) \int_{\bar\eta_3}^{\bar\eta_4} m\,d\bar\eta =$$

$$= 1{,}15\,(0{,}0542 - 0{,}0051) + 0{,}95 \cdot 0{,}7507 + (1{,}15 - 0{,}95) \cdot 0{,}1491 =$$

$$= 0{,}0565 + 0{,}7132 + 0{,}0298 \qquad = 0{,}7995 \text{ t/m}$$

vom Eigengewicht des Hauptträgers: $1/8 \cdot 1{,}80 = \underline{0{,}2250 \text{ t/m}}$

zusammen: $1{,}0245$ t/m

$$M_{51,g} = 1{,}0245 \cdot 60{,}0^2 = +\,3688{,}20 \text{ tm}.$$

für die Verkehrslasten:

$$\frac{1}{l^2} M_{51,p} = 0{,}465 \cdot 0{,}0542 + 0{,}609 \cdot 0{,}7507 + (0{,}465 - 0{,}609) \cdot 0{,}1491 = 0{,}4609 \text{ t/m}$$

$$\max M_{51,p} = 0{,}4609 \cdot 60{,}0^2 = +\,1659{,}27 \text{ tm}.$$

β) *unter den Lastfolgen „ΔL“*: Quereinflußlinie der Beiwerte $m_{51,\Delta L\bar\eta}$ und ungünstigste Stellung der zu „ΔL“ gehörigen Lasten s. Abb. 76b. Die Auswertung ergibt:

$$\frac{1}{l^2} M_{51,\Delta p} = \varphi \cdot \Delta p_2\left(\int_{\bar\eta_1}^{\bar\eta_2} m\,d\bar\eta + \int_{\bar\eta_2}^{\bar\eta_3} m\,d\bar\eta + \int_{\bar\eta_4}^{\bar\eta_5} m\,d\bar\eta + \int_{\bar\eta_5}^{\bar\eta_6} m\,d\bar\eta\right) + \varphi \cdot \Delta p_3\left(\int_{\bar\eta_2}^{\bar\eta_3} m\,d\bar\eta +\right.$$

$$\left. + \int_{\bar\eta_4}^{\bar\eta_5} m\,d\bar\eta\right) = 0{,}439\,(0{,}04893 + 0{,}03400 + 0{,}01620 + 0{,}01025) +$$

$$+ 1{,}863\,(0{,}03400 + 0{,}01620) = 0{,}04802 + 0{,}09352 = 0{,}14154 \text{ t/m}.$$

$$\max M_{51,\Delta p} = 0{,}14154 \cdot 60{,}0^2 = +\,509{,}54 \text{ tm}.$$

γ) *unter den Gesamtlasten*:

$$\max M_{51,\text{total}} = +\,3688{,}20 + 1659{,}27 + 509{,}54 = +\,\underline{5857{,}0 \text{ tm}}.$$

c) Querträgermoment $\overline{M}_{51}$.

α) *unter den Lastfolgen „L“*: Die Quereinflußlinie der zugehörigen Beiwerte $\overline{m}_{51,L\bar\eta}$ ist in Abb. 77a mit voller Linie dargestellt. $\overline{m}_{51,L\bar\eta}$ setzt sich gemäß Gl. (21) aus zwei Anteilen $\overline{m}'$ und $\overline{m}''$ zusammen. Um die Bedeutung der einzelnen Anteile vorzuführen, haben wir in Abb. 77a auch die Beiwertanteile $\overline{m}'_{51,L\bar\eta}$ aufgetragen und mit einer strichlierten Linie verbunden. Wir ermitteln im folgenden sowohl den positiven als auch den negativen Größtwert des Querträgermomentes. Die zugehörigen ungünstigsten Stellungen der Lastgruppe „L“ zeigt Abb. 77a. Die Auswertung ergibt für die ständigen Lasten:

$$\frac{1}{a\,l} \overline{M}_{51,g} = g_2\left(\int_{\bar\eta_1}^{\bar\eta_2} \overline{m}\,d\bar\eta + \int_{\bar\eta_7}^{\bar\eta_8} \overline{m}\,d\bar\eta\right) + g_1\left(\int_{\bar\eta_2}^{\bar\eta_3} \overline{m}\,d\bar\eta + \int_{\bar\eta_4}^{\bar\eta_6} \overline{m}\,d\bar\eta + \int_{\bar\eta_6}^{\bar\eta_7} \overline{m}\,d\bar\eta\right) +$$

$$+ (g_2 - g_1) \int_{\bar\eta_4}^{\bar\eta_5} \overline{m}\,d\bar\eta = 1{,}15\,(-0{,}0490 - 0{,}0195) + 0{,}95\,(-0{,}0581 +$$

$$+ 0{,}2006 - 0{,}0440) + (1{,}15 - 0{,}95) \cdot 0{,}0634 = -0{,}0788 + 0{,}0936 +$$

$$+ 0{,}0127 = +\,0{,}0275 \text{ t/m}$$

$$\overline{M}_{51,g} = +\,0{,}0275 \cdot 8{,}0 \cdot 60{,}0 = +\,13{,}20 \text{ tm}.$$

für die Verkehrslasten:

$$\frac{1}{a\,l}\max \overline{M}_{5\,1,\,p} = 0{,}609 \cdot 0{,}2006 + (0{,}465 - 0{,}609) \cdot 0{,}0634 = +\,0{,}1130\ \mathrm{t/m}$$

$$\frac{1}{a\,l}\min \overline{M}_{5\,1,\,p} = 0{,}465\,(-0{,}0490 - 0{,}0195) + 0{,}609\,(-0{,}0581 - 0{,}0440) = \\ = -0{,}0319 - 0{,}0622 = -0{,}0941\ \mathrm{t/m}$$

$$\max \overline{M}_{5\,1,\,p} = +\,0{,}1130 \cdot 8{,}0 \cdot 60{,}0 = +\,54{,}24\ \mathrm{t/m}.$$

$$\min \overline{M}_{5\,1,\,p} = -0{,}0941 \cdot 8{,}0 \cdot 60{,}0 = -45{,}17\ \mathrm{t/m}.$$

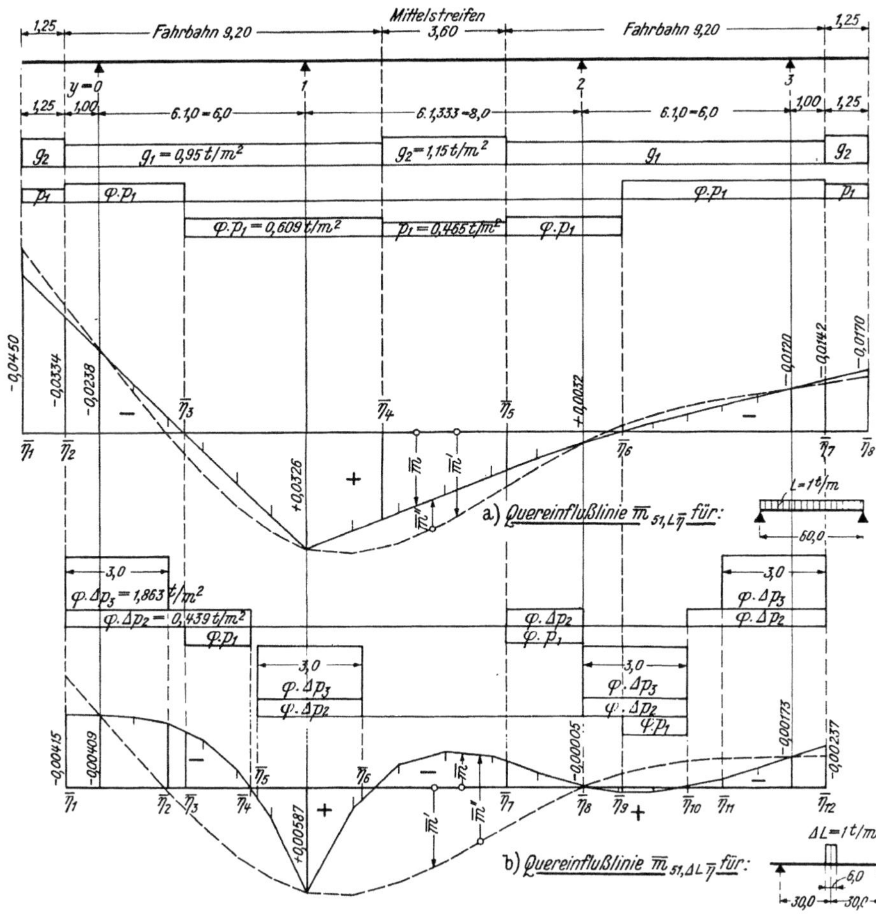

Abb. 77.

β) unter den Lastfolgen „ΔL": Quereinflußlinie der Beiwerte $\overline{m}_{5\,1,\,\Delta L \bar{\eta}}$ und ungünstigste Stellungen der Lastengruppe „ΔL" s. Abb. 77b. Die Auswertung ergibt:

$$\frac{1}{a\,l}\max \overline{M}_{5\,1,\,\Delta p} = \varphi\,(\Delta p_2 + \Delta p_3)\left(\int\limits_{\bar{\eta}_5}^{\bar{\eta}_6} \overline{m}\,d\bar{\eta} + \int\limits_{\bar{\eta}_8}^{\bar{\eta}_{10}} \overline{m}\,d\bar{\eta}\right) + \varphi\,p_1 \int\limits_{\bar{\eta}_9}^{\bar{\eta}_{10}} \overline{m}\,d\bar{\eta} =$$

$$= (0{,}439 + 1{,}863)\,(+\,0{,}00917 + 0{,}00043) + 0{,}609 \cdot 0{,}00032 = \\ = +\,0{,}02229\ \mathrm{t/m}$$

$$\frac{1}{al}\min \overline{M}_{5\,1,\Delta p} = \varphi(\Delta p_2 + \Delta p_3)\left(\int_{\eta_1}^{\eta_2}\overline{m}\,d\overline{\eta} + \int_{\eta_{11}}^{\eta_{12}}\overline{m}\,d\overline{\eta}\right) + \varphi\,\Delta p_2\left(\int_{\eta_2}^{\eta_4}\overline{m}\,d\overline{\eta} + \int_{\eta_7}^{\eta_8}\overline{m}\,d\overline{\eta} + \right.$$

$$\left. + \int_{\eta_{10}}^{\eta_{11}}\overline{m}\,d\overline{\eta}\right) + \varphi p_1 \int_{\eta_3}^{\eta_4}\overline{m}\,d\overline{\eta} = (0{,}439 + 1{,}863)\,(-0{,}01195 -$$

$$-0{,}00428) + 0{,}439\,(-0{,}00522 - 0{,}00165 - 0{,}00030) +$$

$$+ 0{,}609 \cdot 0{,}00352 = -0{,}03736 - 0{,}00315 - 0{,}00214 =$$

$$= -0{,}04265\ \mathrm{t/m}$$

$$\max \overline{M}_{5\,1,\Delta p} = +0{,}02229 \cdot 8{,}0 \cdot 60{,}0 = +10{,}70\ \mathrm{tm}.$$

$$\min \overline{M}_{5\,1,\Delta p} = -0{,}04265 \cdot 8{,}0 \cdot 60{,}0 = -20{,}47\ \mathrm{tm}.$$

γ) *unter den Gesamtlasten:*

$$\max \overline{M}_{5\,1,\,\mathrm{total}} = +13{,}20 + 54{,}24 + 10{,}70 = \underline{+78{,}14\ \mathrm{tm}}.$$

$$\min \overline{M}_{5\,1,\,\mathrm{total}} = +13{,}20 - 45{,}17 - 20{,}47 = \underline{\underline{-52{,}44\ \mathrm{tm}}}.$$

d) Querträgermoment $\overline{M}_{5\,1^3/_6}$.

Es genügt, den positiven Grenzwert des Momentes zu ermitteln.

α) *unter den Lastfolgen „L“*: Quereinflußlinie der zugehörigen Beiwerte $\overline{m}_{5\,1^3/_6,\,L\overline{\eta}}$ und ungünstigste Stellung der Lastengruppe „L“ s. Abb. 78a. Die Auswertung ergibt für die ständigen Lasten:

$$\frac{1}{al}\overline{M}_{5\,1^3/_6,\,g} = 2\left[g_2\int_{\eta_1}^{\eta_2}\overline{m}\,d\overline{\eta} + g_1\left(\int_{\eta_2}^{\eta_3}\overline{m}\,d\overline{\eta} + \int_{\eta_3}^{\eta_5}\overline{m}\,d\overline{\eta}\right) + (g_2 - g_1)\int_{\eta_4}^{\eta_5}\overline{m}\,d\overline{\eta}\right] =$$

$$= 2\,[1{,}15\,(-0{,}0344) + 0{,}95\,(-0{,}0480 + 0{,}1475) + (1{,}15 -$$

$$-0{,}95)\cdot 0{,}0666] = 2\,(-0{,}0396 + 0{,}0945 + 0{,}0133) = +0{,}1364\ \mathrm{t/m}$$

$$\overline{M}_{5\,1^3/_6,\,g} = +0{,}1364 \cdot 8{,}0 \cdot 60{,}0 = +65{,}47\ \mathrm{tm}.$$

für die Verkehrslasten:

$$\frac{1}{al}\max \overline{M}_{5\,1^3/_6,\,p} = 2\,[0{,}609 \cdot 0{,}1475 + (0{,}465 - 0{,}609)\,0{,}0666] = +0{,}1605\ \mathrm{t/m}$$

$$\max \overline{M}_{5\,1^3/_6,\,p} = +0{,}1605 \cdot 8{,}0 \cdot 60{,}0 = +77{,}04\ \mathrm{tm}.$$

β) *unter den Lastfolgen „ΔL“*: Quereinflußlinie der zugehörigen Beiwerte $\overline{m}_{5\,1^3/_6,\,\Delta L\overline{\eta}}$ und ungünstigste Stellung der Lastengruppe „ΔL“ s. Abb. 78b. Die Auswertung ergibt:

$$\frac{1}{al}\max \overline{M}_{5\,1^3/_6,\,\Delta p} = 2\left(\varphi\,\Delta p_2\int_{\eta_1}^{\eta_2}\overline{m}\,d\overline{\eta} + \varphi\,\Delta p_3\int_{\eta_2}^{\eta_3}\overline{m}\,d\overline{\eta}\right) = 2\,(0{,}439 \cdot 0{,}01538 +$$

$$+ 1{,}863 \cdot 0{,}01478) = 0{,}06857\ \mathrm{t/m}$$

$$\max \overline{M}_{5\,1^3/_6,\,\Delta p} = +0{,}06857 \cdot 8{,}0 \cdot 60{,}0 = +32{,}91\ \mathrm{tm}.$$

γ) *unter den Gesamtlasten:*

$$\max \overline{M}_{5\,1^3/_6,\,\mathrm{total}} = 65{,}47 + 77{,}04 + 32{,}91 = \underline{+175{,}42\ \mathrm{tm}}.$$

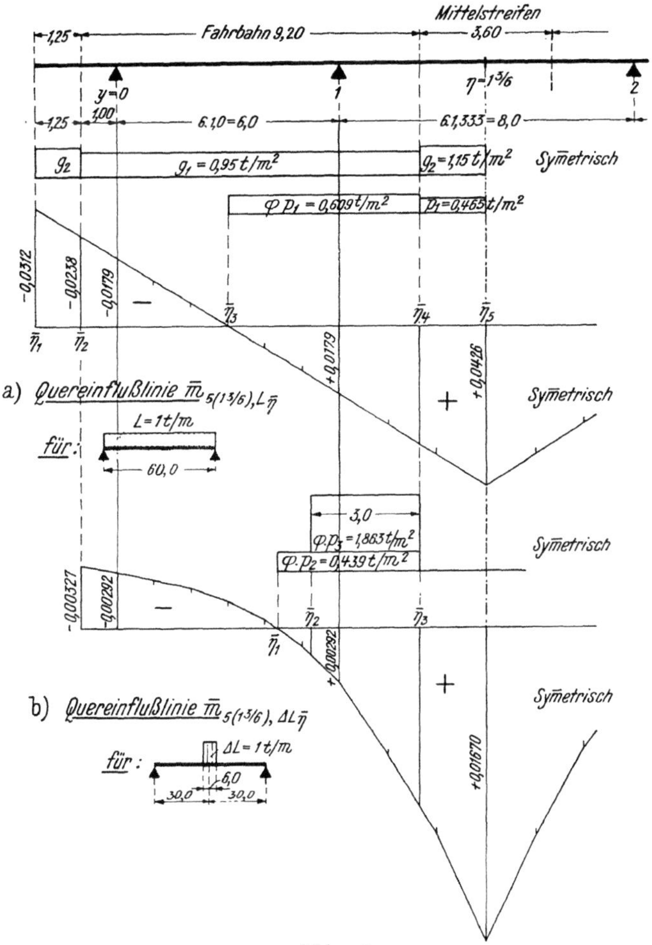

Abb. 78.

10. Querschnittsermittlung.

Die erhaltenen Ergebnisse reichen bereits aus, um eine rohe Bemessung des Tragwerkes durchzuführen.

a) *Hauptträger.* Material: St 52; zulässige Beanspruchung: $\sigma_{\text{zul}} = 2{,}1\ \text{t/cm}^2$ Sämtliche Hauptträger werden gleich ausgebildet.

Erforderliches Widerstandsmoment in Querschnitt 5:

$$W_{5\,\text{erf, netto}} = \frac{\max M_{5\,1,\,\text{total}}}{\sigma_{\text{zul}}} = \frac{585\,700}{2{,}1} = 278\,900\ \text{cm}^3.$$

Nehmen wir die Trägerhöhe mit $h_H = 4{,}8$ m an, so erhalten wir:

$$J_{5\,\text{erf, brutto}} \approx \frac{1}{0{,}85}\,278\,900\,\frac{480}{2} = 78\,750\,000\ \text{cm}^4.$$

Hieraus folgt für das der Berechnung zugrunde liegende mittlere Trägheitsmoment J:

$$J = J_{\text{mittel}} \approx \frac{1}{1{,}1}\,78\,750\,000 = 71\,590\,000\ \text{cm}^4.$$

b) *Querträger.* Material: St 37, zulässige Beanspruchung: $\sigma_{zul} = 1{,}4$ t/cm². Erforderliches Widerstandsmoment der Querscheibe 5 im Punkt $1^3/_6$:

$$\overline{W}_{1^3/_6\,\text{erf, netto}} \geq \frac{\max \overline{M}_{5\,1^3/_6,\,\text{total}}}{\sigma_{zul}} = \frac{17\,542}{1{,}4} = 12\,530 \text{ cm}^3.$$

Durch das unserer Berechnung zugrundeliegende Verhältnis:

$$\overline{J}/J = 0{,}015$$

ist das Bruttoträgheitsmoment der Querscheiben festgelegt. Wir erhalten hierfür:

$$\overline{J} = \overline{J}_{\text{brutto}} = 0{,}015 \cdot 71\,590\,000 = 1\,073\,800 \text{ cm}^4$$

$$\overline{J}_{\text{netto}} \approx 0{,}85 \cdot 1\,073\,800 = 912\,700 \text{ cm}^4.$$

Hiermit ergibt sich für die Querträgerhöhe folgende Bedingungsgleichung:

$$\overline{W}_{1^3/_6\,\text{erf, netto}} = \frac{2 \cdot \overline{J}_{1^3/_6\,\text{netto}}}{h_{Q\,\text{zul}}} \geq 12\,530 \text{ cm}^3$$

$$h_{Q\,\text{zul}} \leq \frac{2 \cdot 912\,700}{12\,530} = \underline{\underline{145 \text{ cm}}}.$$

Wir erhalten also abschließend als Hauptgrößen für die Bemessung:

bei den Hauptträgern: $h_H = 4{,}80$ m, $J_{5\,br} = 78\,750\,000$ cm⁴

„ „ Querträgern: $h_Q \leq 1{,}45$ m (St 37), $\overline{J}_{br} = 1\,074\,000$ cm⁴.

Wird als Material für die Querscheiben Stahl St 52 verwendet, so lautet die Bedingungsgleichung für die Querträgerhöhe:

$$h_Q \leq 145 \frac{\sigma_{zul}}{1{,}4} = 145 \frac{2{,}1}{1{,}4} = 217 \text{ cm}.$$

55. Zweites Beispiel.

1. Allgemeine Angaben.

Gegeben sei eine dreifeldrige Straßenbrücke (Abb. 79), mit den Stützweiten: $l_1 = 75$ m, $l_2 = 100$ m, $l_3 = 75$ m. Das rostartig ausgebildete Tragwerk besteht aus sieben gleichen Hauptträgern im konstanten Abstand $a = 4{,}30$ m und aus gleichen Querscheiben im konstanten Abstand $e = 25$ m; dementsprechend liegen in den Seitenfeldern der Brücke je zwei Querscheiben ($n_1 = n_3 = 3$) und im Mittelfeld drei Querscheiben ($n_2 = 4$).

Die Querscheiben besitzen über ihre ganze Länge ein konstantes Trägheitsmoment von

$$\overline{J} = 1{,}93 \cdot 10^6 \text{ cm}^4.$$

Die Hauptträger hingegen besitzen ein mit ξ veränderliches Trägheitsmoment J_ξ. Um die Berechnung zu vereinfachen, machen wir von dem in § 17 angegebenen Näherungsverfahren Gebrauch, demzufolge wir einen Ersatzrost mit feldweise konstanten Hauptträgerträgheitsmomenten einführen. Diese mögen betragen in den Seitenfeldern: $J_1 = J_3 = 39 \cdot 10^6$ cm⁴

im Mittelfeld: $J_2 = 45{,}5 \cdot 10^6$ cm⁴.

Aus diesen Angaben folgen

für die Verhältniswerte der Verlagsweiten der Hauptträger ($\alpha_y = a_y : a$):

$$\alpha_y = 1$$

für die Verhältniswerte der Trägheitsmomente der Hauptträger ($\gamma_y = J_{\xi y} : J_\xi$):

$$\gamma_y = 1$$

für die Verhältniswerte der Trägheitsmomente der Querscheiben ($\dot{j}_x \dot{j}_y = \overline{J}_{xy} : \overline{J}$):

$$\dot{j}_x = \dot{j}_y = 1$$

folglich für $k_y = \alpha_y / \dot{j}_y$: $\quad k_y = 1$

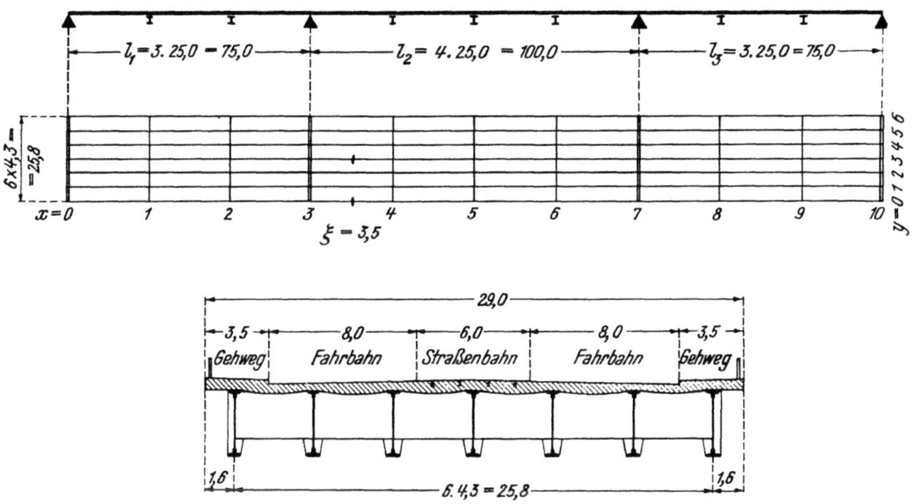

Abb. 79.

schließlich für die Kennwerte der Querverteilung in den Seitenfeldern des Ersatzrostes:

$$\Phi_1 = \Phi_3 = \frac{n_1 \overline{J}}{J_1}\left(\frac{l_1}{a}\right)^3 = \frac{3 \cdot 1{,}93}{39{,}0}\left(\frac{75{,}0}{4{,}30}\right)^3 = 787{,}8$$

im Mittelfeld:

$$\Phi_2 = \frac{n_2 \cdot \overline{J}}{J_2} \cdot \left(\frac{l_2}{a}\right)^3 = \frac{4 \cdot 1{,}93}{45{,}5}\left(\frac{100{,}0}{4{,}30}\right)^3 = 2134{,}0.$$

2. Ermittlung der Eigenwerte λ^i und Eigenlösungen v_y^i, w_y^i.

Da in unserem Beispiel $\dot{j}_y = \gamma_y = \alpha_y = 1$ und $m + 1 = 7$, so können die Eigenwerte λ^i und Eigenlösungen v_y^i, w_y^i sowie deren Produkte aus den Zahlentafeln 5 entnommen werden.

3. Festlegung des Berechnungsverfahrens.

Wir wollen im folgenden die negativen Größtmomente der Hauptträger $y = 0$ und $y = 3$ im Achtelpunkt des Mittelfeldes, d. i. also min $M_{3,5\,0}$ *und* min $M_{3,5\,3}$ (Abb. 79), *berechnen.* Wir wissen nun von S. 84, daß die Einflußflächen dieser Momente in Längsschnitten des Mittelfeldes zwischen den Auflagerlinien Lastscheiden aufweisen, deren Lage uns vorläufig unbekannt ist. Infolgedessen kennen wir im Gegensatz zum 1. Beispiel die ungünstigste Stellung der Verkehrslasten in der Längsrichtung des Rostes vorläufig noch nicht. Wir wählen daher zur Ermittlung der genannten Maximalmomente das im Abs. 50 entwickelte Verfahren der *Knoteneinflußwerte* und berechnen zunächst die Ordinaten der Einflußflächen in sämtlichen Knotenpunkten des Rostes.

4. Auflösung der i-Systeme des Ersatzrostes.

Aus den i-Systemen brauchen wir die Knoteneinflußwerte des Momentes $M^i_{3,5}$; hierfür setzen wir allgemein an:

$$M^i_{3,5\,\bar{x}} = P \cdot l_2 \cdot m^i_{3,5\,\bar{x}} \tag{1}$$

Die Beiwerte $m^i_{3,5\,\bar{x}}$ in den i-Systemen $i = 0, 1, 2, \ldots, 6$ für die Laststellungen $\bar{x} = 1, 2, 4, 5, 6, 8$ und 9 sind nunmehr zu ermitteln. Hierfür gilt allgemein:

$$m^i_{3,5\,\bar{x}} = \mathfrak{m}^i_{3,5\,\bar{x}} + m^i_{3\,\bar{x}} \cdot \mathfrak{m}^i_{3,5\,3} + m^i_{7\,\bar{x}} \cdot \mathfrak{m}^i_{3,5\,7}\,. \tag{2}$$

Hierin sind $\mathfrak{m}^i_{3,5\,\bar{x}}$ bzw. $\mathfrak{m}^i_{3,5\,3}$ und $\mathfrak{m}^i_{3,5\,7}$ die Beiwerte des Momentes $\mathfrak{M}^i_{3,5}$ im Einfeld-i-Balken l_2 unter P in $\bar{x}$ bzw. unter M in 3 und 7; $m^i_{3\,\bar{x}}$ und $m^i_{7\,\bar{x}}$ sind die Beiwerte der Stützmomente M^i_3 und M^i_7 im Dreifeld-i-Balken unter P in $\bar{x}$ gemäß den Formeln:

$$M^i_{3\,\bar{x}} = P \cdot l_2 \cdot m^i_{3\,\bar{x}} \quad \text{und} \quad M^i_{7\,\bar{x}} = P \cdot l_2 \cdot m^i_{7\,\bar{x}}\,. \tag{3}$$

Das System $i = 0$ und 1 ist ein symmetrischer Dreifeldbalken gemäß Abb. 79 mit feldweise konstanten Trägheitsmomenten J_1, J_2, J_1. Die Auflösung dieses Systems bereitet keine Mühe, es werden daher im folgenden die Ergebnisse ohne Entwicklung bekanntgegeben.

Die Systeme $i = 2, 3, \ldots, 6$ sind symmetrische Dreifeld-i-Balken gemäß Abb. 80 mit feldweise konstanten Trägheitsmomenten J_1, J_2, J_1. Die elastischen Zwischenstützen liegen in gleichen Abständen und besitzen durchwegs gleiche Federungswiderstände; in den Seitenfeldern ist $n_1 = 3$, im Mittelfeld $n_2 = 4$. Infolgedessen können wir zur Berechnung der erforderlichen i-Größen die Tafeln 7 bis 15 benützen.

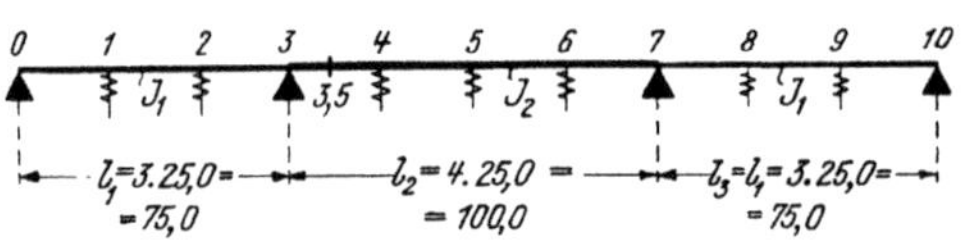

Abb. 80.

Zunächst bestimmen wir, wie auf S. 126, Abb. 101, angegeben, aus Tafel 2 für $m + 1 = 7$ graphisch die Lage der zu den einzelnen $\varphi^i l$-Werten gehörigen Ordinatenlinien, relativ zur Ordinate $\varphi^i l = 1{,}4$, und erhalten für die Seitenöffnungen ($\Phi_1 = 787{,}8$) und für die Mittelöffnung ($\Phi_2 = 2134{,}0$) je fünf Ordinatenlinien ($i = 2, 3, \ldots, 6$). Nach Übertragung dieser Linien in die uns interessierenden Beiwerttafeln können wir längs dieser Linien die Beiwerte für $i = 2, 3, \ldots, 6$ unmittelbar ablesen.

a) Beiwerte $m^i_{3\,\bar{x}}$ des Stützenmomentes $M^i_{3\,\bar{x}}$.

Die Formeln der Beiwerte $m^i_{3\,\bar{x}}$ für $i = 2, 3, \ldots, 6$ lauten gemäß § 12 für Laststellungen im Seitenfeld l_1, unter Beachtung, daß wir in Gl. (3) einheitlich $P \cdot l_2$ herausgehoben haben:

$$m^i_{3\,\bar{x}} = \chi^i_{3\,\bar{x}} \cdot \frac{2}{1 + \dfrac{l'_2}{l'_1} \cdot \dfrac{t'^i_2}{t'^i_1}} \cdot \frac{l_1}{l_2} \tag{4}$$

die Beiwerte $\chi^i_{3,\bar{x}}$ für Last im Endfeld finden wir in Tafel 10 unter der Bezeichnung $\chi^i_{k=1\,\bar{x}}$;

für Laststellungen im Seitenfeld l_3 setzen wir gemäß S. 82:

$$m^i_{3\,\bar{x}} \sim 0 \tag{5}$$

schließlich gilt für Laststellungen im Mittelfeld l_2:

$$m^i_{3\,\bar{x}} = \chi^i_{3\,\bar{x}} \cdot \frac{2}{1 + \frac{l'_1}{l'_2} \cdot \frac{t'^i_1}{t'^i_2}} \tag{6}$$

die Beiwerte $\chi^i_{3,\bar{x}}$ für Last im Mittelfeld finden wir in Tafel 15 unter der Bezeichnung $\chi^i_{k-1,\bar{x}}$; die Beiwerte t'^i_1, t'^i_2 der reduzierten Endverdrehungen entnehmen wir aus Tafel 9 und 13; schließlich ist:

$$\frac{l'_2}{l'_1} = \frac{l_2}{l_1} \cdot \frac{J_1}{J_2} = \frac{100}{75} \frac{39}{45{,}5} = 1{,}1429; \qquad \frac{l'_1}{l'_2} = 0{,}8750 .$$

Durchführung der Berechnung:

i	$\chi^i_{3,1}$	$\chi^i_{3,2}$	$\chi^i_{3,4}$	$\chi^i_{3,5}$	$\chi^i_{3,6}$	t'^i_1	t'^i_2	$1+\frac{l'_2}{l'_1}\cdot\frac{t'^i_2}{t'^i_1}$	$1+\frac{l'_1}{l'_2}\cdot\frac{t'^i_1}{t'^i_2}$
2	—0,0350	—0,0637	—0,0483	—0,0290	—0,0081	+0,813	+0,618	1,8689	2,1508
3	—0,0028	—0,0263	—0,0218	—0,0020	+0,0015	+0,515	+0,398	1,8830	2,1325
4	+0,0019	—0,0104	—0,0088	+0,0013	∼0	+0,433	+0,326	1,8603	2,1622
5	+0,0008	—0,0044	—0,0040	+0,0010	∼0	+0,405	+0,303	1,8550	2,1696
6	+0,0003	—0,0022	—0,0023	+0,0009	∼0	+0,394	+0,298	1,8645	2,1567

Die Beiwerte des Stützenmomentes $M^i_{3\,x}$ lauten daher:

i	$m^i_{3,1}$	$m^i_{3,2}$	$m^i_{3,4}$	$m^i_{3,5}$	$m^i_{3,6}$	$m^i_{3,8}$	$m^i_{3,9}$
0 u. 1	—0,0558	—0,0698	—0,0763	—0,0789	—0,0422	+0,0186	+0,0149
2	—0,0281	—0,0511	—0,0449	—0,0270	—0,0075	∼0	∼0
3	—0,0022	—0,0210	—0,0204	—0,0019	+0,0014	∼0	∼0
4	+0,0015	—0,0084	—0,0081	+0,0012	∼0	∼0	∼0
5	+0,0006	—0,0036	—0,0037	+0,0009	∼0	∼0	∼0
6	+0,0002	—0,0018	—0,0021	+0,0008	∼0	∼0	∼0

Die Beiwerte $m^i_{3,\bar{x}}$ für $i = 0$ und 1 wurden hierbei ohne Entwicklung im Ergebnis oben aufgenommen.

b) Beiwerte $m^i_{3,5\,\bar{x}}$ des Feldmomentes im 1/8 Punkt von l_2.

Die in Gl. (2) enthaltenen Beiwerte $\mathfrak{m}^i_{3,5\,\bar{x}}$, $\mathfrak{m}^i_{3,5,3}$ und $\mathfrak{m}^i_{3,5,7}$ des Momentes $\mathfrak{M}^i_{3,5}$ im Einfeld-i-Balken l_2 bilden das arithmethische Mittel aus den Beiwerten der beiden benachbarten Knotenmomente $\mathfrak{M}^i_3$ und $\mathfrak{M}^i_4$. Die letzteren gewinnt man aus Tafel 12 bzw. 13.

Man erhält auf diesem Wege:

i	$\mathfrak{m}^i_{3,5,4}$	$\mathfrak{m}^i_{3,5,5}$	$\mathfrak{m}^i_{3,5,6}$	$\mathfrak{m}^i_{3,5,3}$	$\mathfrak{m}^i_{3,5,7}$
0 u. 1	+0,09375	+0,0625	+0,03125	+0,8750	+0,1250
2	+0,0418	+0,0010	—0,00575	+0,6305	—0,0310
3	+0,01665	—0,0060	—0,0019	+0,4825	∼0
4	+0,0061	—0,00325	+0,0010	+0,4120	∼0
5	+0,0025	—0,00165	+0,00065	+0,3845	—0,0040
6	+0,0016	—0,0009	∼0	+0,3755	—0,0055

Mit Hilfe der beiden vorangegangenen Tabellen können wir nun die Gl. (2) auswerten, wobei wir zu beachten haben, daß die Einflußlinie für $m^i_{7,\bar{x}}$ das Spiegelbild zur Einflußlinie für $m^i_{3,\bar{x}}$ ist. Wir erhalten als Ergebnis für die Beiwerte des Feldmomentes $M^i_{3,5\,\bar{x}}$:

i	$m^i_{3,5,1}$	$m^i_{3,5,2}$	$m^i_{3,5,4}$	$m^i_{3,5,5}$	$m^i_{3,5,6}$	$m^i_{3,5,8}$	$m^i_{3,5,9}$
0 u. 1	−0,0470	−0,0588	+0,0217	−0,0164	−0,0153	+0,0076	+0,0061
2	−0,0177	−0,0322	+0,0138	−0,0152	−0,0091	+0,0016	+0,0009
3	−0,0011	−0,0102	+0,0068	−0,0069	−0,0012	~0	~0
4	+0,0006	−0,0035	+0,0028	−0,0028	+0,0010	~0	~0
5	+0,0003	−0,0014	+0,0011	−0,0013	+0,0007	~0	~0
6	+0,0001	−0,0007	+0,0008	−0,0006	~0	~0	~0

5. Die Knoteneinflußwerte der Momente $M_{3,5,0}$ und $M_{3,5,3}$ im Ersatzrost.

Die zugehörigen Formeln lauten gemäß § 15 mit $\gamma_y = 1$:

$$\mu_{3,5\,y,\,\bar{x}\bar{y}} = 1 \cdot l_2 \cdot m_{3,5\,y,\,\bar{x}\bar{y}} \qquad \text{wobei} \quad m_{3,5\,y,\,\bar{x}\bar{y}} = \sum_{i=0}^{m} m^i_{3,5\,\bar{x}} \cdot v^i_{\bar{y}} \cdot v^i_y \tag{1}$$

Die Beiwerte $m^i_{3,5\,\bar{x}}$ haben wir soeben berechnet, die Eigenlösungsprodukte $v^i_{\bar{y}} \cdot v^i_y$ enthält Zahlentafel 5. Die Beiwerte $m_{3,5\,y,\,\bar{x}\bar{y}}$ gewinnt man aus diesen beiden Wertgruppen durch Matrizzenmultiplikation gemäß obiger Gleichung. Wir zeigen als Beispiel in ausführlicher Anschreibung die Ermittlung der Knoteneinflußwerte für alle Laststellungen mit dem Zeiger $\bar{x} = 1$. Hierbei haben wir die $\sum_{i=0}^{m}$ vollständig, d. h. von $i = 0$ bis m durchgerechnet. Man erkennt aber aus der relativen Größe der Beiwerte m, daß die höheren Beiträge zu den Summen, etwa ab $i = 4$, ohne weiteres vernachlässigt werden können. In praktischen Fällen wird man, um die Rechenarbeit zu ermäßigen, hiervon Gebrauch machen. In unserem Beispiele wäre es für die Berechnung sämtlicher Hauptträgermomente vollständig ausreichend, wenn wir grundsätzlich nur die Beiträge $i = 0$ bis 3 berücksichtigten. Für die Querträgermomente hingegen haben auch die höheren Beiträge $i > 3$ Bedeutung (s. auch S. 81).

	i	Beiwerte $m_{3,5\,y,\,\bar{x}\bar{y}}$ für Laststellungen: $\bar{x} = 1$ und						
		$\bar{y} = 0$	$\bar{y} = 1$	$\bar{y} = 2$	$\bar{y} = 3$	$\bar{y} = 4$	$\bar{y} = 5$	$\bar{y} = 6$
Hauptträger $y = 0$	0 + 1	−0,02182	−0,01679	−0,01175	−0,00671	−0,00168	+0,00336	+0,00839
	2	−0,00493	−0,00036	+0,00309	+0,00439	+0,00309	−0,00036	−0,00493
	3	−0,00017	+0,00015	+0,00021	0	−0,00021	−0,00015	+0,00017
	4	+0,00004	−0,00008	−0,00000	+0,00009	−0,00000	−0,00008	+0,00004
	5	+0,00001	−0,00002	+0,00002	0	−0,00002	+0,00002	−0,00001
	6	+0,00000	−0,00000	+0,00000	−0,00000	+0,00000	−0,00000	+0,00000
	Σ	−0,0269	−0,0171	−0,0084	−0,0022	+0,0012	+0,0028	+0,0037
Hauptträger $y = 3$	0 + 1		−0,00671	−0,00671	−0,00671			
	2		+0,00032	−0,00276	−0,00391			
	3		0	0	0			
	4		−0,00017	−0,00001	+0,00019			
	5		0	0	0			
	6		+0,00002	−0,00003	+0,00003			
	Σ	−0,0022	−0,0065	−0,0095	−0,0104	−0,0095	−0,0065	−0,0022

In gleicher Art ist die Auswertung für die Laststellungen mit dem Zeiger $\bar{x} = 2, 4, 5, 6, 8$ und 9 vorzunehmen. Wir geben im folgenden eine Zusammenstellung der Ergebnisse.

Beiwerte „m" der Knoteneinflußwerte.

Hauptträgermoment $M_{3,5,0}$:

$\bar{y}$	$\bar{x}=1$	$\bar{x}=2$	$\bar{x}=4$	$\bar{x}=5$	$\bar{x}=6$	$\bar{x}=8$	$\bar{x}=9$
0	—0,0269	—0,0381	+0,0152	—0,0131	—0,0097	+0,0040	+0,0031
1	—0,0171	—0,0197	+0,0066	—0,0048	—0,0057	+0,0027	+0,0022
2	—0,0084	—0,0073	+0,0018	—0,0003	—0,0020	+0,0016	+0,0014
3	—0,0022	—0,0009	+0,0001	+0,0010	+0,0002	+0,0007	+0,0006
4	+0,0012	+0,0017	—0,0004	+0,0009	+0,0007	0	+0,0001
5	+0,0028	+0,0026	—0,0007	+0,0002	+0,0007	—0,0005	—0,0004
6	+0,0037	+0,0029	—0,0009	—0,0004	+0,0004	—0,0009	—0,0008

Hauptträgermoment $M_{3,5,3}$:

$\bar{y}$	$\bar{x}=1$	$\bar{x}=2$	$\bar{x}=4$	$\bar{x}=5$	$\bar{x}=6$	$\bar{x}=8$	$\bar{x}=9$
0	—0,0022	—0,0009	+0,0001	+0,0010	+0,0002	+0,0007	+0,0006
1	—0,0065	—0,0069	+0,0022	—0,0014	—0,0023	+0,0011	+0,0009
2	—0,0095	—0,0132	+0,0050	—0,0045	—0,0036	+0,0013	+0,0010
3	—0,0104	—0,0168	+0,0073	—0,0068	—0,0039	+0,0014	+0,0011
4			— symmetrisch —				
5							
6							

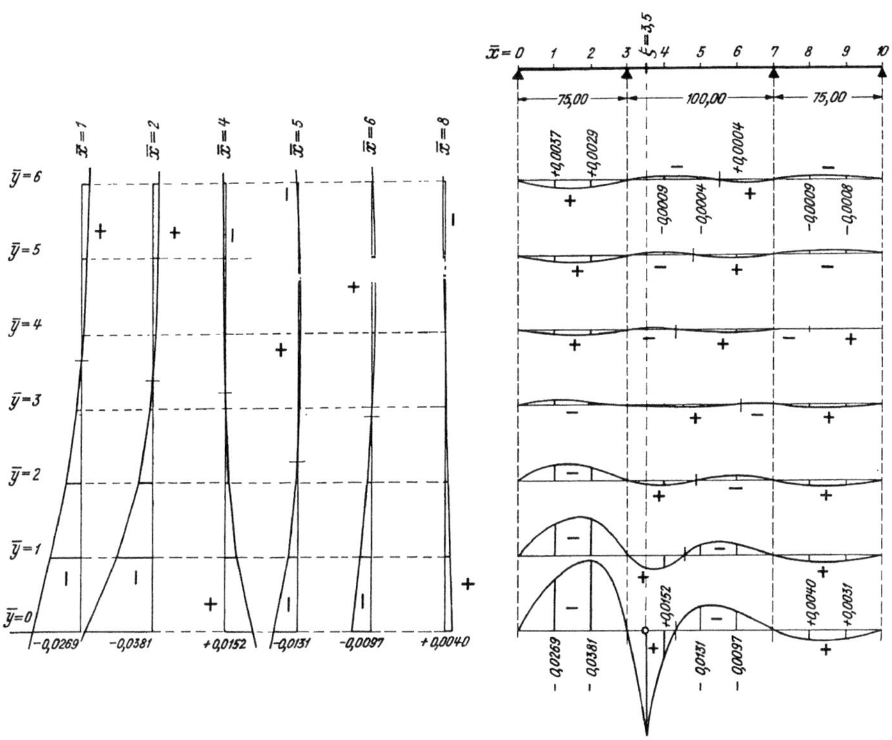

Abb. 81. Einflußfläche für das Hauptträgermoment $M_{3,5,3}$

In Abb. 81 und 82 sind die Knoteneinflußordinaten in Längs- und Querschnitten aufgetragen. Wie die Abbildungen zeigen, ist die Kenntnis der Knoteneinflußwerte in unsesem Falle bereits ausreichend, um die beiläufige Form der zugehörigen Einflußflächen und vor allem die beiläufige Lage der Lastscheiden und der größten Ordinaten zu bestimmen. Hiermit kann man bereits die ungünstigste Stellung der Verkehrslasten festlegen, wobei es zulässig ist, den Bereich derselben mit einfachen Geviertlinien in Längs- und Querrichtung abzugrenzen (s. Abs. 49). Wir zeigen im folgenden die Ermittlung der negativen Grenzwerte für die Momente $M_{3,5,0}$ und $M_{3,5,3}$ unter den Verkehrslasten.

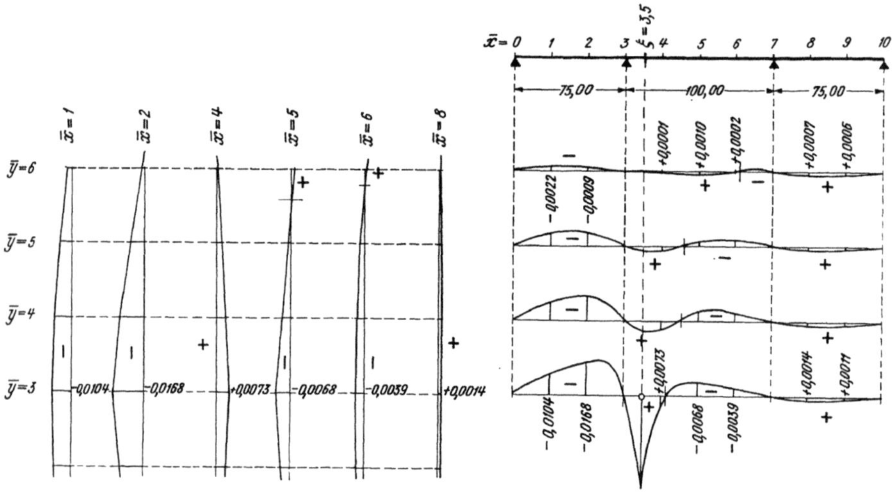

Abb. 82. Einflußfläche für das Hauptträgermoment $M_{3,5,0}$

6. Verkehrslasten.

a) Belastungsannahmen.

Belastungsart	Seitenfelder $l_1 = 75$ m	Mittelfeld $l_2 = 100$ m
Stoßzahl	$\varphi_1 = 1{,}28$	$\varphi_2 = 1{,}25$
Menschengedränge ohne Stoßzahl . .	$p_1 = 0{,}525 - 0{,}075 = 0{,}450$ t/m²	$p_1 = 0{,}525 - 0{,}100 = 0{,}425$ t/m²
bez. mit Stoßzahl	$\varphi p_1 = 1{,}28 \cdot 0{,}450 = 0{,}576$,,	$\varphi p_1 = 1{,}25 \cdot 0{,}425 = 0{,}531$,,
Wagenlast mit Stoßzahl	$\varphi p_2 = 1{,}28 \cdot 0{,}800 = 1{,}024$,,	$\varphi p_2 = 1{,}25 \cdot 0{,}800 = 1{,}000$,,
Restlast $\varphi \Delta p_2 = \varphi (p_2 - p_1)$	$\varphi \Delta p_2 = 1{,}024 - 0{,}576 = 0{,}448$,,	$\varphi \Delta p_2 = 1{,}000 - 0{,}532 = 0{,}469$,,
Raupenschlepper mit Stoßzahl . .	$\varphi p_3 = 1{,}28 \cdot 2{,}222 = 2{,}844$,,	$\varphi p_3 = 1{,}25 \cdot 2{,}222 = 2{,}778$,,
Restlast $\varphi \Delta p_3 = \varphi (p_3 - p_2)$	$\varphi \Delta p_3 = 2{,}844 - 1{,}024 = 1{,}820$,,	$\varphi \Delta p_3 = 2{,}778 - 1{,}000 = 1{,}778$,,
Straßenbahn mit Stoßzahl	$\varphi p_4 = 1{,}28 \cdot 0{,}600 = 0{,}768$,,	$\varphi p_4 = 1{,}25 \cdot 0{,}600 = 0{,}750$,,

b) Aufstellungsbereich für die Verkehrslasten.

α) Lasten „p" mit unbegrenzter Belastungslänge.

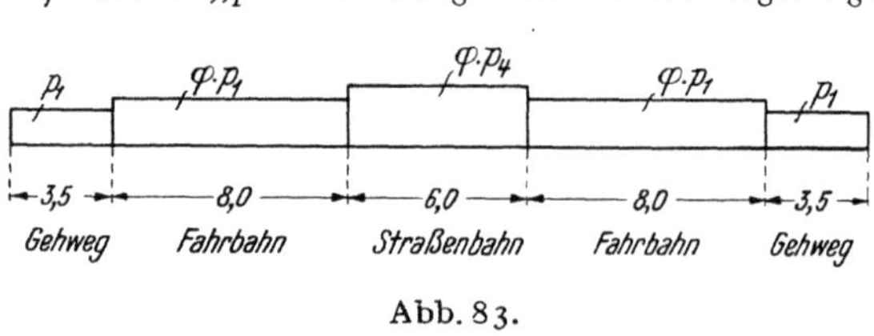

Abb. 83.

β) *Lasten „Δp" mit 6 m Belastungslänge (Restlasten).*

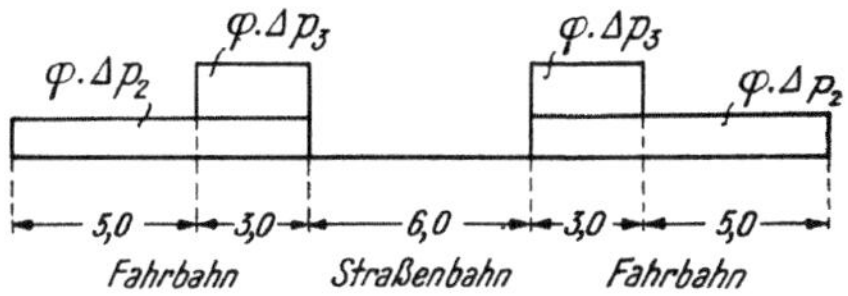

Abb. 84.

7. Ermittlung von min $M_{3,5\,0,\,p}$ im Ersatzrost.

Abb. 85 zeigt die aus den Knoteneinflußwerten (Abb. 81) abgeleitete ungünstigste Laststellung mit vereinfachter Umgrenzung. Die Lasten werden durch die Fahrbahnkonstruktion auf die Hauptträger übertragen; diese sind somit in den Feldern zwischen den Knoten durch Gleichlasten unmittelbar belastet. Wir wenden daher das in § 15 Abs. 46 entwickelte Verfahren der Knotenersatzlasten an. Zu deren Berechnung können die Zahlentafeln 7 bis 9 herangezogen werden. Die Auswertung des Momentes wird lastgruppenweise vorgenommen.

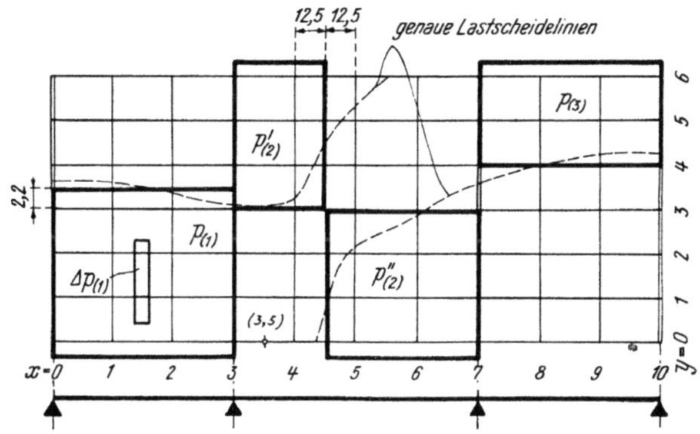

Abb. 85.

a) *Auswertung für die Lastgruppen „$p_{(1)}$" im linken Seitenfeld.* Die Lastgruppe „$p_{(1)}$" erzeugt, nach dem Balkengesetz übertragen, bei den einzelnen Hauptträgern die in Abb. 86 eingetragenen Gleichlasten $p_{(1)\bar{y}}$ pro lfd. m, die über die gesamte Feldspannweite l_1 reichen.

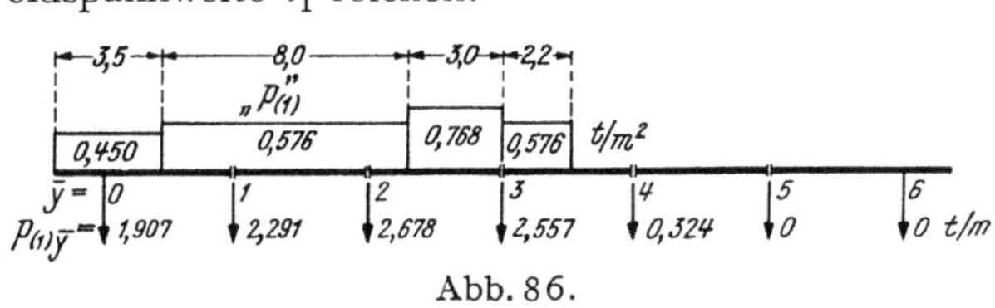

Abb. 86.

Die zugehörige Einheitsbelastung der Hauptträger in Längsrichtung zeigt Abb. 87, desgleichen die hieraus resultierenden Knotenersatzlasten $R_{\bar{x}\,(1)}$, die mit Hilfe der Zahlentafeln 7 bis 9 leicht ermittelt werden können.

Wir berechnen zunächst die Werte des Momentes $M_{3,5,0}$, wenn sich diese Einheitsbelastung (Abb. 87) der Reihe nach auf dem Hauptträger $\bar{y} = 0, 1, \ldots, 6$

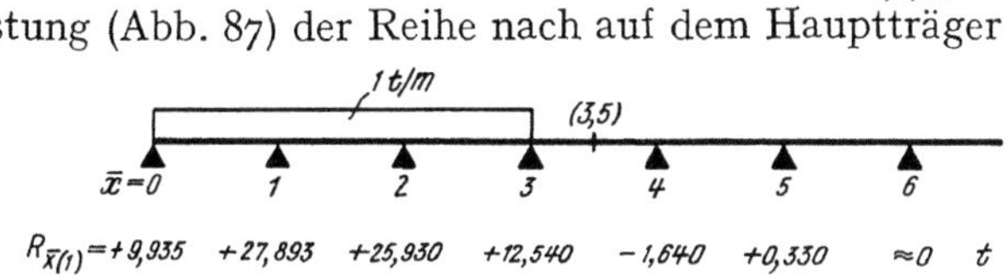

Abb. 87

befindet, d. h. gemäß Abs. 51, wir ermitteln zunächst die Knotenordinaten der Quereinflußlinie des Momentes $M_{3,5,0}$ für die in Abb. 87 dargestellte Einheitsbelastung. Es ergibt sich allgemein:

$$\mu_{3,5\,0,\,(1)\,\bar{y}} = l_2 \cdot m_{3,5\,0,\,(1)\,\bar{y}} \quad \text{wobei} \quad m_{3,5\,0,\,(1)\,\bar{y}} = \sum_{\bar{x}=0}^{10} R_{\bar{x}\,(1)} \cdot m_{3,5\,0,\,\bar{x}\,\bar{y}}\,. \tag{8}$$

Die Knoteneinflußwerte $m_{3,5\,0,\,\bar{x}\,\bar{y}}$ findet man auf S. 113.

Den Wert des Momentes $M_{3,5,0}$ unter den Hauptträgerlasten $p_{(1)\,\bar{y}}$ erhalten wir hierauf allgemein aus:

$$M'_{3,5\,0,\,p\,(1)} = l_2 \sum_{\bar{y}=0}^{m} p_{(1)\,\bar{y}} \cdot m_{3,5\,0,\,(1)\,\bar{y}}\,. \tag{9}$$

Zu diesem nach den vorangegangenen Gleichungen ermittelten Wert $M'_{3,5\,0,\,p\,(1)}$ kommt noch das Moment $M''_{3,5\,0,\,p\,(1)}$ des Durchlaufträgers nach Abb. 87 an der Stelle 3,5 unter der Belastung des Hauptträgers 0 ($p_{(1)\,0} = 1{,}907$ t/m) hinzu. Die Durchführung der einfachen Matrizzenmultiplikation in Gl. (8) liefert die Knotenordinaten der Quereinflußlinie $m_{3,5\,0,\,(1)\,\bar{y}}$, die samt den zugehörigen Hauptträgerlasten $p_{(1)\,\bar{y}}$ nachfolgend zusammengestellt sind:

	$\bar{y} = 0$	$\bar{y} = 1$	$\bar{y} = 2$	$\bar{y} = 3$	$\bar{y} = 4$
$p_{(1)\,\bar{y}}$	1,907	2,291	2,678	2,557	0,324
$m_{3,5\,0,\,(1)\,\bar{y}}$	−1,7676	−1,0002	−0,4266	−0,0845	+0,0785

Die Auswertung dieser Tabelle gemäß Gl. (9) bringt mit $l_2 = 100$ m das Ergebnis:

$$M'_{3,5\,0,\,p\,(1)} = -100 \cdot 6{,}996 = -699{,}6 \text{ tm}.$$

Für das zusätzliche Moment erhält man aus Abb. 87 mit $p_{(1)\,0} = 1{,}907$ t/m:

$$M''_{3,5\,0,\,p\,(1)} = 1{,}907 \cdot 12{,}5\,(3 \cdot 0{,}330 - 1 \cdot 1{,}640) = -15{,}5 \text{ tm}.$$

b) *Auswertung für die Lastgruppen $\Delta p_{(1)}$ im linken Seitenfeld.* Die Berechnung wird in gleicher Art durchgeführt wie unter a).

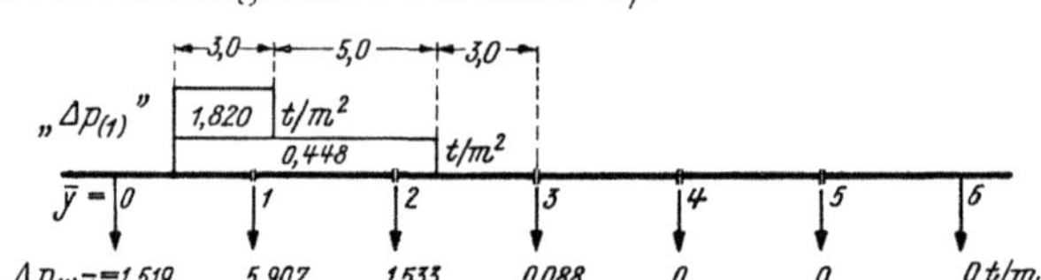

Abb. 88.

Belastungsanteile $\Delta p_{(1)\,\bar{y}}$ der Hauptträger: Abb. 88.

Knotenersatzlasten $R_{\bar{x}\,\Delta\,(1)}$ für die zugehörige Einheitsbelastung der Hauptträger: Abb. 89.

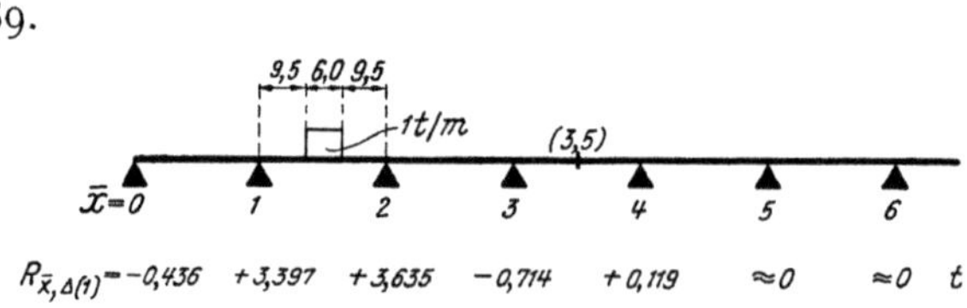

Abb. 89.

Die Bestimmungsgleichungen sind gleichlautend mit Gl. (8) und (9), nur treten an Stelle der Lastzeiger (1) bzw. p(1) die hier gültigen Zeiger: $\Delta(1)$ bzw. $\Delta p(1)$. Wir erhalten auf demselben Weg wie unter a).

Hauptträgerlasten und Knotenordinaten der Quereinflußlinie:

	$\bar{y} = 0$	$\bar{y} = 1$	$\bar{y} = 2$	$\bar{y} = 3$
$\Delta p_{(1)\bar{y}}$	1,519	5,907	1,533	0,088
$m_{3,5\,0,\,\Delta(1)\bar{y}}$	—0,2281	—0,1289	—0,0549	—0,0107

hieraus

$$M'_{3,5\,0,\,\Delta p\,(1)} = -100 \cdot 1{,}193 = -119{,}3\ \text{tm}.$$

Zusatzmoment gemäß Abb. 89 mit $\Delta p_{(1)\,0} = 1{,}519\ \text{t/m}$:

$$M''_{3,5\,0,\,\Delta p\,(1)} = 1{,}519 \cdot 12{,}5 \cdot 0{,}119 = +2{,}3\ \text{tm}.$$

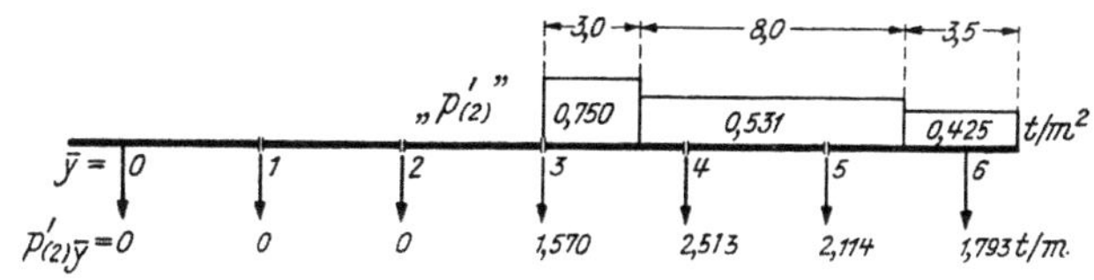

Abb. 90.

c) *Auswertung für die linke Lastgruppe* $p'_{(2)}$ *im Mittelfeld.* Belastungsanteile $p'_{(2)\bar{y}}$ der Hauptträger: Abb. 90.

Knotenersatzlasten $R_{\bar{x}\,(2')}$ für die zugehörige Einheitsbelastung der Hauptträger: Abb. 91.

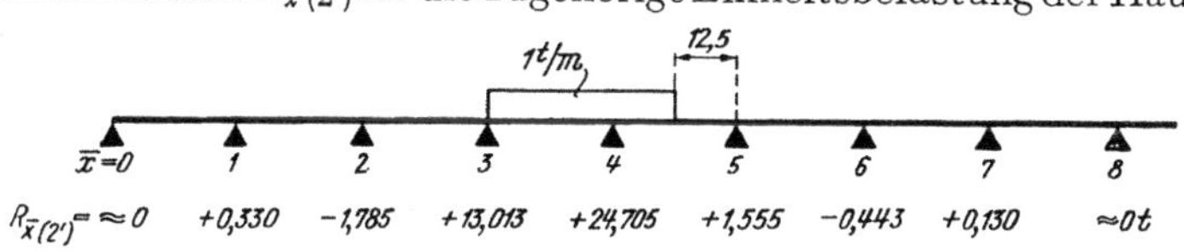

Abb. 91.

Bestimmungsgleichungen wie auf S. 116, jedoch mit den Lastzeigern (2′) bzw. $p'_{(2)}$ statt (1) bzw. $p_{(1)}$.

Hauptträgerlasten und Knotenordinaten der Quereinflußlinie:

	$\bar{y} = 3$	$\bar{y} = 4$	$\bar{y} = 5$	$\bar{y} = 6$
$p'_{(2)\bar{y}}$	1,570	2,513	2,114	1,793
$m_{3,5\,0,\,(2')\bar{y}}$	+0,0048	—0,0114	—0,0210	—0,0270

Hieraus

$$M'_{3,5\,0,\,p'\,(2)} = -100 \cdot 0{,}114 = -11{,}4\ \text{tm}.$$

Ein Zusatzmoment $M''_{3,5\,0}$ tritt hier nicht auf.

d) *Auswertung für die rechte Lastgruppe* $p''_{(2)}$ *im Mittelfeld.* Belastungsanteile $p''_{(2)\bar{y}}$ der Hauptträger: Spiegelbild zu Abb. 90.

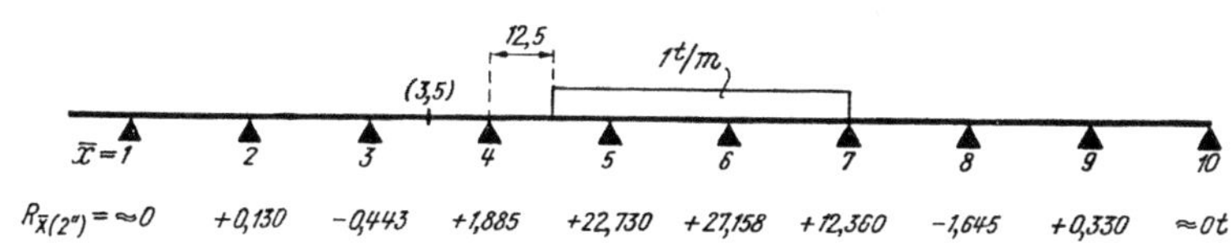

Abb. 92.

Knotenersatzlasten $R_{\bar{x}\,(2'')}$ für die zugehörige Einheitsbelastung der Hauptträger: Abb. 92.

Bestimmungsgleichungen wie auf S. 116, jedoch mit den Lastzeigern (2'') bzw. $p''_{(2)}$ statt (1) bzw. $p_{(1)}$.

Hauptträgerlasten und Knotenordinaten der Quereinflußlinie:

	$\bar{y}=0$	$\bar{y}=1$	$\bar{y}=2$	$\bar{y}=3$
$p''_{(2)\bar{y}}$	1,793	2,114	2,513	1,570
$m_{3,5\,0,\,(2'')\,\bar{y}}$	−0,5431	−0,2577	−0,0609	+0,0273

Hieraus

$$M'_{3,5\,0,\,p''(2)} = -100 \cdot 1{,}629 = -162{,}9\,\text{tm}.$$

Zusatzmoment gemäß Abb. 92 mit $p''_{(2)\,0} = 1{,}793$ t/m:

$$M''_{3,5\,0,\,p''(2)} = 1{,}793 \cdot 12{,}5\,(3 \cdot 0{,}130 - 1 \cdot 0{,}443) = -1{,}2\,\text{tm}.$$

e) *Auswertung für die Lastgruppe* $p_{(3)}$ *im rechten Seitenfeld.* Belastungsanteile $p_{(3)\bar{y}}$ der Hauptträger: Abb. 93.

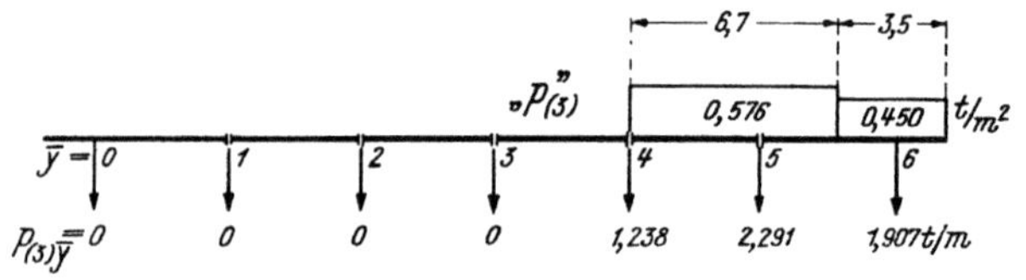

Abb. 93.

Knotenersatzlasten $R_{\bar{y}(3)}$ für die zugehörige Einheitsbelastung der Hauptträger: Spiegelbild zu Abb. 87.

Bestimmungsgleichungen wie auf S. 116, jedoch mit den Lastzeigern (3) bzw. $p(3)$ statt (1) bzw. $p(1)$.

Hauptträgerlasten und Knotenordinaten der Quereinflußlinie:

	$\bar{y}=4$	$\bar{y}=5$	$\bar{y}=6$
$p_{(3)\bar{y}}$	1,238	2,291	1,907
$m_{3,5\,0,\,(3)\,\bar{y}}$	+0,0019	−0,0252	−0,0464

Hieraus

$$M'_{3,5\,0,\,p(3)} = -100 \cdot 0{,}144 = -14{,}4\,\text{tm}.$$

Ein Zusatzmoment $M''_{3,5\,0}$ tritt hier nicht auf.

8. Ermittlung von min $M_{3,5\,3,\,p}$ im Ersatzrost.

Abb. 94 zeigt die aus den Knoteneinflußwerten (Abb. 82) abgeleitete ungünstigste Laststellung mit vereinfachter Umgrenzung. Die Auswertung des Momentes

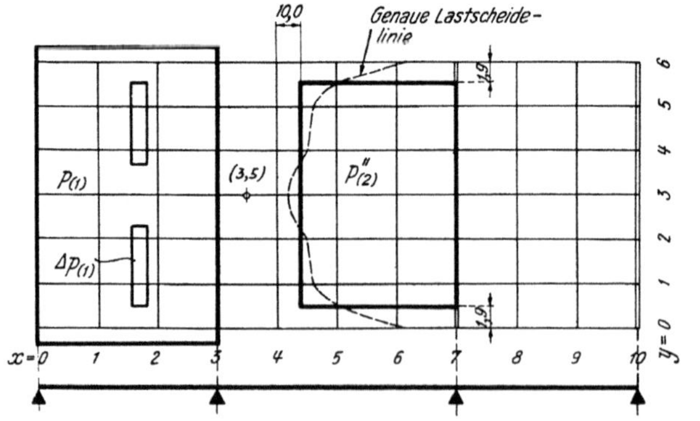

Abb. 94.

erfolgt wieder lastgruppenweise auf gleiche Art wie unter Punkt 7. Der Bau der Bestimmungsgleichungen ist derselbe wie auf S. 116, Gl. (8) und (9); nur tritt hier an Stelle des Ortzeigers $y = 0$ der Ortzeiger $y = 3$.

a) *Auswertung für die Lastgruppe* $p_{(1)}$ *im linken Seitenfeld.* Belastungsanteile $p_{(1)\bar{y}}$ der Hauptträger: Abb. 95.

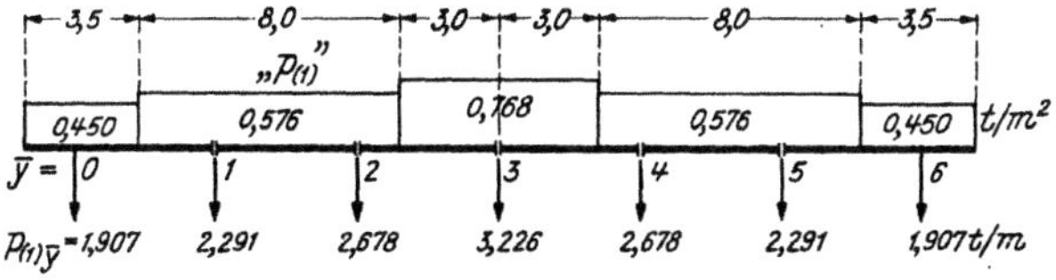

Abb. 95.

Knotenersatzlasten $R_{\bar{x}(1)}$ für die zugehörige Einheitsbelastung der Hauptträger wie in Abb. 87.

Hauptträgerlasten und Knotenordinaten der Quereinflußlinie:

	$\bar{y} = 0$	$\bar{y} = 1$	$\bar{y} = 2$	$\bar{y} = 3$	$\bar{y} = 4$	$\bar{y} = 5$	$\bar{y} = 6$
$p_{(1)\bar{y}}$	1,907	2,291	2,678	3,226	2,678	2,291	1,907
$m_{3,5\,3,(1)\bar{y}}$	−0,0845	−0,3643	−0,6169	−0,7399	−0,6169	−0,3643	−0,0845

Hieraus

$$M'_{3,5\,3,p(1)} = -100 \cdot 7{,}683 = -768{,}3 \text{ tm}.$$

Zusatzmoment gemäß Abb. 87 mit $p_{(1)3} = 3{,}226$ t/m:

$$M''_{3,5\,3,p(1)} = 3{,}226 \cdot 12{,}5\,(3 \cdot 0{,}330 - 1 \cdot 1{,}640) = -26{,}2 \text{ tm}.$$

b) *Auswertung für die Lastgruppe* $\Delta p_{(1)}$ *im linken Seitenfeld*: Belastungsanteile $\Delta p_{(1)\bar{y}}$ der Hauptträger: Abb. 96.

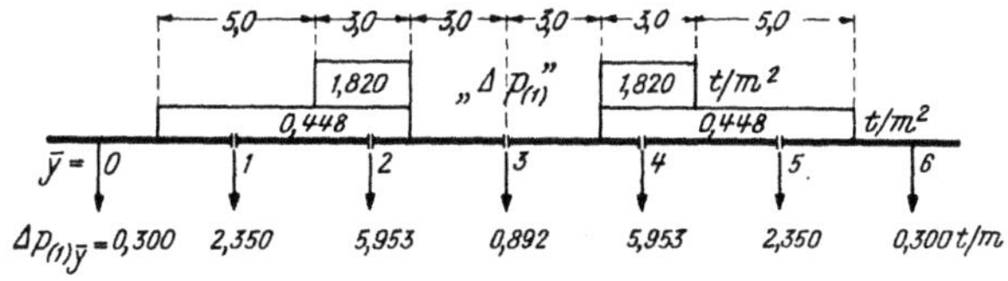

Abb. 96.

Knotenersatzlasten $R_{\bar{x}\Delta(1)}$ für die zugehörige Einheitsbelastung der Hauptträger (Abb. 97).

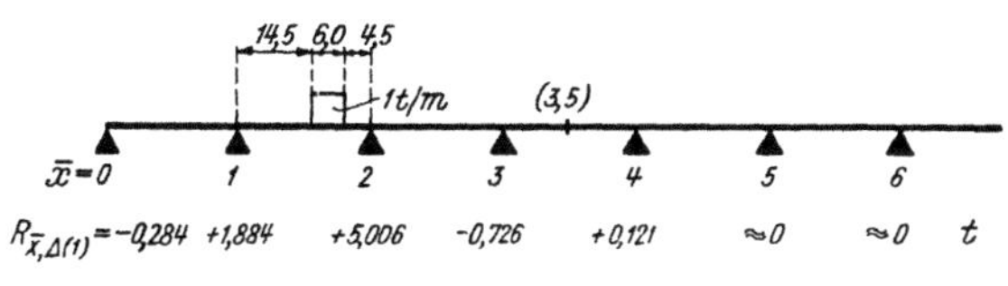

Abb. 97.

Hauptträgerlasten und Knotenordinaten der Quereinflußlinie:

	$\bar{y} = 0$	$\bar{y} = 1$	$\bar{y} = 2$	$\bar{y} = 3$	$\bar{y} = 4$	$\bar{y} = 5$	$\bar{y} = 6$
$\Delta p_{(1)\bar{y}}$	0,300	2,350	5,953	0,892	5,953	2,350	0,300
$m_{3,5\,3,\Delta(1)\bar{y}}$	−0,0086	−0,0465	−0,0834	−0,1028	−0,0834	−0,0465	−0,0086

Hieraus

$$M'_{3,5\,3,\,\Delta p\,(1)} = -100 \cdot 1{,}308 = -130{,}8\ \text{tm}.$$

Zusatzmoment gemäß Abb. 97 mit $\Delta p_{(1)\,3} = 0{,}892$ t/m:

$$M''_{3,5\,3,\,\Delta p\,(1)} = 0{,}892 \cdot 12{,}5 \cdot 0{,}121 = +\ 1{,}3\ \text{tm}.$$

c) *Auswertung für die Lastgruppe $p''_{(2)}$ im Mittelfeld.* Belastungsanteile $p''_{(2)\,\bar{y}}$ der Hauptträger: Abb. 98.

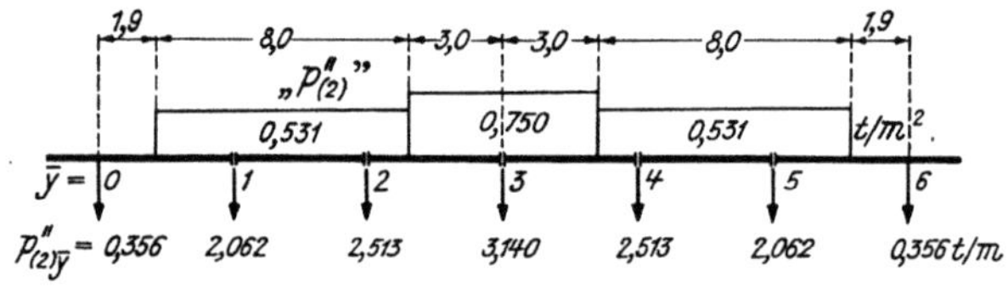

Abb. 98.

Knotenersatzlasten $R_{\bar{x}\,(2'')}$ für die zugehörige Einheitsbelastung der Hauptträger: Abb. 99.

Hauptträgerlasten und Knotenordinaten der Quereinflußlinie:

	$\bar{y}=0$	$\bar{y}=1$	$\bar{y}=2$	$\bar{y}=3$	$\bar{y}=4$	$\bar{y}=5$	$\bar{y}=6$
$p''_{(2)\,\bar{y}}$	0,356	2,062	2,513	3,140	2,513	2,062	0,356
$m_{3,5\,3,\,(2'')\,\bar{y}}$	+0,0287	−0,0905	−0,1916	−0,2476	−0,1916	−0,0905	+0,0287

Hieraus

$$M'_{3,5\,3,\,p''(2)} = -100 \cdot 2{,}093 = -209{,}3\ \text{tm}.$$

Zusatzmoment gemäß Abb. 99 mit $p_{(2)\,3} = 3{,}140$ t/m:

$$M''_{3,5\,3,\,p''(2)} = 3{,}140 \cdot 12{,}5\ (3 \cdot 0{,}181 - 1 \cdot 0{,}750) = -\ 8{,}1\ \text{tm}.$$

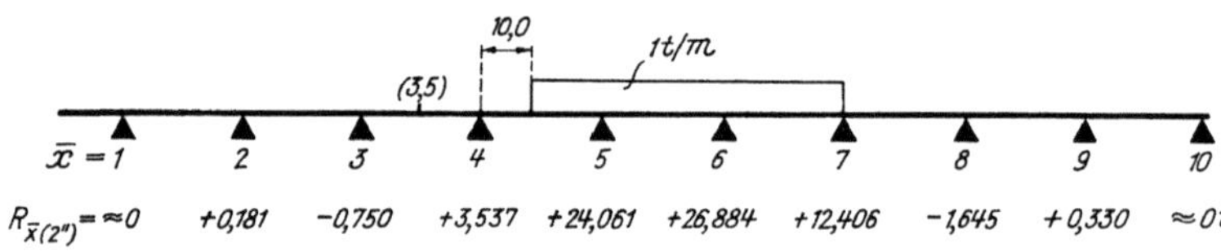

Abb. 99.

9. Ermittlung von min $M_{3,5\,0,\,p}$ und min $M_{3,5\,3,\,p}$ im tatsächlichen Rost.

Um die Momente des tatsächlichen Rostes aus den Momenten des Ersatzrostes näherungsweise zu gewinnen, haben wir gemäß § 17 zunächst die Einflußlinie des Momentes $M_{3,5}$ sowohl im tatsächlichen Längsträgersystem „L_V" mit dem variablen Trägheitsmomentenverlauf J_ξ, als auch im Ersatzlängsträgersystem „L_K" mit den feldweise konstanten Ersatzträgheitsmomenten J_1, J_2 zu bestimmen. Um das Beispiel abzukürzen, verzichten wir auf die Vorführung dieser jedem Statiker geläufigen Aufgabe und geben in Abb. 100 gleich das Ergebnis bekannt.

Die einzelnen Abschnitte der Einflußlinien haben wir in Übereinstimmung mit der Bezeichnung der Belastungsabschnitte in Punkt 7 und 8, Abschnitt (1), (2'), (2'') und (3) genannt. Die Verhältniswerte der einander entsprechenden Einflußlinienabschnitte betragen:

Abschnitt	Laststellung	F_V/F_K
(1)	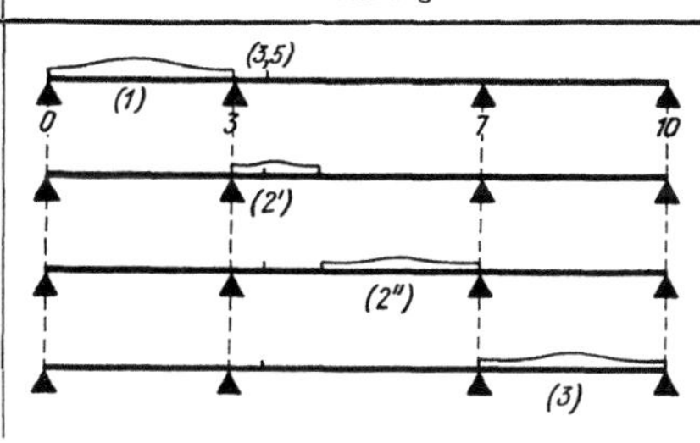	$\frac{-0{,}0323}{-0{,}0298} = 1{,}083$
(2′)		$\frac{+0{,}0088}{+0{,}0100} = 0{,}88$
(2″)		$\frac{-0{,}0097}{-0{,}0078} = 1{,}243$
(3)		$\frac{+0{,}0048}{+0{,}0038} = 1{,}264$

Da im Abschnitt (2′): $F_V/F_K < 1$ ist, so rechnen wir im folgenden gemäß S. 91 in diesem Abschnitt mit dem Wert 1,0.

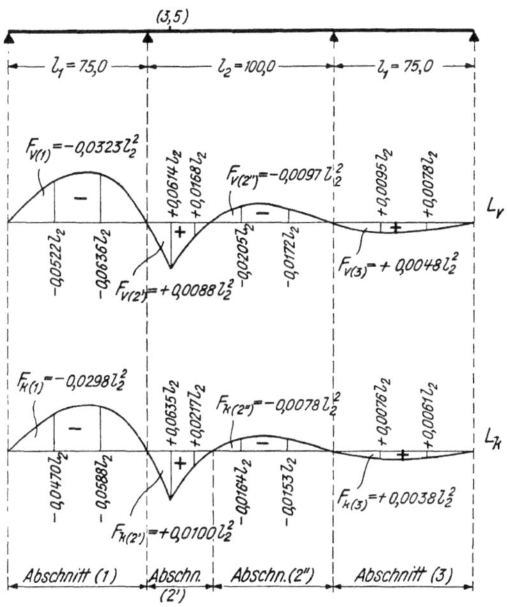

Abb. 100.

Die zu den einzelnen Belastungsabschnitten gehörigen Momente min $M_{3,5}$ im Hauptträger 0 und 3 des Ersatzrostes sind uns aus Punkt 7 und 8 bereits bekannt. Hiermit erhalten wir für den Grenzwert dieser Momente im tatsächlichen Rost auf Grund der Gl. (6), § 17:

Hauptträger 0. Rostmomente:

$$\min M'_{3,5\,0,p} = -1{,}083\,(699{,}6 + 119{,}3) - 1{,}0 \cdot 11{,}4 - 1{,}243 \cdot 162{,}9 - 1{,}264 \cdot 14{,}4 = -1122 \text{ tm}$$

Zusatzmomente (unverändert) $M''_{3,5\,0,p} = -15{,}5 + 2{,}3 - 1{,}2 = -\ 14$ „

$$\min M_{3,5\,0,p} = -1136 \text{ tm}$$

Hauptträger 3. Rostmomente:

$$\min M'_{3,5\,3,p} = -1{,}083\,(768{,}3 + 130{,}8) - 1{,}243 \cdot 209{,}3 = -1236 \text{ tm}$$

Zusatzmomente (unverändert) $M''_{3,5\,3,p} = -26{,}2 + 1{,}3 - 8{,}1 = -\ 33$ „

$$\min M_{3,5\,3,p} = -1269 \text{ tm.}$$

Hiermit sind die gesuchten Grenzwerte der beiden Hauptträgermomente $M_{3,5\,0,\,p}$ und $M_{3,5\,3,\,p}$ unter der Verkehrslast gefunden. Die Momente $M_{3,5\,0,\,g}$ und $M_{3,5\,3,\,g}$ unter der ständigen Last gewinnt man unmittelbar aus den entsprechenden Hauptträgermomenten in den benachbarten Knoten, d. s. die Momente über den Mittelstützen (3) und in den Viertelpunkten (4). Diese Momente können wir hier bereits als bekannt voraussetzen, da sie bei einem normalen Ablauf einer statischen Berechnung vor den Momenten in den Achtelpunkten der Felder ermittelt werden. Wir erhalten dabei in unserem Falle:

$$\left.\begin{aligned} M_{3,5\,0,\,g} &= \frac{1}{2}\,(M_{3\,0,\,g} + M_{4\,0,\,g}) + \frac{1}{8}\,g_0\left(\frac{l_2}{4}\right)^2 \\ M_{3,5\,3,\,g} &= \frac{1}{2}\,(M_{3\,3,\,g} + M_{4\,3,\,g}) + \frac{1}{8}\,g_3\left(\frac{l_2}{4}\right)^2 \end{aligned}\right\} \quad (10)$$

§ 19. Tafeln.

56. Gebrauchsformeln zu den Tafeln.

Um beim praktischen Gebrauch der Tafeln das Aufsuchen der Rostformeln zu erleichtern, bringen wir zunächst eine mit den notwendigen Erklärungen ausgestattete Formelzusammenstellung, auf die in jeder Tafel verwiesen ist. Wir beschränken uns hierbei auf die Angabe der *Knotenmomente eines Rostes*. Aus diesen können beliebig andere statische Größen der Rostträger leicht ermittelt werden. Die Formeln kleiden wir in eine Form, die beim Gebrauch der Tafeln zweckmäßig ist.

Grundsätzlich wird eine Rostgröße immer unter feldweiser Belastung ermittelt.

Im folgenden bedeuten:

M bzw. $\overline{M}$: ein Längsträger- bzw. ein Querträgermoment,
l: die Spannweite des Rostes im belasteten Feld,
a: die verglichene Verlagsweite der Längsträger laut Gl. (3), § 1.

Hiermit lauten die *Knotenmomente* in xy:

a) *unter einer Einzellast P im Knoten $\bar{x}\bar{y}$:*

$$\left.\begin{aligned} M_{xy,\,\bar{x}\bar{y}} &= Pl \cdot m_{xy,\,\bar{x}\bar{y}} \quad \text{wobei} \quad m_{xy,\,\bar{x}\bar{y}} = \sum_{i=0}^{m} m^i_{x\bar{x}}\, v^i_{\bar{y}}\, v^i_y\, \gamma_y \\ \overline{M}_{xy,\,\bar{x}\bar{y}} &= Pa \cdot \overline{m}_{xy,\,\bar{x}\bar{y}} \quad\;\;,, \qquad \overline{m}_{xy,\,\bar{x}\bar{y}} = \sum_{i=2}^{m} c^i_{x\bar{x}}\, v^i_{\bar{y}}\, w^i_y/\lambda^i \end{aligned}\right\} \quad (1)$$

b) *unter Vollbelastung p im Felde l des Längsträgers $\bar{y}$:*

$$\left.\begin{aligned} M_{xy,\,p\bar{y}} &= pl^2 \cdot m_{xy,\,p\bar{y}} \quad \text{wobei} \quad m_{xy,\,p\bar{y}} = \sum_{i=0}^{m} m^i_{xp}\, v^i_{\bar{y}}\, v^i_y\, \gamma_y \\ \overline{M}_{xy,\,p\bar{y}} &= pla \cdot \overline{m}_{xy,\,p\bar{y}} \quad\;\;,, \qquad \overline{m}_{xy,\,p\bar{y}} = \sum_{i=2}^{m} c^i_{xp}\, v^i_{\bar{y}}\, w^i_y/\lambda^i \end{aligned}\right\} \quad (2)$$

c) *unter beliebigen Knotenlasten $P_{\bar{x}\bar{y}}$ im Felde l des Längsträgers $\bar{y}$:*

α) *Lastweise Auswertung:*

$$\left.\begin{aligned} M_{xy,\,P\bar{y}} &= l \cdot \sum_{\bar{x}} P_{\bar{x}\bar{y}} \cdot m_{xy,\,\bar{x}\bar{y}} \qquad m_{xy,\,\bar{x}\bar{y}} \text{ wie unter a)} \\ \overline{M}_{xy,\,P\bar{y}} &= a \cdot \sum_{\bar{x}} P_{\bar{x}\bar{y}} \cdot \overline{m}_{xy,\,\bar{x}\bar{y}} \qquad \overline{m}_{xy,\,\bar{x}\bar{y}} \text{ wie unter a)} \end{aligned}\right\} \quad (3)$$

β) *Längsträgerweise Auswertung*:

$$\left.\begin{aligned} M_{xy,P\bar{y}} &= l\cdot\sum_{i=0}^{m}\frac{M^i_{xP}}{l}\,v^i_{\bar{y}}\,v^i_y\,\gamma_y \quad \text{wobei} \quad & \frac{M^i_{xP}}{l} &= \sum_{\bar{x}} P_{\bar{x}\bar{y}}\cdot m^i_{x\bar{x}} \\ \overline{M}_{xy,P\bar{y}} &= a\sum_{i=2}^{m} C^i_{xP}\,v^i_{\bar{y}}\,w^i_y/\lambda^i \quad ,, & C^i_{xP} &= \sum_{\bar{x}} P_{\bar{x}\bar{y}}\cdot c^i_{x\bar{x}} \end{aligned}\right\} \qquad (4)$$

d) *Beliebige Feldbelastungen von Längs- oder Querträgern.*

Zunächst ermittelt man die Knotenersatzlasten $R_{\bar{x}\bar{y}}$ der unmittelbar belasteten Rostträger als Durchlaufträger auf fest gestützten Knoten (Abs. 46). Hierauf bestimmt man die Knotenmomente M_{xy} und $\overline{M}_{xy}$ des Rostes infolge der Belastung $R_{\bar{x}\bar{y}}$ mit Hilfe der voranstehenden Formeln.

Dies sind für Knotenmomente nicht unmittelbar belasteter Rostträger bereits die gesuchten Ergebnisse.

Um die Knotenmomente eines unmittelbar belasteten Längsträgers $\bar{y}$ bzw. Querträgers $\bar{x}$ zu erhalten, sind zu den wie vor ermittelten Werten $M'_{x\bar{y}}$ bzw. $\overline{M}'_{\bar{x}y}$ die zusätzlichen Momentenwerte $M''_{x\bar{y}}$ bzw. $\overline{M}''_{\bar{x}y}$ hinzuzuschlagen, die diese Träger als Durchlaufträger auf fest gestützten Knoten unter der Wirkung der gegebenen Belastung erfahren.

Die in den Formeln a) bis c) enthaltenen Eigenlösungsprodukte $v^i_{\bar{y}}\,v^i_y\,\gamma_y$ und $v^i_{\bar{y}}\cdot w^i_y/\lambda^i$ sind für häufig vorkommende, im Abs. 57 beschriebene Rostanordnungen unmittelbar aus den Zahlentafeln 1 bis 6 zu entnehmen.

Die in den Formeln a) bis c) enthaltenen Faktoren m^i *und* c^i sind die Beiwerte der Knotenmomente M^i und Stützendrücke C^i der elastischen Zwischenstützen in den Systemen $i = 0, 1, \ldots, m$ gemäß den allgemeinen Formeln unter der Belastung P bzw. p:

$$M^i_P = Pl\,.\,m^i_P; \quad C^i_P = P\cdot c^i_P; \quad \text{bzw.} \quad M^i_p = pl^2\cdot m^i_p; \quad C^i_p = pl\cdot c^i_p\,. \qquad (5)$$

In den Systemen $i = 0$ und 1 entfallen mit $C^i = c^i = 0$ die elastischen Zwischenstützen, es verbleibt das tatsächliche Langsträgersystem. Die Ermittlung der zugehörigen Beiwerte m^i ist bekannt.

Die Beiwerte m^i und c^i in den Systemen $i = 2, 3,, \ldots, m$ sind für häufig vorkommende, im Abs. 58 beschriebene Rostanordnungen mit Hilfe der graphischen Tafeln 1 bis 39 einfach zu bestimmen, und zwar können

bei *Einfeldträgerrosten* die Beiwerte m^i und c^i unmittelbar aus den bezüglichen Tafeln abgelesen werden;

bei *Mehrfeldträgerrosten* hingegen gewinnt man zunächst die Beiwerte m^i der Stützenmomente aus folgenden Formeln:

a) *Last P oder p im Endfeld* l_1 *der Systeme* $i > 1$:

$$\underset{(1p)}{m^i_{1\bar{x}}} = -\underset{(1p)}{\chi^i_{1\bar{x}}}\,\frac{2}{1+\dfrac{l'_2}{l'_1}\,\dfrac{t'^i_2}{t'^i_1}}\,. \qquad (6)$$

Die Beiwerte m^i der übrigen Stützenmomente in den Systemen $i > 1$ können näherungsweise gleich Null gesetzt werden.

b) *Last P oder p in einem Mittelfeld* l_k *der Systeme* $i > 1$:

$$\underset{(k-1p)}{m^i_{k-1\,\bar{x}}} = -\underset{(k-1\,p)}{\chi^i_{k-1\,\bar{x}}}\,\frac{2}{1+\dfrac{l'_{k-1}}{l'_k}\,\dfrac{t'^i_{k-1}}{t'^i_k}}\,; \qquad \underset{(k\,p)}{m^i_{k\,\bar{x}}} = -\underset{(k\,p)}{\chi^i_{k\,\bar{x}}}\,\frac{2}{1+\dfrac{l'_{k+1}}{l'_k}\,\dfrac{t'^i_{k+1}}{t'^i_k}}\,. \qquad (7)$$

Die Beiwerte m^i der übrigen Stützenmomente in den Systemen $i > 1$ können näherungsweise gleich Null gesetzt werden.

In den Gl. (6) und (7) bedeuten allgemein l' die reduzierten Feldspannweiten (l/J). Die Hilfswerte χ^i und t'^i findet man in Tafeln dieses Paragraphen.

Die Beiwerte m^i_x und c^i_x der Größen M^i_x und C^i_x im Knoten x des belasteten Feldes l_k berechnet man hierauf allgemein aus folgenden Formeln:

$$\left.\begin{aligned} \underset{(xp)}{m^i_{x\bar x}} &= \underset{(xp)}{\mathfrak{m}^i_{x\bar x}} + \underset{(k-1\,p)}{m^i_{k-1\,\bar x}} \cdot \mathfrak{m}^i_{x\,k-1} + \underset{(kp)}{m^i_{k\bar x}} \cdot \mathfrak{m}^i_{xk} \\ \underset{(xp)}{c^i_{x\bar x}} &= \underset{(xp)}{\mathfrak{c}^i_{x\bar x}} + \underset{(k-1\,p)}{m^i_{k-1\,\bar x}} \cdot \mathfrak{c}^i_{x\,k-1} + \underset{(kp)}{m^i_{k\bar x}} \cdot \mathfrak{c}^i_{xk} \end{aligned}\right\} \quad (8)$$

Schließlich berechnet man die Beiwerte m^i_x und c^i_x der Größen M^i_x und C^i_x im Knoten x eines dem belasteten Feld l_k unmittelbar benachbarten Feldes und zwar

im Felde l_{k-1} aus: im Felde l_{k+1} aus:

$$\left.\begin{aligned} \underset{(xp)}{m^i_{x\bar x}} &= \underset{(k-1\,p)}{m^i_{k-1\,\bar x}} \cdot \mathfrak{m}^i_{x\,k-1} & \qquad \underset{(xp)}{m^i_{x\bar x}} &= \underset{(kp)}{m^i_{k\bar x}} \cdot \mathfrak{m}^i_{xk} \\ \underset{(xp)}{c^i_{x\bar x}} &= \underset{(k-1\,p)}{m^i_{k-1\,\bar x}} \cdot \mathfrak{c}^i_{x\,k-1} \cdot l_k/l_{k-1} & \qquad \underset{(xp)}{c^i_{x\bar x}} &= \underset{(kp)}{m^i_{k\bar x}} \cdot \mathfrak{c}^i_{xk} \cdot l_k/l_{k+1} \end{aligned}\right\} \quad (9)$$

Die Beiwerte der statischen Größen in den übrigen Feldern der Durchlaufsysteme $i > 1$ können näherungsweise gleich Null gesetzt werden.

In obigen Gleichungen bedeuten m^i_{k-1} bzw. m^i_k die bereits bekannten Beiwerte der Stützenmomente M^i_{k-1} bzw. M^i_k infolge der Belastung des Feldes l_k; $\mathfrak{m}^i_x$ bzw. $\mathfrak{c}^i_x$ die Beiwerte der Größe $\mathfrak{M}^i_x$ bzw. $\mathfrak{C}^i_x$ im i-System, wenn über allen Mittelstützen Gelenke eingeschaltet werden; das i-System zerfällt dann in eine Reihe von hintereinander liegenden Einfeld-i-Balken, die dem Angriff der äußeren Last und der Stützenmomente ausgesetzt sind. Diese Beiwerte entsprechen daher den Beiwerten m^i_x und c^i_x von Einfeld-i-Balken und können aus den bezüglichen Tafeln dieses Paragraphen unmittelbar entnommen werden.

Nähere Aufklärungen über den Gebrauch der Tafeln bringen die folgenden Absätze.

57. Erläuterungen zu den Tafeln für λ^i, v^i_y, w^i_y.

In Zahlentafeln 1 bis 6 sind für $i = 0$ bis m die Eigenwerte λ^i und Eigenlösungen v^i_y, w^i_y des Gleichungssystems $D(w) + \Delta v = 0$; $\Delta w + \lambda v = 0$ mit den Randwerten $w = 0$ für $y = (-1)$, 0, m und $(m + 1)$ angegeben; sie gelten für Roste:

mit 3 bis 8 untereinander gleichen Längsträgern, die in gleichen Abständen liegen und deren Trägheitsmoment beliebig veränderlich ist ($m = 2$ bis 7, $\gamma_y = 1$, $\alpha_y = 1$); ferner

mit beliebig vielen unterschiedlichen Querträgern, deren jeder ein längs y unveränderliches Trägheitsmoment besitzt ($j_y = 1$, $k_y = 1$).

Die Zahlentafeln 1 bis 6 enthalten weiters die Produkte $v^i_{\bar y}\, v^i_y$, die für die Längsträgergrößen gebraucht werden, sowie die Produkte $v^i_{\bar y} \cdot w^i_y/\lambda^i$, mit deren Hilfe die Knotenmomente der Querträger berechnet werden. Hierbei wurden die Produkte $v^i_{\bar y}\, v^i_y$ für $i = 0$ und 1 zu einem Summenglied $\sum\limits_{i=0}^{1} v^i_{\bar y}\, v^i_y$ zusammengezogen, da praktisch nur dieses Anwendung findet. Diese Summenglieder stellen außerdem die Querverteilungszahlen der Längsträgergrößen in Rosten mit starren

Querträgern vor. Die Produkte $v_{\bar{y}}^i \cdot w_y^i / \lambda^i$ sind nur für $i = 2$ bis m von Null verschieden, da für $i = 0$ und 1 sämtliche w_y^i verschwinden.

Für Roste, bei welchen γ_y, α_y und j_y veränderlich sind, die also verschiedene Längsträger in ungleichen Entfernungen und Querträger mit variablen Trägheitsmoment aufweisen, müssen die Eigenwerte λ^i und die Eigenlösungen v_y^i, w_y^i neu berechnet werden; Ansätze hierfür sind im § 8 vorbereitet.

58. Erläuterungen zu den Tafeln für die Beiwerte der Systeme $i = 2, 3, \ldots m$.

Die Kurventafeln 1 bis 39 bringen die Beiwerte für i-Systeme von Rosten

mit beliebig vielen Längsträgern, die frei aufliegende oder durchlaufende Träger darstellen und deren Trägheitsmomente feldweise konstant sind ($J_\xi = J_k$), ferner

mit beliebig vielen Querträgern, die in jedem Rostfeld gleich ausgebildet sind und in gleichen Abständen liegen ($j_x = j_k$; $e_x = e_k$).

Die Tafeln sind entsprechend der Anzahl der in einem Rostfeld vorhandenen Querscheiben in sieben Gruppen unterteilt. Man findet zunächst in den ersten sechs Tafelgruppen die Beiwerte für i-Balken mit 1 bis 6 elastischen Zwischenstützen, d. h. also für Rostfelder mit 1 bis 6 Querträgern im Felde ($n = 2$ bis 7), gemäß den Formeln des Abs. 29. Die letzte Gruppe enthält die Tafeln für einen i-Balken auf einer stetigen elastischen Bettung, einem Rostfeld entsprechend, in dem die Querträger stetig über das Feld aufgeteilt sind ($n = \infty$) gemäß den Formeln des Abs. 31. Nach den Ausführungen des Abs. 30 bilden diese Ergebnisse für Roste mit sieben und mehr Querscheiben im Felde ($n \geqq 8$) eine genügend genaue Näherung.

Die Beiwerte eines i-Balkens mit Einzelzwischenstützen sind gemäß S. 47 allein von den Parameter ϱ^i, die Beiwerte eines i-Balkens mit kontinuierlicher Zwischenstützung gemäß S. 56 allein von dem Parameter $\varphi^i l$ abhängig. Zwischen diesen beiden Größen besteht gemäß S. 65 der hier nochmals angeschriebene Zusammenhang:

$$\varrho^i = \frac{1}{3} \left(\frac{\varphi^i l}{n} \right)^4 \tag{10}$$

Man kann deswegen $\varphi^i l$ auch als Parameter für i-Balken mit Einzelzwischenstützen betrachten. In den Tafeln 1 bis 39 sind daher die Beiwerte der statischen i-Größen durchwegs als Funktion von $\varphi^i l$ dargestellt. Auf den Abszissenachsen der Tafeln ist $\varphi^i l$ in einem logarithmischen Maßstab aufgetragen und zwar von $\varphi^i l = 1{,}4$ — ein Wert, der praktisch selten unterschritten wird, — bis $\varphi^i l = 16$. Für die Beiwerte wurden unverzerrte Maßstäbe gewählt, die auf der linken Seite jeder Tafel ersichtlich sind.

In jeder vorerwähnten Tafelgruppe findet man zunächst die Beiwerte für die wichtigsten statischen Größen von Einfeld-i-Balken, und zwar:

1. für den Stützendruck der in der Feldmitte oder zunächst dieser gelegenen elastischen Zwischenstütze und

2. für die Knotenmomente;

und zwar infolge folgender Belastungsfälle:

a) einer gleichmäßig verteilten Vollbelastung p,
b) einer Einzellast P, die der Reihe nach an jedem Knoten angreift, und
c) unter einem am Trägerende „n“ angreifenden Endmoment M_n.

Für diese Belastung sind außerdem die Ausdrücke t'^i als Funktion von $\varphi^i l$ dargestellt, wobei t'^i die reduzierten Beiwerte der Endverdrehungen von Einfeld-i-Balken am Orte des angreifenden Endmomentes bedeuten. Diese Ausdrücke werden bei der Ermittlung der Stützenmomente von Durchlauf-i-Balken mit ungleichen Feldern benötigt.

Des weiteren sind in jeder Tafelgruppe aufgenommen:

1. die Hilfswerte χ^i für die Stützenmomente eines Mittelfeldes in einem Durchlauf-i-Balken,

2. die Hilfswerte χ^i für das Stützenmoment eines Endfeldes in einem Durchlauf-i-Balken, beide Hilfswerte

a) infolge gleichmäßig verteilter Vollbelastung p des betreffenden Feldes,

b) infolge einer Einzellast P, die der Reihe nach in jedem Knoten des betreffenden Feldes angreift.

Gemäß den Gebrauchsformeln des Abs. 56 sind die soeben aufgezählten, in den Tafeln enthaltenen Beiwerte der i-Systeme ausreichend, um die Knotenmomente eines Rostes der eingangs erwähnten Bauart unter beliebiger Belastung rasch und einfach zu berechnen.

Beim praktischen Gebrauch der Tafeln bestimmt man zuerst die Parameter $\varphi^i l$ der Balken gemäß S. 125 mittels der Gleichung:

$$\varphi^i l = \sqrt[4]{\tfrac{1}{4}\,\lambda^i \cdot \Phi}\,. \tag{11}$$

Die hierin vorkommenden Eigenwerte λ^i und der Kennwert Φ der Querverteilung werden durch die Anlageverhältnisse des Rostes bestimmt. Bei einem Rost mit $m+1$ Längsträgern existieren $m+1$-Eigenwerte λ^i, die nach Abschnitt II zu berechnen oder den Zahlentafeln 1 bis 6 zu entnehmen sind, während der Kennwert Φ der Querverteilung gemäß S. 47 durch:

$$\Phi = \frac{n\,\overline{J}}{J}\left(\frac{l}{a}\right)^3 \tag{12}$$

somit unmittelbar durch die Rostabmessungen definiert ist. Wir erhalten also zu einem gegebenen Rost mit $m+1$ Längsträgern $m+1$ verschiedene Werte des Parameters $\varphi^i l$ und dementsprechend $m+1$ unterschiedliche Wertsysteme des zugehörigen i-Balkens.

Für $i = 0$ und 1 ist λ^i stets gleich Null, somit auch $\varphi^i l = 0$. In den Systemen $i = 0$ und 1 entfallen daher die elastischen Zwischenstützen; diese Systeme sind also einfache oder durchlaufende Balken mit feldweise konstanten Trägheitsmomenten. Die statischen Größen derselben sind nicht angegeben, da hierfür eigene Tafelwerke existieren.

Die übrigen Wertsysteme $i = 2, 3, \ldots, m$ sind nach steigenden Werten von λ^i geordnet. Stellt man den durch Gl. (11) gegebenen Zusammenhang zwischen $\varphi^i l$ und Φ bei festgehaltenem λ^i graphisch dar und trägt $\varphi^i l$ als Abszisse, Φ als Ordinate in logarithmischen Maßstäben auf, so erhält man für jedes λ^i eine Gerade, somit für einen Rost mit $m+1$ Längsträgern $m-1$ parallele Gerade (s. Tafel 1 u. 2). Für $\varphi^i l$ wählen wir denselben logarithmischen Maßstab wie bei den Tafeln für die Beiwerte. Man kann dann die $\varphi^i l$-Werte, die man aus diesen Schaubildern bei gegebenen Werten von Φ und λ^i entnommen hat, in die Tafeln der Beiwerte unmittelbar übertragen und die letzteren rasch ablesen. Auf diesem Weg verschafft man sich in kurzer Zeit einen Überblick über den Einfluß von Φ auf die Querverteilung im Roste und ist nach einigen Versuchen leicht imstande, den günstigsten Wert von Φ auszuwählen.

Die Abb. 101 zeigt, wie man hierbei vorzugehen hat. Man zieht zuerst in der $\varphi^i l$-Tafel im Abstande Φ eine zur Abszissenachse parallele, also waagrechte Linie, die die $(m-1)$-Geraden: „λ^i = konstant“ in den Punkten $2, 3, \ldots, m$ schneidet. Die durch diese Punkte gezogenen Ordinatenlinien $2, 3, \ldots, m$ überträgt man hierauf in die Tafel für den zu ermittelnden Beiwert, den wir in Abb. 101 allgemein

„s^{i}“ genannt haben. Die Schnittpunkte dieser Ordinatenlinien mit der Beiwertkurve „s^{i}“ ergeben schließlich die gesuchten Beiwerte $s^{i=2}$, $s^{i=3}$, . ., $s^{i=m}$ in den Systemen $i = 2, 3, \ldots, m$. Um die Tafeln zu schonen, ist es zweckmäßig, die Ordinatenlinien $2, 3, \ldots, m$ nicht in die Tafeln einzutragen, sondern zusammen mit der in jeder Tafel hervorgehobenen Ordinatenlinie $\varphi^{i} l = 1{,}4$ auf ein Blatt durchsichtigen Papiers zu zeichnen. Hierauf legt man dieses Blatt derart auf die auszuwertende Beiwerttafel „s^{i}“, daß die Ordinatenlinien $\varphi^{i} l = 1{,}4$ in beiden zur Deckung kommen, sticht mit einem Stechzirkel die nunmehr durchscheinenden Beiwertordinaten „s^{i}“ ab und liest an dem zugehörigen „s^{i}“-Maßstab, der in jeder Tafel an der linken Seite angeordnet ist, die entsprechenden Zahlenwerte des Beiwertes „s^{i}“ ab.

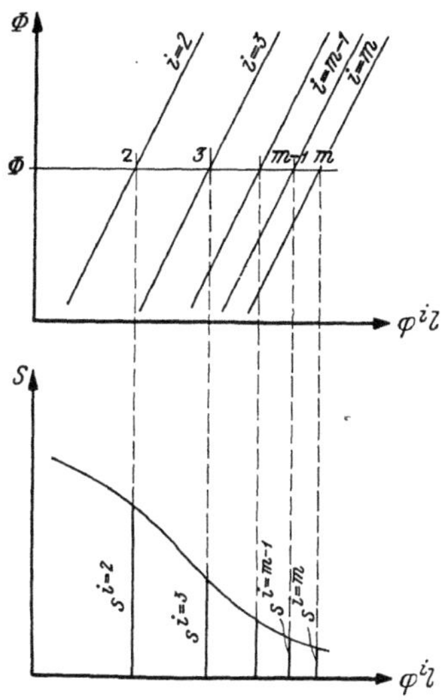

Abb. 101.

59. Erläuterungen zu den Tafeln für die Knotenersatzlasten $R_{\bar{x}\bar{y}}$.

Sind die Längs- oder Querträger eines Rostes zwischen den Knotenpunkten belastet, so wird diese Belastung durch gleichwertige Lasten $R_{\bar{x}\bar{y}}$ in den Knoten ersetzt und der Rost unter der alleinigen Wirkung dieser Knotenersatzlasten $R_{\bar{x}\bar{y}}$ untersucht. Um diese zu erhalten, betrachtet man den unmittelbar belasteten Rostträger für sich als Durchlaufträger, der in seinen Knoten fest gestützt ist und bestimmt die zugehörige Auflagerreaktion unter der gegebenen Belastung. Diese Kräfte, im Pfeilsinn ihrer Wirkung vom Träger auf die Auflager, sind die gesuchten Knotenersatzlasten $R_{\bar{x}\bar{y}}$.

Die Feldweite dieser Durchlaufträger ist bei Längsträgern die Knotenweite e (Abstand der Querträger) bzw. bei Querträgern die Knotenweite a (Abstand der Längsträger). Es ist ausreichend genau, die Durchlaufwirkung bei Belastung eines beliebigen Feldes jederseits höchstens über die beiden nächsten unbelasteten Felder zu verfolgen. Auf diese Weise können nur folgende Fälle auftreten

1. bei Belastung eines Endfeldes: Durchlaufträger über zwei bis höchstens drei Felder,

2. bei Belastung eines Mittelfeldes: Durchlaufträger über drei bis höchstens fünf Felder.

In den folgenden Zahlentafeln 7 bis 9 haben wir die Knotenersatzlasten solcher Durchlaufträger unter der Annahme durchwegs gleicher Feldweiten und Trägheitsmomente für folgende Belastungsfälle zusammengestellt:

a) Einzellast $P = 1$, der Reihe nach in den Zehntelpunkten eines Feldes angreifend. Die zugehörigen Auflagerreaktionen stellen die Einflußwerte $\varrho_{\bar{x}y}$ der Knotenersatzlasten dar. Für Belastungen von Querträgerkonsolen, die über $y = 0$ oder m auskragen, wurde in die Tafeln „Last im Endfeld“ auch die Laststellung: (-1) aufgenommen,

b) feldweise Gleichlast $p = 1$ t/m.

Mit Hilfe dieser Tafelangaben ist man imstande, die Knotenersatzlasten des Rostes zu jedem Lastfall, der praktische Bedeutung besitzt, einfach und rasch zu ermitteln.

Zahlentafeln 1 bis 6.

Eigenwerte λ^i, Eigenlösungen v_y^i und w_y^i, sowie Produkte $v_{\bar{y}}^i v_y^i$ und $v_{\bar{y}}^i w_y^i/\lambda_i$ für den Fall $\gamma_y = j_y = \alpha_y = 1$.

Anmerkung: Die *kursiv* gedruckten Zahlen sind Wiederholungen von *steil* gedruckten Zahlen. *Auf die Vorzeichen ist zu achten.*

1. Drei Hauptträger $(m = 2)$:

i	λ^i	v_y^i $y = 0$	v_y^i $y = 1$	v_y^i $y = 2$	w_y^i $y = 1$
0	0	+0,57735	*+0,57735*	*+0,57735*	0
1	0	+0,70711	0	*−0,70711*	0
2	9	+0,40825	−0,81650	*+0,40825*	−3,67424

	i	$v_{\bar{y}}^i v_y^i$ $\bar{y} = 0$	$\bar{y} = 1$	$\bar{y} = 2$
$y = 0$	0 + 1	+0,83333	+0,33333	−0,16667
	2	+0,16667	−0,33333	*+0,16667*
$y = 1$	0 + 1	wie für $y = 0$	+0,33333	symmetrisch
	2	$\bar{y} = 1$	+0,66667	

	i	$v_{\bar{y}}^i w_y^i/\lambda^i$ $\bar{y} = 0$	$\bar{y} = 1$	$\bar{y} = 2$
$y = 1$	2	−0,16667	+0,33333	symmetrisch

2. Vier Hauptträger $(m = 3)$:

i	λ^i	v_y^i $y = 0$	v_y^i $y = 1$	v_y^i $y = 2$	v_y^i $y = 3$	w_y^i $y = 1$	w_y^i $y = 2$
0	0	+0,50000	*+0,50000*	*+0,50000*	*+0,50000*	0	0
1	0	+0,67082	+0,22361	*−0,22361*	*−0,67082*	0	0
2	2,4	+0,50000	−0,50000	*−0,50000*	*+0,50000*	−1,20000	*−1,20000*
3	20,0	+0,22361	−0,67082	*+0,67082*	*−0,22361*	−4,47214	*+4,47214*

	i	$v_{\bar{y}}^i \cdot v_y^i$ $\bar{y} = 0$	$\bar{y} = 1$	$\bar{y} = 2$	$\bar{y} = 3$
$y = 0$	0 + 1	+0,70000	+0,40000	+0,10000	−0,20000
	2	+0,25000	−0,25000	*−0,25000*	*+0,25000*
	3	+0,05000	−0,15000	*+0,15000*	*−0,05000*
$y = 1$	0 + 1	wie für	+0,30000	+0,20000	wie für
	2	$y = 0$	+0,25000	*+0,25000*	$y = 0$
	3	$\bar{y} = 1$	+0,45000	*−0,45000*	$y = 2$

	i	$v_{\bar{y}}^i w_y^i/\lambda^i$ $\bar{y} = 0$	$\bar{y} = 1$	$\bar{y} = 2$	$\bar{y} = 3$
$y = 1$	2	−0,25 000	+0,25 000	*+0,25 000*	*−0,25 000*
	3	−0,05 000	+0,15 000	*−0,15 000*	*+0,05 000*

3. Fünf Hauptträger ($m = 4$):

i	λ^i	v_y^i				
		$y = 0$	$y = 1$	$y = 2$	$y = 3$	$y = 4$
0	0	+0,44721	+0,44721	+0,44721	+0,44721	+0,44721
1	0	+0,63245	+0,31623	0	−0,31623	−0,63245
2	0,91082	+0,52785	−0,24294	−0,56983	−0,24294	+0,52785
3	7,5	+0,31623	−0,63245	0	+0,63245	−0,31623
4	28,23204	+0,14619	−0,49090	+0,68942	−0,49090	+0,14619

i	w_y^i		
	$y = 1$	$y = 2$	$y = 3$
2	−0,48078	−0,74029	−0,48078
3	−2,37171	0	+2,37171
4	−4,12725	+5,60457	−4,12725

für $i = 0$ und 1 durchwegs $w_y^i = 0$

	i	$v_{\bar{y}}^i \cdot v_y^i$				
		$\bar{y} = 0$	$\bar{y} = 1$	$\bar{y} = 2$	$\bar{y} = 3$	$\bar{y} = 4$
$y = 0$	0 + 1	+0,60000	+0,40000	+0,20000	0	−0,20000
	2	+0,27863	−0,12824	−0,30078	−0,12824	+0,27863
	3	+0,10000	−0,20000	0	+0,20000	−0,10000
	4	+0,02137	−0,07176	+0,10079	−0,07176	+0,02137
$y = 1$	0 + 1	wie für $y = 0$ $\bar{y} = 1$	+0,30000	+0,20000	+0,10000	wie für $y = 0$ $\bar{y} = 3$
	2		+0,05902	+0,13843	+0,05902	
	3		+0,40000	0	−0,40000	
	4		+0,24098	−0,33844	+0,24098	
$y = 2$	0 + 1	wie für $y = 0$ $\bar{y} = 2$	wie für $y = 1$ $\bar{y} = 2$	+0,20000	symmetrisch	
	2			+0,32471		
	3			0		
	4			+0,47530		

	i	$v_{\bar{y}}^i\, w_y^i / \lambda^i$				
		$\bar{y} = 0$	$\bar{y} = 1$	$\bar{y} = 2$	$\bar{y} = 3$	$\bar{y} = 4$
$y = 1$	2	−0,27863	+0,12824	+0,30079	+0,12824	−0,27863
	3	−0,10000	+0,20000	0	−0,20000	+0,10000
	4	−0,02137	+0,07176	−0,10078	+0,07176	−0,02137
$y = 2$	2	−0,42902	+0,19745	+0,46314	symmetrisch	
	3	0	0	0		
	4	+0,02902	−0,09745	+0,13686		

4. Sechs Hauptträger ($m = 5$):

i	λ^i	v_y^i					
		$y = 0$	$y = 1$	$y = 2$	$y = 3$	$y = 4$	$y = 5$
0	0	+0,40825	+0,40825	+0,40825	+0,40825	+0,40825	+0,40825
1	0	+0,59762	+0,35857	+0,11952	−0,11952	−0,35857	−0,59762
2	0,421900	+0,53256	−0,07318	−0,45938	−0,45938	−0,07318	+0,53256
3	3,399880	+0,36316	−0,48275	−0,36752	+0,36752	+0,48275	−0,36316
4	13,47284	+0,22297	−0,57269	+0,34972	+0,34972	−0,57269	+0,22297
5	33,69103	+0,10477	−0,37200	+0,59215	−0,59215	+0,37200	−0,10477

i	w_y^i			
	$y = 1$	$y = 2$	$y = 3$	$y = 4$
2	−0,22469	−0,41850	−0,41850	−0,22469
3	−1,23468	−0,82807	+0,82807	+1,23468
4	−3,00405	+1,70771	+1,70771	−3,00405
5	−3,52974	+5,47348	−5,47348	+3,52974

für $i = 0$ und 1 durchwegs $w_y^i = 0$

	$v_{\bar{y}}^i \cdot v_y^i$						
	i	$\bar{y} = 0$	$\bar{y} = 1$	$\bar{y} = 2$	$\bar{y} = 3$	$\bar{y} = 4$	$\bar{y} = 5$
$y = 0$	0 + 1	+0,52382	+0,38096	+0,23810	+0,09524	−0,04762	−0,19048
	2	+0,28362	−0,03897	−0,24465	−0,24465	−0,03897	+0,28362
	3	+0,13189	−0,17532	−0,13347	+0,13347	+0,17532	−0,13189
	4	+0,04972	−0,12769	+0,07798	+0,07798	−0,12769	+0,04972
	5	+0,01098	−0,03897	+0,06204	−0,06204	+0,03897	−0,01098
$y = 1$	0 + 1		+0,29524	+0,20953	+0,12381	+0,03810	
	2	wie für	+0,00536	+0,03362	+0,03362	+0,00536	wie für
	3	$\underline{y} = 0$	+0,23305	+0,17742	−0,17742	−0,23305	$\underline{y} = 0$
	4	$\bar{y} = 1$	+0,32797	−0,20028	−0,20028	+0,32797	$\bar{y} = 4$
	5		+0,13838	−0,22028	+0,22028	−0,13838	
$y = 2$	0 + 1			+0,18095	+0,15238		
	2	wie für	wie für	+0,21103	+0,21103	wie für	wie für
	3	$\underline{y} = 0$	$\underline{y} = 1$	+0,13507	−0,13507	$\underline{y} = 1$	$\underline{y} = 0$
	4	$\bar{y} = 2$	$\bar{y} = 2$	+0,12230	+0,12230	$\bar{y} = 3$	$\bar{y} = 3$
	5			+0,35064	−0,35064		

	$v_{\bar{y}}^i\, w_y^i/\lambda^i$						
	i	$\bar{y} = 0$	$\bar{y} = 1$	$\bar{y} = 2$	$\bar{y} = 3$	$\bar{y} = 4$	$\bar{y} = 5$
$y = 1$	2	−0,28363	+0,03897	+0,24465	+0,24465	+0,03897	−0,28363
	3	−0,13189	+0,17532	+0,13347	−0,13347	−0,17532	+0,13189
	4	−0,04972	+0,12769	−0,07798	−0,07798	+0,12769	−0,04972
	5	−0,01098	+0,03897	−0,06204	+0,06204	−0,03897	+0,01098
$y = 2$	2	−0,52827	+0,07259	+0,45568	+0,45568	+0,07259	−0,52827
	3	−0,08845	+0,11758	+0,08951	−0,08951	−0,11758	+0,08845
	4	+0,02826	−0,07259	+0,04433	+0,04433	−0,07259	+0,02826
	5	+0,01702	−0,06044	+0,09620	−0,09620	+0,06044	−0,01702

5. Sieben Hauptträger ($m = 6$):

i	λ^i	v_y^i						
		$y = 0$	$y = 1$	$y = 2$	$y = 3$	$y = 4$	$y = 5$	$y = 6$
0	0	+0,37796	+0,37796	+0,37796	+0,37796	+0,37796	+0,37796	+0,37796
1	0	+0,56695	+0,37796	+0,18898	0	−0,18898	−0,37796	−0,56695
2	0,222360	+0,52750	+0,03879	−0,33118	−0,47022	−0,33118	+0,03879	+0,52750
3	1,765187	+0,38794	−0,34015	−0,48353	0	+0,48353	+0,34015	−0,38794
4	7,010486	+0,26930	−0,51997	−0,02887	+0,55908	−0,02887	−0,51997	+0,26930
5	19,034813	+0,16755	−0,49137	+0,48009	0	−0,48009	+0,49137	−0,16755
6	37,30561	+0,07978	−0,29202	+0,49661	−0,56875	+0,49661	−0,29202	+0,07978

i	w_y^i					
	$y = 1$	$y = 2$	$y = 3$	$y = 4$	$y = 5$	
2	−0,11730	−0,24322	−0,29550	−0,24322	−0,11730	für $i = 0$ und 1 durchwegs $w_y^i = 0$
3	−0,68479	−0,76915	0	+0,76915	+0,68479	
4	−1,88792	−0,13058	+1,82912	−0,13058	−1,88792	
5	−3,18921	+2,97463	0	−2,97463	+3,18921	
6	−2,97607	+4,94174	−5,66695	+4,94174	−2,97607	

	$v_{\bar y}^i \cdot v_y^i$							
	i	$\bar y = 0$	$\bar y = 1$	$\bar y = 2$	$\bar y = 3$	$\bar y = 4$	$\bar y = 5$	$\bar y = 6$
$y = 0$	0 + 1	+0,46429	+0,35714	+0,25000	+0,14286	+0,03572	−0,07142	−0,17857
	2	+0,27826	+0,02046	−0,17470	−0,24804	−0,17470	+0,02046	+0,27826
	3	+0,15050	−0,13196	−0,18758	0	+0,18758	+0,13196	−0,15050
	4	+0,07252	−0,14003	−0,00777	+0,15056	−0,00777	−0,14003	+0,07252
	5	+0,02807	−0,08233	+0,08044	0	−0,08044	+0,08233	−0,02807
	6	+0,00636	−0,02330	+0,03962	−0,04537	+0,03962	−0,02330	+0,00636
$y = 1$	0 + 1	wie für $y = 0$, $\bar y = 1$	+0,28571	+0,21429	+0,14286	+0,07143	0	wie für $y = 0$, $\bar y = 5$
	2		+0,00150	−0,01285	−0,01824	−0,01285	+0,00150	
	3		+0,11570	+0,16447	0	−0,16447	−0,11570	
	4		+0,27037	+0,01501	−0,29070	+0,01501	+0,27037	
	5		+0,24144	−0,23590	0	+0,23590	−0,24144	
	6		+0,08528	−0,14502	+0,16609	−0,14502	+0,08528	
$y = 2$	0 + 1	wie für $y = 0$, $\bar y = 2$	wie für $y = 1$, $\bar y = 2$	+0,17857	+0,14286	+0,10715	wie für $y = 1$, $\bar y = 4$	wie für $y = 0$, $\bar y = 4$
	2			+0,10968	+0,15573	+0,10968		
	3			+0,23380	0	−0,23380		
	4			+0,00083	−0,01614	+0,00083		
	5			+0,23049	0	−0,23049		
	6			+0,24662	−0,28245	+0,24662		
$y = 3$	0 + 1	wie für $y = 0$, $\bar y = 3$	wie für $y = 1$, $\bar y = 3$	wie für $y = 2$, $\bar y = 3$	+0,14286	symmetrisch		
	2				+0,22111			
	3				0			
	4				+0,31257			
	5				0			
	6				+0,32348			

	$v_{\bar y}^i \, w_y^i / \lambda^i$							
	i	$\bar y = 0$	$\bar y = 1$	$\bar y = 2$	$\bar y = 3$	$\bar y = 4$	$\bar y = 5$	$\bar y = 6$
$y = 1$	2	−0,27827	−0,02046	+0,17470	+0,24805	+0,17470	−0,02046	−0,27827
	3	−0,15050	+0,13196	+0,18758	0	−0,18758	−0,13196	+0,15050
	4	−0,07252	+0,14003	+0,00777	−0,15056	+0,00777	+0,14003	−0,07252
	5	−0,02807	+0,08233	−0,08044	0	+0,08044	−0,08233	+0,02807
	6	−0,00636	+0,02330	−0,03962	+0,04537	−0,03962	+0,02330	−0,00636
$y = 2$	2	−0,57698	−0,04243	+0,36225	+0,51433	+0,36225	−0,04243	−0,57698
	3	−0,16904	+0,14821	+0,21069	0	−0,21069	−0,14821	+0,16904
	4	−0,00502	+0,00969	+0,00054	−0,01042	+0,00054	+0,00969	−0,00502
	5	+0,02618	−0,07679	+0,07502	0	−0,07502	+0,07679	−0,02618
	6	+0,01057	−0,03868	+0,06579	−0,07534	+0,06579	−0,03868	+0,01057
$y = 3$	2	−0,70101	−0,05155	+0,44012	+0,62489	symmetrisch		
	3	0	0	0	0			
	4	+0,07026	−0,13567	−0,00753	+0,14587			
	5	0	0	0	0			
	6	−0,01212	+0,04436	−0,07544	+0,08640			

6. Acht Hauptträger ($m = 7$):

i	λ^i	v_y^i							
		$y=0$	$y=1$	$y=2$	$y=3$	$y=4$	$y=5$	$y=6$	$y=7$
0	0	+0,35355	+0,35355	+0,35355	+0,35355	+0,35355	+0,35355	+0,35355	+0,35355
1	0	+0,54006	+0,38576	+0,23146	+0,07715	−0,07715	−0,23146	−0,38576	−0,54006
2	0,128362	+0,51814	+0,11440	−0,22038	−0,41217	−0,41217	−0,22038	+0,11440	+0,51814
3	1,008717	+0,40064	−0,22393	−0,48202	−0,23876	+0,23876	+0,48202	+0,22393	−0,40064
4	3,988230	+0,29862	−0,43266	−0,26058	+0,39463	+0,39463	−0,26058	−0,43266	+0,29862
5	11,033186	+0,20931	−0,49521	+0,19898	+0,41397	−0,41397	−0,19898	+0,49521	−0,20931
6	23,770740	+0,13177	−0,41799	+0,50846	−0,22224	−0,22224	+0,50846	−0,41799	+0,13177
7	39,762978	+0,06336	−0,23625	+0,41773	−0,51544	+0,51544	−0,41773	+0,23625	−0,06336

i	w_y^i					
	$y=1$	$y=2$	$y=3$	$y=4$	$y=5$	$y=6$
2	−0,06651	−0,14770	−0,20061	−0,20061	−0,14770	−0,06651
3	−0,40413	−0,58238	−0,27441	+0,27441	+0,58238	+0,40413
4	−1,19095	−0,65635	+0,91752	+0,91752	−0,65635	−1,19095
5	−2,30932	+0,84508	+1,80415	−1,80415	−0,84508	+2,30932
6	−3,13220	+3,67156	−1,61115	−1,61115	+3,67156	−3,13220
7	−2,51926	+4,35551	−5,37991	+5,37991	−4,35551	+2,51926

für $i = 0$ und 1 durchwegs $w_y^i = 0$

	$v_{\bar y}^i \cdot v_y^i$								
	i	$\bar y=0$	$\bar y=1$	$\bar y=2$	$\bar y=3$	$\bar y=4$	$\bar y=5$	$\bar y=6$	$\bar y=7$
$y=0$	0 + 1	+0,41667	+0,33333	+0,25000	+0,16667	+0,08333	0	−0,08333	−0,16667
	2	+0,26847	+0,05928	−0,11418	−0,21356	−0,21356	−0,11418	+0,05928	+0,26847
	3	+0,16051	−0,08971	−0,19311	−0,09566	+0,09566	+0,19311	+0,08971	−0,16051
	4	+0,08917	−0,12920	−0,07781	+0,11784	+0,11784	−0,07781	−0,12920	+0,08917
	5	+0,04381	−0,10365	+0,04165	+0,08665	−0,08665	−0,04165	+0,10365	−0,04381
	6	+0,01736	−0,05508	+0,06700	−0,02928	−0,02928	+0,06700	−0,05508	+0,01736
	7	+0,00401	−0,01497	+0,02647	−0,03266	+0,03266	−0,02647	+0,01497	−0,00401
$y=1$	0 + 1		+0,27381	+0,21429	+0,15476	+0,09524	+0,03571	−0,02381	
	2		+0,01309	−0,02521	−0,04715	−0,04715	−0,02521	+0,01309	
	3	wie für	+0,05014	+0,10794	+0,05347	−0,05347	−0,10794	−0,05014	wie für
	4	$y=0$	+0,18720	+0,11274	−0,17074	−0,17074	+0,11274	+0,18720	$y=0$
	5	$\bar y=1$	+0,24523	−0,09853	−0,20500	+0,20500	+0,09853	−0,24523	$\bar y=6$
	6		+0,17472	−0,21253	+0,09289	+0,09289	−0,21253	+0,17472	
	7		+0,05581	−0,09869	+0,12177	−0,12177	+0,09869	−0,05581	
$y=2$	0 + 1			+0,17857	+0,14286	+0,10714	+0,07143		
	2			+0,04857	+0,09083	+0,09083	+0,04857		
	3	wie für	wie für	+0,23234	+0,11509	−0,11509	−0,23234	wie für	wie für
	4	$y=0$	$y=1$	+0,06790	−0,10283	−0,10283	+0,06790	$y=1$	$y=0$
	5	$\bar y=2$	$\bar y=2$	+0,03959	+0,08237	−0,08237	−0,03959	$\bar y=5$	$\bar y=5$
	6			+0,25853	−0,11300	−0,11300	+0,25853		
	7			+0,17450	−0,21531	+0,21531	−0,17450		
$y=3$	0 + 1				+0,13095	+0,11905			
	2				+0,16988	+0,16988			
	3	wie für	wie für	wie für	+0,05701	−0,05701	wie für	wie für	wie für
	4	$y=0$	$y=1$	$y=2$	+0,15573	+0,15573	$y=2$	$y=1$	$y=0$
	5	$\bar y=3$	$\bar y=3$	$\bar y=3$	+0,17137	−0,17137	$\bar y=4$	$\bar y=4$	$\bar y=4$
	6				+0,04939	+0,04939			
	7				+0,26567	−0,26567			

	i	$v^i_{\bar{y}}\, w^i_y/\lambda^i$ $\bar{y}=0$	$\bar{y}=1$	$\bar{y}=2$	$\bar{y}=3$	$\bar{y}=4$	$\bar{y}=5$	$\bar{y}=6$	$\bar{y}=7$
	2	−0,26847	+0,05928	+0,11419	+0,21356	+0,21356	+0,11419	−0,05928	−0,26847
	3	−0,16051	+0,08971	+0,19311	+0,09566	−0,09566	−0,19311	−0,08971	+0,16051
$y = 1$	4	−0,08917	+0,12920	+0,07781	−0,11784	−0,11784	+0,07781	+0,12920	−0,08917
	5	−0,04381	+0,10365	−0,04165	−0,08665	+0,08665	+0,04165	−0,10365	+0,04381
	6	−0,01736	+0,05508	−0,06700	+0,02928	+0,02928	−0,06700	+0,05508	−0,01736
	7	−0,00401	+0,01497	−0,02647	+0,03266	−0,03266	+0,02647	−0,01497	+0,00401
	2	−0,59621	−0,13164	+0,25358	+0,47427	+0,47427	+0,25358	−0,13164	−0,59621
	3	−0,23130	+0,12928	+0,27829	+0,13785	−0,13785	−0,27829	−0,12928	+0,23130
$y = 2$	4	−0,04914	+0,07120	+0,04288	−0,06494	−0,06494	+0,04288	+0,07120	−0,04914
	5	+0,01603	−0,03793	+0,01524	+0,03171	−0,03171	−0,01524	+0,03793	−0,01603
	6	+0,02035	−0,06456	+0,07854	−0,03433	−0,03433	+0,07854	−0,06456	+0,02035
	7	+0,00694	−0,02588	+0,04576	−0,05646	+0,05646	−0,04576	+0,02588	−0,00694
	2	−0,80977	−0,17879	+0,34441	+0,64415	+0,64415	+0,34441	−0,17879	−0,80977
	3	−0,10899	+0,06092	+0,13112	+0,06495	−0,06495	−0,13112	−0,06092	+0,10899
$y = 3$	4	+0,06870	−0,09954	−0,05995	+0,09079	+0,09079	−0,05995	−0,09954	+0,06870
	5	+0,03423	−0,08098	+0,03254	+0,06769	−0,06769	−0,03254	+0,08098	−0,03423
	6	−0,00893	+0,02833	−0,03446	+0,01506	+0,01506	−0,03446	+0,02833	−0,00893
	7	−0,00857	+0,03196	−0,05652	+0,06974	−0,06974	+0,05652	−0,03196	+0,00857

Zahlentafeln 7 bis 9.

Auflagerdrücke des Durchlaufträgers mit gleichen Feldspannweiten und konstantem Trägheitsmoment.

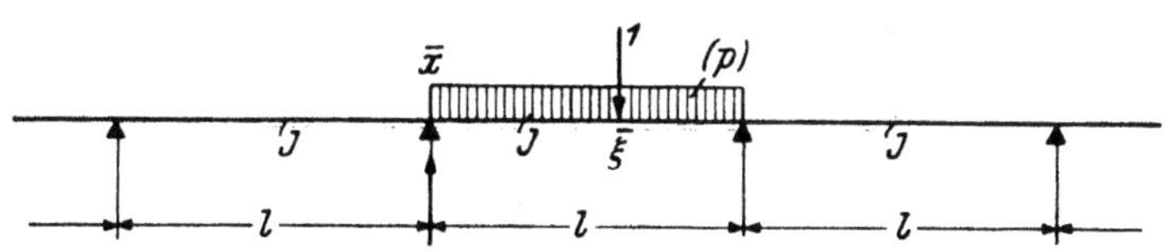

$\varrho_{\bar{x}\bar{\xi}}\,(\varrho_{\bar{x}p})$

7.

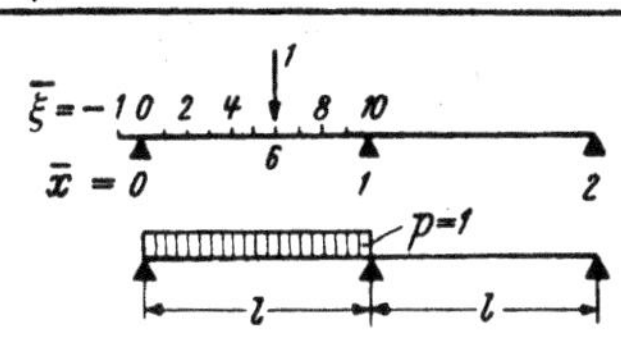

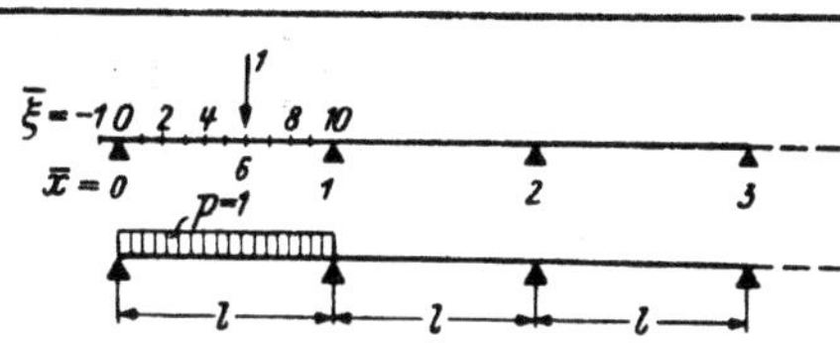

$\bar{\xi}$	$\varrho_{0,\bar{\xi}}$	$\varrho_{1,\bar{\xi}}$	$\varrho_{2,\bar{\xi}}$	$\varrho_{0,\bar{\xi}}$	$\varrho_{1,\bar{\xi}}$	$\varrho_{2,\bar{\xi}}$	$\varrho_{3,\bar{\xi}}$	$\bar{\xi}$
−1	+1,1250	−0,1500	+0,0250	+1,1267	−0,1600	+0,0400	−0,0067	−1
0	+1,0000	0	0	+1,0000	0	0	0	0
1	+0,8753	+0,1495	−0,0248	+0,8736	+0,1594	−0,0396	+0,0066	1
2	+0,7520	+0,2960	−0,0480	+0,7488	+0,3152	−0,0768	+0,0128	2
3	+0,6318	+0,4365	−0,0683	+0,6272	+0,4638	−0,1092	+0,0182	3
4	+0,5160	+0,5680	−0,0840	+0,5104	+0,6016	−0,1344	+0,0224	4
5	+0,4063	+0,6875	−0,0938	+0,4000	+0,7250	−0,1500	+0,0250	5
6	+0,3040	+0,7920	−0,0960	+0,2976	+0,8304	−0,1536	+0,0256	6
7	+0,2108	+0,8785	−0,0893	+0,2048	+0,9142	−0,1428	+0,0238	7
8	+0,1280	+0,9440	−0,0720	+0,1232	+0,9728	−0,1152	+0,0192	8
9	+0,0573	+0,9855	−0,0428	+0,0544	+1,0026	−0,0684	+0,0114	9
10	0	+1,0000	0	0	+1,0000	0	0	10
p	+0,4375 l	+0,6250 l	−0,0625 l	+0,4333 l	+0,6500 l	−0,1000 l	+0,0167 l	p

8.

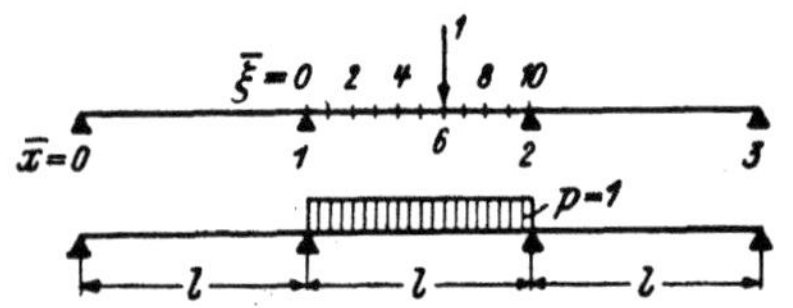

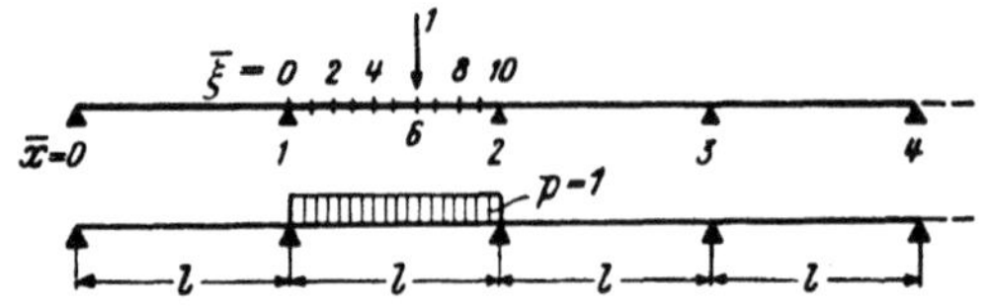

$\bar{\xi}$	$\varrho_{0,\bar{\xi}}$	$\varrho_{1,\bar{\xi}}$	$\varrho_{2,\bar{\xi}}$	$\varrho_{3,\bar{\xi}}$
0	0	+1,0000	0	0
1	−0,0390	+0,9630	+0,0910	−0,0150
2	−0,0640	+0,8960	+0,2000	−0,0320
3	−0,0770	+0,8050	+0,3210	−0,0490
4	−0,0800	+0,6960	+0,4480	−0,0640
5	−0,0750	+0,5750	+0,5750	−0,0750
6	−0,0640	+0,4480	+0,6960	−0,0800
7	−0,0490	+0,3210	+0,8050	−0,0770
8	−0,0320	+0,2000	+0,8960	−0,0640
9	−0,0150	+0,0910	+0,9630	−0,0390
10	0	0	+1,0000	0
p	−0,0500 l	+0,5500 l	+0,5500 l	−0,0500 l

$\varrho_{0,\bar{\xi}}$	$\varrho_{1,\bar{\xi}}$	$\varrho_{2,\bar{\xi}}$	$\varrho_{3,\bar{\xi}}$	$\varrho_{4,\bar{\xi}}$	$\bar{\xi}$
0	+1,0000	0	0	0	0
−0,0387	+0,9614	+0,0974	−0,0241	+0,0040	1
−0,0634	+0,8926	+0,2137	−0,0514	+0,0086	2
−0,0761	+0,7998	+0,3420	−0,0787	+0,0131	3
−0,0789	+0,6892	+0,4754	−0,1029	+0,0171	4
−0,0737	+0,5670	+0,6072	−0,1205	+0,0201	5
−0,0626	+0,4394	+0,7303	−0,1286	+0,0214	6
−0,0476	+0,3128	+0,8380	−0,1237	+0,0206	7
−0,0309	+0,1934	+0,9234	−0,1029	+0,0171	8
−0,0143	+0,0868	+0,9797	−0,0627	+0,0104	9
0	0	+1,0000	0	0	10
−0,0491 l	+0,5447 l	+0,5714 l	−0,0804 l	+0,0134 l	p

9.

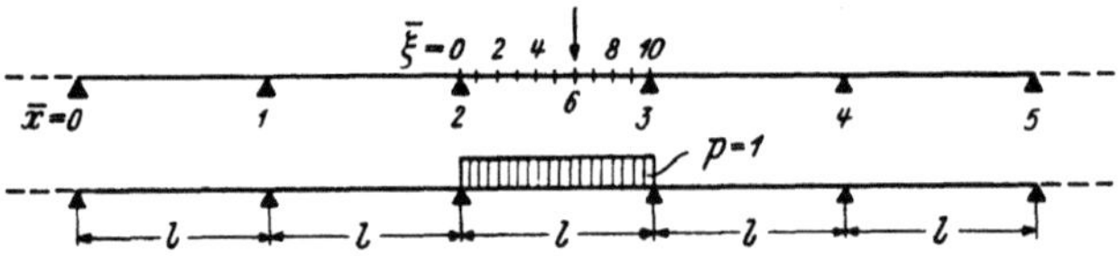

$\bar{\xi}$	$\varrho_{0,\bar{\xi}}$	$\varrho_{1,\bar{\xi}}$	$\varrho_{2,\bar{\xi}}$	$\varrho_{3,\bar{\xi}}$	$\varrho_{4,\bar{\xi}}$	$\varrho_{5,\bar{\xi}}$	$\bar{\xi}$
0	0	0	+1,0000	0	0	0	0
1	+0,0104	−0,0623	+0,9781	+0,0930	−0,0230	+0,0038	1
2	+0,0170	−0,1020	+0,9199	+0,2064	−0,0496	+0,0083	2
3	+0,0204	−0,1224	+0,8325	+0,3333	−0,0766	+0,0128	3
4	+0,0211	−0,1268	+0,7231	+0,4664	−0,1006	+0,0168	4
5	+0,0197	−0,1184	+0,5987	+0,5987	−0,1184	+0,0197	5
6	+0,0168	−0,1006	+0,4664	+0,7231	−0,1268	+0,0211	6
7	+0,0128	−0,0766	+0,3333	+0,8325	−0,1224	+0,0204	7
8	+0,0083	−0,0496	+0,2064	+0,9199	−0,1020	+0,0170	8
9	+0,0038	−0,0230	+0,0930	+0,9781	−0,0623	+0,0104	9
10	0	0	0	+1,0000	0	0	10
p	+0,0132 l	−0,0790 l	+0,5658 l	+0,5658 l	−0,0790 l	+0,0132 l	p

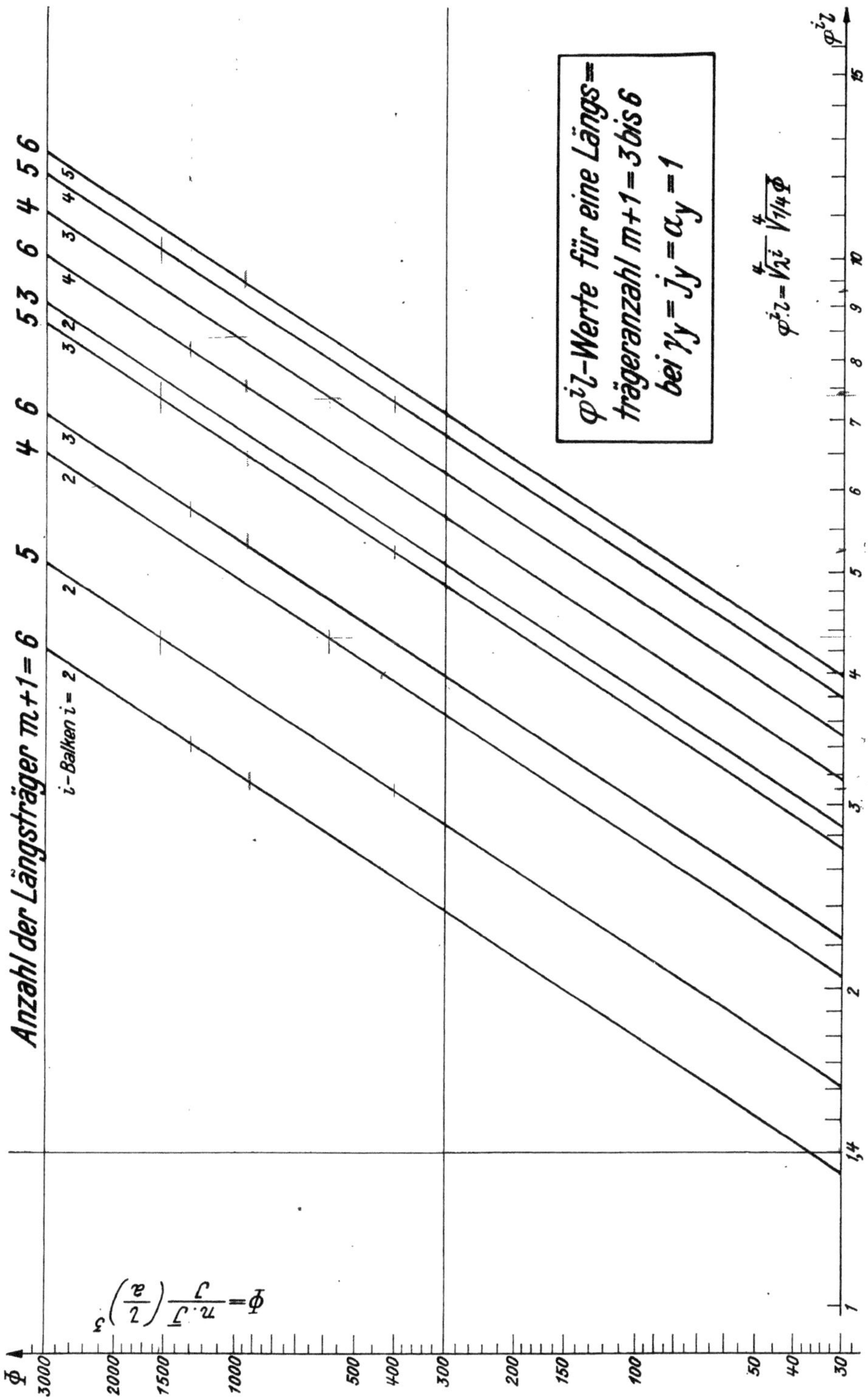
Anzahl der Längsträger m+1 = 6 5 4 6 5 3 6 4 5 6
i-Balken i = 2
φ^i l-Werte für eine Längs= trägeranzahl m+1 = 3 bis 6 bei γ_y = j_y = J_y = α_y = 1
Φ = n · J/J · (l/a)^3
Φ
3000 2000 1500 1000 500 400 300 200 150 100 50 40 30
1 1,4 2 3 4 5 6 7 8 9 10 15

Tafel 2

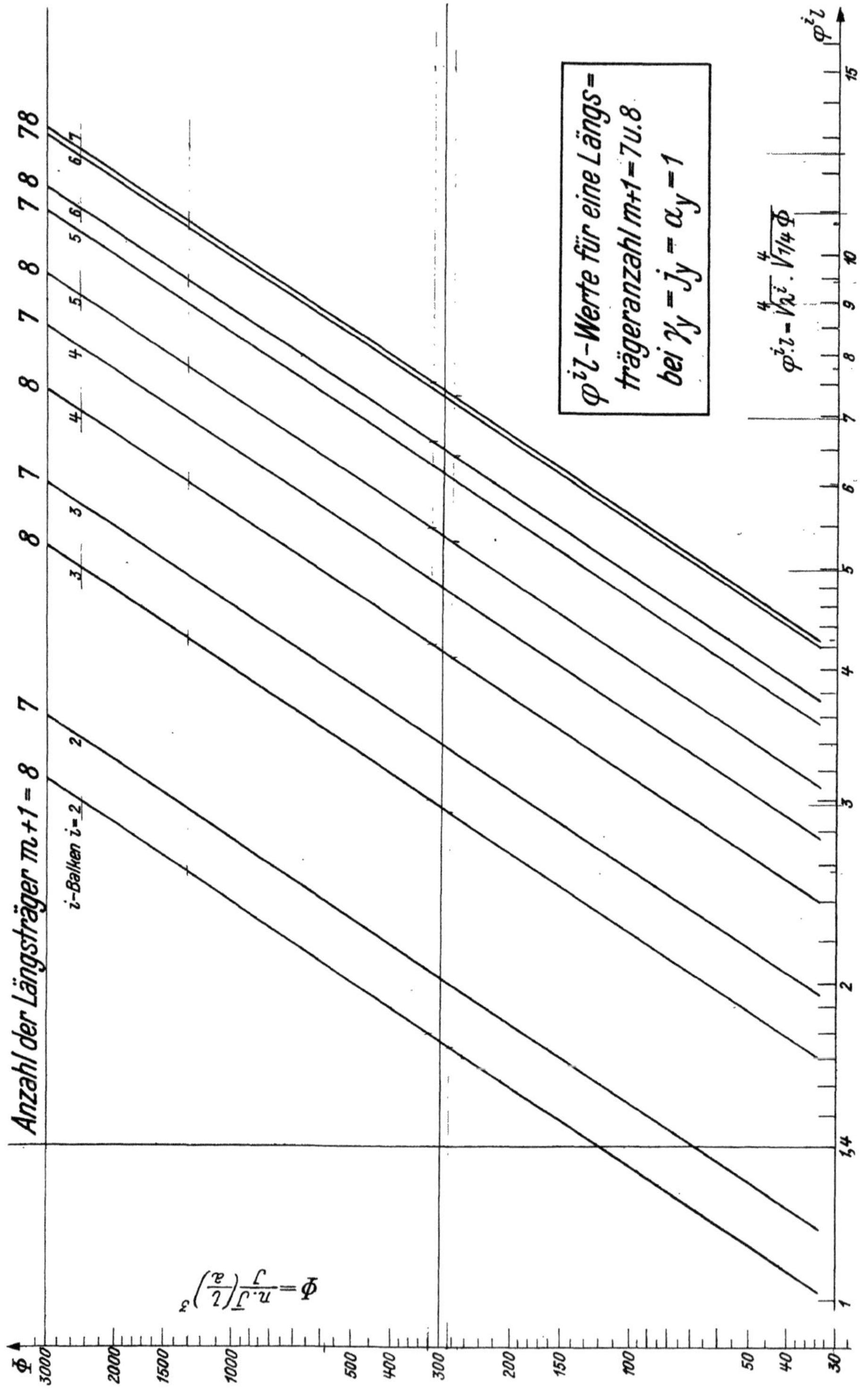

Anzahl der Längsträger m+1 = 8
i-Balken i = 2
φ^i l-Werte für eine Längsträgeranzahl m+1 = 7 u. 8
bei γ_y = j_y = α_y = 1

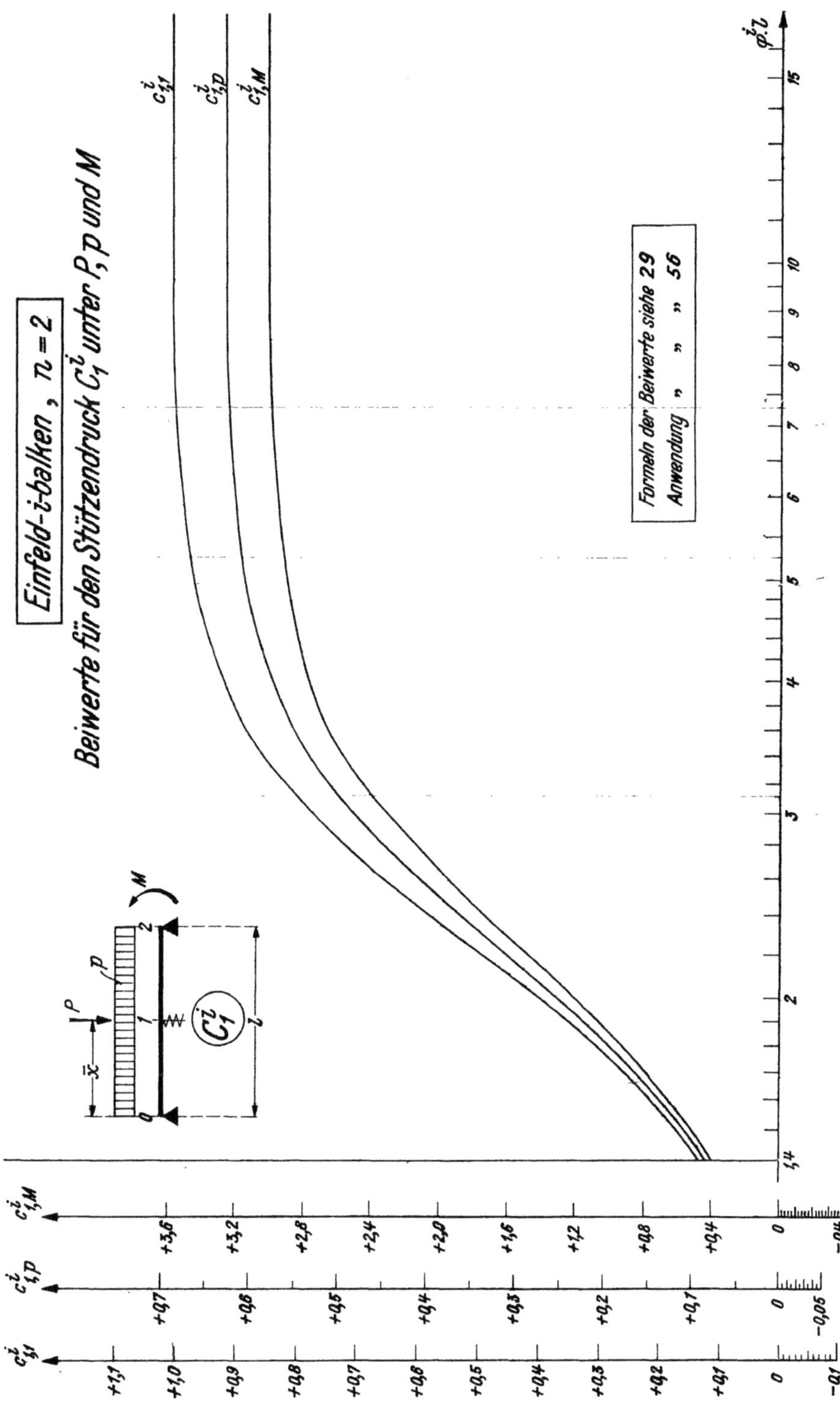
Einfeld-i-balken, n = 2
Beiwerte für den Stützendruck C_1^i unter P, p und M
Formeln der Beiwerte siehe 29
Anwendung " " 56

Tafel 4

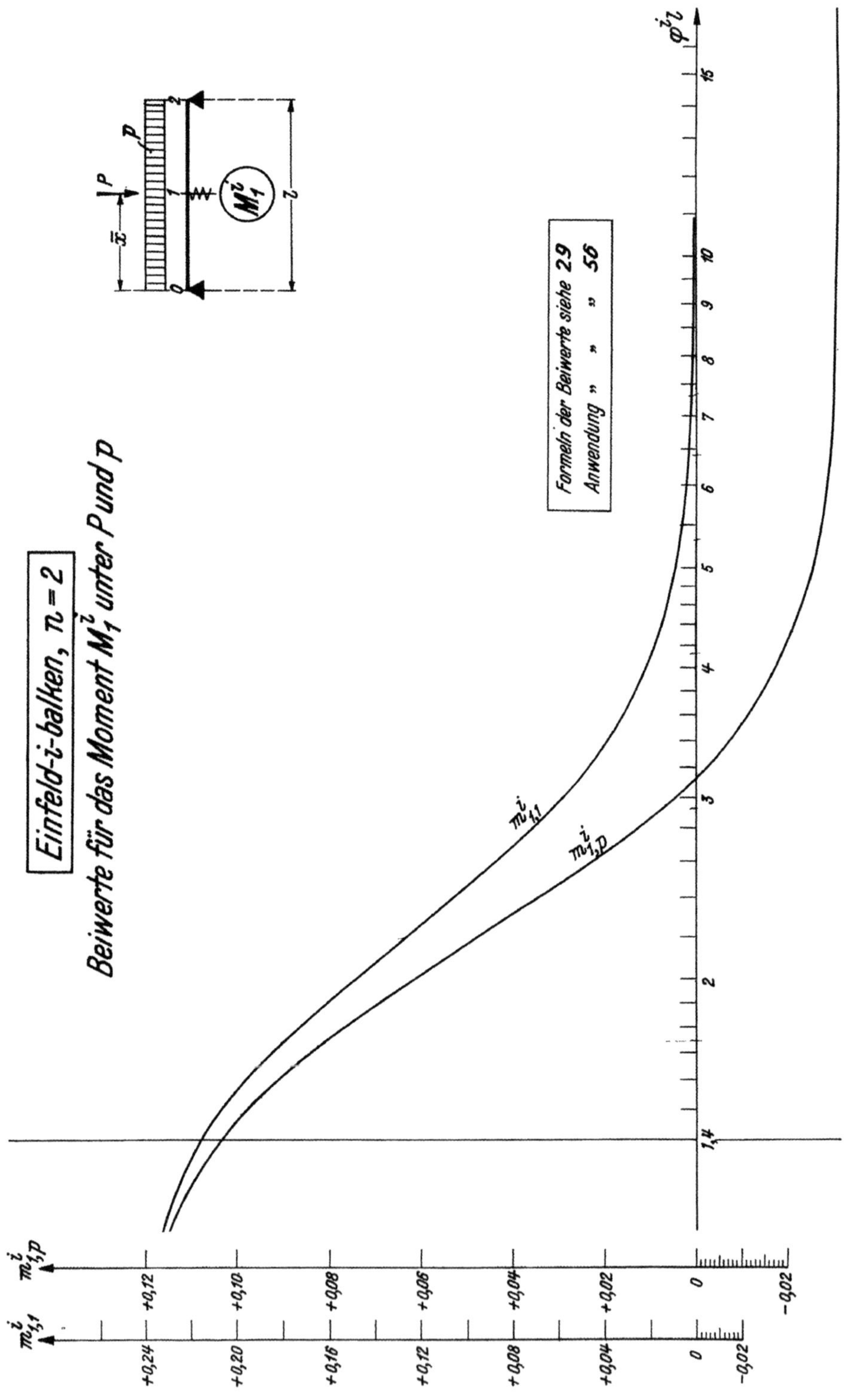

Einfeld-i-balken, n = 2
Beiwerte für das Moment M_1^i unter P und p
Formeln der Beiwerte siehe 29
Anwendung " " " 56
m^i_{1,1}
m^i_{1,p}
φ^i_l
1,4
2
3
4
5
6
7
8
9
10
15
+0,24
+0,20
+0,16
+0,12
+0,08
+0,04
0
-0,02
+0,12
+0,10
+0,08
+0,06
+0,04
+0,02
0
-0,02

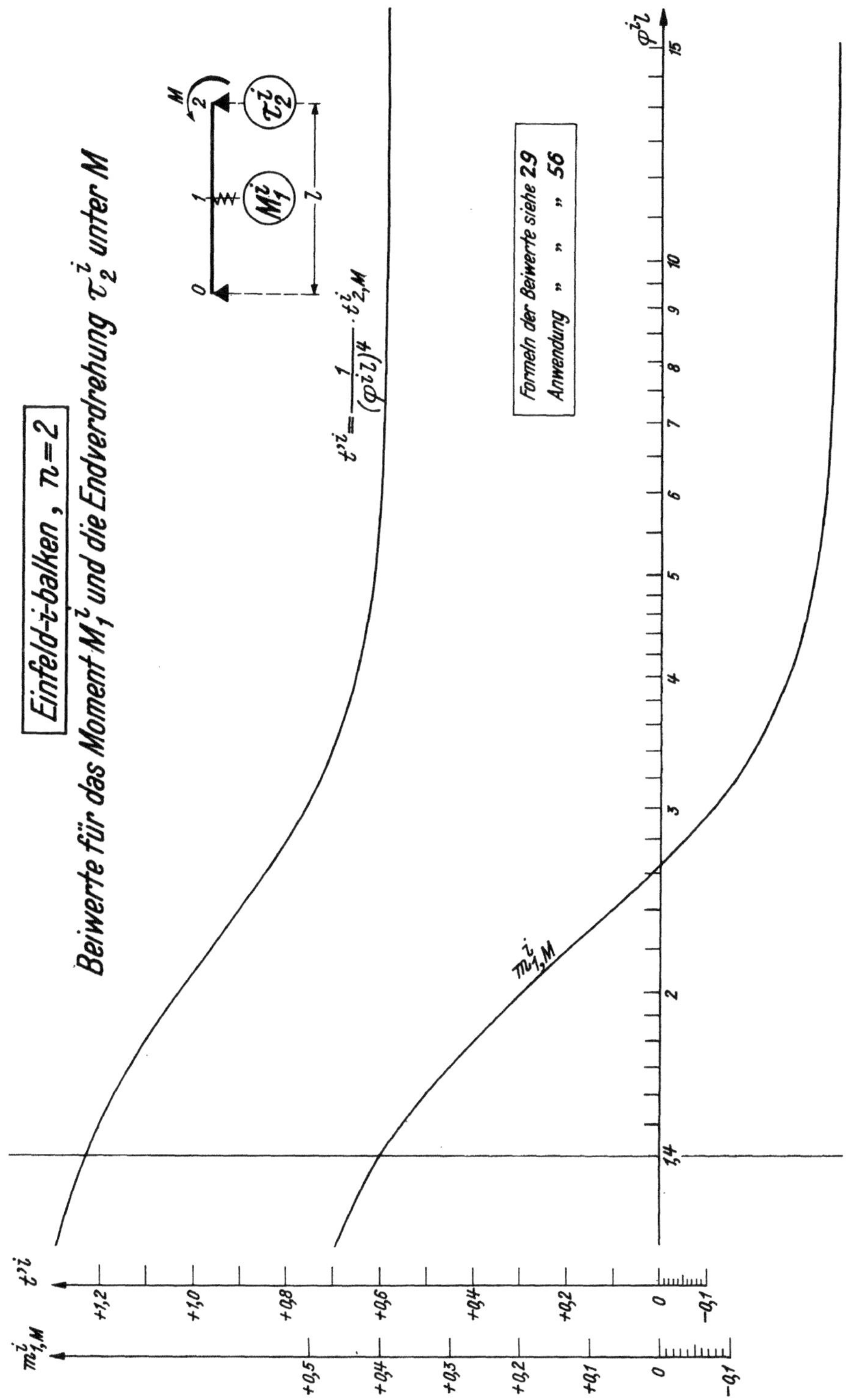
Einfeld-ι-balken, n=2
Beiwerte für das Moment M_1^ι und die Endverdrehung τ_2^ι unter M
M
0
1
2
l
M_1^ι
τ_2^ι
$t'^\iota = \frac{1}{(\varphi^\iota l)^4} \cdot t^\iota_{2,M}$
Formeln der Beiwerte siehe 29
Anwendung " " " 56
$m^\iota_{1,M}$
$\varphi^\iota l$
1,4
2
3
4
5
6
7
8
9
10
15
t'^ι
+1,2
+1,0
+0,8
+0,6
+0,4
+0,2
0
−0,1
$m^\iota_{1,M}$
+0,5
+0,4
+0,3
+0,2
+0,1
0
−0,1

Tafel 6

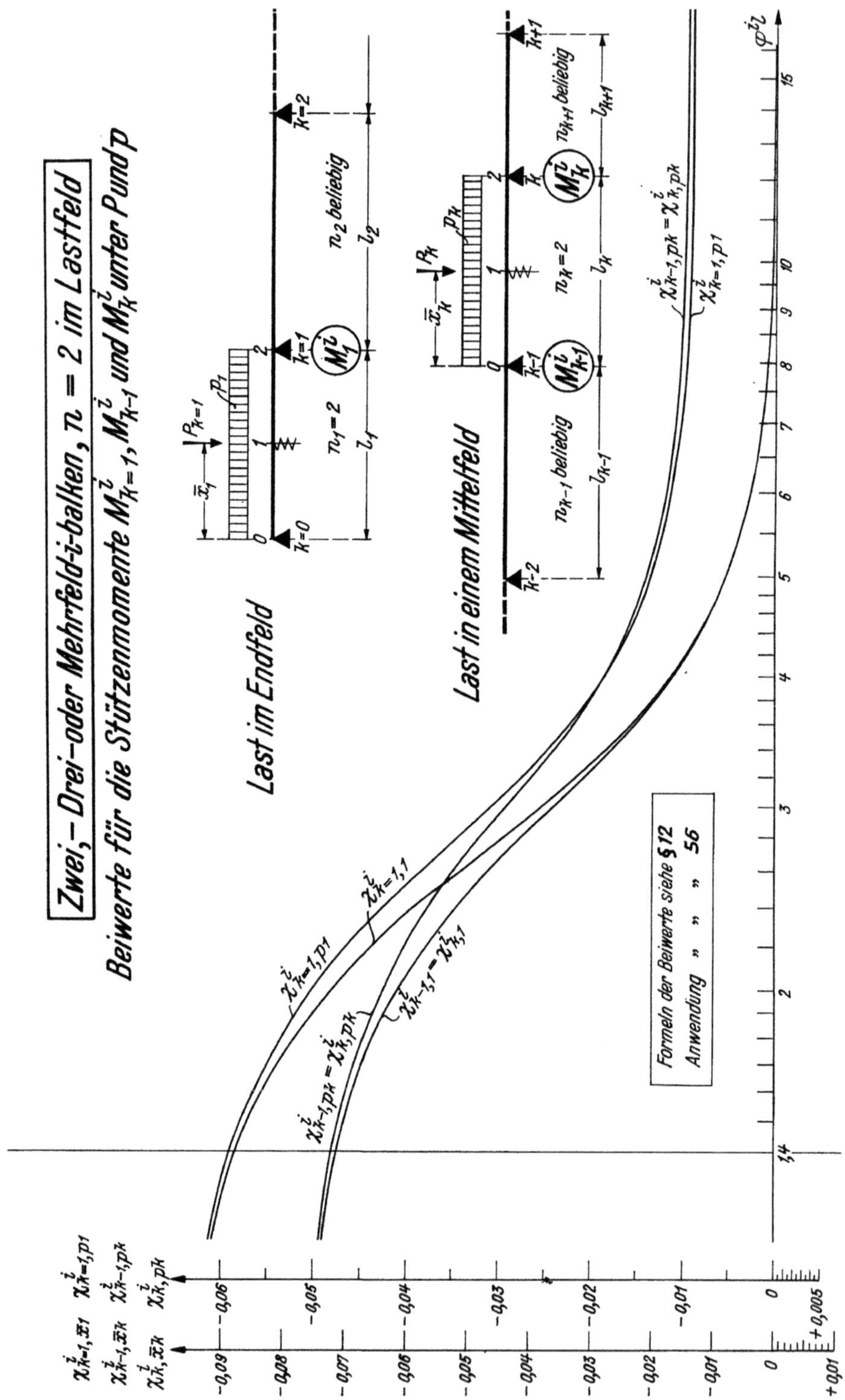

Zwei-, Drei- oder Mehrfeld-i-balken, n = 2 im Lastfeld
Beiwerte für die Stützenmomente $M^i_{k=1}$, M^i_{k-1} und M^i_k unter P und p
Last im Endfeld
Last in einem Mittelfeld
$n_1 = 2$
n_2 beliebig
n_{k-1} beliebig
$n_k = 2$
n_{k+1} beliebig
Formeln der Beiwerte siehe § 12
Anwendung " " " 56

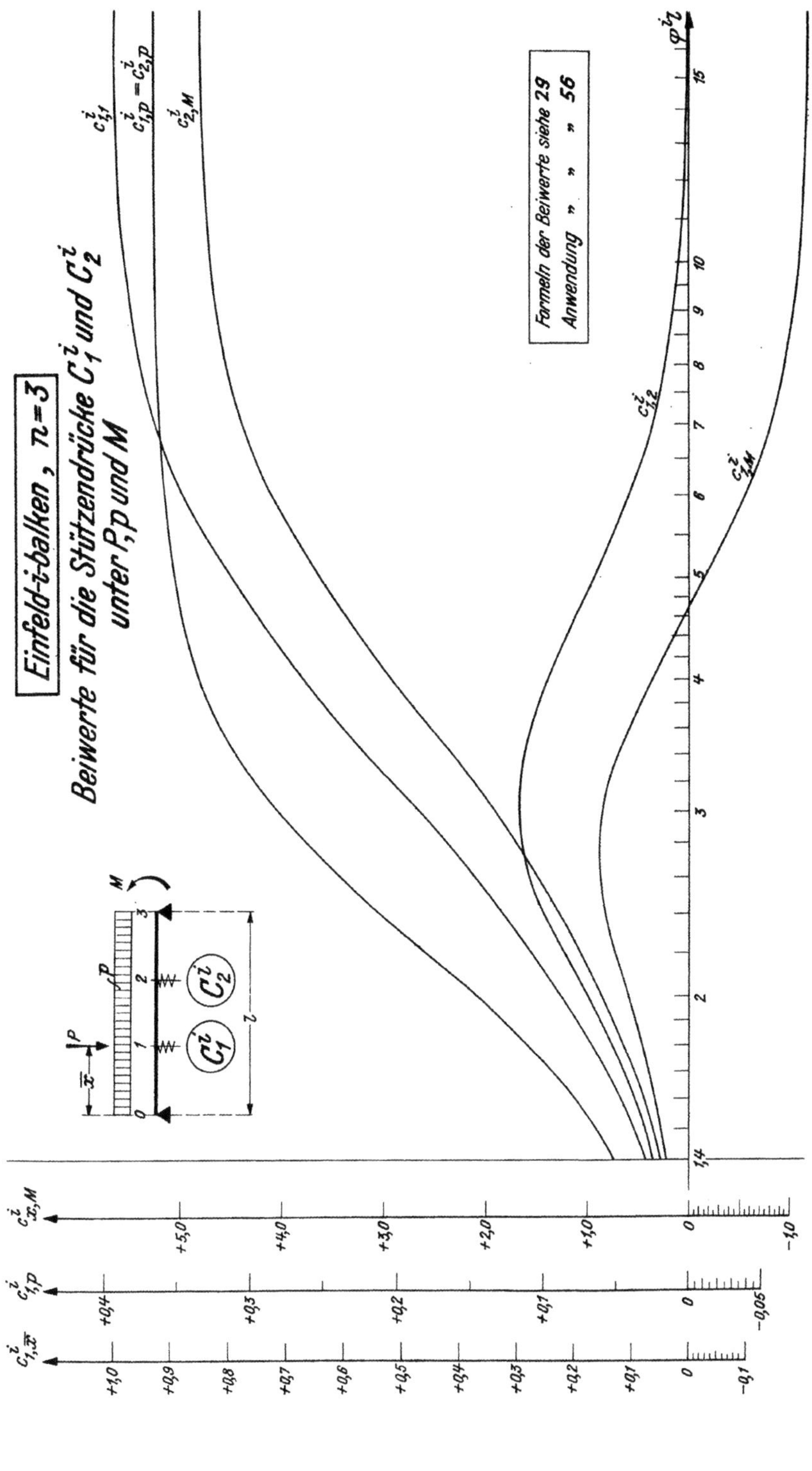
Einfeld-i-balken, n=3
Beiwerte für die Stützendrücke C_1^i und C_2^i unter P, p und M
Formeln der Beiwerte siehe 29
Anwendung " " " 56
$c^i_{1,1}$
$c^i_{1,p} = c^i_{2,p}$
$c^i_{2,M}$
$c^i_{1,2}$
$c^i_{1,M}$
$\varphi^i l$
1,4
2
3
4
5
6
7
8
9
10
15
$c^i_{x,M}$
+5,0
+4,0
+3,0
+2,0
+1,0
0
-1,0
$c^i_{1,p}$
+0,4
+0,3
+0,2
+0,1
0
-0,05
$c^i_{1,\bar{x}}$
+1,0
+0,9
+0,8
+0,7
+0,6
+0,5
+0,4
+0,3
+0,2
+0,1
0
-0,1
M
P
p
$\bar{x}$
0
1
2
3
C_1^i
C_2^i
l

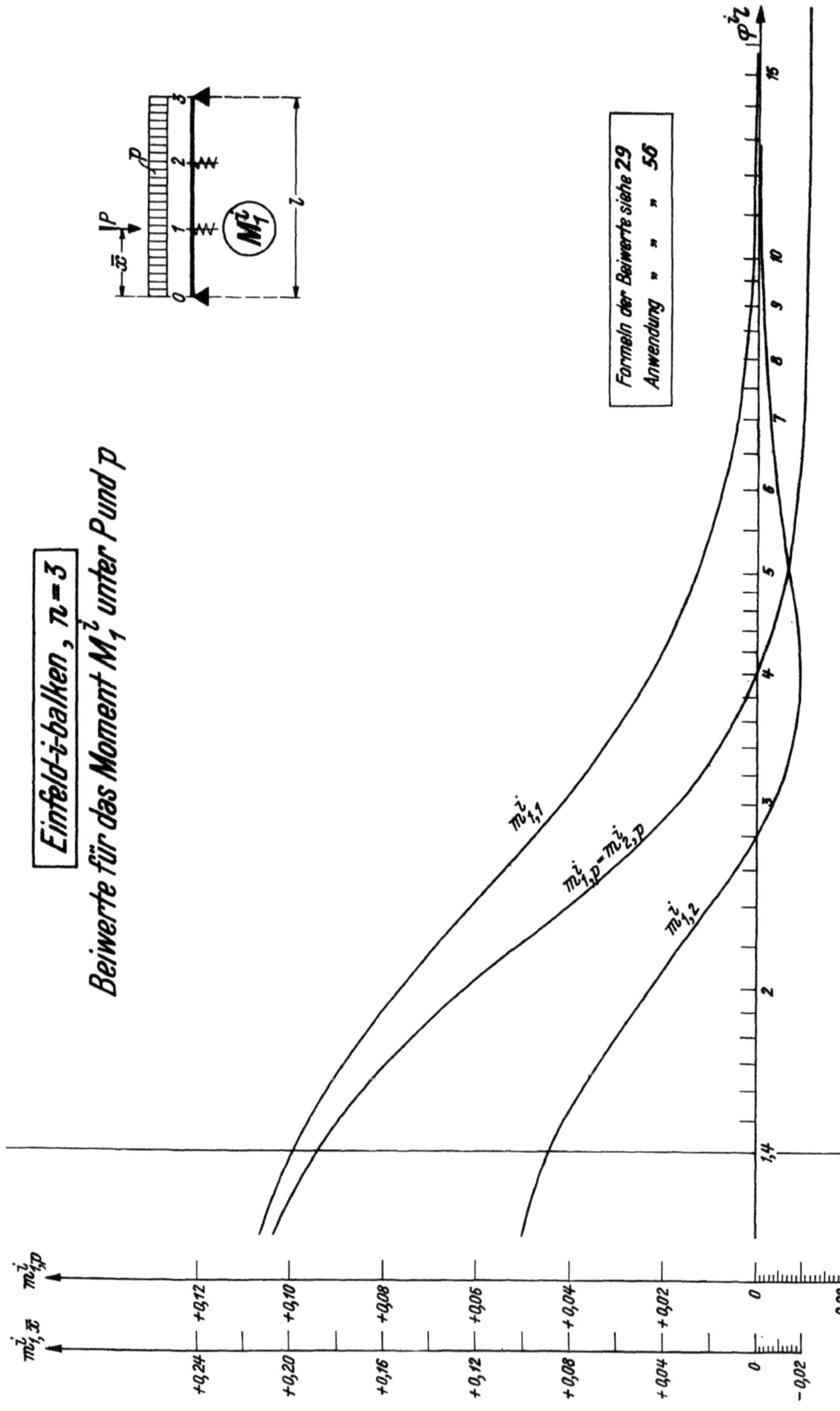
Einfeld-i-balken, n = 3
Beiwerte für das Moment M_1^i unter P und p
Formeln der Beiwerte siehe 29
Anwendung " " " 56
M_1^i
$m_{1,1}^i$
$m_{1,p}^i = m_{2,p}^i$
$m_{1,2}^i$
$m_{1,\bar{x}}^i$
$m_{1,p}^i$
$\varphi^i l$

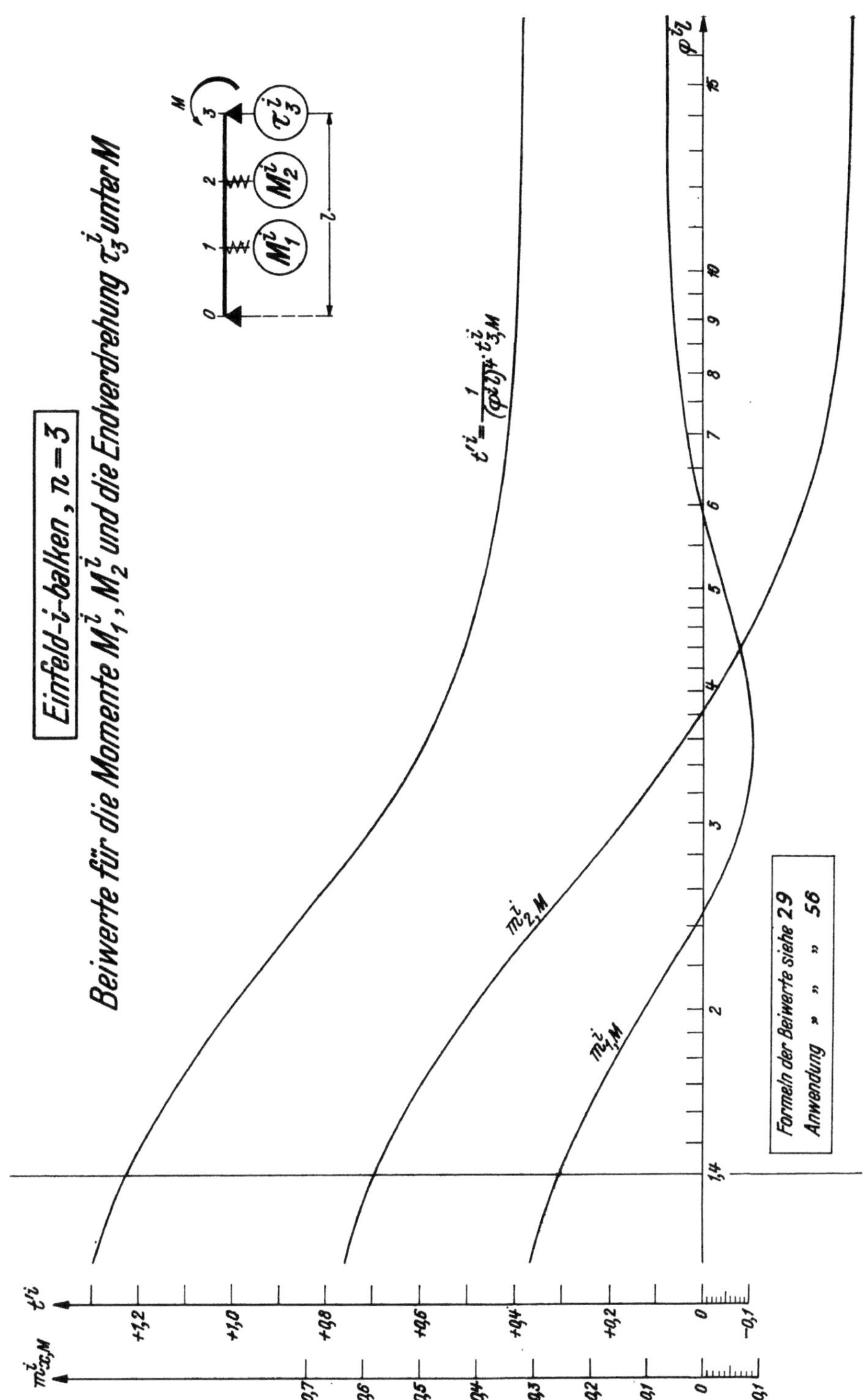
Einfeld-i-balken, n = 3
Beiwerte für die Momente M_1^i, M_2^i und die Endverdrehung τ_3^i unter M
$t'^i = \frac{1}{(\varphi^i l)^4} \cdot t_{3,M}^i$
$m_{2,M}^i$
$m_{1,M}^i$
$m_{x,M}^i$
t'^i
$\varphi^i l$
Formeln der Beiwerte siehe 29
Anwendung " " " 56

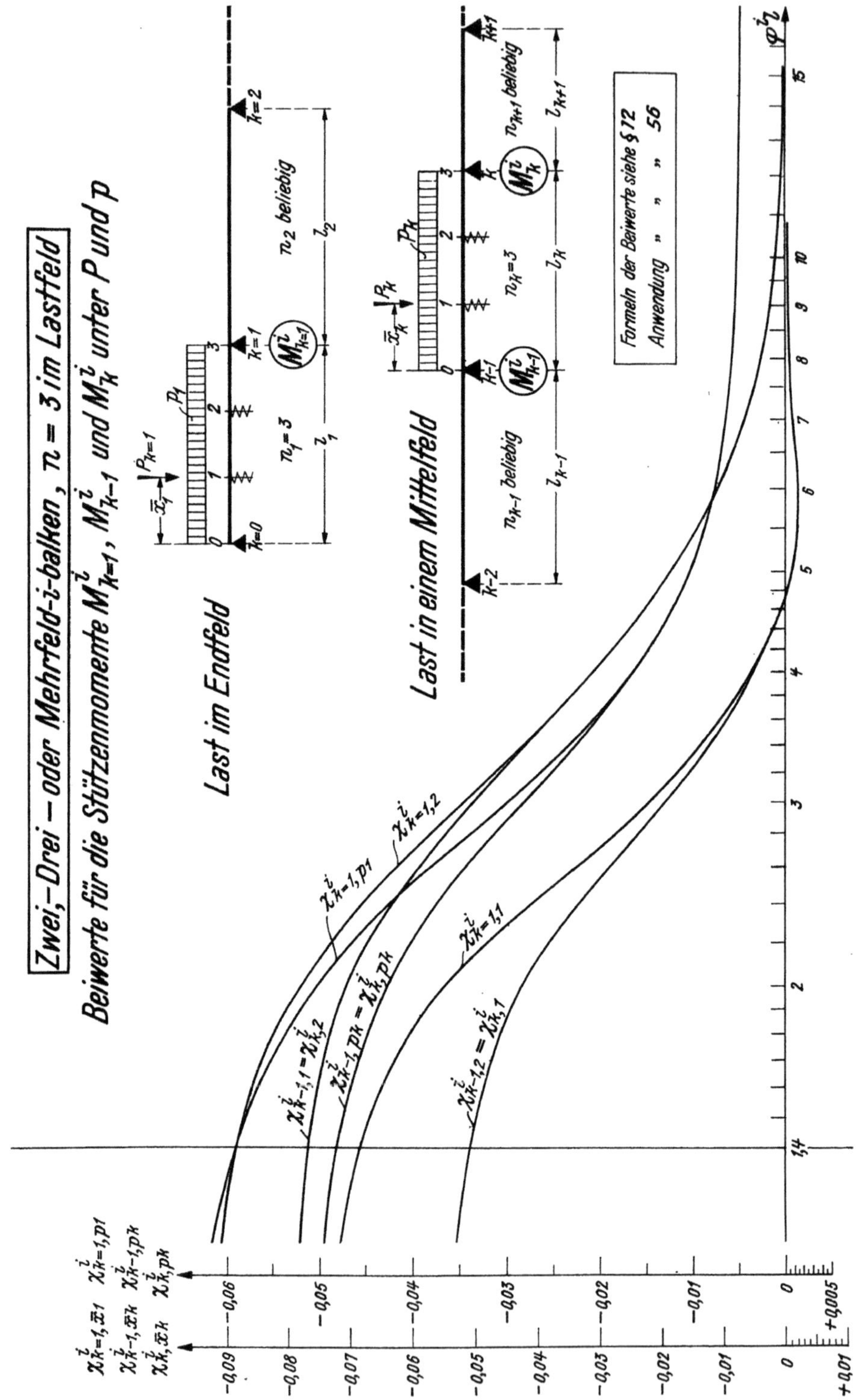

Zwei-, Drei- oder Mehrfeld-i-balken, n = 3 im Lastfeld
Beiwerte für die Stützenmomente $M^i_{k=1}$, M^i_{k-1} und M^i_k unter P und p
Last im Endfeld
Last in einem Mittelfeld
$n_1 = 3$
n_2 beliebig
n_{k-1} beliebig
$n_k = 3$
n_{k+1} beliebig
Formeln der Beiwerte siehe § 72
Anwendung " " " 56
$\chi^i_{k=1,p1}$
$\chi^i_{k=1,2}$
$\chi^i_{k=1,1}$
$\chi^i_{k-1,1} = \chi^i_{k,2}$
$\chi^i_{k-1,pk} = \chi^i_{k,pk}$
$\chi^i_{k-1,2} = \chi^i_{k,1}$
φ^i_l

Tafel 11

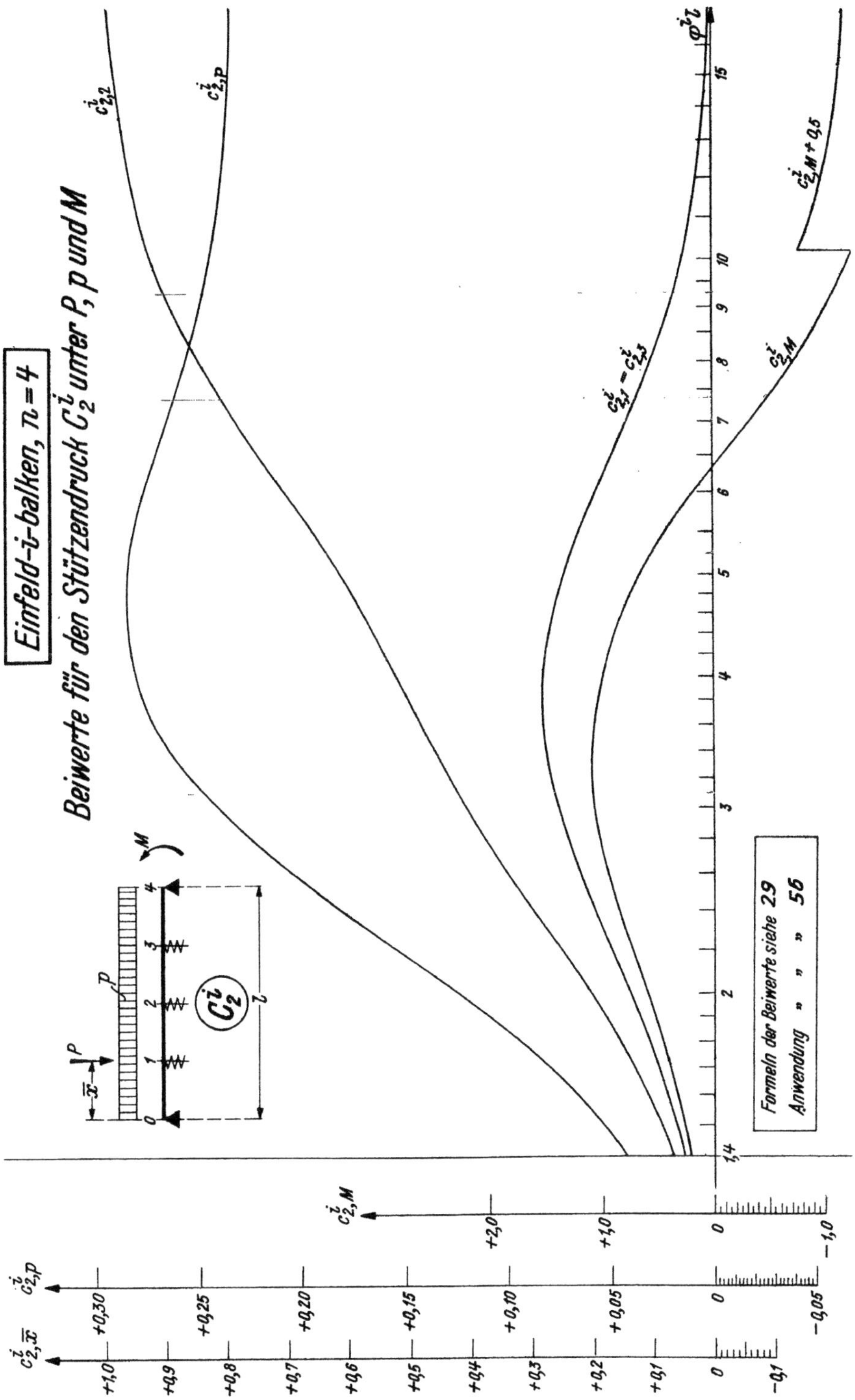

Einfeld-i-balken, n = 4
Beiwerte für den Stützendruck C_2^i unter P, p und M
Formeln der Beiwerte siehe 29
Anwendung " " " 56
$c_{2,2}^i$
$c_{2,p}^i$
$c_{2,1}^i = c_{2,3}^i$
$c_{2,M}^i$
$c_{2,M}^i + 0,5$
$c_{2,\bar{x}}^i$
$\varphi^i l$

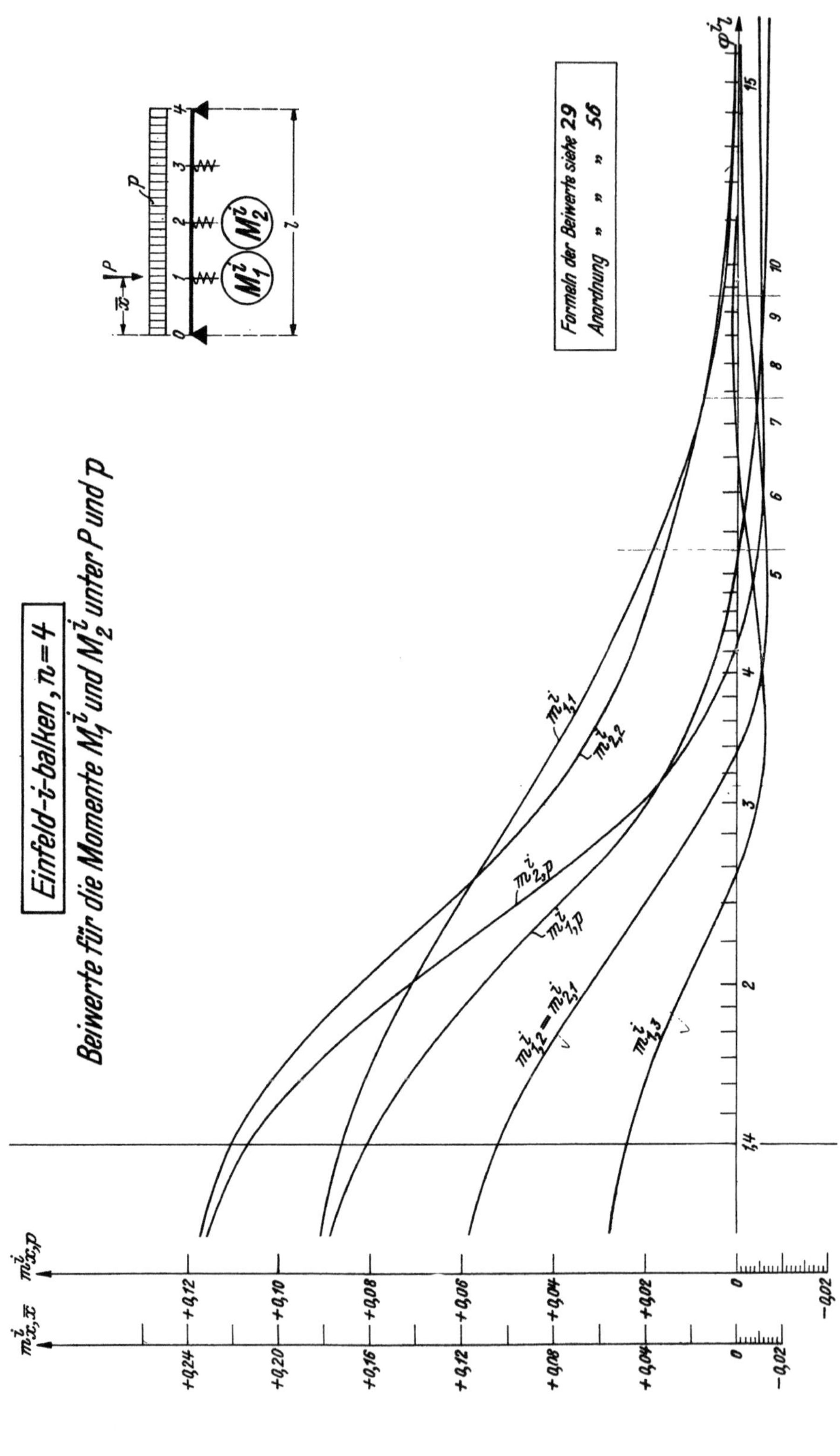
Einfeld-i-balken, n=4
Beiwerte für die Momente M_1^i und M_2^i unter P und p
Formeln der Beiwerte siehe 29
Anordnung " " 56
$m^i_{1,1}$
$m^i_{2,2}$
$m^i_{2,p}$
$m^i_{1,p}$
$m^i_{1,2} = m^i_{2,1}$
$m^i_{1,3}$
$m^i_{x,p}$
$m^i_{x,\bar{x}}$
φ^i_l
+0,12
+0,10
+0,08
+0,06
+0,04
+0,02
0
−0,02
+0,24
+0,20
+0,16
+0,12
+0,08
+0,04
0
−0,02
1,4
2
3
4
5
6
7
8
9
10
15

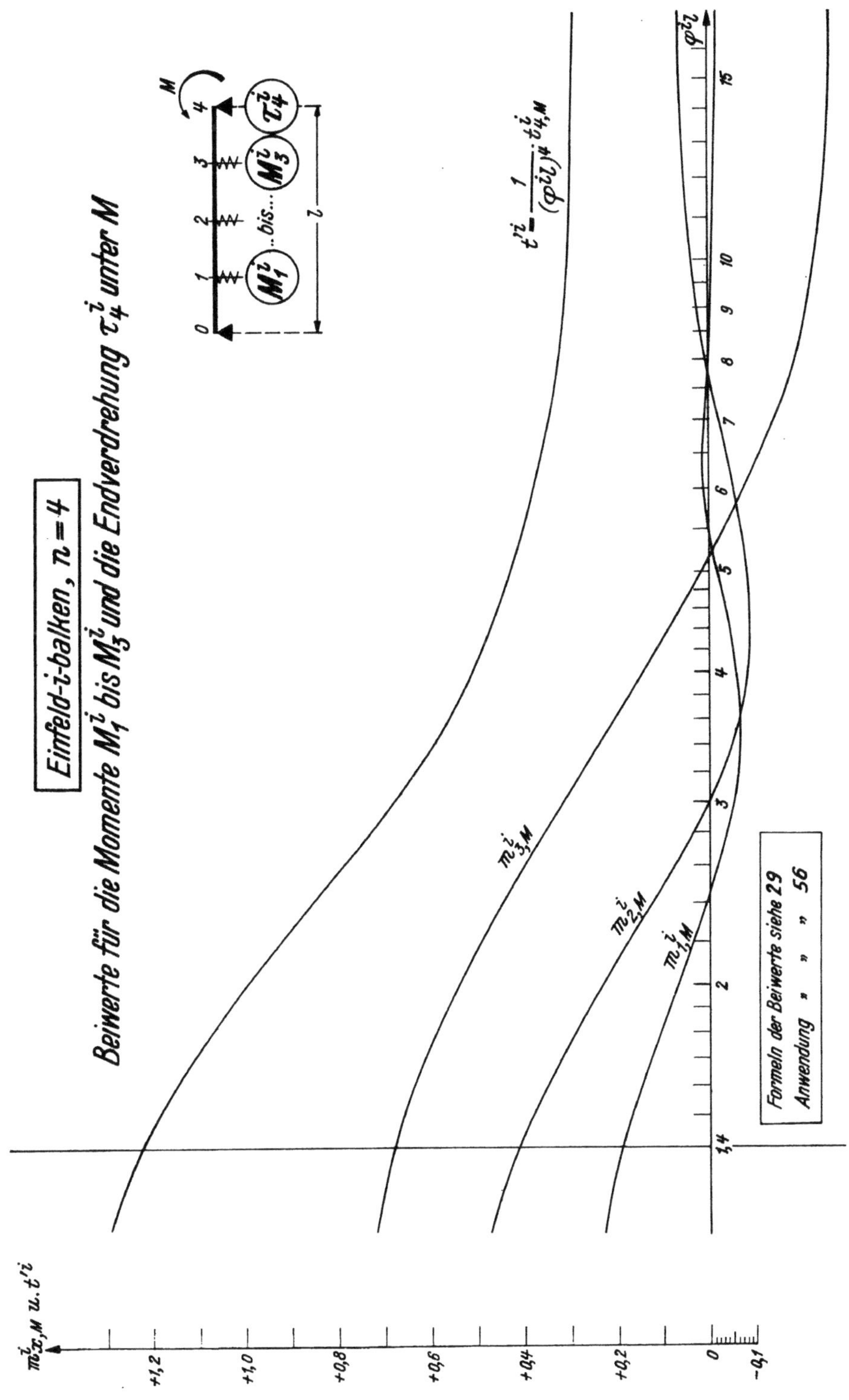
Einfeld-i-balken, n = 4
Beiwerte für die Momente M_1^i bis M_3^i und die Endverdrehung τ_4^i unter M
M
0 1 2 3 4
M_1^i ...bis... M_3^i τ_4^i
l
$m^i_{x,M}$ u. t'^i
+1,2
+1,0
+0,8
+0,6
+0,4
+0,2
0
-0,1
$t'^i = \frac{1}{(\varphi^i l)^4} \cdot t^i_{4,M}$
$m^i_{3,M}$
$m^i_{2,M}$
$m^i_{1,M}$
1,4
2
3
4
5
6
7
8
9
10
15
$\varphi^i l$
Formeln der Beiwerte siehe 29
Anwendung " " " 56

Tafel 14

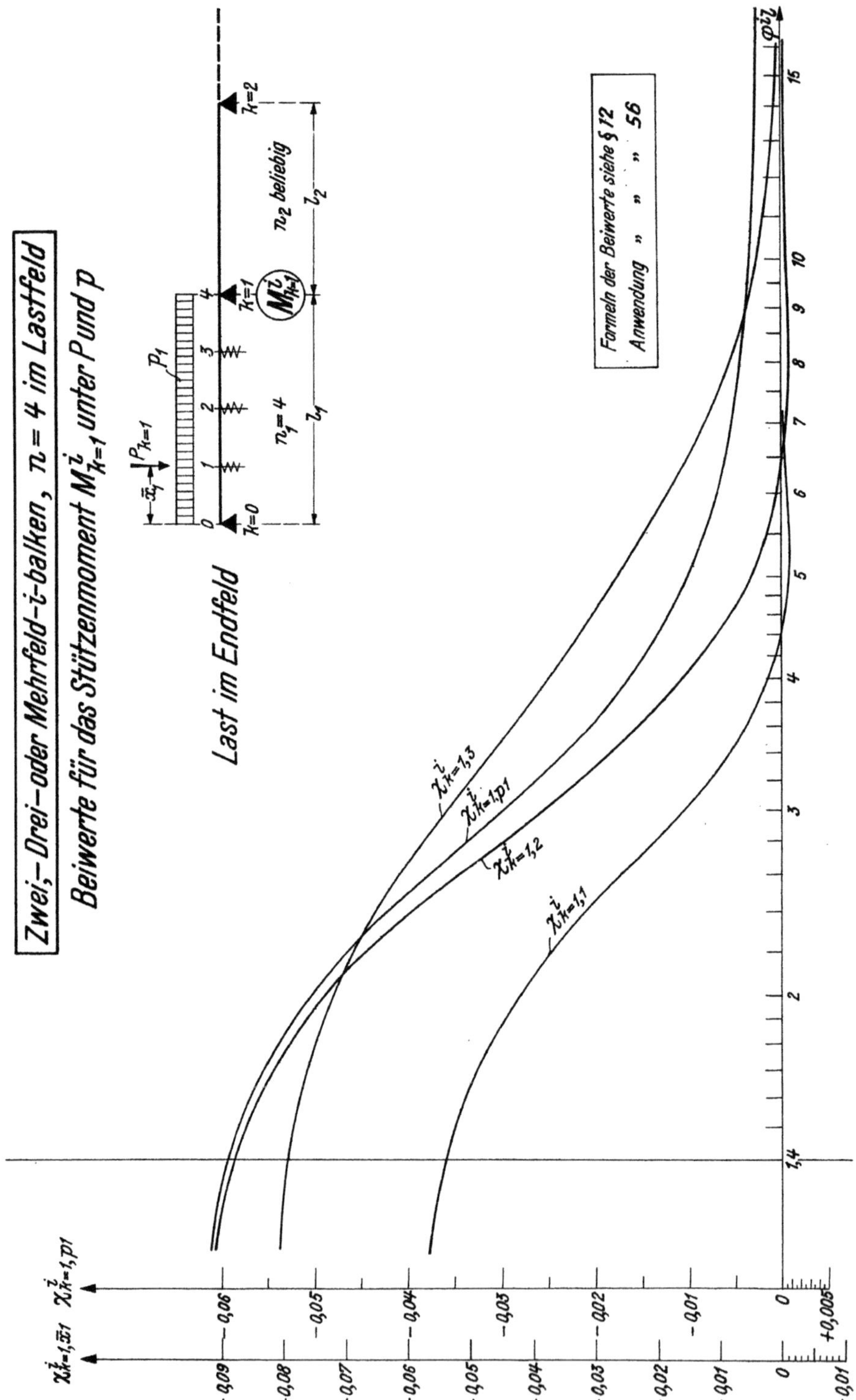
Zwei-, Drei- oder Mehrfeld-i-balken, n = 4 im Lastfeld
Beiwerte für das Stützenmoment $M^i_{k=1}$ unter P und p
Last im Endfeld
Formeln der Beiwerte siehe § 12
Anwendung " " " 56
$n_1 = 4$
n_2 beliebig
$\chi^i_{k=1,1}$
$\chi^i_{k=1,2}$
$\chi^i_{k=1,3}$
$\chi^i_{k=1,p1}$
$\chi^i_{k=1,\bar{x}1}$
φ^i_1

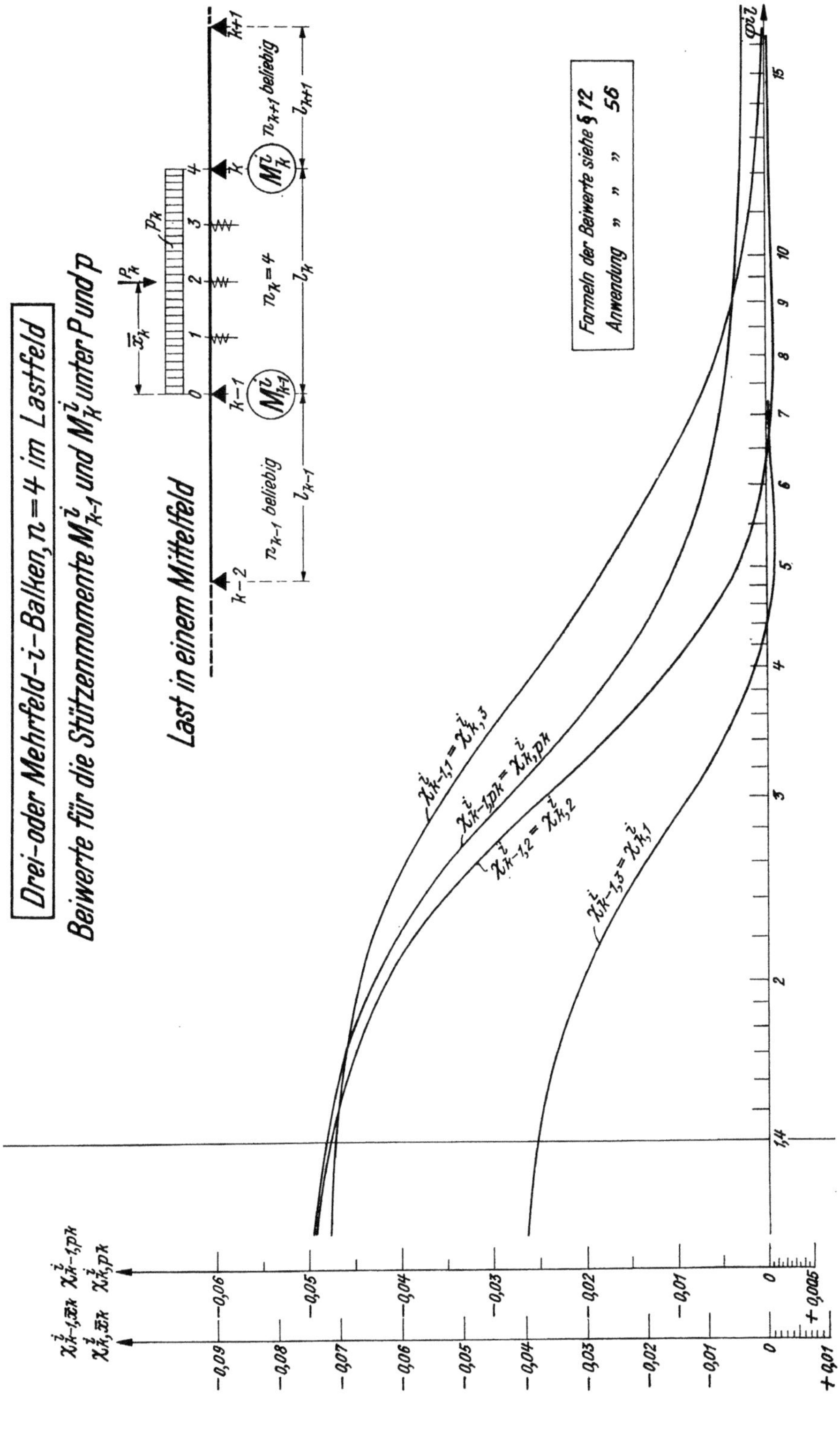
Drei-oder Mehrfeld-i-Balken, n = 4 im Lastfeld
Beiwerte für die Stützenmomente M^i_{k-1} und M^i_k unter P und p
Last in einem Mittelfeld
n_{k-1} beliebig
$n_k = 4$
n_{k+1} beliebig
l_{k-1}
l_k
l_{k+1}
$\bar{x}_k$
P_k
p_k
M^i_{k-1}
M^i_k
k−2
k−1
k
k+1
0
1
2
3
4
Formeln der Beiwerte siehe § 12
Anwendung „ „ „ 56
$\chi^i_{k-1,1} = \chi^i_{k,3}$
$\chi^i_{k-1,pk} = \chi^i_{k,pk}$
$\chi^i_{k-1,2} = \chi^i_{k,2}$
$\chi^i_{k-1,3} = \chi^i_{k,1}$
$\chi^i_{k-1,\bar{x}k}$ $\chi^i_{k,\bar{x}k}$
$\chi^i_{k-1,pk}$ $\chi^i_{k,pk}$
−0,09
−0,08
−0,07
−0,06
−0,05
−0,04
−0,03
−0,02
−0,01
0
+0,01
−0,06
−0,05
−0,04
−0,03
−0,02
−0,01
0
+0,005
1,4
2
3
4
5
6
7
8
9
10
15
φi

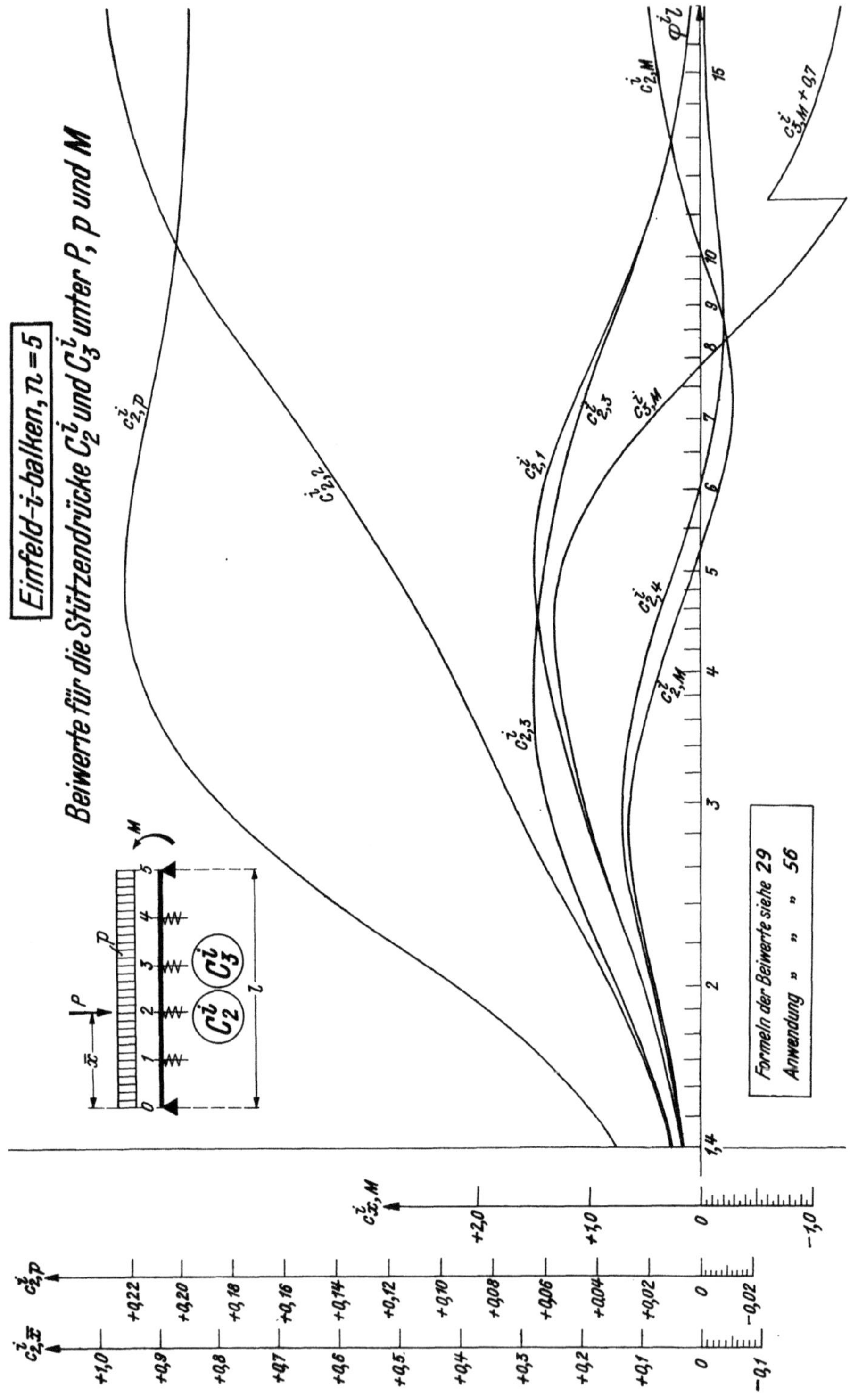
Einfeld-i-balken, n=5
Beiwerte für die Stützendrücke C_2^i und C_3^i unter P, p und M
Formeln der Beiwerte siehe 29
Anwendung " " 56
$c^i_{2,p}$
$c^i_{2,\bar{x}}$
$c^i_{x,M}$
$c^i_{2,1}$
$c^i_{2,2}$
$c^i_{2,3}$
$c^i_{2,4}$
$c^i_{2,M}$
$c^i_{3,M}$
$c^i_{3,M}+0,7$
$\varphi^i l$
C^i_2 C^i_3

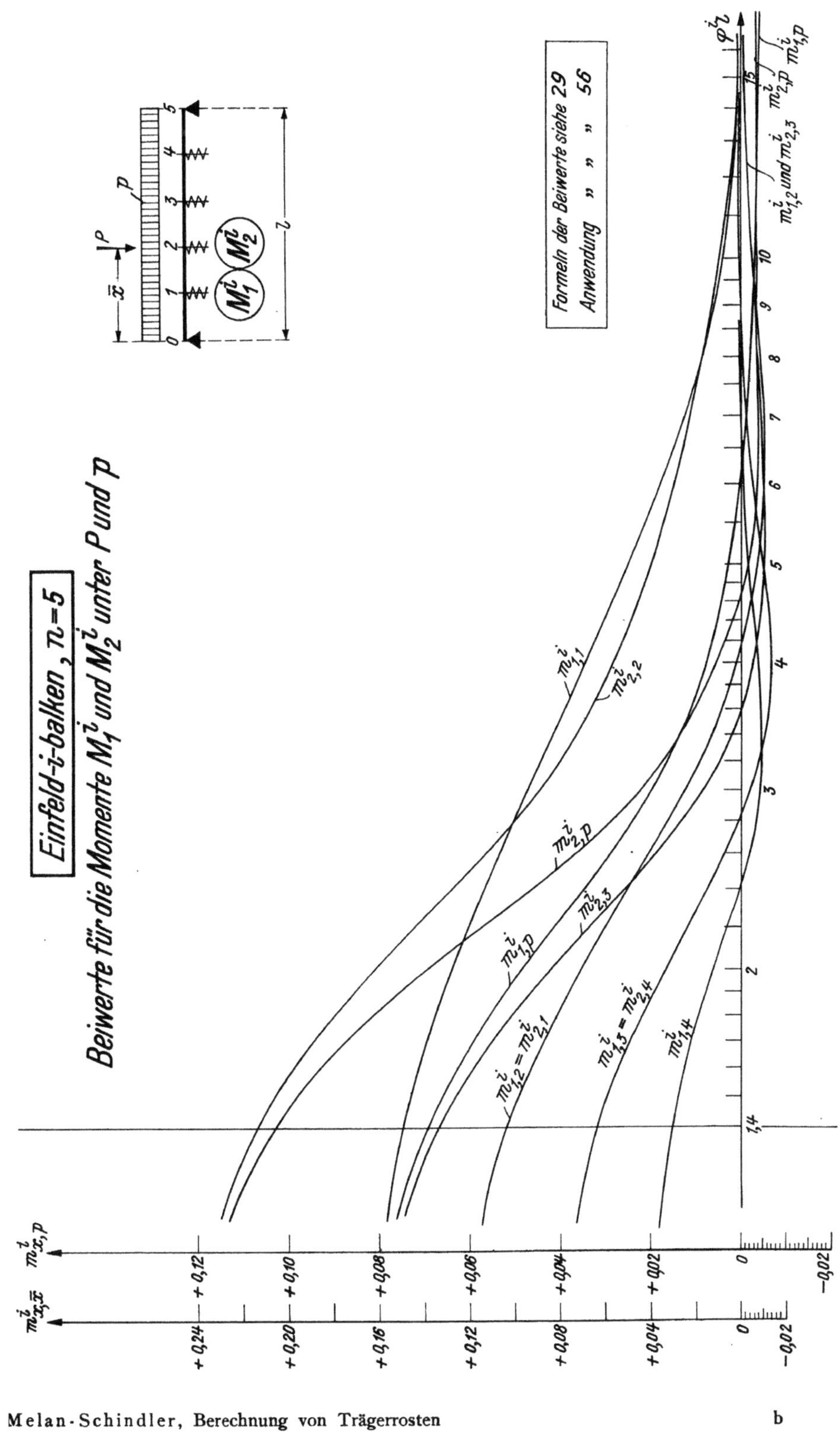
Einfeld-i-balken, n=5
Beiwerte für die Momente M_1^i und M_2^i unter P und p
Formeln der Beiwerte siehe 29
Anwendung " " 56
$m^i_{1,1}$
$m^i_{2,2}$
$m^i_{2,p}$
$m^i_{1,p}$
$m^i_{2,3}$
$m^i_{1,2} = m^i_{2,1}$
$m^i_{1,3} = m^i_{2,4}$
$m^i_{1,4}$
$m^i_{1,2}$ und $m^i_{2,3}$
$m^i_{x,\bar{x}}$
$m^i_{x,p}$
$\varphi^i l$

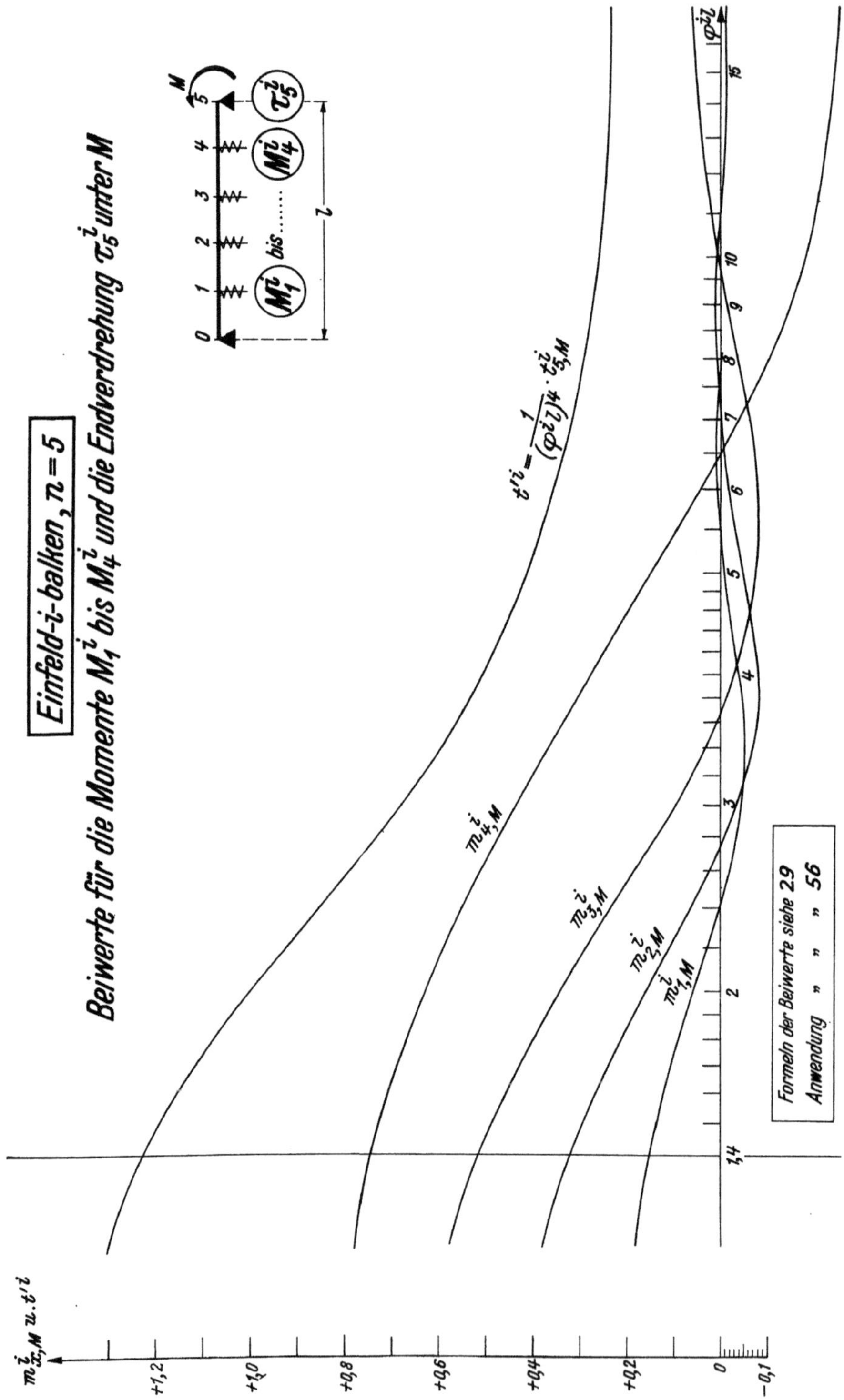
Einfeld-i-balken, n = 5
Beiwerte für die Momente M_1^i bis M_4^i und die Endverdrehung τ_5^i unter M
M_1^i bis ...... M_4^i τ_5^i
$t'^i = \frac{1}{(\varphi^i l)^4} \cdot t_{5,M}^i$
$m_{4,M}^i$
$m_{3,M}^i$
$m_{2,M}^i$
$m_{1,M}^i$
$m_{x,M}^i$ u. t'^i
$\varphi^i l$
Formeln der Beiwerte siehe 29
Anwendung " " " 56
+1,2
+1,0
+0,8
+0,6
+0,4
+0,2
0
−0,1
1,4
2
3
4
5
6
7
8
9
10
15

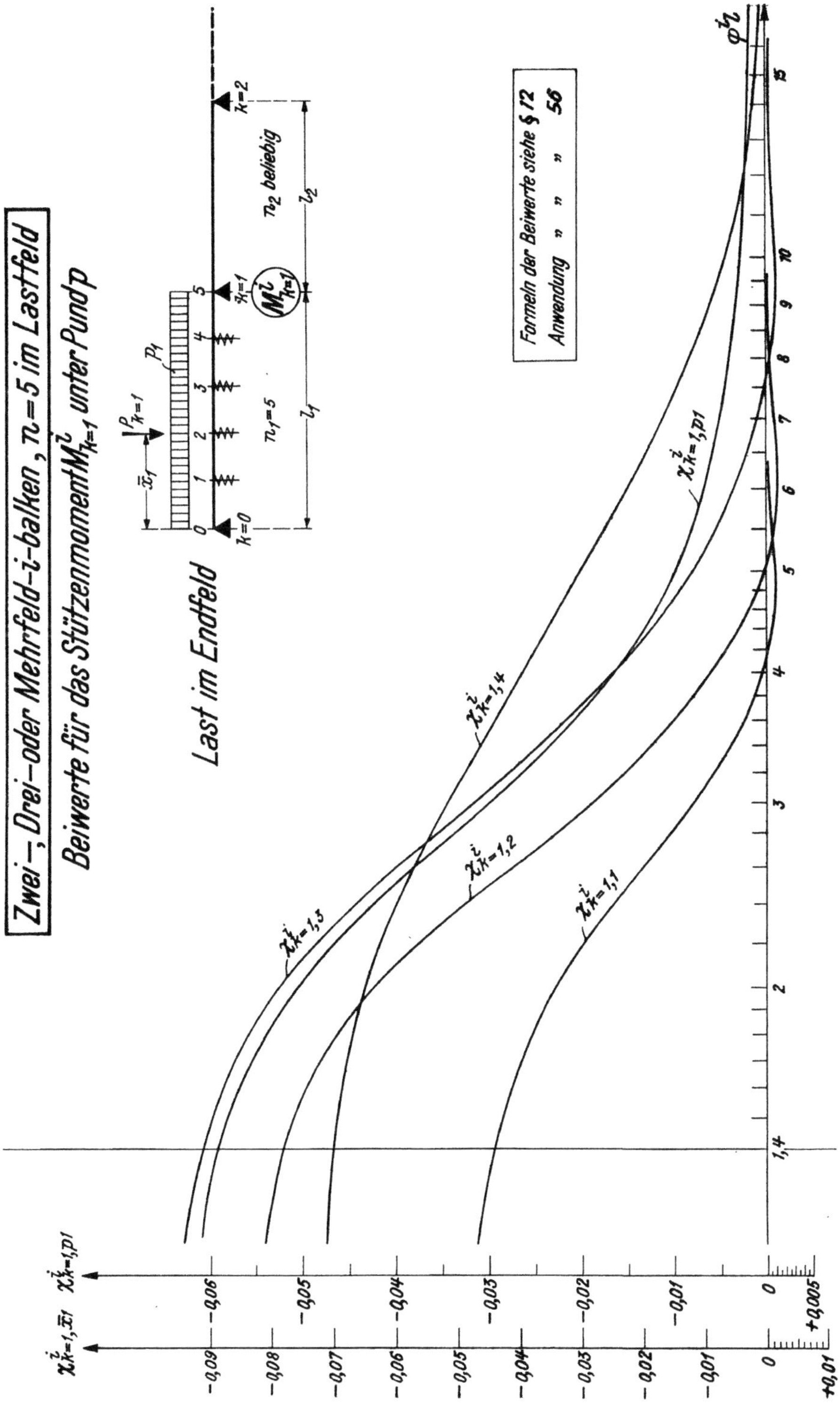

Zwei-, Drei- oder Mehrfeld-i-balken, n = 5 im Lastfeld
Beiwerte für das Stützenmoment $M^i_{k=1}$ unter P und p
Last im Endfeld
$n_1 = 5$
n_2 beliebig
$M^i_{k=1}$
$\bar{x}_1$
$P_{k=1}$
p_1
l_1
l_2
k=0
k=1
k=2
0 1 2 3 4 5
Formeln der Beiwerte siehe § 12
Anwendung " " " 56
$\chi^i_{k=1,1}$
$\chi^i_{k=1,2}$
$\chi^i_{k=1,3}$
$\chi^i_{k=1,4}$
$\chi^i_{k=1,p1}$
$\chi^i_{k=1,\bar{x}1}$
φ^i
1,4
2
3
4
5
6
7
8
9
10
15
-0,09
-0,08
-0,07
-0,06
-0,05
-0,04
-0,03
-0,02
-0,01
0
+0,01
-0,06
-0,05
-0,04
-0,03
-0,02
-0,01
0
+0,005

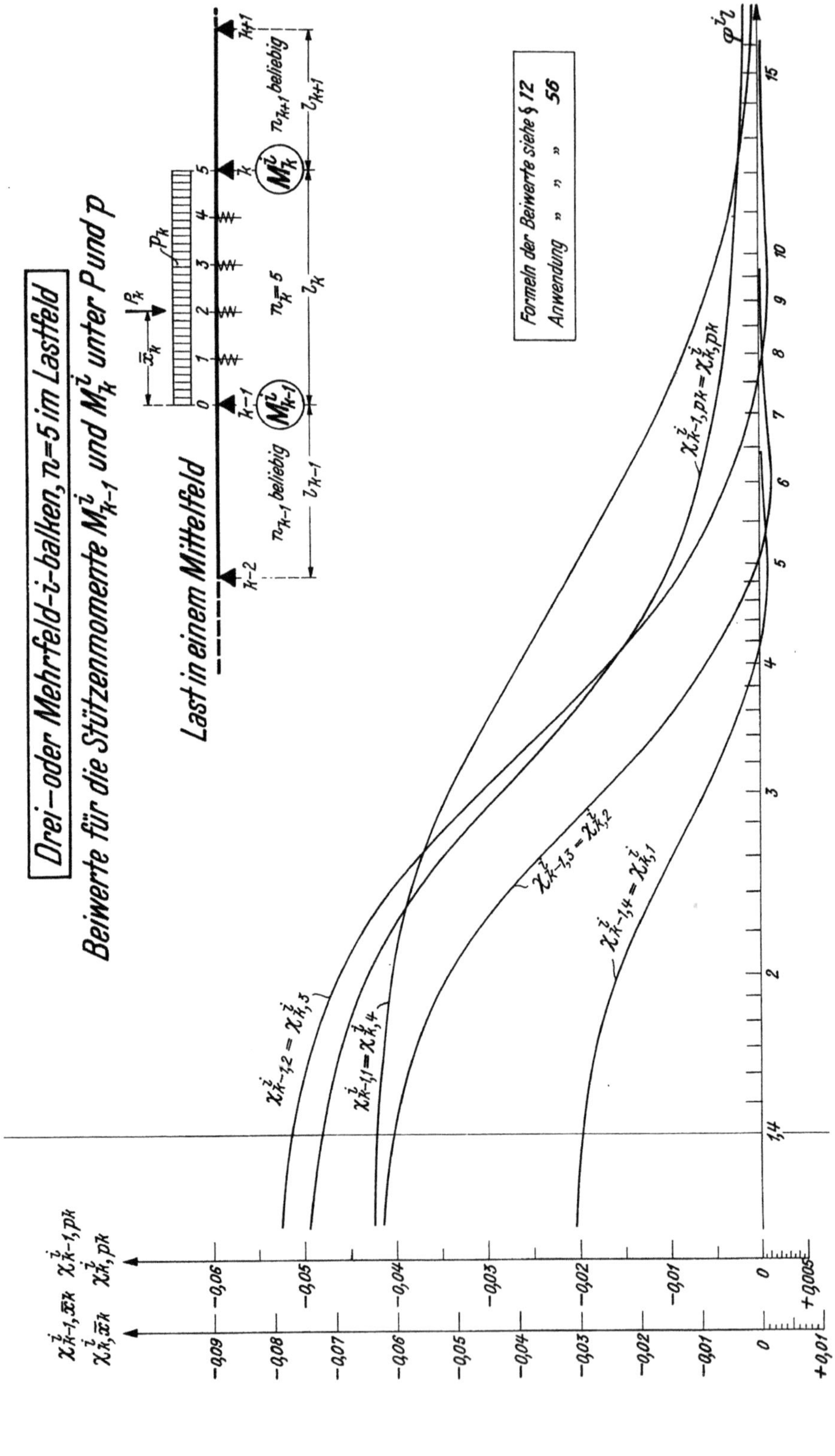
Drei- oder Mehrfeld-i-balken, $n=5$ im Lastfeld
Beiwerte für die Stützenmomente M^i_{k-1} und M^i_k unter P und p
Last in einem Mittelfeld
Formeln der Beiwerte siehe § 12
Anwendung „ „ „ 56
n_{k-1} beliebig
$n_k = 5$
n_{k+1} beliebig
l_{k-1}
l_k
l_{k+1}
$\bar{x}_k$
P_k
p_k
M^i_{k-1}
M^i_k
$k-2$
$k-1$
k
$k+1$
$\chi^i_{k-1,2} = \chi^i_{k,3}$
$\chi^i_{k-1,1} = \chi^i_{k,4}$
$\chi^i_{k-1,3} = \chi^i_{k,2}$
$\chi^i_{k-1,4} = \chi^i_{k,1}$
$\chi^i_{k-1,pk} = \chi^i_{k,pk}$
$\chi^i_{k-1,\bar{x}k}$ $\chi^i_{k,\bar{x}k}$
$\chi^i_{k-1,pk}$ $\chi^i_{k,pk}$
φ^i_l
-0,09 -0,08 -0,07 -0,06 -0,05 -0,04 -0,03 -0,02 -0,01 0 +0,01
-0,06 -0,05 -0,04 -0,03 -0,02 -0,01 0 +0,005
1,4 2 3 4 5 6 7 8 9 10 15

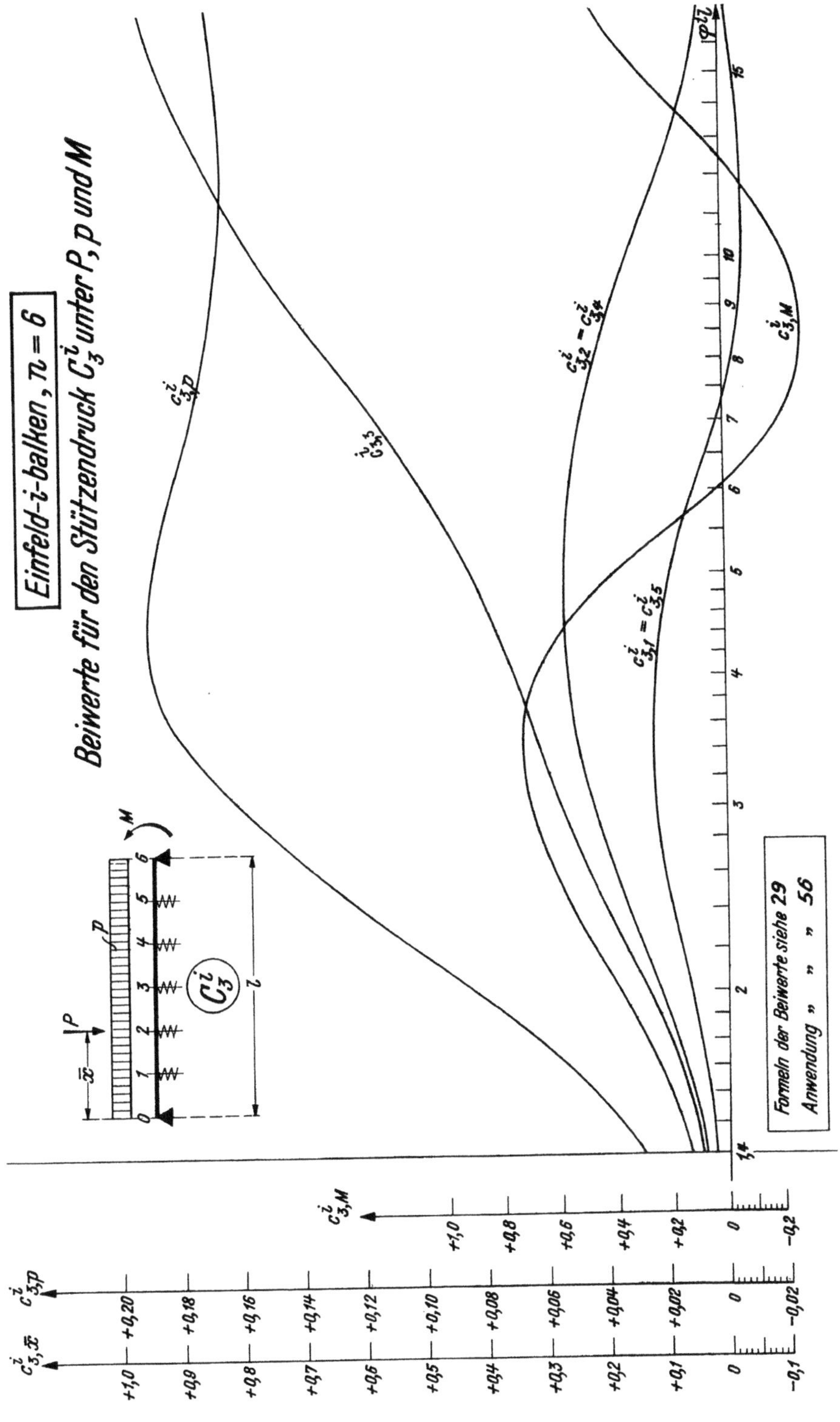

Einfeld-i-balken, n = 6
Beiwerte für den Stützendruck C_3^i unter P, p und M
Formeln der Beiwerte siehe 29
Anwendung " " 56

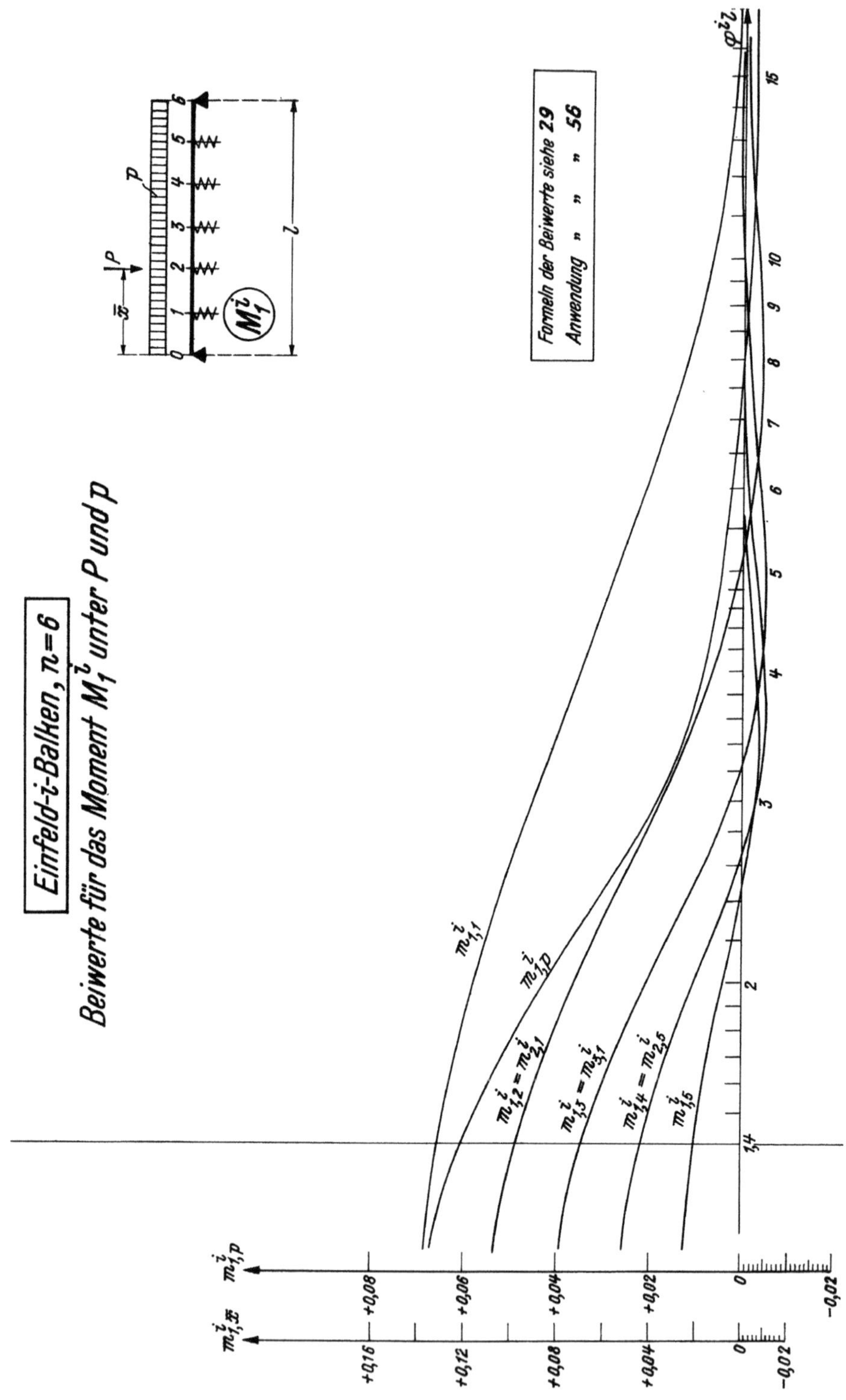
Einfeld-i-Balken, n=6
Beiwerte für das Moment M_1^i unter P und p
Formeln der Beiwerte siehe 29
Anwendung „ „ 56
M_1^i
$m_{1,1}^i$
$m_{1,p}^i$
$m_{1,2}^i = m_{2,1}^i$
$m_{1,3}^i = m_{3,1}^i$
$m_{1,4}^i = m_{2,5}^i$
$m_{1,5}^i$
$m_{1,p}^i$
$m_{1,\bar{x}}^i$
$\varphi^i l$
+0,08
+0,06
+0,04
+0,02
0
−0,02
+0,16
+0,12
+0,08
+0,04
0
−0,02
1,4
2
3
4
5
6
7
8
9
10
15

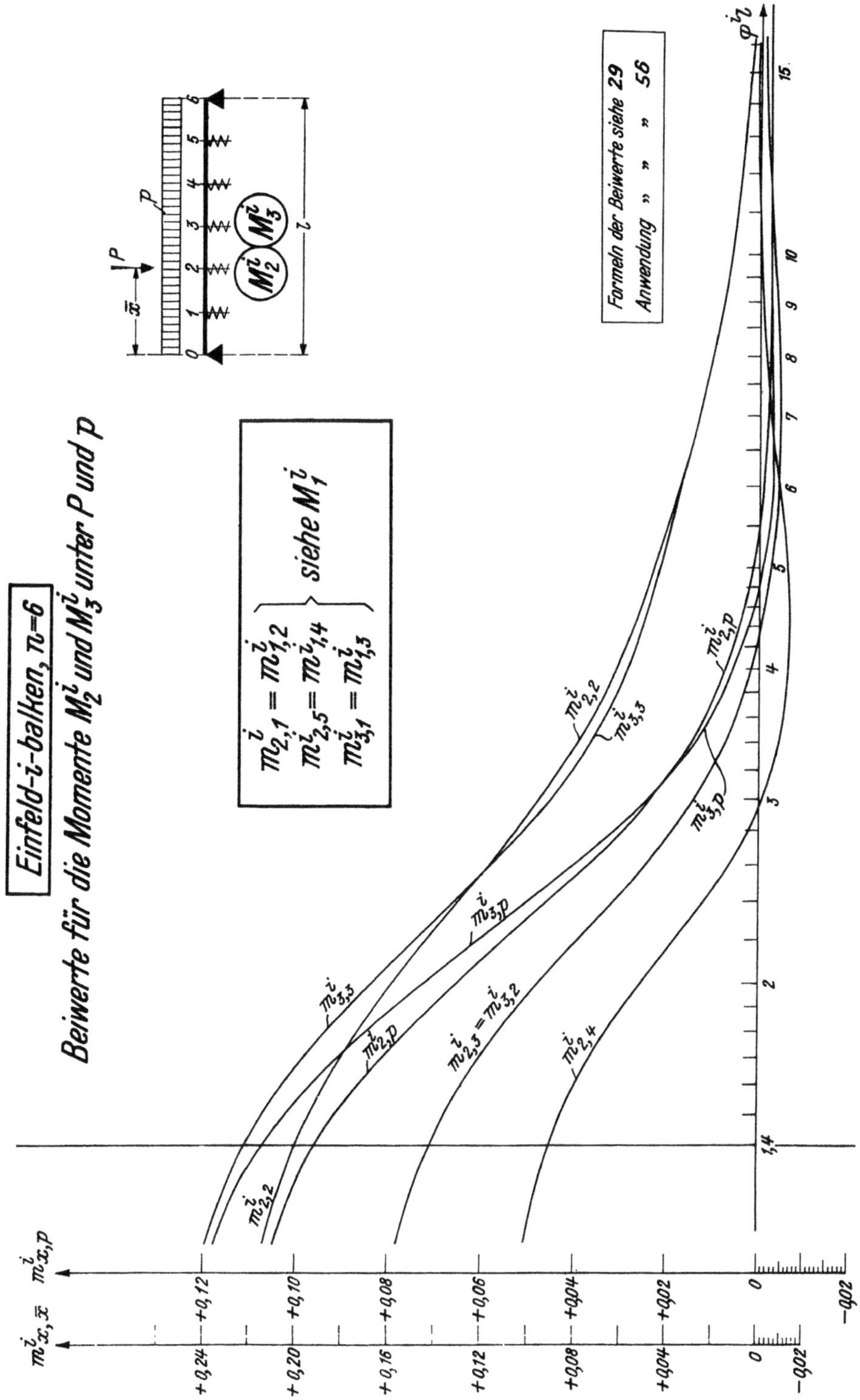
Einfeld-i-balken, n=6
Beiwerte für die Momente M_2^i und M_3^i unter P und p
$m_{2,1}^i = m_{1,2}^i$
$m_{2,5}^i = m_{1,4}^i$
$m_{3,1}^i = m_{1,3}^i$
siehe M_1^i
Formeln der Beiwerte siehe 29
Anwendung " " 56
$m_{3,3}^i$
$m_{2,2}^i$
$m_{2,p}^i$
$m_{3,p}^i$
$m_{2,3}^i = m_{3,2}^i$
$m_{2,4}^i$
$m_{x,\bar{x}}^i$
$m_{x,p}^i$
φ^i
+0,24
+0,20
+0,16
+0,12
+0,08
+0,04
0
−0,02
+0,12
+0,10
+0,08
+0,06
+0,04
+0,02
0
−0,02
1,4
2
3
4
5
6
7
8
9
10
15

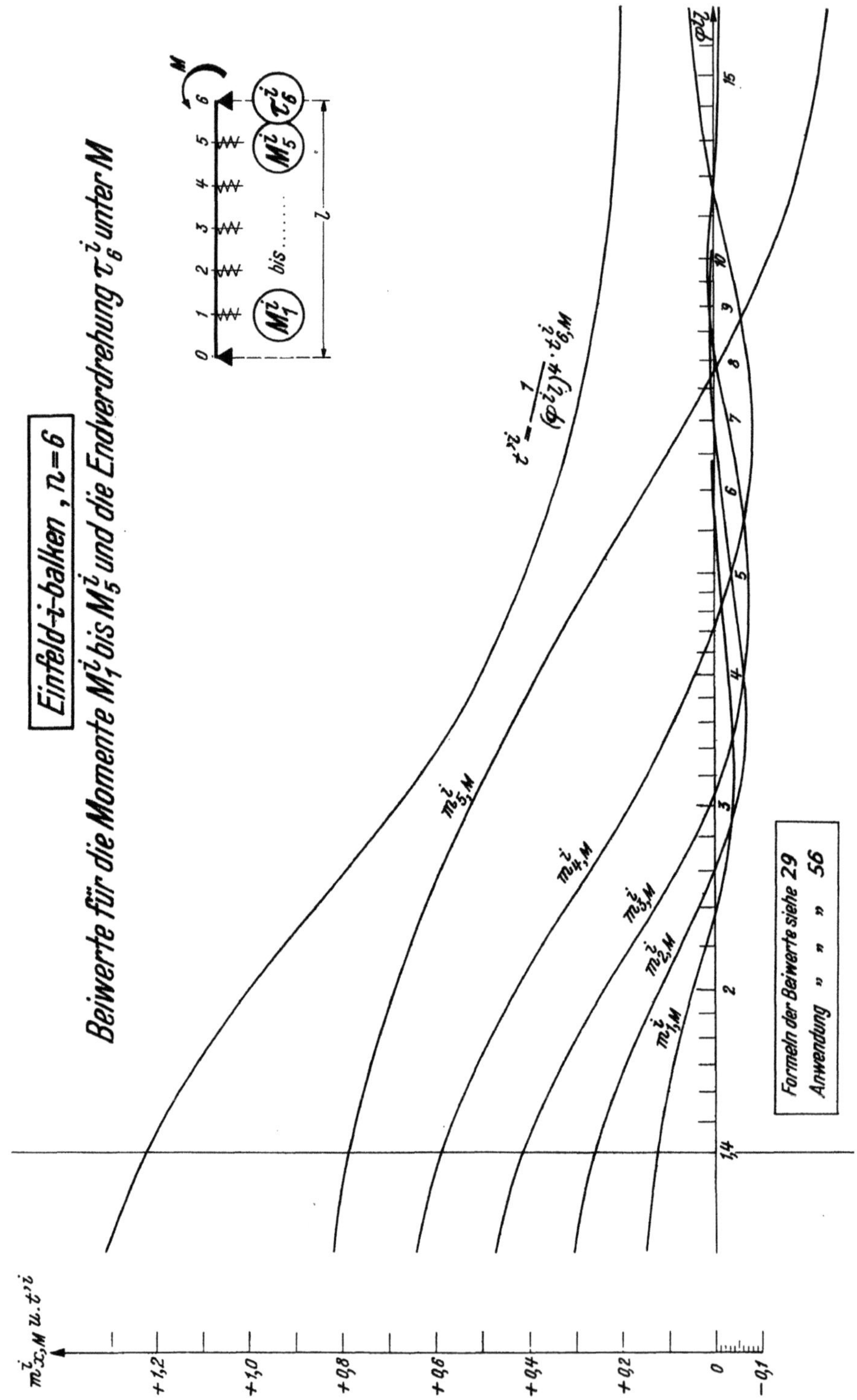
Einfeld-i-balken , n=6
Beiwerte für die Momente M_1^i bis M_5^i und die Endverdrehung τ_6^i unter M
M_1^i bis ...... M_5^i τ_6^i
l
M
$t'^i = -\frac{1}{(\varphi^i l)^4} \cdot t^i_{6,M}$
$m^i_{5,M}$
$m^i_{4,M}$
$m^i_{3,M}$
$m^i_{2,M}$
$m^i_{1,M}$
$m^i_{x,M}$ u. t'^i
+1,2
+1,0
+0,8
+0,6
+0,4
+0,2
0
−0,1
1,4
2
3
4
5
6
7
8
9
10
15
$\varphi^i l$
Formeln der Beiwerte siehe 29
Anwendung " " 56

Zwei;-Drei-oder Mehrfeld-i-balken, $n = 6$ im Lastfeld

Beiwerte für das Stützenmoment $M^{i}_{k=1}$ unter P und p

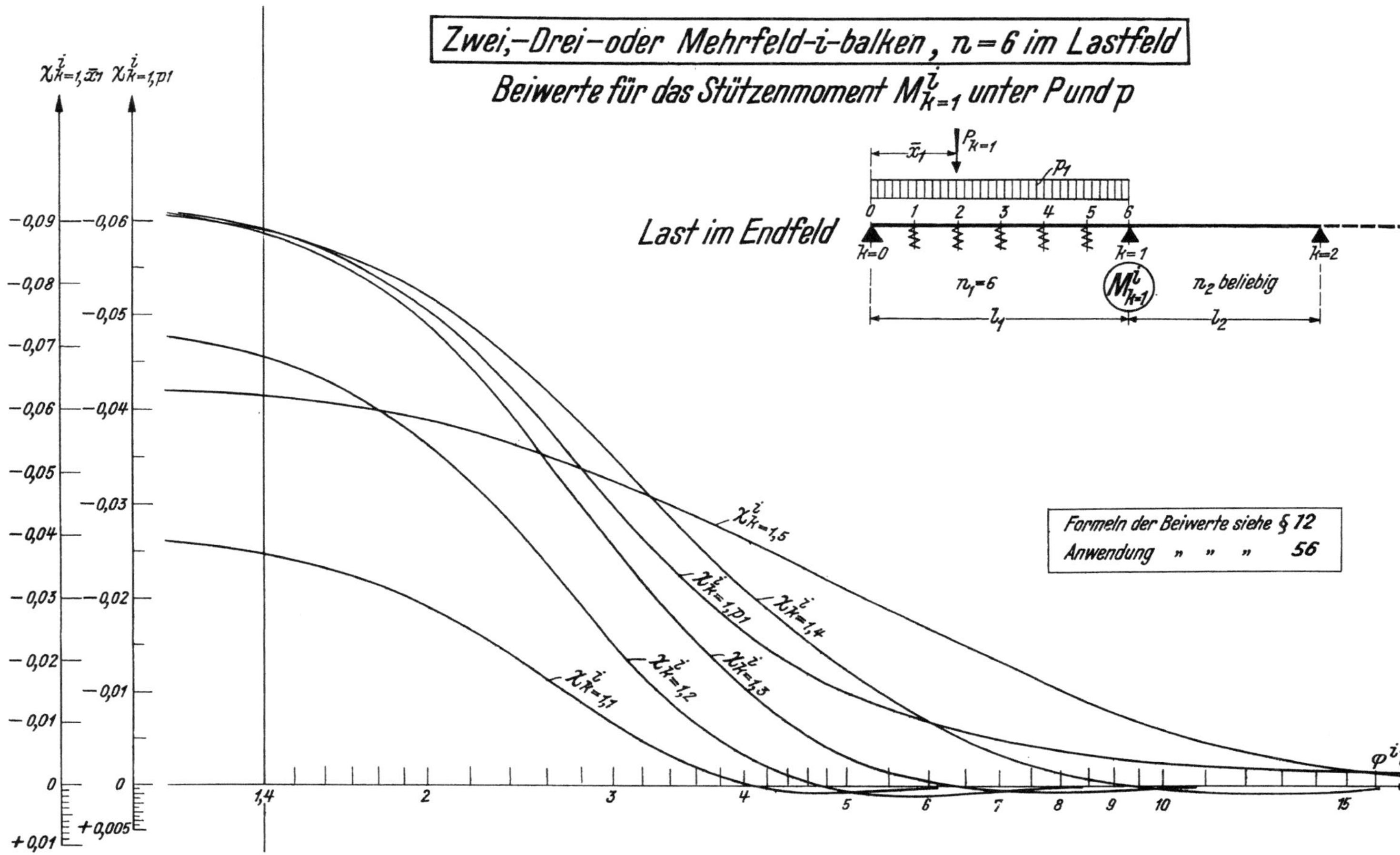

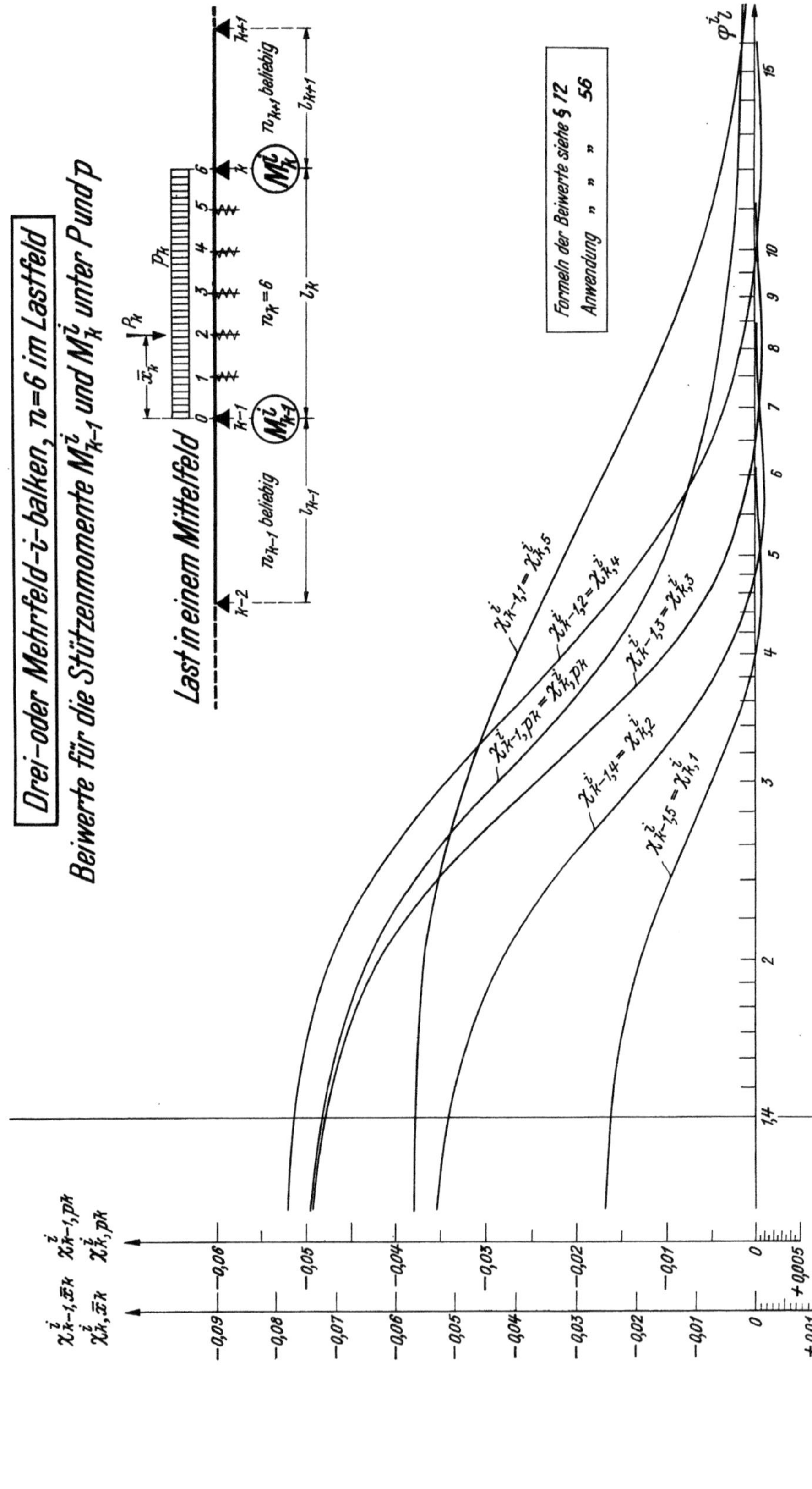
Drei-oder Mehrfeld-i-balken, n=6 im Lastfeld
Beiwerte für die Stützenmomente M i k-1 und M i k unter P und p
Last in einem Mittelfeld
n k-1 beliebig
n k =6
n k+1 beliebig
Formeln der Beiwerte siehe § 12
Anwendung " " " 56

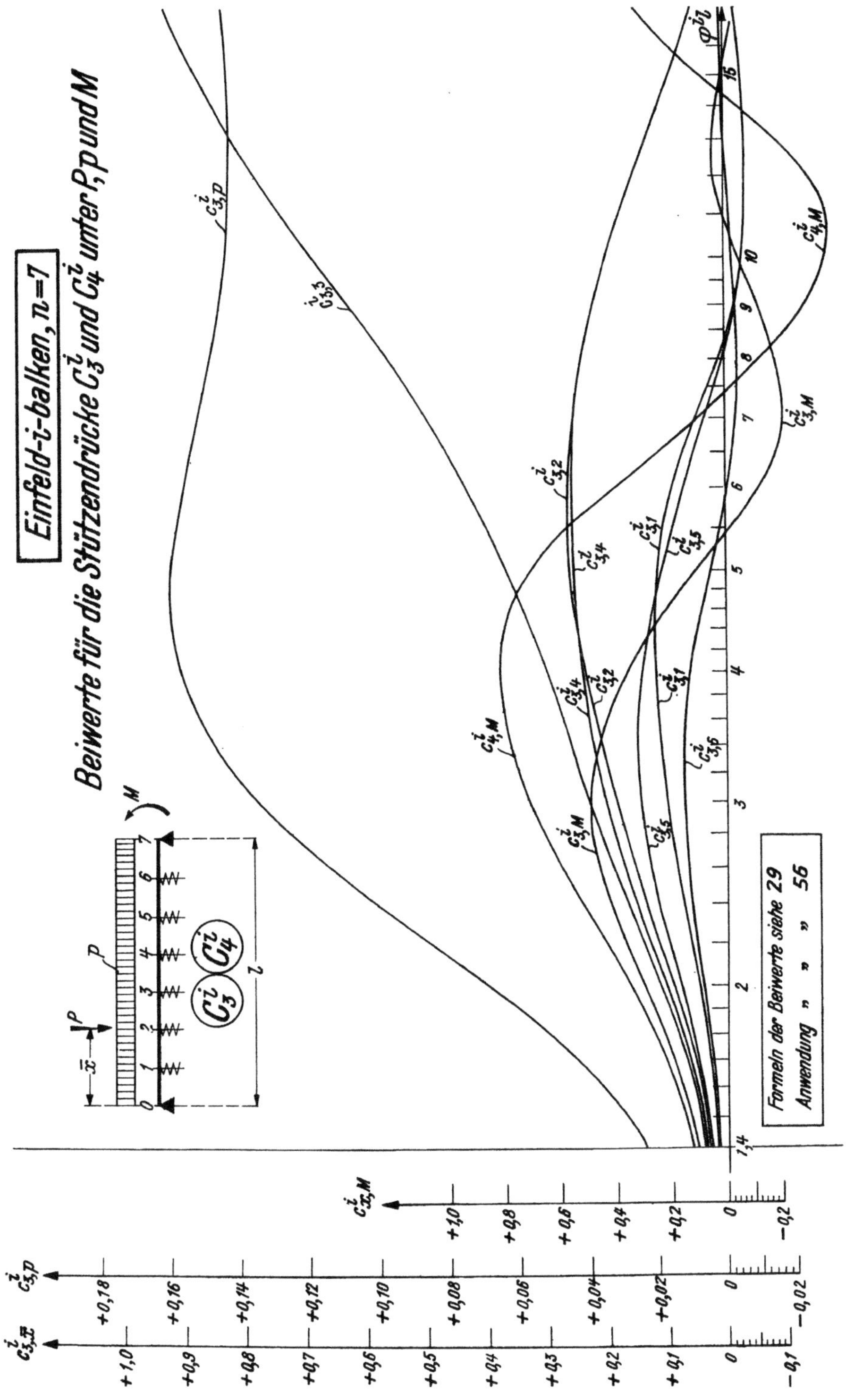
Einfeld-i-balken, n=7
Beiwerte für die Stützendrücke C_3^i und C_4^i unter P, p und M
Formeln der Beiwerte siehe 29
Anwendung " " 56
$c_{3,\bar{x}}^i$
$c_{3,p}^i$
$c_{x,M}^i$
$c_{3,p}^i$
$c_{3,3}^i$
$c_{3,2}^i$
$c_{3,4}^i$
$c_{3,1}^i$
$c_{3,5}^i$
$c_{3,6}^i$
$c_{3,M}^i$
$c_{4,M}^i$
$\varphi^i l$

Einfeld-i-balken, $n = 7$

Beiwerte für das Moment M_1^i unter P und p

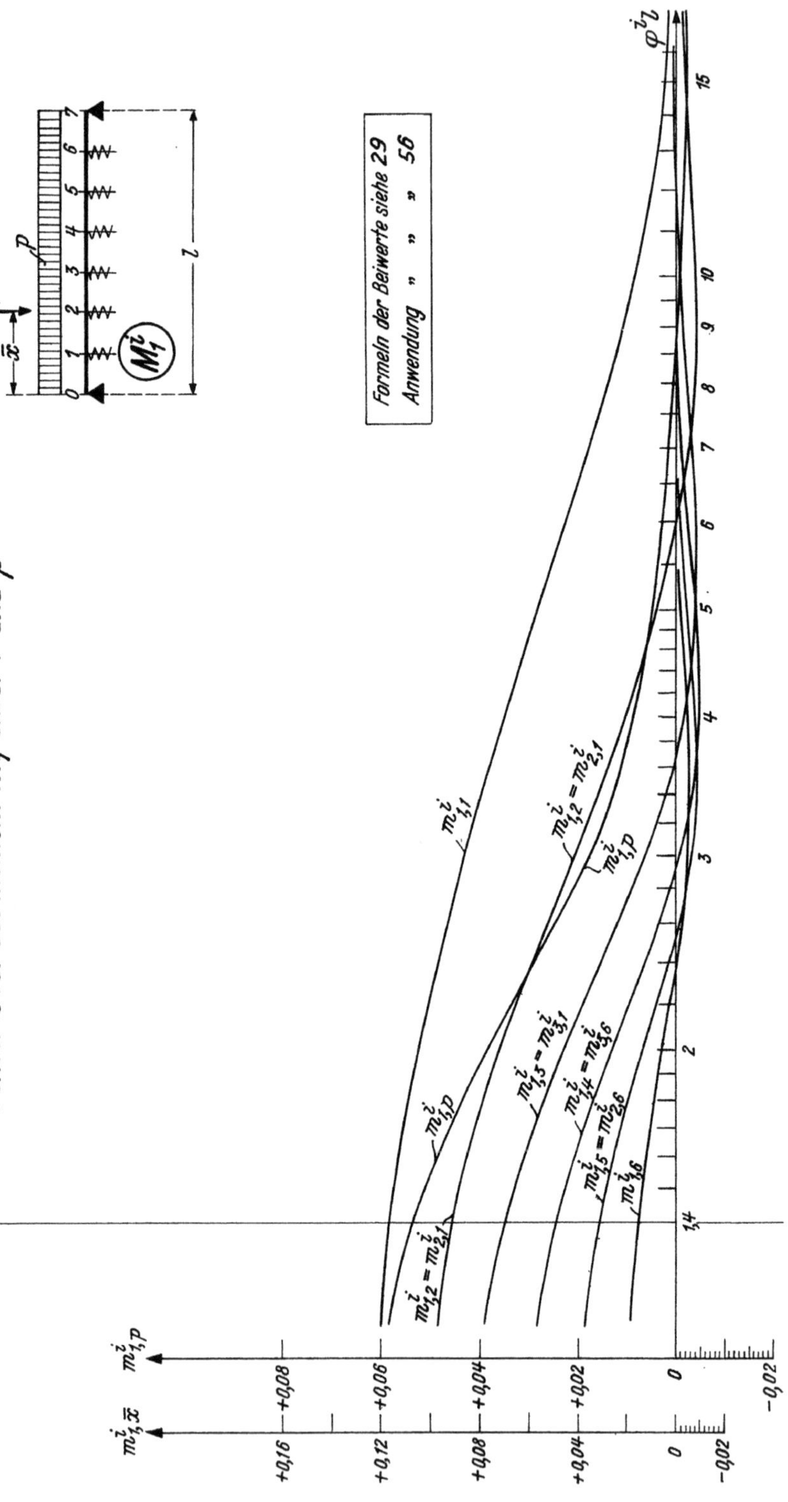

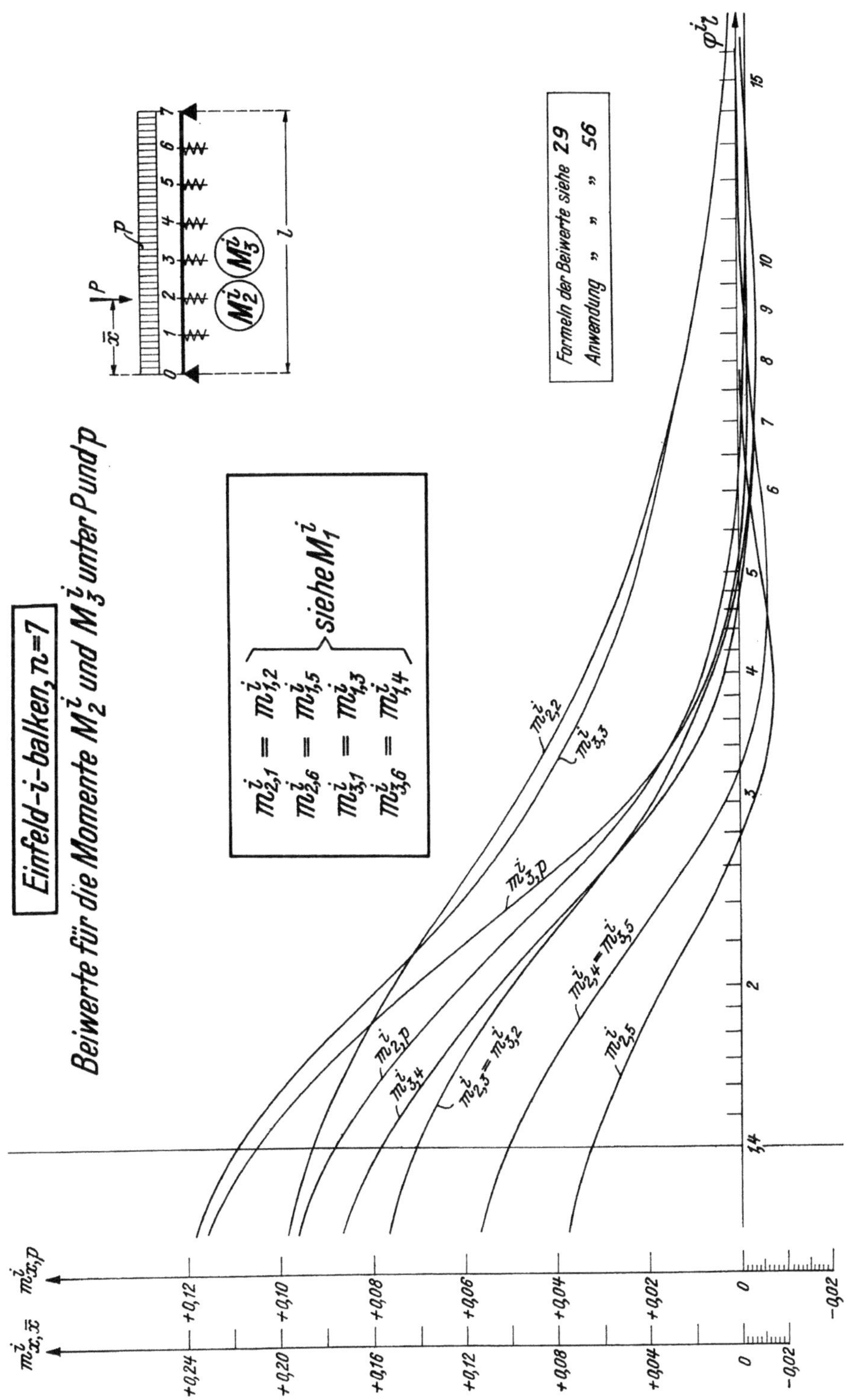
Einfeld-i-balken, n=7
Beiwerte für die Momente M_2^i und M_3^i unter P und p
$m^i_{2,1} = m^i_{1,2}$
$m^i_{2,6} = m^i_{1,5}$
$m^i_{3,1} = m^i_{1,3}$
$m^i_{3,6} = m^i_{1,4}$
siehe M_1
Formeln der Beiwerte siehe 29
Anwendung " " 56
M_2^i
M_3^i
$m^i_{2,2}$
$m^i_{3,3}$
$m^i_{3,p}$
$m^i_{2,p}$
$m^i_{3,4}$
$m^i_{2,3} = m^i_{3,2}$
$m^i_{2,4} = m^i_{3,5}$
$m^i_{2,5}$
$m^i_{x,\bar{x}}$
$m^i_{x,p}$
φ^i_l
1,4
2
3
4
5
6
7
8
9
10
15
+0,24
+0,20
+0,16
+0,12
+0,08
+0,04
0
-0,02
+0,12
+0,10
+0,08
+0,06
+0,04
+0,02
0
-0,02

Tafel 30

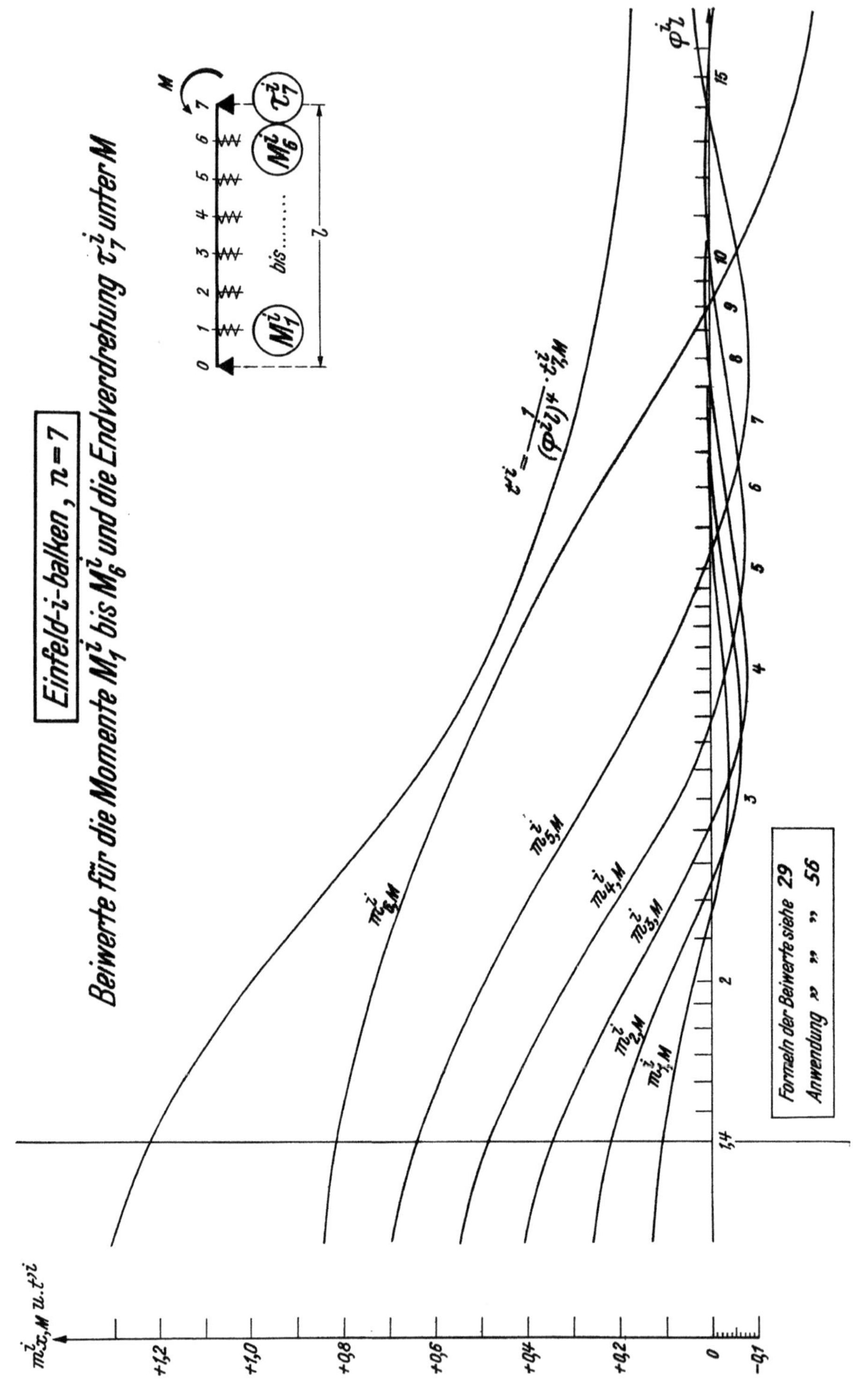

Einfeld-i-balken, n=7
Beiwerte für die Momente M_1^i bis M_6^i und die Endverdrehung τ_7^i unter M
$\tau'^i = \frac{1}{(\varphi^i l)^4} \cdot \tau^i_{7,M}$
$m^i_{6,M}$
$m^i_{5,M}$
$m^i_{4,M}$
$m^i_{3,M}$
$m^i_{2,M}$
$m^i_{1,M}$
$m^i_{x,M}$ u. τ'^i
$\varphi^i l$
Formeln der Beiwerte siehe 29
Anwendung " " " 56

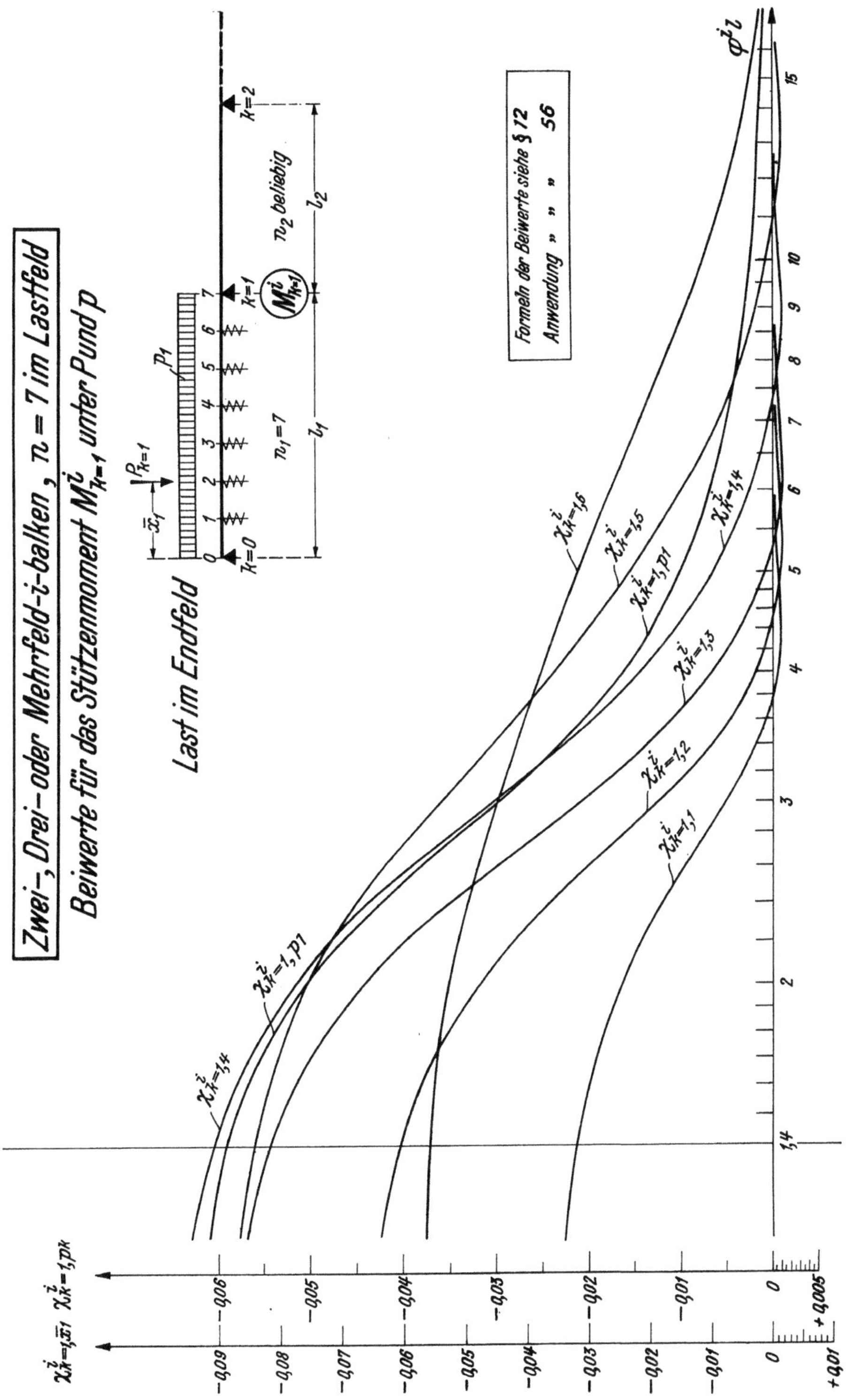
Zwei-, Drei- oder Mehrfeld-i-balken, n = 7 im Lastfeld
Beiwerte für das Stützenmoment $M^{i}_{k=1}$ unter P und p
Last im Endfeld
$P_{k=1}$
$\bar{x}_1$
p_1
$k=0$
$k=1$
$k=2$
$n_1 = 7$
n_2 beliebig
$M^{i}_{k=1}$
l_1
l_2
Formeln der Beiwerte siehe § 72
Anwendung " " " 56
$\chi^{i}_{k=1,1}$
$\chi^{i}_{k=1,2}$
$\chi^{i}_{k=1,3}$
$\chi^{i}_{k=1,4}$
$\chi^{i}_{k=1,5}$
$\chi^{i}_{k=1,6}$
$\chi^{i}_{k=1,p1}$
$\varphi^{i} l$
$\chi^{i}_{k=1,\bar{x}1}$
$\chi^{i}_{k=1,pk}$
-0,09
-0,08
-0,07
-0,06
-0,05
-0,04
-0,03
-0,02
-0,01
0
+0,01
-0,06
-0,05
-0,04
-0,03
-0,02
-0,01
0
+0,005
1,4
2
3
4
5
6
7
8
9
10
15

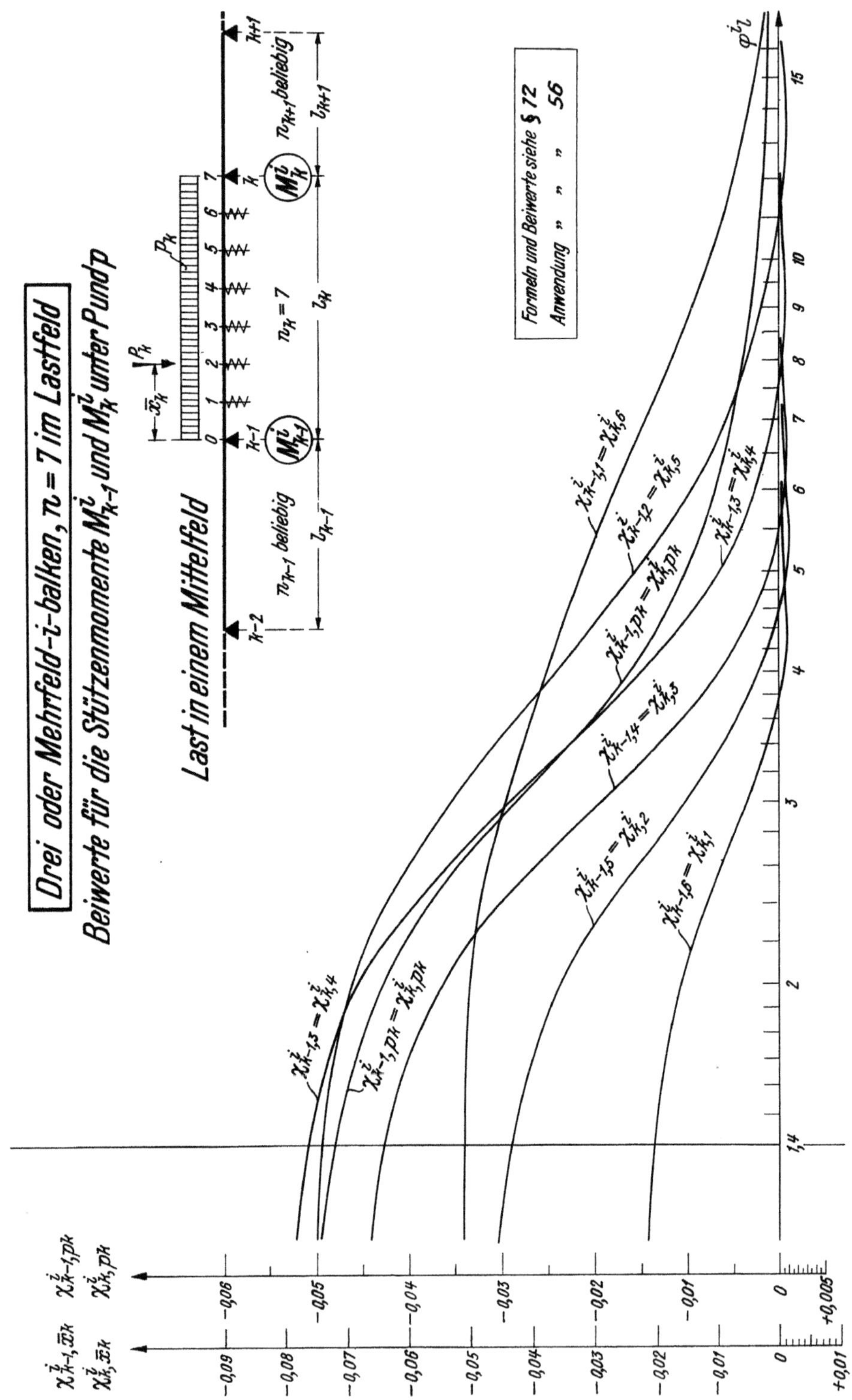
Drei oder Mehrfeld-i-balken, n = 7 im Lastfeld
Beiwerte für die Stützenmomente M^i_{k-1} und M^i_k unter P und p
Last in einem Mittelfeld
Formeln und Beiwerte siehe § 72
Anwendung " " " 56
n_{k-1} beliebig
$n_k = 7$
n_{k+1} beliebig
l_{k-1}
l_k
l_{k+1}
p_k
P_k
$\bar{x}_k$
M^i_{k-1}
M^i_k
$\chi^i_{k-1,1} = \chi^i_{k,6}$
$\chi^i_{k-1,2} = \chi^i_{k,5}$
$\chi^i_{k-1,3} = \chi^i_{k,4}$
$\chi^i_{k-1,pk} = \chi^i_{k,pk}$
$\chi^i_{k-1,4} = \chi^i_{k,3}$
$\chi^i_{k-1,5} = \chi^i_{k,2}$
$\chi^i_{k-1,6} = \chi^i_{k,1}$
φ^i_l
$\chi^i_{k-1,\bar{x}k}$ $\chi^i_{k,\bar{x}k}$
$\chi^i_{k-1,pk}$ $\chi^i_{k,pk}$

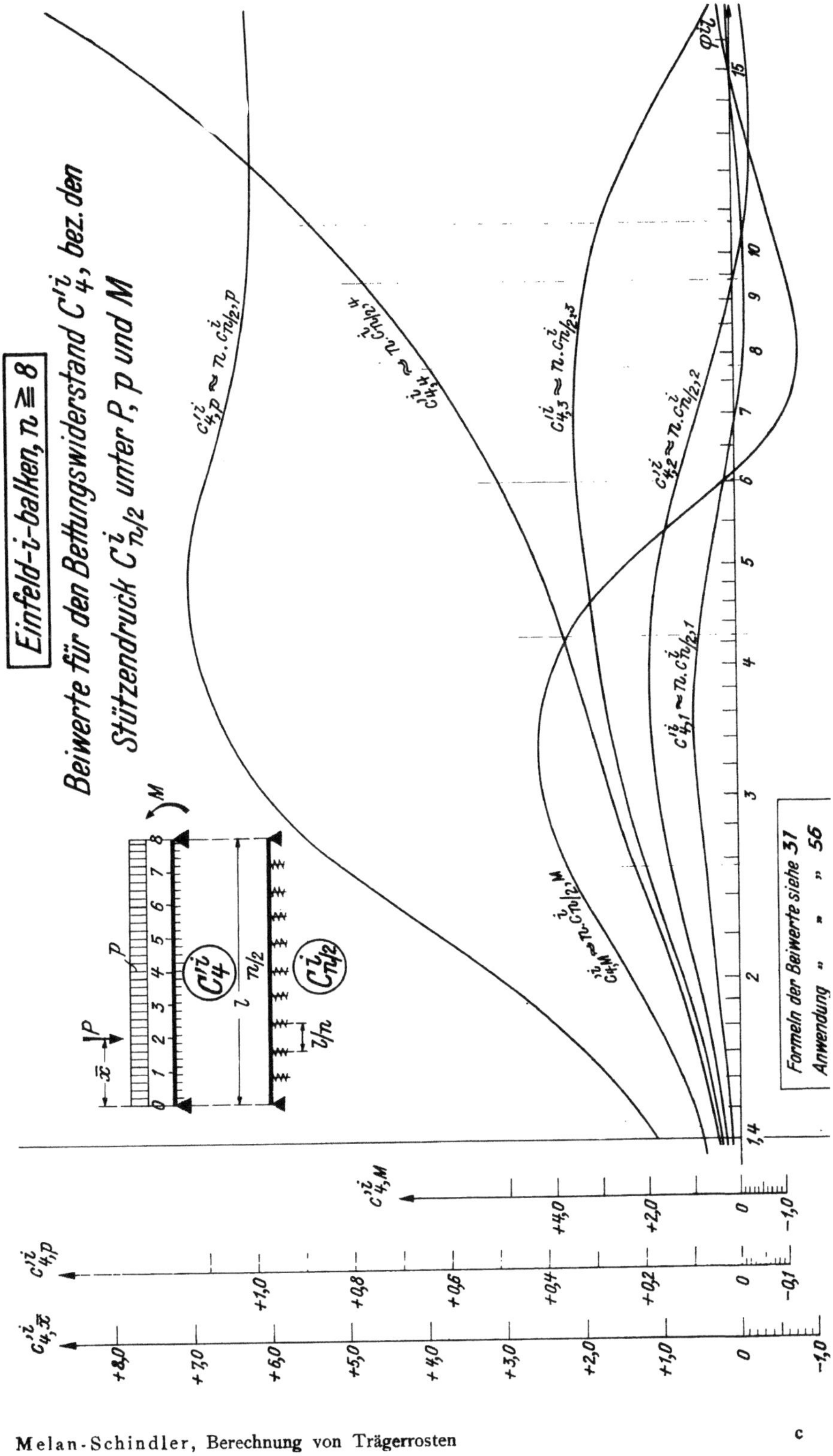
Einfeld-i-balken, $n \geqq 8$
Beiwerte für den Bettungswiderstand C'^{i}_{4}, bez. den
Stützendruck $C^{i}_{n/2}$ unter P, p und M
Formeln der Beiwerte siehe 31
Anwendung " " 56

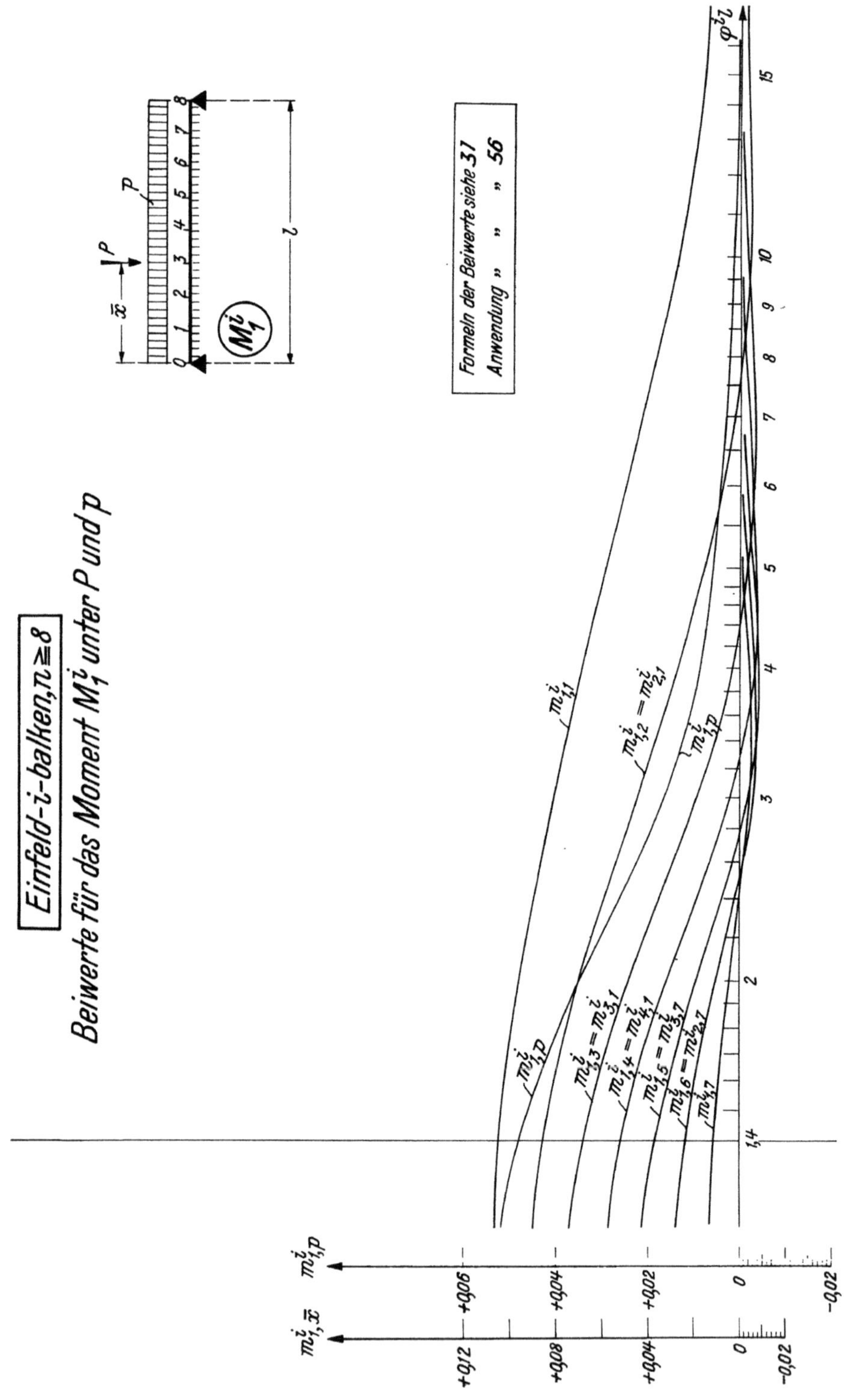
Einfeld-i-balken, n ≧ 8
Beiwerte für das Moment M_1^i unter P und p
Formeln der Beiwerte siehe 31
Anwendung " " 56
M_1^i
$\bar{x}$
P
p
l
0 1 2 3 4 5 6 7 8
$m_{1,1}^i$
$m_{1,2}^i = m_{2,1}^i$
$m_{1,p}^i$
$m_{1,3}^i = m_{3,1}^i$
$m_{1,4}^i = m_{4,1}^i$
$m_{1,5}^i = m_{3,7}^i$
$m_{1,6}^i = m_{2,7}^i$
$m_{1,7}^i$
$m_{1,\bar{x}}^i$
$m_{1,p}^i$
φ_l^i
1,4
2
3
4
5
6
7
8
9
10
15
+0,12
+0,08
+0,04
0
-0,02
+0,06
+0,04
+0,02
0
-0,02

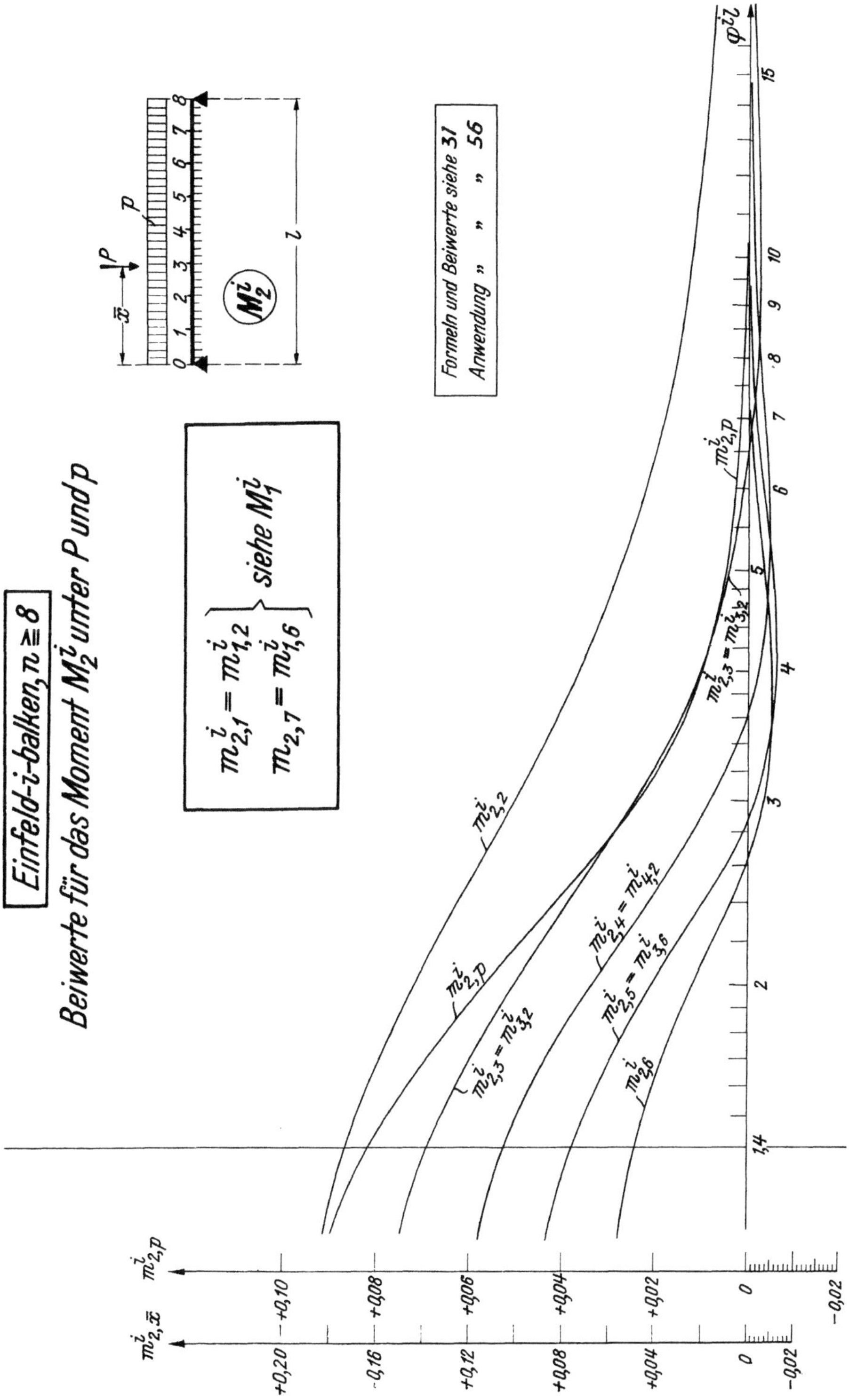

Einfeld-i-balken, n ≧ 8
Beiwerte für das Moment M_2^i unter P und p
$m_{2,1}^i = m_{1,2}^i$
$m_{2,7}^i = m_{1,6}^i$
siehe M_1^i
Formeln und Beiwerte siehe 31
Anwendung " " 56
M_2^i
$\bar{x}$
P
p
l
0 1 2 3 4 5 6 7 8
$m_{2,2}^i$
$m_{2,p}^i$
$m_{2,3}^i = m_{3,2}^i$
$m_{2,4}^i = m_{4,2}^i$
$m_{2,5}^i = m_{3,6}^i$
$m_{2,6}^i$
$m_{2,\bar{x}}^i$
$m_{2,p}^i$
+0,20 0,16 +0,12 +0,08 +0,04 0 −0,02
+0,10 +0,08 +0,06 +0,04 +0,02 0 −0,02
1,4 2 3 4 5 6 7 8 9 10 15
φ^{il}

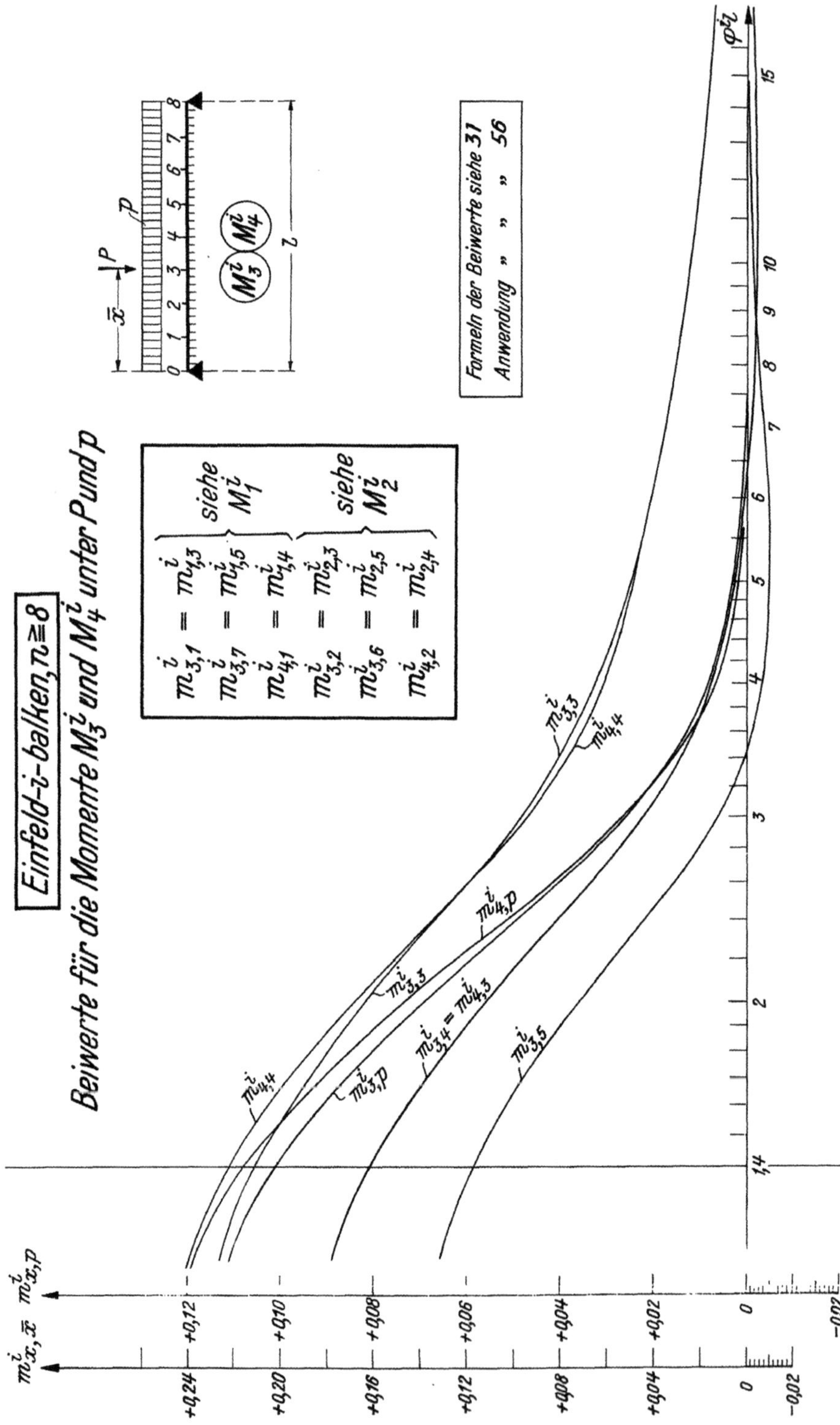
Einfeld-i-balken, n ≧ 8
Beiwerte für die Momente M_3^i und M_4^i unter P und p
$m^i_{3,1} = m^i_{1,3}$
$m^i_{3,7} = m^i_{1,5}$
$m^i_{4,1} = m^i_{1,4}$
siehe M_1^i
$m^i_{3,2} = m^i_{2,3}$
$m^i_{3,6} = m^i_{2,5}$
$m^i_{4,2} = m^i_{2,4}$
siehe M_2^i
Formeln der Beiwerte siehe 31
Anwendung " " " 56
$\bar{x}$
P
p
l
0 1 2 3 4 5 6 7 8
M_3^i
M_4^i
$m^i_{4,4}$
$m^i_{3,3}$
$m^i_{3,p}$
$m^i_{4,p}$
$m^i_{3,4} = m^i_{4,3}$
$m^i_{3,5}$
$\varphi^i l$
1,4 2 3 4 5 6 7 8 9 10 15
$m^i_{x,\bar{x}}$
$m^i_{x,p}$
+0,24 +0,20 +0,16 +0,12 +0,08 +0,04 0 −0,02
+0,12 +0,10 +0,08 +0,06 +0,04 +0,02 0 −0,02

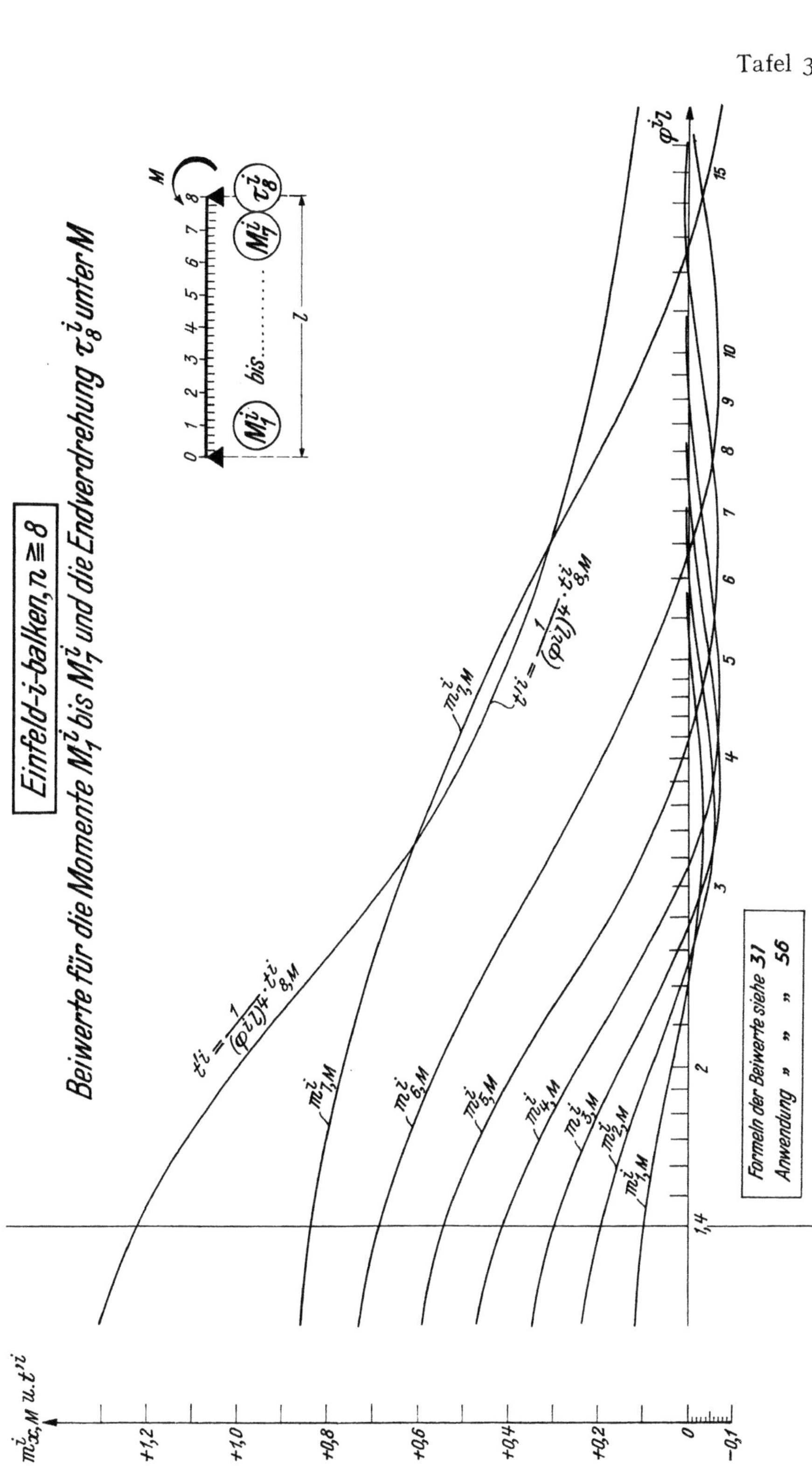
Einfeld-i-balken, n ≧ 8
Beiwerte für die Momente M_1^i bis M_7^i und die Endverdrehung τ_8^i unter M
$m^i_{x,M}$ u. t'^i
$t'^i = \frac{1}{(\varphi^i l)^4} \cdot t^i_{8,M}$
$m^i_{7,M}$
$m^i_{6,M}$
$m^i_{5,M}$
$m^i_{4,M}$
$m^i_{3,M}$
$m^i_{2,M}$
$m^i_{1,M}$
$\varphi^i l$
Formeln der Beiwerte siehe 31
Anwendung " " 56
bis
M
l

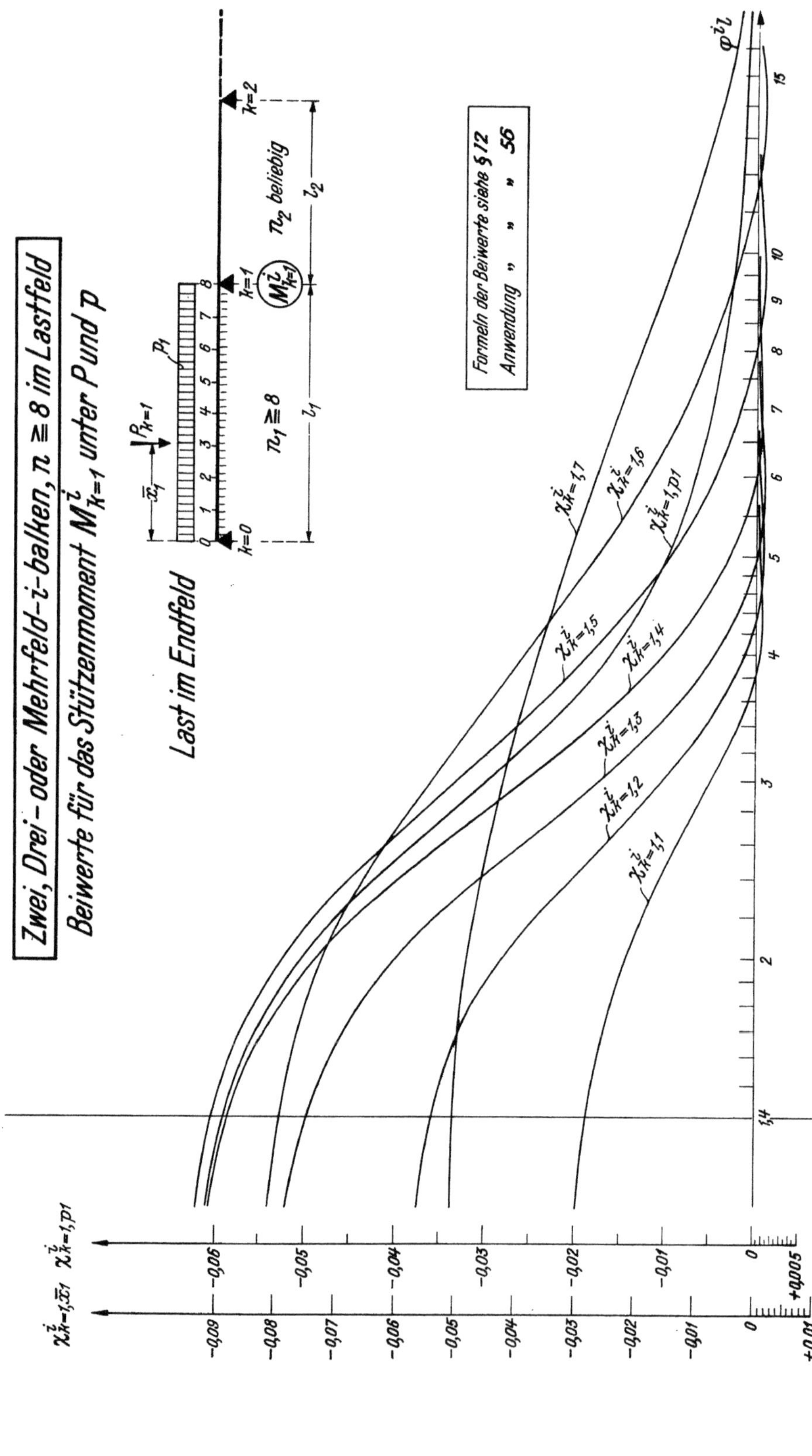
Zwei, Drei-oder Mehrfeld-i-balken, n ≧ 8 im Lastfeld
Beiwerte für das Stützenmoment M^i_{k=1} unter P und p
Last im Endfeld
Formeln der Beiwerte siehe § 12
Anwendung " " " 56

Drei-oder Mehrfeld-i-balken, $n \geqq 8$ im Lastfeld

Beiwerte für die Stützenmomente M_{k-1}^i und M_k^i unter P und p

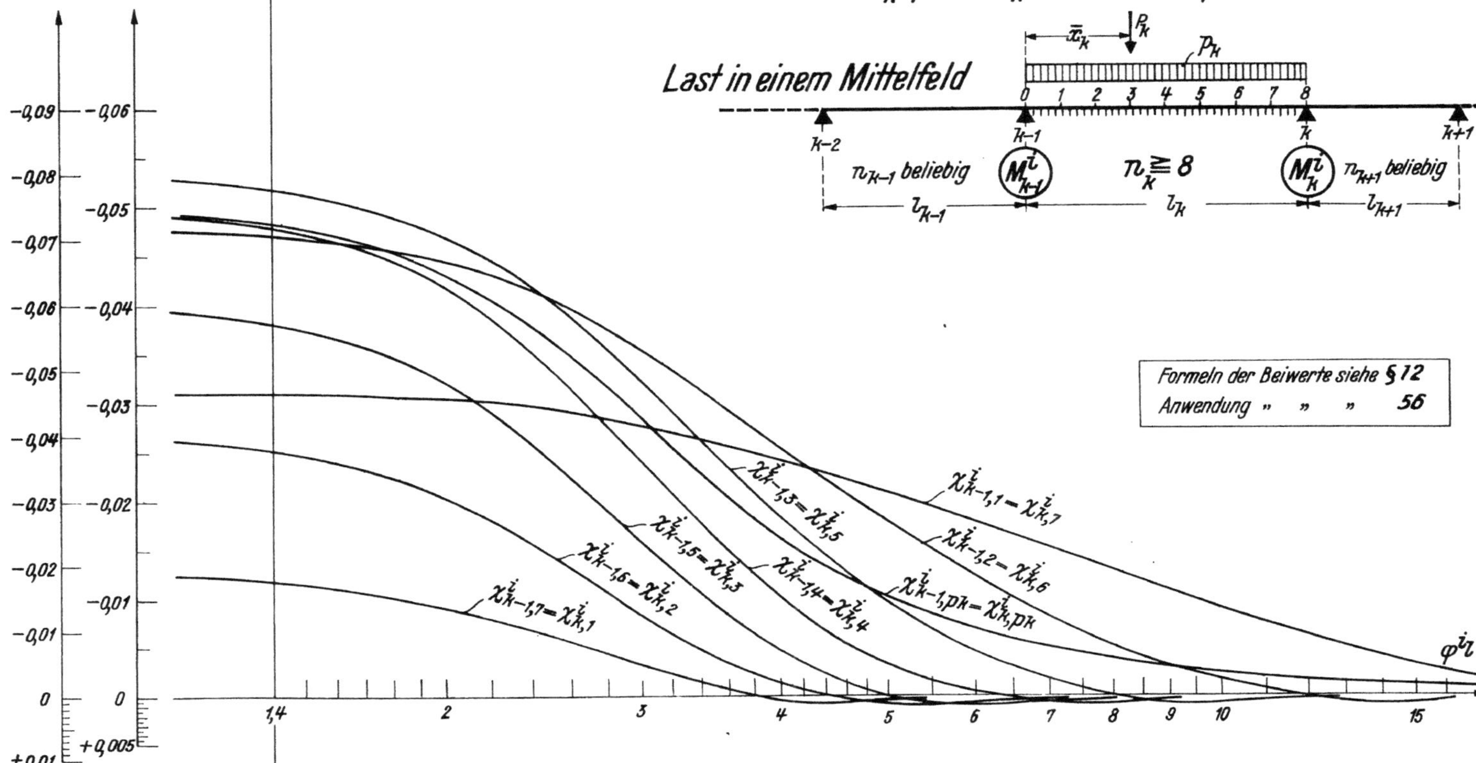

GPSR Compliance

The European Union's (EU) General Product Safety Regulation (GPSR) is a set of rules that requires consumer products to be safe and our obligations to ensure this.

If you have any concerns about our products, you can contact us on ProductSafety@springernature.com

In case Publisher is established outside the EU, the EU authorized representative is:

Springer Nature Customer Service Center GmbH
Europaplatz 3
69115 Heidelberg, Germany

Batch number: 10584556

Printed by Printforce, the Netherlands